石油和化工行业“十四五”规划教材

Organic Chemistry Experiments

有机化学实验

谢小敏　章　烨　郑少瑜　主编

化学工业出版社

·北京·

内容简介

《有机化学实验》遵循绿色化学的理念，在保证基本技能和基本操作训练的前提下，强调现代有机合成中的无水无氧操作、层析跟踪和层析分离，同时增加了新技术、新技能实验，如微波反应、光化学反应、过渡金属催化、不对称催化及酶催化、多步骤有机合成等相关内容。全书共分六章，包括：有机化学实验的基本知识、有机化合物的分离与提纯技术、有机化学基础实验、现代有机合成方法及多步骤有机合成实验，共65个实验项目。附录则完全从实用性出发，介绍了有机化学实验常用仪器的中英文对照，有机化学实验常用溶剂的纯化，希望对高校师生、科研工作者有所帮助。

《有机化学实验》适合高等院校化学及相关专业的本科生作为教材，也可以作为有机化学及相关专业科技人员的参考书。

图书在版编目（CIP）数据

有机化学实验/谢小敏，章烨，郑少瑜主编．—北京：化学工业出版社，2022.1（2025.2重印）
高等学校规划教材
ISBN 978-7-122-40489-3

Ⅰ.①有… Ⅱ.①谢…②章…③郑… Ⅲ.①有机化学-化学实验-高等学校-教材 Ⅳ.①O62-33

中国版本图书馆CIP数据核字（2021）第260254号

责任编辑：宋林青　　文字编辑：刘志茹
责任校对：刘曦阳　　装帧设计：史利平

出版发行：化学工业出版社（北京市东城区青年湖南街13号　邮政编码100011）
印　　装：北京科印技术咨询服务有限公司数码印刷分部
787mm×1092mm　1/16　印张17½　字数427千字　　2025年2月北京第1版第3次印刷

购书咨询：010-64518888　　售后服务：010-64518899
网　　址：http：//www.cip.com.cn
凡购买本书，如有缺损质量问题，本社销售中心负责调换。

定　　价：49.80　元

前 言

本教材是在上海交通大学已沿用三年的《有机化学实验讲义》和《Organic Chemistry Experiments》自编讲义基础上编写的。

近年来有机化学学科进入了一个快速发展的阶段，在理论研究和实验方法上都有了新的突破，惰性化学键活化、偶联反应、不对称催化反应、化学生物学、有机功能分子的设计与合成等领域的研究方兴未艾，利用微波、光促进和生物催化等方法合成有机物的研究日趋活跃。

本教材顺应有机化学学科发展的趋势，对教学内容和教学重点进行了调整，对实验操作技术、实验项目和实验方法等进行了相应的增删。为了培养学生终身学习、与时俱进的科研能力，本教材增写了文献查阅方法。

教材所选择的实验项目均遵循绿色化学的理念，对传统实验中对人体有害的实验进行了改进。在保证基本技能和基本操作训练的前提下，增加了现代有机合成、无水无氧操作、层析跟踪和分离的基本操作实验；增加了新技术、新技能实验，如微波反应、光化学反应、过渡金属催化、不对称催化以及酶催化等相关内容；增加了一些来自文献的多步骤合成实验，以为学生从事研究工作打下良好的基础。

本书共分六章。

第 1 章主要介绍有机化学实验的安全知识，有机试剂的干燥、使用与保管，废弃物处理，有机实验中常见的仪器和装置；介绍了实验报告的规范写法；以及有机化学文献的查阅方法，侧重于网络文献的查阅，如 SciFinder 数据库、Web of Science 等重要文献资源。

第 2 章主要介绍熔点、沸点、折射率、旋光度的测定，增加了紫外光谱在有机化合物的结构鉴定或纯度测定中的应用相关内容。

第 3 章主要介绍各类蒸馏、回流、萃取、升华、重结晶等基本操作，增加了旋转蒸发仪的使用，详述了重要的有机分离手段——薄层色谱、柱色谱和气相色谱，以及无水无氧操作简介。

第 4 章是有机化学基础实验，在遵循绿色化学理念的前提下，精选了 33 个实验，有 5 个单元操作，2 个化学反应动力学实验，其余的均是合成实验，旨在培养学生有机合成的基本操作技能和基本方法。

第 5 章为现代有机合成方法，介绍了还原反应：如硼氢化钠还原、硅氢化还原、催化氢转移反应、生物还原；氧化反应：如绿色的空气氧化法；手性合成：如手性拆分、小分子催化、酶催化反应；过渡金属催化的交叉偶联反应：如 Suzuki 反应、Heck 反应等；微波反应以及光促进的有机反应，均为近年来有机化学领域中发展的重要合成手段。

第 6 章是多步骤有机合成反应，精心选择了 6 个具有前沿性和实用性的实验，旨在培养学生有机实验操作的综合能力和分析解决实际问题的能力，通过此类训练，为学生从事化学相关专业的应用和研究工作打下坚实的基础。

附录则从实用性出发，介绍了有机化学实验常用仪器的中英文对照，常用有机溶剂的纯化，希望对科研工作者有所帮助。

本书参考了兄弟院校的某些实验内容，在此表示感谢！感谢吴啸宇博士在文献检索章节所做的工作，同时感谢我校参加实验教学的所有老师和助教以及各届本科生同学！

由于编者水平有限，书中不足之处敬请同行专家和读者朋友批评指正。

编者

2021年9月于上海

目　录

第1章　有机化学实验的基本知识

1.1　实验须知

有机化学实验是有机化学教学过程中不可分割的重要组成部分。有机化学实验教学可验证、巩固和加强所学的理论知识，培养正确选择有机化合物的合成、分离和鉴定的方法及分析和解决实验中遇到问题的思维和动手能力，培养理论联系实际的工作作风、实事求是和严谨认真的科学态度与良好工作习惯，训练进行有机化学实验基本技能和实验方法及整理实验资料、编写实验报告的能力，为将来从事化学相关专业的应用和研究工作打下良好的基础。

实验安全是化学实验的最基本要求，实验前必须阅读有关实验室安全、实验事故预防、处理和急救的相关知识，同时还要特别注意有机化学实验的一些特殊性和相关要求。只要注重安全操作，并有适当的防护措施，遵守有机化学实验规则，事故的发生是完全可以避免的。

1.1.1　实验室安全的基本要求

化学实验室是有潜在的危险性的，但只要我们事先了解这些潜在的危险因素。工作时严格按照操作规程，仔细认真，就可以避免危险发生，因此我们必须掌握安全知识，遵守安全守则。有机化学实验室的安全守则如下：

① 实验者进入实验室，首先要熟悉实验室的电闸、水阀的位置，知道各类安全用具如灭火器、沙箱、洗眼器、紧急喷淋装置的位置及使用方法，以便紧急情况下使用。

② 实验室严禁吃东西、喝水或抽烟，以防吞入毒物和发生火灾。

③ 进入有机化学实验室，应佩戴防护眼镜，穿着实验服，不要穿凉鞋，称取有毒、有腐蚀性的药品时要戴防护手套。

④ 实验前要做好一切准备工作，检查仪器是否完好无损，装置是否正确。

⑤ 常压操作，如蒸馏、回流时务必与大气相通，切不可密闭系统，否则会使系统压力增加而导致爆炸。

⑥ 要保持实验台和地面的整洁，不能有积水，一旦有水要及时擦干。切勿使电器接触到水，以免发生漏电或短路。

⑦ 实验结束后务必把所有玻璃仪器清洗干净，因为这时污垢的性质是知道的，方便选择合适的洗涤剂，再者如果放置很长时间，污垢牢牢附着在瓶壁上，则会变得更加难以清洗。有机化学实验的玻璃仪器一般用洗洁精或去污粉洗涤即可，对于比较难清洗的仪器，可以放入装有碱性乙醇溶液的塑料桶内，浸泡数小时后及时清洗。大多数情况下，玻璃仪器在合成实验前需要事先烘干。

⑧ 实验完毕应立即洗手。称量药品要使用专门工具，不得用手直接接触。一旦药品溅到手上，通常用水洗去，用有机溶剂清洗是一种错误做法，会使药品渗入皮肤。

⑨ 发生玻璃仪器割伤，首先检查伤口有无碎玻璃残留，如有要及时取出，再用水清洗伤口，涂上碘酒或消毒药水，并用纱布包扎，切勿使伤口接触化学药品。

⑩ 水银温度计打坏要及时报告老师，并用硫黄盖住汞，然后用玻璃棒摩擦使之转化为

硫化汞，最后收集起来交给老师统一作为危险化学品处理。

⑪ 一旦试剂溅入眼中，立刻用最近的洗眼器冲洗，至少需要清洗 15 min。任何情况下，若有酸溅到眼睛里都不能用碱去清洗，反之亦然，因为这样通常弊大于利！其他部位被酸或者碱灼伤时，也要用大量的水冲洗，必要时可使用就近的喷淋装置。

⑫ 实验室一旦发生火灾，立即拉下电闸，迅速移去着火点周边的易燃物，有机溶剂不能用水灭火！如果火情不大，可用灭火毯（石棉布）或湿抹布灭火，如用沙土则有可能打碎玻璃仪器，造成溶剂外泄，引起更大的火灾。如果火势过大，则要采用灭火器并及时报警。

1.1.2 试剂的使用和保存

有机化学实验所用药品和试剂种类繁多，很多是易燃、易爆、有毒、有腐蚀性的药品，使用不当就有可能发生着火、中毒、烧伤、爆炸等事故，所以操作时要倍加小心。所有易燃溶剂如乙醇、乙醚、石油醚、丙酮、乙酸乙酯、甲苯等，切忌在敞口容器中加热，也不可用明火加热，要根据实验要求或易燃物的特点选择热源。

使用有毒药品，如苯、硝基苯、苯胺等，以及腐蚀性药品时必须佩戴橡胶手套。使用挥发性有毒药品时，如液溴、四氯化碳，一定要在通风橱内操作。

开封后的试剂一定要塞紧内塞后旋紧瓶盖，必要时还要缠上封口膜，这类封口膜防潮、防无机酸碱。对一些有特殊要求的试剂则要特殊处理，例如：

① 对光敏感的试剂，要包上黑纸或铝箔。

② 有难闻气味的试剂，则要用塑料袋套上。

③ 对水分敏感，但对空气不敏感的试剂，要保存在干燥器中。

④ 遇到空气和水会分解或反应的试剂要通入氮气，并进行封口后保存。

⑤ 易挥发和对热敏感的试剂要保存在**防爆冰箱**中，一般的冰箱不能储存易挥发的有机溶剂，因为这些挥发性的溶剂一旦碰到电火花就会产生爆炸，后果非常严重！

1.1.3 实验废弃物的处理

有机化学实验室的废弃物不能随意丢弃，必须按照要求存放。

① 固体废弃物不能扔到水槽中，无毒无害的可丢到垃圾桶中，有害的需处理以后再丢弃，例如金属钠的残屑必须用无水乙醇处理，转化为醇钠后才能倒进废液桶中。

② 破损的玻璃和针头不能丢到垃圾桶中，要放入专门的回收箱中，以免对回收人员造成伤害！

③ 废液切不可直接倒入水槽！一般粗略地分为有机废液和无机废液，应倒入专门的回收桶中，待专业人员进行后续处理。

1.2 预习报告和实验报告的撰写

1.2.1 预习报告

预习报告包括以下几个方面。

(1) 实验目的

要求仔细阅读有关实验教材，弄清楚本次实验要做什么，需要掌握哪些知识点，了解哪些相关知识。明确实验目的对于有效完成实验训练、获取相关知识是非常重要的。

(2) 实验原理

反应原理是制定实验方案的依据，了解反应原理会使我们明白如何让反应按照预期进行，怎样减少副反应，以及副产物如何处理。

(3) 实验用的试剂、产物和副产物的理化性质

通过查阅相关手册，了解实验所用各种试剂和产物及副产物的理化性质、危害性、防护措施等，有助于实验的顺利进行，可以避免出现误操作，甚至危险事故的发生。

(4) 实验装置图

实验装置图直观、形象，可以使实验者更加胸有成竹，特别是第一次接触的新装置，通过实验装置图提前了解相关知识，对做好实验可起到事半功倍的效果。

(5) 实验步骤

用自己的语言或图示简明扼要地阐述实验过程，不是简单地抄书，切忌照本宣科。同时还要预习实验中涉及的基本操作，如蒸馏、回流、萃取、加热等，要用化学语言描述操作过程。

(6) 注意事项

操作者要对每一步操作可能出现的问题及危险提前预习，避免错误发生，保证实验顺利。

1.2.2 实验记录

实验记录是实验报告的原始记载，是整理报告和研究论文的依据，也是培养严谨的科学作风和良好工作习惯的重要环节。实验记录要真实、详细，不能弄虚作假。实验记录应包括：

① 日期、室温、天气。

② 仪器名称、型号、规格及装置。

③ 试剂的来源、纯度及用量。

④ 相关操作细节所对应的现象，如反应前后物料颜色、状态的变化，有无放热或吸热现象，后处理过程中每一步的对应现象，TLC 板的监测情况等。

1.2.3 实验报告

实验报告类似于一篇小论文，是科学研究中撰写论文的基本训练，以溴乙烷制备为例：

溴乙烷的制备

一、实验目的

1. 掌握从醇制备溴代烷的原理和实验技能。

2. 学习蒸馏装置和分液漏斗的使用方法。

二、实验原理

主反应

$$NaBr + H_2SO_4 \longrightarrow NaHSO_4 + HBr$$

$$HBr + C_2H_5OH \rightleftharpoons C_2H_5Br + H_2O$$

副反应

$$2C_2H_5OH \xrightarrow[140\ °C]{H_2SO_4} C_2H_5OC_2H_5 + H_2O$$

$$C_2H_5OH \xrightarrow[170\ °C]{H_2SO_4} H_2C{=}CH_2 + H_2O$$

三、主要试剂的用量、规格及物理常数

试剂	规格	用量	熔、沸点/℃	溶解性
95% C_2H_5OH	化学纯	7.6 g(10 mL,0.17 mol)	78	溶于水
浓 H_2SO_4	工业品	19.0 mL(0.32 mol)	338	遇水放热
NaBr	化学纯	15.0 g(0.15 mol)	747	溶于水

四、主要装置

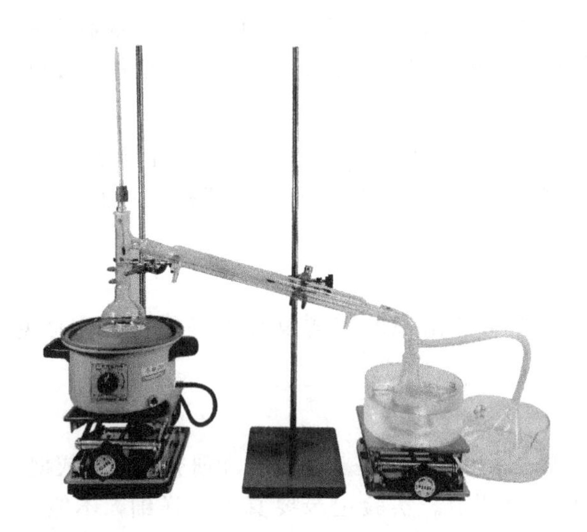

五、实验步骤和现象记录

1. 流程图

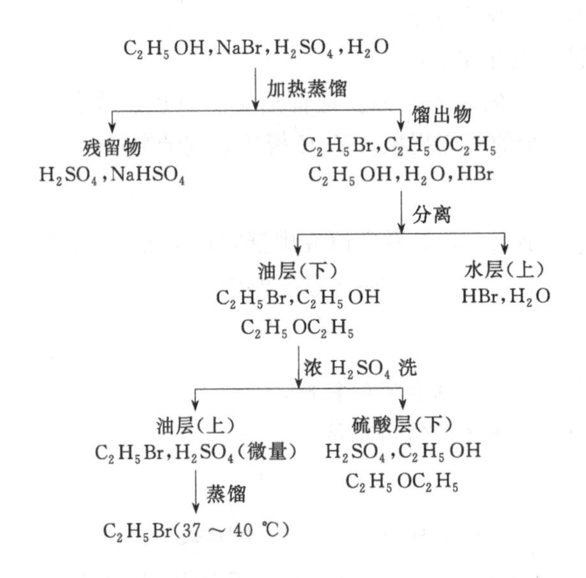

2. 现象记录

步骤	现象	备注
(1) 在蒸馏烧瓶中加入 95% C_2H_5OH (10.0 mL)及 H_2O(9 mL)		加少量水可防止反应进行时产生大量泡沫,减少副产物乙醚的生成和避免溴化氢的挥发

续表

步骤	现象	备注
(2)在不断振摇和冷水冷却下，逐渐滴加浓 H_2SO_4(19.0 mL)，冷却至室温	放热	
(3)振摇下，逐渐加入研细的 NaBr(15.0 g)及几粒沸石		接收器内放少许冷水并浸入冷水中，接液管的末端刚浸没在接收器的冷水中
(4)按图安装好蒸馏装置		
(5)小火加热，约 30 min 后逐渐加大火焰	开始加热时有很多泡沫产生，冷凝管中有馏出液，乳白色油状物沉在水底。馏出液由浑浊变成澄清	瓶中残留物趁热倒出，以免 $NaHSO_4$ 冷却后结块不易倒出
(6)停止加热		
(7)馏出物用分液漏斗分出油层(下层)	油层(上层)变透明	
(8)将油层在冰水冷却下，逐滴加入浓 H_2SO_4(5 mL)		浓 H_2SO_4 除去乙醚、乙醇、水等杂质
(9)用分液漏斗分去下层 H_2SO_4		
(10)将溴乙烷倒入蒸馏烧瓶中，加沸石，改用水浴加热，进行蒸馏	接收器外围用冰水冷却	
(11)收集 37～40 ℃的馏分	无色液体	
(12)产物外观，质量	接收瓶 53.0 g 接收瓶＋C_2H_5Br 64.0 g C_2H_5Br 质量 11.0 g	

六、产率计算

产品溴乙烷，无色透明液体，产量 11.0 g，溴乙烷的摩尔质量为 108.9 g/mol，其理论产量为：m＝108.9 g/mol×0.15 mol＝16.3 g

$$产率=\frac{11.0\ g}{16.3\ g}\times 100\%=67.5\%$$

七、讨论

1. 硫酸洗涤时发热，表明粗产品中乙醚、乙醇或水分过多。这可能由于反应时加热太猛，使副产物增多。另外，也可能由于从水中分出粗油层时，带进了一些水分。

2. 溴乙烷沸点很低，硫酸洗涤时发热会使一部分产品挥发损失。

八、思考题

1.3 有机化学实验中的仪器和装置

1.3.1 玻璃仪器

有机化学实验常用的仪器大部分是磨口仪器，也有少量非磨口仪器。标准磨口仪器口径的大小通常用数字编号来表示，该数字是磨口最大端直径的毫米整数。常用的有 10、14、19、24、29、34、40、50 等。有时也可用两组数字来表示，另一组数字表示磨口的长度，如 14/30，表示此磨口直径最大处为 14 mm，磨口长度为 30 mm。相同编号的磨口、磨塞可以紧密相连。不同编号的磨口无法直接连接时，可借助不同编号的磨口接头（或称变口）使其连接（图 1-1）。

还有一些常用的非磨口玻璃仪器，见图 1-2。

1.3.2 常用的有机化学实验装置

有机化学实验中的装置很多，有些装置将在后面的章节中叙述，如蒸馏、萃取等，本章

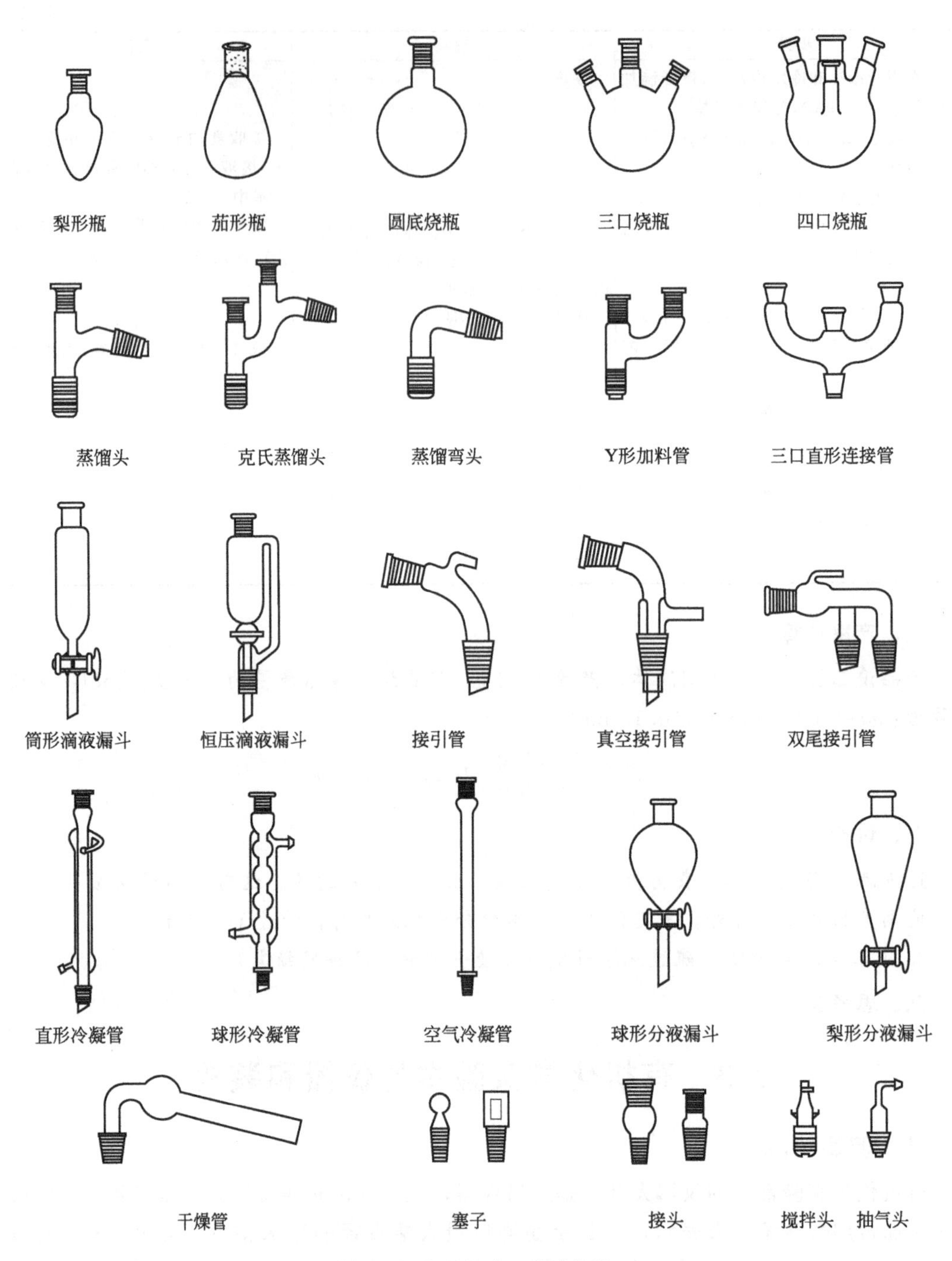

图 1-1　常见的磨口玻璃仪器

将对常用的回流、气体吸收、搅拌等反应装置进行简单介绍。

（1）回流装置

很多有机化学实验都需要加热进行，而有机溶剂在加热条件下更易挥发。为了防止反应物、产物或溶剂蒸发，避免易燃、易爆或有毒物质挥发造成事故和污染，常常采用回流装置。即在反应瓶上安装冷凝管，使蒸汽不断地在冷凝管中冷凝，回流到反应器中，这种连续不断加热使液体沸腾汽化，然后又冷凝流回反应器的操作称为回流，如图 1-3 所示。

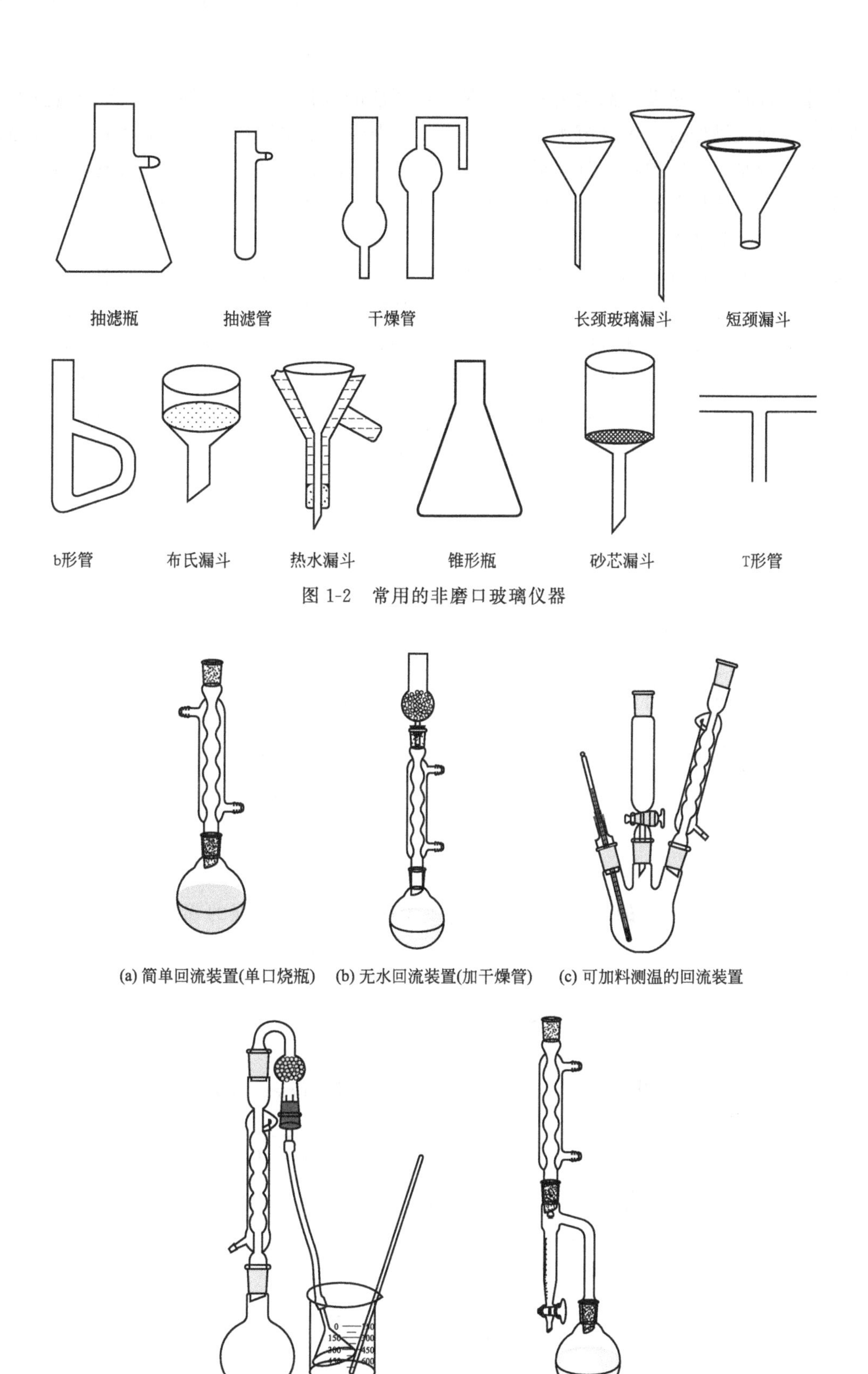

图 1-2　常用的非磨口玻璃仪器

图 1-3　常见的回流装置

搭建装置时应以热源的高度为基准（保证热源能顺利撤除），先下后上，整个装置在一条直线上。回流操作过程中冷凝水是下进上出，要先通冷凝水后加热，实验完毕则是先撤热源，后关冷凝水。一定要和大气相通，切不可塞塞子！回流速度不能太快，以免原料、产物或溶剂挥发，一般控制在 1 滴/s，反应时间从第一滴回流液滴下时开始计时。

（2）气体吸收装置

有机化学实验中往往会产生有毒、有味的气体，为此必须对其进行吸收处理。如果产生的是酸性气体，如 HCl、Cl_2 等，一般可用水或者稀碱溶液吸收。如果产生的是碱性气体，如 NH_3，则可用水或者稀酸吸收。图 1-4 中（a）（b）为少量气体的吸收装置。（a）中应注意漏斗要略微倾斜，使漏斗口一半在液面下，一半在液面上，使气体不能外逸，也可防止水被倒吸进入反应器。若反应过程中有大量气体生成或气体逸出速度较快时，采用（c）装置，水自上端流入抽滤瓶中，在恒定的液面上溢出，粗玻璃管刚好伸入水面被水封住，以防气体逸入大气中。

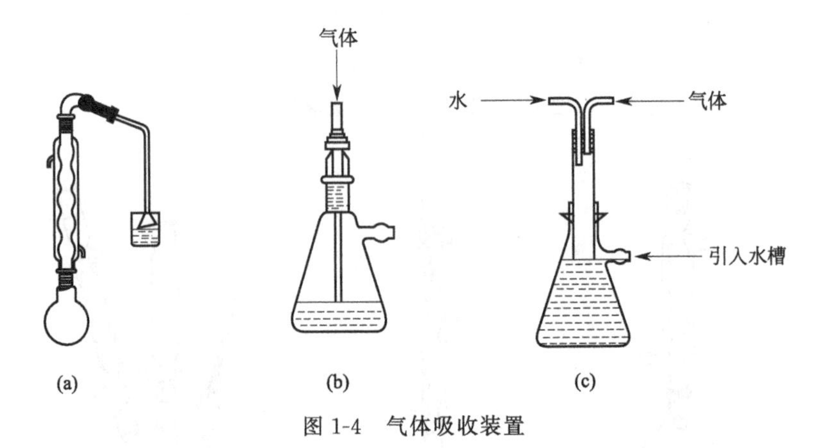

图 1-4　气体吸收装置

微型实验中，水溶性的气体可用经过水或相应的吸收液润湿的棉花来吸收，如图 1-5 所示。

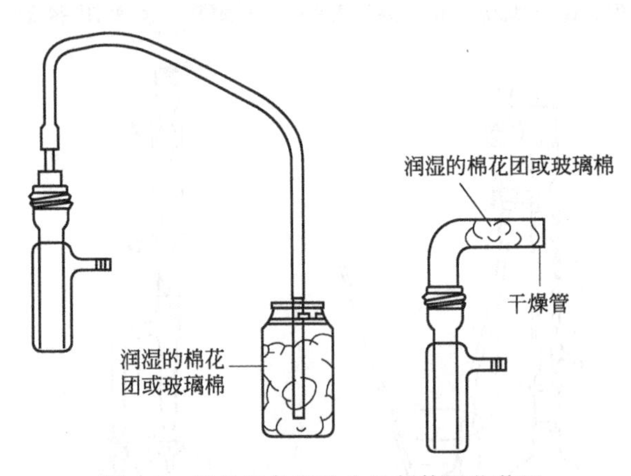

图 1-5　微量制备实验中的气体吸收装置

（3）搅拌装置

如果是非均相有机反应，一般需要搅拌，以保证物料混合均匀，防止局部过热。一般采用电动搅拌或磁力搅拌，如图 1-6 和图 1-7 所示。

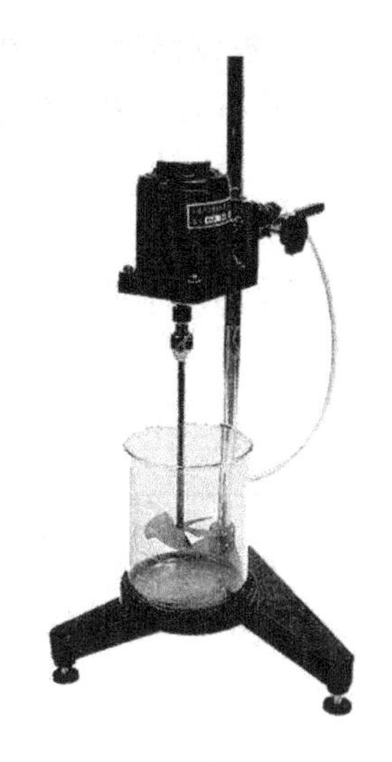

图 1-6　电动搅拌装置

图 1-7　磁力搅拌装置

目前实验室规模的有机合成用得较多的是磁力搅拌，除非物料十分黏稠。磁力搅拌具有操作简便、密封性好的优势。它是利用电机驱动磁铁旋转，通过磁场的不断旋转来带动容器内的磁子随之转动。磁子是外面包裹着聚四氟乙烯的软铁棒，常见的外形有棒状、橄榄状和球状（图 1-8），棒状适用于平底容器，橄榄状适用于圆底烧瓶，球状常用于微型仪器。

图 1-8　各种磁力搅拌子

1.4　加热和冷却

化学反应的实质是旧的化学键断裂、新的化学键形成的过程。有机物中的化学键大多为共价键，打断它需要吸收较多的能量；同时有机化学反应往往速率较慢，为了加快反应速率，常需要加热，此外有机化学实验的基本操作，如蒸馏、蒸发、浓缩等都需要用到加热。

但也有一些有机反应本身会产生大量的热，若不迅速移出，将使反应物分解或溢出反应容器，造成危险，如有机金属反应、重氮化反应等，因此这类反应必须在低温下进行。有些基本操作如蒸汽的冷凝、结晶的析出常需要低温冷却。

反应温度的控制是有机实验重要的操作条件，直接影响反应收率、反应速率和发生副反应等，对实验的成败至关重要，必须掌握各种加热和冷却方法，以便正确地控制反应。

1.4.1　加热

（1）燃气灯

多用于加热水溶液和高沸点溶液，不能用于加热易燃物及减压蒸馏等。加热时须在容器下面垫上石棉网，这样受热均匀，且受热面积大。

（2）水浴

适用于沸点在 80 ℃以下，易挥发、易燃烧的有机液体的加热。可将容器浸入水浴中，热溶液面应略高于容器中的液面，勿使容器底部接触水浴锅底。控制温度稳定在所需范围内。若长时间加热，可采用电热恒温水浴锅，还可在水面上加几片石蜡，以减少水蒸气的蒸发［图 1-9(a)］。

(3) 油浴

加热温度一般在 80～250 ℃。油浴所能达到的最高温度取决于所用油的种类（表 1-1）。

表 1-1　油浴种类及温度范围/℃

油浴种类	甘油	聚乙二醇	石蜡油	硅油
温度范围/℃	140～150	150～200	200～220	250 左右

使用油浴加热时，要在油浴内悬挂温度计，以便随时观察和调节温度。使用油浴时，要避免明火加热（一般采用电加热），加热温度不能超过导热油的最高使用温度，不能冒烟，同时谨防水溅入，否则会产生泡沫甚至爆溅［图 1-9(b)］。

(4) 电热套

电热套加热是一种空气浴加热装置，能从室温加热到 250 ℃［图 1-9(c)］。电热套分为 50 mL、100 mL、250 mL、500 mL 等各种规格，使用时应根据容器的大小选用合适的型号。反应器应位于电热套中央，与内壁保持 1～2 cm 的距离，以免局部过热。

(5) 其他

除上述常用的热源外，还可采用沙浴（200 ℃或 300 ℃以上）、熔盐浴、金属浴、微波炉等加热方法。无论采用哪种方法，都要求加热均匀稳定，较少热量的损耗。

(a) 水浴锅　(b) 电热油浴锅　(c) 电热套

图 1-9　实验室常用的加热装置

1.4.2 冷却

(1) 冰-水

最简单的冷却是将容器浸入冷水中冷却，有时需要在低温下进行，则可将反应器放入碎冰或冰水浴中，后者由于能与器壁接触更好，冷却效果比单用冰效果更好。

(2) 冰-盐

当需要把反应混合物冷至 0 ℃以下时，常用按不同比例混合的碎冰和无机盐作为冷却剂，如碎冰和研细的食盐质量比为 3∶1 时，温度可降至－18～－5 ℃，食盐投入时易于结块，最好边加边搅拌。10 份六水合氯化钙与 7～8 份的冰混合均匀，可以冷至－40～－20 ℃。

(3) 干冰和液氮

液氮和干冰是实验室常用的两种制冷剂，液氮的沸点是−196 ℃，干冰的沸点是−78.5 ℃(升华)，将不同的有机溶剂与液氮或干冰混合，可以得到不同温度的制冷剂，见表1-2。

表1-2 液氮或干冰的常用制冷剂

冷却剂	乙二醇+干冰	四氯化碳+干冰	乙腈+液氮	氯仿+干冰	丙酮+干冰	甲醇+液氮	戊烷+液氮
温度/℃	−15	−23	−41	−61	−78	−98	−131

配制低温冷却剂时要使用保温瓶，上面用铝箔覆盖，以减少挥发。与干冰混合时，先加入干冰，然后小心缓慢地倒入有机溶剂；与液氮混合时，则一般是先加入有机溶剂，然后再小心注入液氮，制冷剂的体积以不超过容器的2/3为宜。

(4) 低温泵

目前实验室常用低温循环泵、低温搅拌反应浴、低温恒温槽等制冷设备，这些设备具有操作简便、控温效果良好的特点。

进行低温操作时要注意以下两点：

① 当温度低于−38.9 ℃时不能使用水银温度计，因为水银在此温度下会凝固，应采用添加少许颜料的有机溶剂（乙醇、正戊烷等）制成的低温温度计。

② 进行低温操作时，应佩戴橡胶手套和防护眼镜，防止发生冻伤事故。

1.5 有机试剂的干燥与干燥剂

干燥主要为使样品失去水分子或失去其他溶剂的过程，是有机化学实验最普通、最常用的一项操作。常用的干燥方法有加热干燥、低温干燥、化学结合除水和吸附去水四种方法，涉及固体、液体和气体的干燥。很多合成反应需要将试剂提前干燥，甚至还要防止空气中的水分进入；有机物在进行结构鉴定时需要完全干燥；液体有机物在蒸馏提纯时也需要提前干燥，否则会使前馏分大大增加，有时会导致有机物与水之间共沸，影响产物的收率和纯度，所以干燥在有机化学实验中至关重要。

1.5.1 固体有机物的干燥

(1) 自然晾干

将被干燥固体放在表面皿上，铺成一薄层，再盖上滤纸，以免灰尘落入，然后放在室温下自然晾干，一般用于低沸点溶剂的去除。要求被干燥固体的性质稳定、不分解、不吸潮。

(2) 红外灯干燥

固体物中含有少量不易挥发的溶剂，为了加速干燥，可采用红外灯干燥。干燥的温度要小于固体熔点，以免样品熔化。

(3) 真空恒温烘箱干燥

当被干燥的固体量较大时，为了加速干燥可以采用真空恒温干燥箱，其优点是干燥量大，干燥时间短，温度无需太高。

(4) 干燥器干燥

对于易分解、吸潮或升华的固体有机物，应放在干燥器内干燥。普通干燥器所需时间较长，样品放在表面皿或培养皿中，置于多孔瓷板上面，所需干燥剂放在多孔板下面，一般选用变色硅胶。

真空干燥器比普通干燥器效率高，但不适合易升华物质的干燥，用水泵抽气后，放气取样时，要用滤纸片挡住入口，以防冲散样品。抽气时要接安全瓶，以免水倒吸。对于空气敏感的物质，要通入氮气保护（图 1-10）。

图 1-10 普通干燥器和真空干燥器

图 1-11 真空恒温干燥器
1—盛溶剂烧瓶；2—样品管；3—装干燥剂瓶；4—接泵活塞

真空恒温干燥器又称干燥枪（图 1-11），干燥效率很高，可除去结晶水或结晶醇，常用于元素定量分析中样品的干燥。使用时将装有样品的小试管 2 置于干燥器中，在 3 中放置五氧化二磷，烧瓶 1 中盛有机溶剂，其沸点与欲干燥的温度接近，必须低于固体样品的熔点。操作时，通过活塞 4 接泵抽真空，达到一定真空度时，关闭活塞，停止抽气。加热回流烧瓶 1 使之沸腾，利用溶剂蒸气加热夹套，使样品在真空和恒温的干燥室内干燥。每隔一段时间抽气，使样品在减压和恒温条件下干燥。实验完毕先移去热源，待温度降至室温时，解除真空，将样品再取出。

（5）真空冷冻干燥

把含水的有机物在低温（－50～－10 ℃）下冷冻成固体，然后利用冰的蒸气压比水高的性质，在真空（1.3～13 Pa）条件下使水蒸气直接从固体中升华，从而达到使有机物干燥的目的。真空冷冻干燥的基本原理与升华类似，多用于受热易分解或吸湿的有机物的干燥，目前该方法已广泛应用于生产。

1.5.2 液体有机物的干燥

（1）干燥剂的选择

作为干燥剂的物质要易于和游离水作用或易于吸附水汽而又不与被干燥的物质作用，并且易于与有机物分离。例如酸性有机物不能用碱性干燥剂，碱性有机物也不能用酸性干燥剂，有些干燥剂能与被干燥物质生成配合物，如氯化钙会与醇类、胺类形成配合物，所以不能用于干燥这些液体。强碱性干燥剂如氧化钙、氢氧化钠能催化醛酮发生缩合反应，也能使酯类或酰胺发生水解反应，所以选择干燥剂时要考虑其应用范围。常用干燥剂的性能与应用范围见表 1-3。

表 1-3 常用干燥剂的性能与应用范围

干燥剂	吸水作用	干燥性能	干燥速度	应用范围
氯化钙	形成 $CaCl_2 \cdot nH_2O(n=1,2,4,6)$	中等	较快，但效力不高	价廉的干燥剂，可干燥烃、烯、某些酮、醚、中性气体
硫酸镁	形成 $MgSO_4 \cdot nH_2O(n=1,2,4,5,6,7)$	较弱	较快	中性，应用范围广。可代替氯化钙，并可干燥酯、醛、酮、腈、酰胺

干燥剂	吸水作用	干燥性能	干燥速度	应用范围
硫酸钠	形成 $Na_2SO_4 \cdot 10H_2O$	弱	较慢	中性，应用范围广。常用于初步干燥
硫酸钙	形成 $CaSO_4 \cdot 1/2H_2O$	强	快	中性，应用范围广。常在用硫酸钠（镁）干燥后再用
碳酸钙	形成 $CaCO_3 \cdot 1/2H_2O$	较弱	慢	弱碱性，用于干燥醇、酮、酯、胺、杂环等碱性化合物
氢氧化钠（钾）	溶于水	中等	快	强碱性，用于干燥醚、烃、胺及杂环等碱性化合物
金属钠	$Na+H_2O═NaOH+1/2H_2$	强	快	干燥醚、烃、叔胺中的痕量水
氧化钙	$CaO+H_2O═Ca(OH)_2$	强	较快	干燥中性和碱性气体、胺、醇、醚
五氧化二磷	$P_2O_5+3H_2O═2H_3PO_4$	强	快	干燥中性和酸性气体、乙烯、二氧化碳、烃、卤代烃及腈中痕量水（干燥后需蒸馏）
分子筛	物理吸附	强	快	可干燥各类有机物，流动气体

（2）干燥剂的用量

根据水在液体中的溶解度和干燥剂的吸水量可以计算出干燥剂的最低用量。例如室温下水在乙醚中的溶解度为1%～5%，若用氯化钙干燥100 mL含水的乙醚，估计含水量为1 g，氯化钙的吸水容量为0.97（即1 g氯化钙可以吸收0.97 g水），按理论计算，至少需要氯化钙1～1.5 g，但实际用量远远大于最低用量，原因在于用乙醚萃取水中有机物时，乙醚层中的水相不能分离完全，同时无水氯化钙在干燥过程中转变为六水合物也需要很长的时间，短时间内达不到无水氯化钙应有的干燥容量，因此干燥100 mL乙醚往往需要7～10 g的无水氯化钙。

干燥有机液体时，可以通过查阅手册了解水在该液体中的溶解度，或根据其结构推测，一般有机分子中含有亲水基团时，所用的干燥剂用量要多一些。由于干燥剂也能吸附有机物，所以干燥剂用量也不能过大，一般可先用吸水量大的干燥剂干燥，过滤后再用干燥效能强的干燥剂。

实际操作时，干燥剂的用量为每10 mL液体中加入干燥剂0.5～1.0 g。但由于液体中水分含量不同，干燥剂的质量、颗粒大小不同，以及干燥时的温度、湿度不同，要视具体情况来定。一般应分批加入干燥剂，每次加完后要盖上盖子振摇并仔细观察，如果干燥剂附着在瓶壁、结块，说明干燥剂量不够，应继续添加，直至出现无水的、松动的干燥剂颗粒。放置一段时间后，如果液体变澄清，则说明干燥已基本合格。干燥时间应根据液体的量和含水情况而定，一般需30～40 min。

多数干燥剂的水合物在高温时会失水，故在蒸馏前务必将干燥剂过滤除去，可采用倾滗法将干燥剂除去，如悬浮的颗粒过多，则可过滤除去。

有时液体澄清也不能保证已不含水分，透明与否和水在该有机物中的溶解度有关。例如20 ℃时乙醚中含水1.19%，乙酸乙酯中含水2.98%，只要含水量不超过溶解度，往往液体是澄清的，所以这类液体的干燥剂用量要大一些，可以观察干燥剂的形态，如放置后干燥剂棱角清楚，摇动时旋转并悬浮，一般表明用量够了。某些干燥剂，如金属钠、五氧化二磷、石灰等，与水生成比较稳定的产物，有时可不过滤而直接蒸馏。

（3）共沸干燥法

有些溶剂的干燥不需加入干燥剂，利用其能与水形成共沸物的特点，直接进行蒸馏把水除去。如工业乙醇通过简单蒸馏只能得到95.5%的乙醇。为了将乙醇中的水分完全除去，可加入适量的苯进行共沸蒸馏，先蒸出的是苯-水-乙醇的混合物（沸点65 ℃），然后是苯-乙醇混合物（沸点68 ℃），残余物就是乙醇，但该乙醇中会残留微量的苯。

1.5.3 气体的干燥

有机实验中有气体参与反应时，常常需要将气体发生器或钢瓶中的气体通过干燥剂干燥。固体干燥剂一般装在干燥管［图1-12(a)］、U形管［图1-12(b)］或干燥塔［图1-12(c)］中。液体干燥剂则装在各种形式的洗气瓶［图1-12(d)］内。要根据被干燥气体的性质、用量、潮湿程度及反应条件，选择不同的干燥剂和仪器。

常用的气体干燥剂见表1-4。

表1-4 常用的气体干燥剂

干燥剂	可干燥的气体
氧化钙、碱石灰、氢氧化钠(钾)	胺类
无水氯化钙	氢气、氮气、氯化氢、二氧化碳、一氧化碳、二氧化硫、氧气、低级烷烃、烯烃、醚、卤代烃
五氧化二磷	氢气、氮气、氧气、二氧化碳、二氧化硫、烷烃、乙烯
浓硫酸	氢气、氮气、二氧化碳、氯气、氯化氢、烷烃
溴化钙、溴化锌	溴化氢

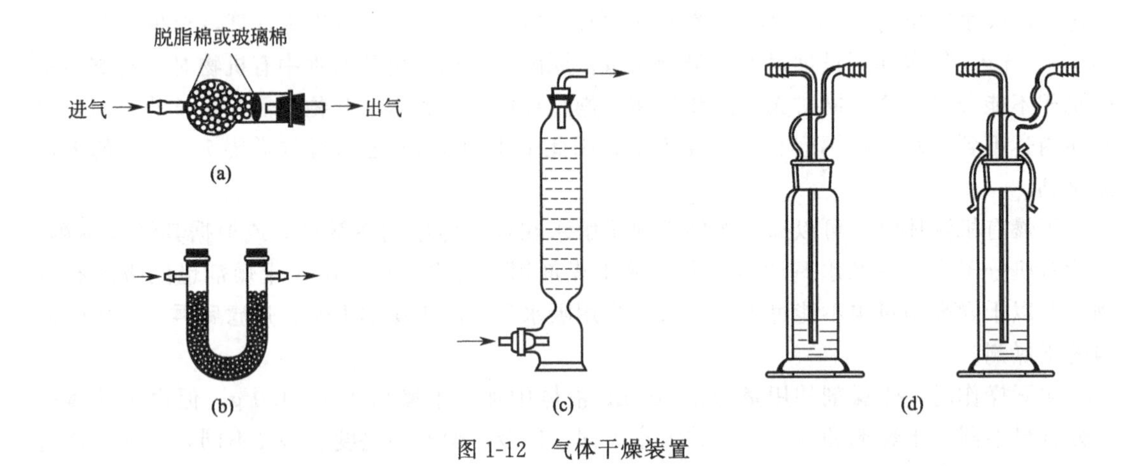

图1-12 气体干燥装置

使用干燥剂时，要注意以下几点：

① 使用无水氯化钙、生石灰、碱石灰时，切忌用细粉末，以免潮解后结块堵塞。

② 使用浓硫酸干燥时，酸的用量要合适，并控制好通气速度，为防止倒吸，在洗气瓶与反应瓶之间应该连接安全瓶。

③ 在一些无水操作的有机反应中，一般通入干燥的氮气保护，也可在冷凝管顶端安装干燥管，防止空气中的水汽侵入。

1.6 有机化学文献的查阅

1.6.1 有机化学文献检索概要

文献检索是有机化学相关从业人员必须具备的基本能力，无论是进行前沿科学研究的教师和学生，还是从事基础生产的化学工程师们，良好的文献检索能力能够尽可能地节约时间成本，避免无用的重复劳动和试错。自20世纪以来，现代化学研究已经基本脱离随机性的盲目尝试，绝大多数新的创造和发现的底层思想源自于系统性的文献挖掘，因此基本的文献检索能力已经成为化学科研人员所需具备的基本素养之一。

21世纪以来，文献数量呈现几何式爆发增长，主要呈现两个特点：①英语成为最主流的撰写、发表和交流所使用的语言，目前全世界85%以上的文献使用英语撰写和发表；②电子期刊（e-journal）逐渐成为最广泛的文献发表、记录和存储的形式，随着互联网技术的发展，电子期刊能够更加快捷、方便和有效地进行文献发表，并且更加利于他人的检索和阅读。但是，随之而来的问题就是如何能够在海量的文献中追踪溯源，精准而全面地检索到所需要的目标信息呢？同样得益于信息技术的发展，各大数据库和出版商都推出了相关的快速检索服务，包括世界五大出版商数据库：Elsevier、Wiley、RSC、ACS、Beilstein。本小节将通过具体的例子来展示各类文献检索的基本过程及常用数据库的基本功能。

总的来说，有机化学文献可以分为八大类：学术期刊（research journals）、评论和综述（reviews）、文摘和索引（abstracts and index）、专利（patents）、手册和词典（handbooks and dictionaries）、合成过程和技术参考文献（reference works on synthetic procedures and techniques）、光谱数据（spectral data）以及教材和专著（textbooks and monographs）。下面主要介绍前三类文献类型，后面几类文献类型大多以纸质版出版物形式出版，或是部分包含在前三类文献类型中，在这里不再赘述。

学术期刊是化学信息最广泛的来源，这类文献通常以发表原创性研究为主，属于一次文献，内容包含研究假设、研究背景、研究方法、研究结果、研究发现、解释和讨论等。这类文献通常以多种格式发表，包括：文章（article），指研究者对于研究成果进行全局性详细阐述的论文格式；通讯和快报（communication and letter），指一类较为简短的论文格式，相比文章而言，更加注重时效性，主要是一些研究者新发现的初步结果或者一种新机制，这些初步成果可能有待进一步研究和阐述；观点性文章（perspective），指一类对特定领域或研究方向进行展望式研究的文章格式，更加强调研究者的发现对所研究领域突破性的启发作用；笔记（note），指一类短篇论文格式，通常只包含简短的实验结果和少量细节。学术期刊的最显著特征就是需要经过同行评议，这在最大程度上确保了论文的原创性、准确性和相关性。下面列举几个重要的有机化学领域的学术期刊：

Advanced Synthesis & Catalysis [*Adv. Synth. Catal.*] (2001)

Angewandte Chemie International Edition in English [*Angew. Chem. Int. Ed.*] (1962)

Chemical Communications [*Chem. Commun.* (Cambridge, UK)] (1965)

Chemistry: A European Journal [*Chem.-Eur. J.*] (1995)

European Journal of Organic Chemistry [*Eur. J. Org. Chem.*] (1998)

Journal of the American Chemical Society [*J. Am. Chem. Soc.*] (1879)

Journal of Organic Chemistry [*J. Org. Chem.*] (1936)

Nature [*Nature* (London, UK)] (1869)

Organic & Biomolecular Chemistry [*Org. Biomol. Chem.*] (2003)

Organic Letters [*Org. Lett.*] (1999)

Organometallics [*Organometallics*] (1982)

Proceedings of the National Academy of Sciences of the U. S. A. [*Proc. Natl. Acad. Sci. U. S. A.*] (1915)

Science [*Science* (Washington DC, U. S. A.)] (1883)

Synlett [*Synlett*] (1990)
Synthesis [*Synthesis*] (1969)
Tetrahedron [*Tetrahedron*] (1957)
Tetrahedron: *Asymmetry* [*Tetrahedron*: *Asymmetry*] (1990)
Tetrahedron Letters [*Tetrahedron Lett.*] (1959)

综述性文献是指某一时间内，作者针对某一专题，对大量原始研究论文中的数据、资料和主要观点进行归纳整理、分析提炼而写成的论文，属于二次文献。通常涵盖特定主题，针对特定问题或研究方向，总结和分析已发表的研究工作并提出客观且中性的观点。此类文章特点在于全面且客观，会包含大量的参考文献，可以作为进入陌生研究领域的文献切入点。上面提到的一些期刊上也会不定期发表综述性文章，如 *Angewandte Chemie International Edition in English*、*Synthesis* 和 *Tetrahedron*。下面也介绍一些专业发表综述性文章的期刊，这些期刊有的只针对某些特定研究领域，有的则几乎涵盖所有的化学研究方向：

Accounts of Chemical Research [*Acc. Chem. Res.*] (1968)
Advances in Heterocyclic Chemistry [*Adv. Heterocycl. Chem.*] (1963)
Advances in Organometallic Chemistry [*Adv. Organomet. Chem.*] (1964)
Annual Reports on the Progress of Chemistry [*Annu. Rep. Prog. Chem.*] (1904)
Chemical Reviews [*Chem. Rev.* (Washington DC, U. S. A.)] (1924)
Chemical Society Reviews [*Chem. Soc. Rev.*] (1972)
Natural Product Reports [*Nat. Prod. Rep.*] (1984)
Organic Reaction Mechanisms [*Org. React. Mech.*] (1965)
Organic Reactions [*Org. React.*] (1942)

文摘和索引是一类摘要型文献，是由专业的索引系统定期对各个数据库文档进行扫描编辑后形成的，通常包含题目、作者信息、关键词、摘要、参考文献、化合物结构、化学反应式以及发表期刊等少量关键的信息，其最大的优势在于提供了更加方便的检索途径。化学文摘（Chemical Abstracts，CA）是世界上最大最全的化学类文摘索引库，每年从 9000 多种期刊以及书籍、会议、论文和专利中提取超过一百万份文件。化学文摘最突出的特点是它给每一个被报道和描述的化学成分分配了特定的 CA 索引名称和唯一的注册号（CAS 号），这使得研究人员能够非常快速地定位检索到所需要检索的化学物质。自 1965 年以来，化学文摘已经注册了超过 5000 万种物质，包括化学物质、聚合物、合金和多组分混合物。科学引文索引（Science Citation Index）也是一类特殊的引文索引系统，它最突出的特点是提供了有别于传统基于主题的索引方式，是一种基于引文的索引方式，能够快速定位检索文献的被引和引用文献，有效地帮助研究人员理清研究课题的来龙去脉。

1.6.2 文献检索实例

文献检索的目的主要可以分为四类：第一，搜索特定的文献；第二，对特定的研究问题或领域进行背景和应用调研；第三，搜索特定化合物的合成方法、性质和相关报道；第四，检索特定化学反应的相关报道。下面以化合物己二腈（adiponitrile）为例，其结构如图 1-13 所示，以上面四类目的为导向，分别介绍 Reaxys 文摘数据库、SciFinder 文摘

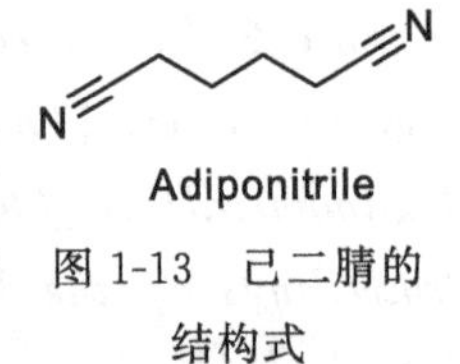

图 1-13 己二腈的结构式

数据库、Web of Science 引文数据库以及 X-MOL 平台的基本功能和使用方法。

(1) 以 Reaxys 数据库为例，介绍检索己二腈合成方法的基本流程

Reaxys 文摘数据库，其前身是德国久负盛名的 Beilstein 数据库和 Gmelin 数据库，收录摘取了 16000 本全球各大出版社出版的化学相关核心期刊，七大专利局化学、药学相关专利以及 10000 本相关著作的核心内容，覆盖有机、无机、金属、材料化学、电化学、药物化学、药理学、环境、农药等 16 大化学相关领域。其主页网址为 https：//www. reaxys. com，主界面如图 1-14 所示。

①文本搜索框，支持多种文本内容检索，包括反应搜索、化合物性质搜索、化合物名称搜索、化学式搜索、文献搜索、CAS 号搜索等；②绘图检索框，支持化合物结构搜索和反应式搜索；③检索按钮。

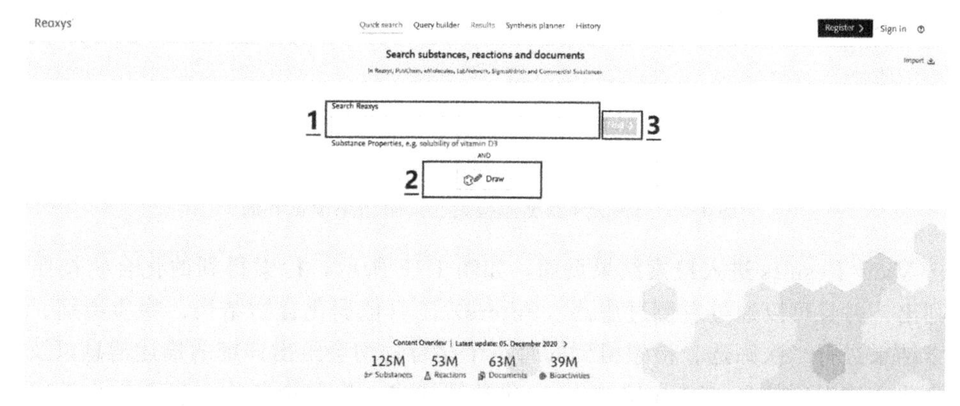

图 1-14 Reaxys 数据库检索首页

以检索己二腈的合成方法为例，在绘图检索框中绘制己二腈的结构式，如图 1-15 所示，绘图检索框的使用方法基本和 Chemdraw 的使用方法一致，绘制完成后点击 Transfer to query 回到主界面。

图 1-15 Reaxys 数据库检索己二腈页面

点击 Find 检索按钮之后即可得到检索结果，首先展示的是结果预览界面，如图 1-16 所示：第一栏的检索结果是与己二腈结构最匹配的结果，一般包括目标化合物己二腈、己二腈的同位素标记物、己二腈形成的配合物或复合物以及己二腈形成的金属盐等；第二栏的检索

结果是与己二腈结构不一致但高度相似的化合物；第三栏的检索结果是有己二腈参与的反应，包括己二腈作为原料、产物、反应试剂等的反应；第四栏的检索结果是己二腈相关的销售信息。

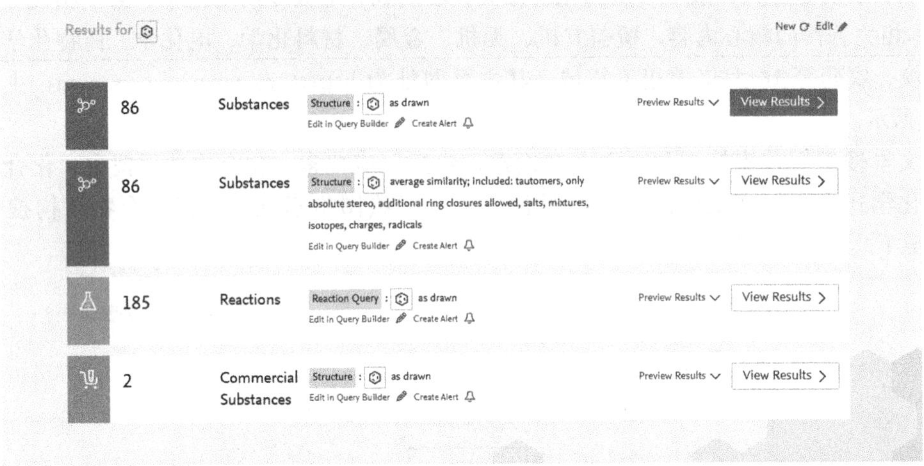

图 1-16 Reaxys 数据库检索己二腈结果预览界面

点击 View Results 进入检索结果页面，如图 1-17 所示，检索得到的化合物按照匹配程度依次列出，并且可以通过左侧过滤器（Filters）工具依据化合物结构、物质类别、分子量等对检索结果进行二次筛选。检索得到的每一个化合物均会给出详细的描述信息以及来源文献，包含化合物识别信息（Identification，化学结构式、化合物名称、化合物化学式、分子量、CAS 号等）、生物活性（Bioactivity，药理学数据、毒性等）、物理性质（Physical Data，熔点、沸点、折射率、密度等）、谱学数据（Spectra，核磁数据、红外数据、质谱数据）、制备方法（Preparations）、参与反应（Reactions）、提及文献（Documents）以及其他数据（Other Data，通常包含计算化学模型、应用举例等）。

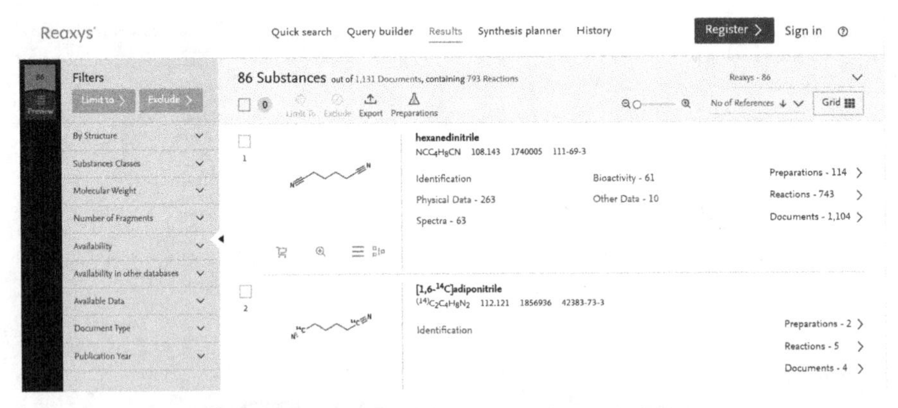

图 1-17 Reaxys 数据库检索己二腈匹配程度界面

点击 Preparations 进入制备方法详情页，如图 1-18 所示，制备方法会依据反应原料的不同进行分类并根据报道文献的数量从多到少依次排列。同样地，通过左侧过滤器也可以依据限制条件（化合物结构、产率、反应试剂、催化剂、反应类型、文献类型、发表时间等）对制备方法进行进一步筛选。以己二腈的制备为例，报道最多的合成方法是以己二酰胺为原料经过脱水来制备。

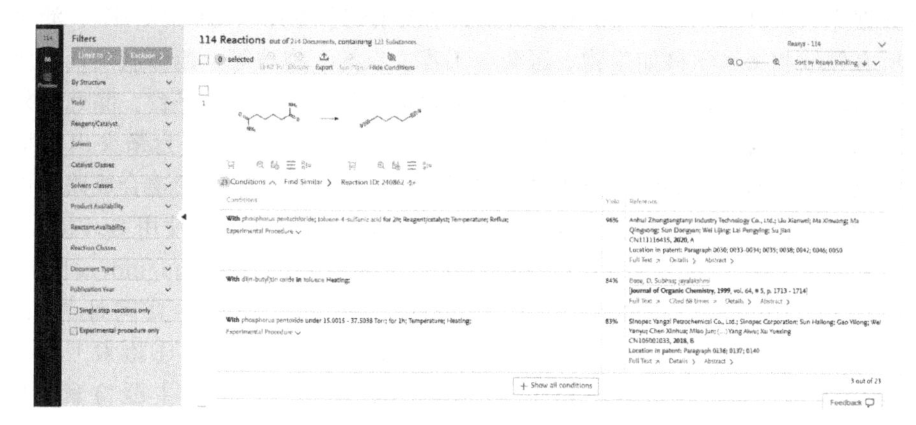

图 1-18　Reaxys 数据库检索己二腈制备方法界面

以检索到的烯烃氢氰化反应制备己二腈的方法为例（*Tetrahedron Lett.*，2016，*57*，3199-3203），如图 1-19 所示，对于每一个制备方法会给出较为详细的描述信息，包括反应式(原料结构式、产物结构式、反应试剂结构式、副产物结构式等)、反应条件（Conditions，通常包括反应催化剂、所用添加剂和配体、反应溶剂、反应温度、反应时间、反应气压等)、简要的实验步骤和操作（Experimental Procedure)、反应报道产率（Yield）以及来源参考文献（Reference，通常会列出作者、期刊、年份等信息，并提供全文链接 Full Text 和引文链接 Cited 16 Times)。尽管给出这些制备方法的描述是缩减的，但仍然可以给我们提供相当的信息对制备方法的可靠性、可行性进行基本的判断。点击 Full Text 即可链接至参考文献的全文数据库，从论文全文中可以得到更加详细的方法描述信息，包含反应条件筛选、反应适用范围以及产物光谱学数据等。

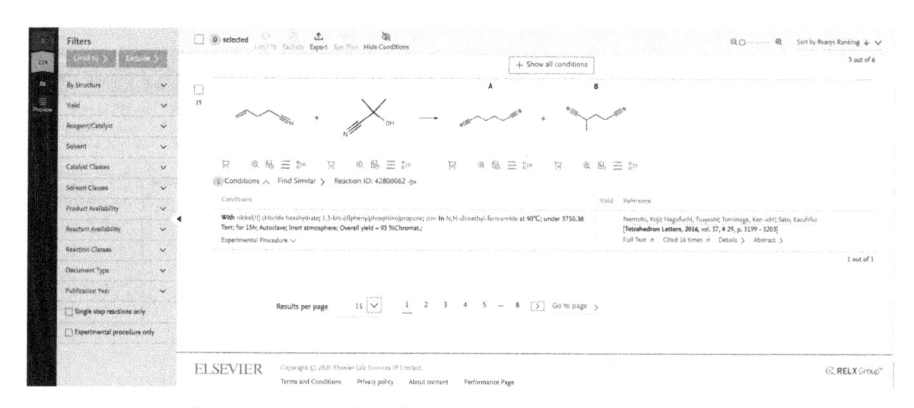

图 1-19　Reaxys 数据库检索烯烃氧化制备己二腈的界面

（2）以 SciFinder 数据库为例，介绍检索烯烃氢氰化反应制己二腈反应的基本流程

SciFinder 是由美国化学会（American Chemical Society，ACS）旗下的美国化学文摘社(Chemical Abstracts Service，CAS）出品的化学文摘检索和开发平台，提供全球最大、最权威的化学及相关学科文献、物质和反应信息和检索功能。SciFinder 收录的文献类型包括期刊、专利、会议论文、学位论文、图书、技术报告、评论和网络资源等，覆盖文献数据库(CAplusSM)、物质信息数据库（CAS REGISTRYSM)、化学反应数据库（CAS REACT)、

马库什结构专利信息数据库（MARPAT）、管控化学品信息数据库（CHEMLIST）、化学品商业信息数据库（CHEMCATS）和美国国家医学图书馆数据库（MEDLINE），涵盖了化学及相关的所有领域和交叉学科如生物、医药、工程、农学、物理等，能够满足几乎所有的化学文献检索需求，是目前世界上服务功能最全最权威的化学文献检索平台。除此之外，ACS在原有 SciFinder 服务的基础上出品了全新的 SciFinder^{n} 平台，新的平台最突出的特点是结合最新的智能分析策略，能够快速分析处理检索结果给出可行性最高的逆合成路径以及合成应用潜力，为合成化学家和药物研发等前沿研究节省大量时间成本。使用 SciFinder 平台需要注册个人账号，其注册网址为 https：//scifinder. cas. org/registration/index. html? corpKey＝ED-DA0113-86F3-5055-6984-AE556167163D，SciFinder 平台主页网址为 https：//scifinder. cas. org，其操作主页面如图 1-20 所示，主要分为三大部分：①检索工具栏，分为三大主题检索工具，其一，文献检索工具（REFERENCES），包括主题检索（Research Topic，对文献标题、摘要、关键词等进行检索）、作者检索（Author Name）、单位/公司检索（Company Name）、文献识别号检索（Document Identifier，最常用的是依据文献 DOI 识别号进行检索）、期刊检索（Journal，对论文发表的期刊名、发表时间、发表作者、发表期卷进行检索）、专利检索（Patent）以及标签检索（Tags）。其二，化合物检索工具（SUBSTANCES），包括化学结构检索（Chemical Structure）、马库什检索（Markush）、化学式检索（Molecular Formula）、化合物性质检索（Property）以及化合物识别号检索（Substance Identifier，对化合物 CAS 号、化合物俗名等进行检索）。其三，化学反应检索工具（REACTIONS），包括反应式检索（Reaction Structure）；②检索界面，依据选择检索工具的不同，会被要求输入不同类型的检索条件以供平台筛选文献所用，通常包括文本输入框、化学结构编辑器以及检索按钮；③检索结果保存和检索历史信息（SAVED ANSWER SETS，KEEP ME POSTED），在 SciFinder 平台上可以对检索结果进行保存并暂留检索路径，避免重复的检索和误操作导致的数据丢失。

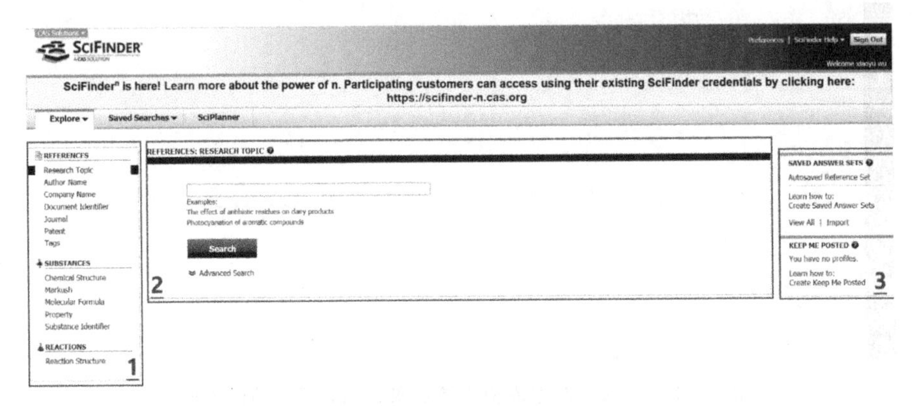

图 1-20　SciFinder 检索首页

以检索烯烃氢氰化反应制己二腈的反应为例，点击反应结构式检索工具，并在化学结构编辑器中绘制检索的目标反应，点击 Search 即可进行初次检索，如图 1-21 所示。化学结构输入框的使用方法基本和 Chemdraw 一致，同时也支持 cxf 格式的文件直接导入。

如图 1-22 所示，是该反应的检索界面，包括：①检索结果，默认情况下检索结果依据相关度依次排列，并展示反应的简要信息包括反应式、反应条件（Steps/Stages，包含催化

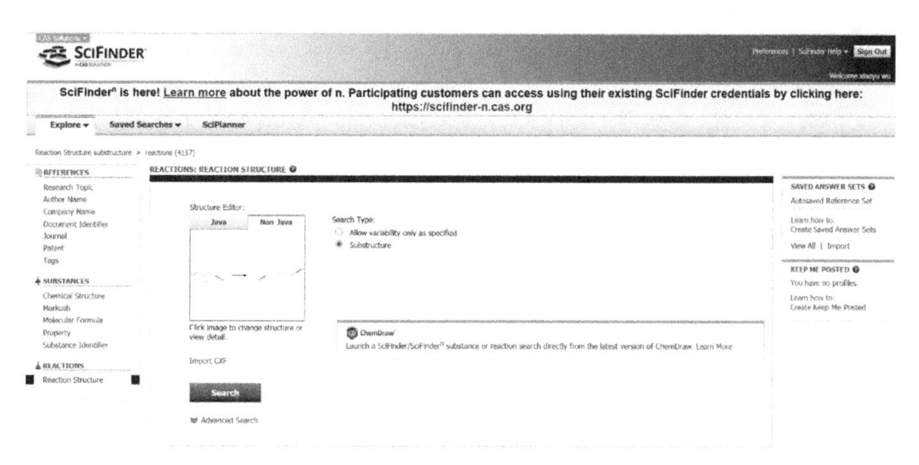

图 1-21　SciFinder 输入己二腈检索界面

剂、添加剂和配体、溶剂、时间等，且对于 CA 可识别的化学成分提供可视的预览信息）、来源参考文献（References，包含文献类型、文献标题、文献作者、发表年份等）以及简短的实验流程或操作步骤（Experimental Procedure）；②二次筛选工具，包括两个功能：分析功能（Analyze）和精简功能（Refine）。分析功能，依据 SciFinder 索引系统自动对检索结果按照不同的条件进行分析和归类，常用分类条件包括反应试剂、反应溶液、催化剂种类、作者名称、组织单位、文献类型、期刊名称、语言类型、报道产率、发表年份等。精简功能，检索者可以提供进一步的限制条件，并依据这些条件对第一次检索结果进行再一次筛选，这里可以给出的限制条件包括报道产率、反应步数、反应类型、参与反应官能团类型以及反应物结构等。通过二次筛选工具可以对结果进行再次乃至多次的筛选直至将检索结果缩小至合理的范围内；③分类排序工具，包括分类功能（Group）和排序功能（Sort）。分类功能可以将检索结果按照文档（Document）和转化形式（Transformation）进行分类，按照文档分类可以将检索结果中来源于相同文献的结果合并，将大大缩减结果的可视数量，节省阅读时间，按照转化形式分类则是 SciFinder 系统将结果按照反应转化类型进行分类，常见的有加成反应（Addition）、缩合反应（Condensation）以及取代反应（Substitution）等，因此通过转化形式分类也可以迅速排除大量非必要相干数据。排序功能则可以依据相关度、反应产率、反应步数、发表年份等对检索结果进行排序，使最优结果优先展示；④编辑工具，此工具可以对检索结果进行保存（Save）、打印（Print）以及导出（Export）。

我们在分析功能中将结果按照文献类型-期刊（Journal）以及发表时间-2016 进行筛选，能够快速地得到目标参考文献（*Tetrahedron Lett.*，2016，*57*：3199-3203），如图 1-23。点击参考文献题名即可进入该参考文献的文摘详情页，包含该文献的所有的化学信息和识别信息，包含但不限于题名、作者、期刊及发表信息、摘要、关键词、涉及化学成分名称及 CAS 号以及引用参考文献及链接等。点击链接至其他资源（Other Sources）则可以链接至相应的数据资源库，并给出全文链接。

(3) 以 Web of Science 数据库为例，介绍检索文献收录与引用情况的基本流程

Web of Science（WOS）创立于 1997 年，是将 SCI（Science Citation Index）、SSCI（Social Science Citation Index）以及 AHCI（Arts & Humanities Citation Index）进行整合形成的一个网络版的多学科文献数据库。时至今日，WOS 已经成为全球最大、覆盖学科最

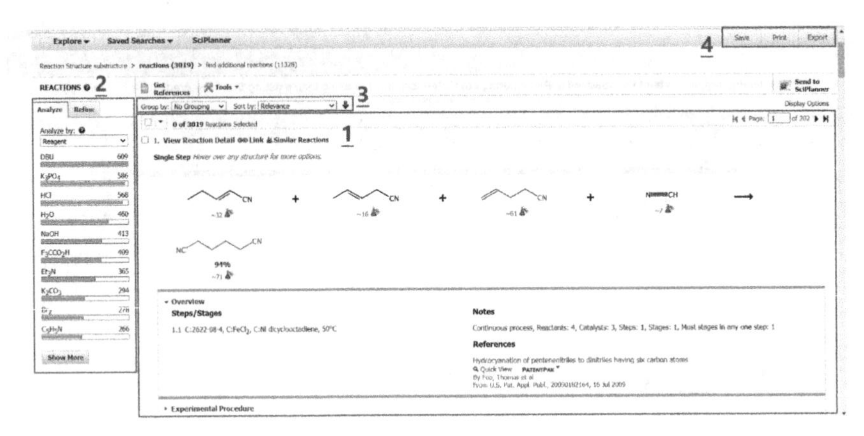

图 1-22　SciFinder 检索烯烃氢氰化反应制己二腈

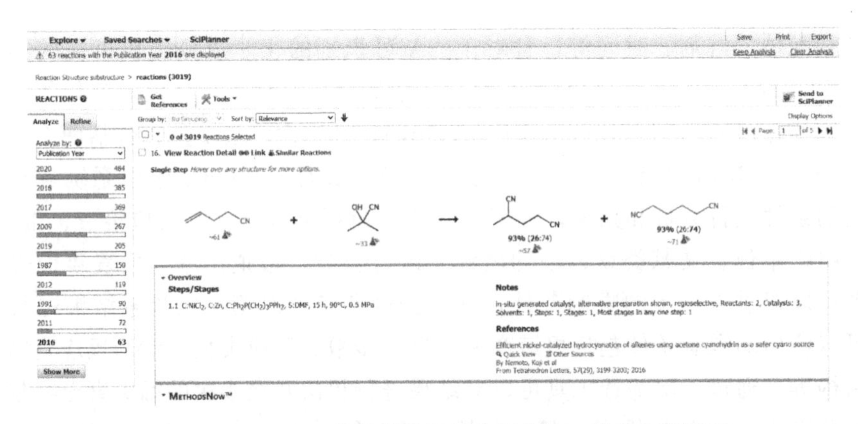

图 1-23　SciFinder 检索到烯烃氧化制备己二腈的文献界面

多的综合性学术信息资源，收录了自然科学、工程技术、生物医学等各个研究领域最具影响力的 8850（SCI）＋3200（SSCI）＋1700（AHCI）多种核心学术期刊。WOS 除了具有通常的文摘检索和记录功能外，还有三个强大的特色功能：第一，领域发展趋势与科研动态追踪，通过对检索结果进行分析，利用引文报告功能可以查看每年该领域发文数目等信息，判断领域的发展趋势，并通过计算综合影响因素给出该领域最具影响力的论文（包括领域中的高被引论文以及热点论文等）、主要研究机构、领域内的知名研究人员等；第二，收录与引用查询，由于 WOS 是基于科学引文索引的数据库，其可以迅速快捷地分析论文的收录和引文情况并形成相应的引文报告，其给出的 SCI 收录情况、论文自引/他引次数等指标已经成为评价论文水平的主要参数；第三，期刊学术水平的影响力评价，WOS 每年都会推出 Journal of Citation Reports，用于发布各期刊新一年的影响因子（Impact Factor，IF），其推出的影响因子已经成为国际上最广泛应用、认可度最高的期刊评价指标。Web of Science 数据库主页为 https：//apps. webofknowledge. com。特别说明一下，WOS 目前支持简体中文，其主页如图 1-24 所示，主要包括三大部分：第一，数据库选择，WOS 收录了当前几乎所有的引文数据库，包括 SCI、SSCI、AHCI、Conference Proceedings Citation Index-Science、Conference Proceedings Citation Index-Social Science & Humanities、Emerging Sources Citation Index、Current Chemical Reactions、Index Chemicus 以及中国科学引文数据库等，通常情况下我们选择数据库范围为所有数据库；第二，检索区域，包含基本检索功能（基础文献检索功能，可以根据主题、标题、关键词、作者、期刊、组织、年份等进行检索)、被引参考文献检索功能（引文检索功能，可以根据主题、标题、作者、期刊等进行被引情况检索）以及高级检索功能（基于布尔运算符的可编辑检索功能，这里不做介绍），可以通过“添加行”功能添加检索条件，能够更加快捷地检索目标文献；第三，设置区域，可以对检索时间跨度、检索语言等进行设置。

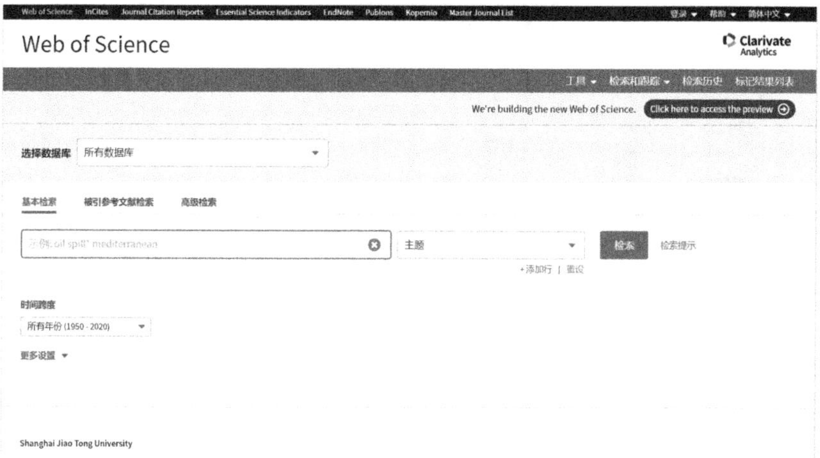

图 1-24 Web of Science 检索首页

下面仍以文献 *Tetrahedron Lett.*，2016，*57*：3199-3203 为例，检索其引文和被引情况。在文本输入框中输入文献题名《Efficient nickel-catalyzed hydrocyanation of alkenes using acetone cyanohydrin as a safer cyano source》，并将检索条件改为标题检索，检索结果如图 1-25 所示。左侧是精简工具，可以依据出版年、研究领域、收录数据库、文献类型、资助机构、作者信息对检索结果进行进一步筛选，这里只检索到一篇文献，无需二次筛选。中间是检索结果信息栏，同样会依据相关度依次排列。对于每条检索到的文献，会给出简要的基本信息，同时也有保存、导出等编辑设置，点击“出版商处的全文”即可链接至相应数据资源库并给出全文链接。右侧是 WOS 最具特色的两个功能：分析检索结果和创建引文报告，分析检索结果是 WOS 数据库基于检索结果的基本信息给出的文献分布报告，例如文献发表期刊类型和分布、文献发表时间分布、文献学科交叉情况等，能够非常直观地给出检索文献的领域分布和研究动态；创建引文报告则是给出了检索文献的被引情况，包括他引次数、被引的期刊和时间分布、平均年引用次数以及高被引因子，这些都是评价论文水平和价值最直观的数据。

点击题名即可进入文献的摘要详情页，如图 1-26，给出了该篇文献的详细信息，包括题名、作者信息、期刊信息、摘要、关键词和研究领域等。在右侧栏也给出了该篇文献的被引次数 18 次和引用文献数 44 篇，分别点击即可浏览引用该篇文献的 18 篇文献以及该篇文献引用的 44 篇原始文献。被引次数可以较好地反映出文献的应用价值，而引用文献则反映了该篇文献的研究背景和思路。除此之外，WOS 也列出了“可能感兴趣”和“最近最常施引”，前者给出了与检索文献研究领域相似或研究方法相似的文献，有利于对学科交叉和前景应用进行启发，后者则反映了同领域内最新的研究人员和研究方向，为该领域的继续发展和延伸提供了开拓性视野。除了可以对特定文章进行检索，研究人员、研究机构乃至期刊都可以进行检索并给出其相关的引文报告和影响力数据。

图 1-25　Web of Science 检索到文献的界面

图 1-26　Web of Science 检索到的文献简介

(4) 以 X-MOL 平台为例，介绍检索特定文献的基本流程

X-MOL 化学资讯平台是一款完全免费的开放性中文化学信息检索平台，平台包括多个板块，如学术期刊导览、行业资讯、海内外导师简介等，是一款适合初学者的文献检索平台。X-MOL 平台主页网址为 https：//www. x-mol. com，其中化学材料类专栏的页面如图 1-27 所示。在绝大部分情况下，需要检索的文献只以引文格式给出，如 *Tetrahedron Lett.*，2016，*57*：3199-3203，不需要更加详细的识别信息。X-MOL 最突出的特点是可以直接使用引文格式进行检索并直达文献全文页面无需跳转，这对科研工作者来说非常方便，同时也支持文献的批量检索，同时输入多个检索引文可以一次性跳转至多个文献主页，节省了大量繁琐的重复操作。另外 X-MOL 也支持 DOI 号检索，但是并不支持主题、标题以及简单的作者、期刊以及发表时间检索，必须提供完整的引文信息或 DOI 号才能顺利完成检索。如图 1-27，我们在“文献直达”功能的文本输入框中输入“Tetrahedron Lett.，2016，57：3199-3203”，点击放大镜检索图标后即可直接跳转至文献数据库主页，目前 X-MOL 平台已经收录期刊超过 10000 种，覆盖 85%以上的化学期刊，可以满足化学研究的基本文献检索要求。

图 1-27　X-MOL 化学材料类专栏的界面

至此本节简要介绍了四个主要文献检索目标及与四大检索数据库相对应的基础检索流程，当然每个数据库都具有非常强大的检索功能，并不仅局限于上面介绍的内容，例如 SciFinder 数据库就完全可以满足四个检索目标的检索要求，因此想要快速、全面、不遗漏地进行文献检索需要进行多次尝试和反复练习。

第2章　有机化合物物理常数的测定

2.1　熔点的测定

2.1.1　基本概念

通常当结晶物质加热到一定温度时，即会从固态转变为液态，此时的温度一般视为该物质的熔点。但严格地讲，熔点是指化合物的固液两态在一定压力下达到相平衡时的温度。

纯净的化合物一般都有固定的熔点，即在一定压力下，自初熔至全熔（熔点范围称为熔程），温度范围不超过0.5～1 ℃。如果待测物质含有杂质，则要分下列两种情况。

（1）杂质为不溶物

不溶性的杂质不会变成溶液，不会影响液态分子间的作用力，也就不会影响其蒸气压，所以不溶性杂质不会对熔点/凝固点产生影响，例如沙子不会影响水的蒸气压，不会改变冰的熔点。

（2）杂质为可溶物

杂质影响液体分子之间的作用力，对整个体系的蒸气压产生影响。假设物质由纯A和纯B组成，其中B作为A的杂质，注意固体杂质是不会影响蒸气压的。图2-1中曲线CT表示纯固体的蒸气压与温度的关系，曲线TD表示纯液体蒸气压与温度的关系，在T点固体的蒸气压与液体的蒸气压相等，所对应的温度T_T为达到平衡时固、液、气三相共存时的温度。根据拉乌尔定律，在溶剂中增加溶质的物质的量，必然导致溶剂的蒸气压降低，RN是液态A和可溶性杂质液态B的蒸气压曲线，在这个三相点R时，不纯物固体、液体和蒸气压达到一个新的平衡，可见所对应的温度也下降到了T_2，也就是杂质使得熔点降低。实际上杂质的存在使得熔化过程中固液两相平衡时的相对量在不断改变，两相平衡是从最低共熔点T_2到T_T，也就是熔程变长。因此，可根据熔点变化和熔程长短来定性地检验被测物质的纯度。

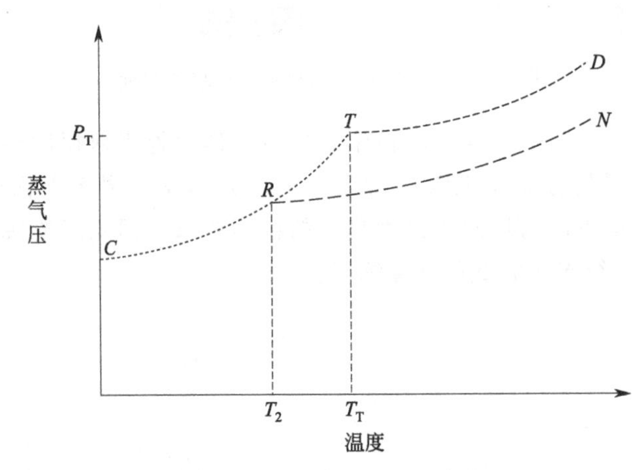

图2-1　蒸气压与温度的关系

鉴别两种熔点相同的化合物（如被测未知物与已知物的熔点相同）是否为同一物质，可采用混合熔点法，即按一定比例混合，测其熔点。若熔点无降低现象，就可判断所测未知物是已知的某化合物；若熔点降低，且熔程增大，则二者不是同一物质。有时也可以观察到熔点升高的现象，这是由于两种熔点相同的不同化合物混合后相互作用，形成一种熔点较高的新化合物。此种情况一般不常见，但其结果也表示二者并非同一物质。

2.1.2 实验操作

熔点的测定对有机化合物的研究具有很大的实用价值。如何测出准确的熔点是一个重要的问题。目前测定熔点的方法以毛细管法较为简便，应用也较广泛。放大镜式微量熔点测定法在加热过程中可观察到晶型变化的情况，适用于测量高熔点的微量化合物。

（1）毛细管法

① 装样　取少许待测熔点的干燥样品（0.1～0.2 g）于干燥的表面皿上，用玻璃钉将它研成粉末并集中一堆。将熔点管开口向下插入样品粉末中，反复数次，即有少许样品挤入熔点管中。将熔点管开口向上放入垂直于桌面长 30～40 cm 的玻璃管中自由落下，并在桌面上跳动，以便样品能紧密地落于熔点管的底部，如此反复数次直到熔点管内样品高度达 2～3 mm，每种样品装 2～3 根。

② 熔点的测定　将装好样的熔点管用少许液体石蜡附在温度计上，样品部分在温度计水银球中部，小心地将温度计放入已装好液体石蜡的熔点测定管（又称提勒 Thiele 管，b 形管，见图 2-2）中，水银球在侧管的下方，见图 2-3，用酒精灯加热侧管，使受热液体沿管上升运动，整个 b 形管溶液对流循环，使得温度均匀。开始升温时可以快些，但当温度接近熔点时（距熔点相差 10 ℃左右），要缓慢加热，控制升温速度不得超过 1～2 ℃/min。仔细观察熔点管中样品开始萎缩塌陷、湿润出现液珠（初熔）和固体全部熔化（全熔）时温度计的读数并记录，用初熔至全熔的温度表示该物质的熔点。

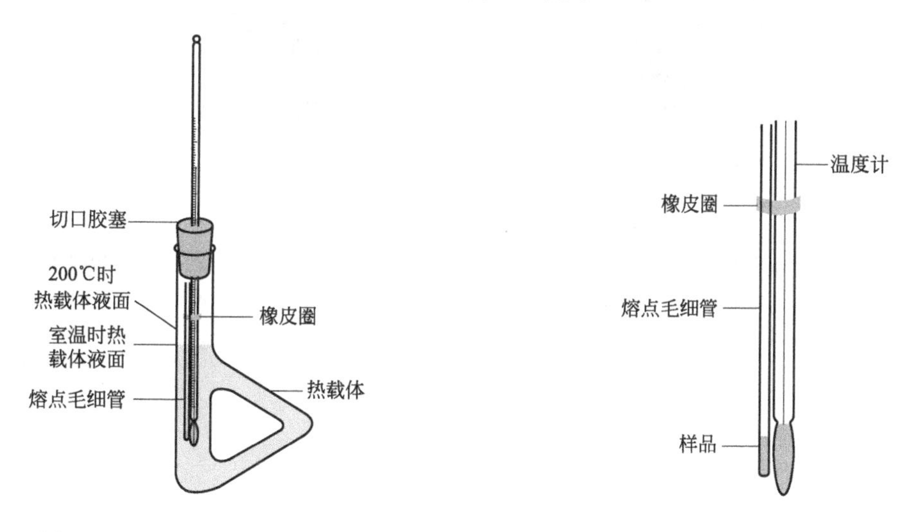

图 2-2　Thiele 管熔点测定装置　　图 2-3　毛细管附在温度计上的位置

每一个未知样品一般先进行一次粗测，即检查一下熔点的大概范围，然后进行细测。每个样品至少要有两次重复的数据。每次测定必须更换新毛细管，进行第二次测定应使浴液温度降低至熔点 30 ℃以下。实验完毕，取下温度计，让其自然冷却至接近室温时才能用水冲洗，否则，容易发生水银柱断裂。

(2) 放大镜式微量熔点测定法

测定熔点时先将玻璃载玻片洗净擦干，放在一个可移动的支持器内，将微量样品研细放在载玻片上，注意不可堆积，从镜孔可以看到一个个晶体外形，使载玻片上样品位于电热板的中心空洞上。用一载玻片盖住样品，调节镜头，使显微镜焦点对准样品。

装上温度计及保护套管。接通电源，打开开关（指示灯亮），开始升温；调节变压器旋钮，控制升温速度，当温度接近样品熔点时，升温速度不得超过 1 ℃/min。观察样品变化，当样品的结晶棱角开始变圆时，表示熔化开始，结晶形状全部消失而变为小液滴时，表明完全熔化，记录初熔至全熔的温度。

测完熔点后，停止加热，稍冷，用镊子取走载玻片，将一特制的铝板置于热板上，加速冷却以备重测。仪器如图 2-4 所示。

(3) 注意事项

① b 形管中倒入液体石蜡，其用量略高于 b 形管的上侧管为宜，不要将固定熔点管的橡胶圈浸没在石蜡中。

② 不能将已用过的熔点管冷却和固化后重复使用。因为某些物质会发生部分分解，或转变成具有不同熔点的其他晶体。

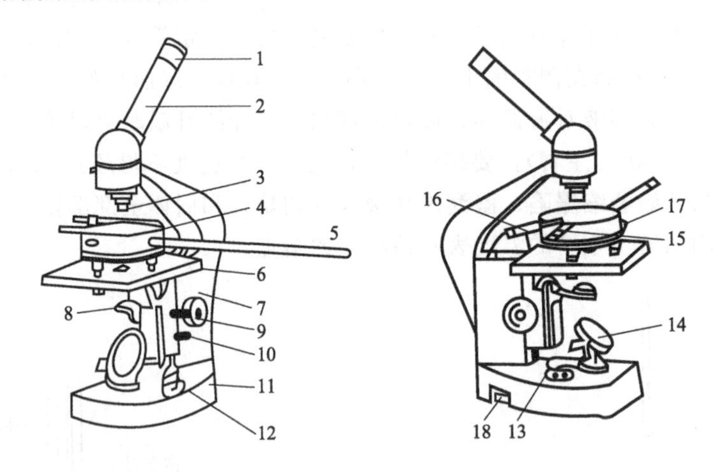

图 2-4 放大镜式微量熔点测定器

1—目镜；2—棱镜检偏部件；3—物镜；4—热台；5—温度计；6—载热台；7—镜身；8—起偏振件；9—粗动手轮；10—止紧螺钉；11—底座；12—波段开关；13—电位器旋钮；14—反光镜；15—波动圈；16—上隔热玻璃；17—地线柱；18—电压表

2.2 沸点及其测定

2.2.1 基本概念

液态分子即使在较低的温度下，也可以从其表面逸出成为气体分子，气体分子同时也不断地重新冷凝为液体。在一定温度下，某一液体和它的蒸气只能在一定压力下是平衡状态，这一特定压力叫作该液体的蒸气压。各种纯净化合物在一定温度下，不论其体积大小都有一定的蒸气压力，并且蒸气压力随温度的升高而增加。当蒸气压力增加到等于作用于液体表面的外界压力时，液体即开始沸腾，此时的温度即为该液体的沸点，所以液体的沸点随外界压力而改变。若液体含有杂质时，要分下列几种情况来讨论。

① 不溶解、不挥发的杂质：不影响分子间作用力，不影响蒸气压，也就不影响沸点。

② 溶解、不挥发的杂质：影响分子间作用力，降低液体的蒸气压，从而升高该溶液的沸点。如盐水的沸点高于纯水。

③ 溶解、挥发性的杂质：混合物沸点的高低取决于该液体和杂质的沸点以及杂质所占的百分比。

在一定压力下，凡纯净化合物，必有一固定沸点，因此可以利用测定化合物的沸点来鉴别某一化合物是否纯净。但必须指出，有固定沸点的液体不一定均为纯净的化合物，还要考虑共沸物的情况，共沸混合物都有固定的沸点，如 95.6%乙醇与 4.4%水，其蒸气压大于纯的乙醇和纯水的蒸气压，因此沸点降低为 78.15 ℃（纯乙醇的沸点是 78.3 ℃）；7.4%的水、18.5%乙醇和 74.1%的苯可以形成沸点为 64.9 ℃的共沸物，这也常被用来除去体系中的水，工业上用于除去汽车燃料乙醇中的少量水。某些情况下，当共沸物的蒸气压小于任何一种纯物质的蒸气压时，则形成的共沸物的沸点会升高，例如 22.22%的盐酸沸点是 108.6 ℃（水的沸点是 100 ℃，氯化氢的沸点是－111 ℃），甲酸（沸点 100.8 ℃）和水的共沸物的沸点是 107.3 ℃。

2.2.2 实验操作

沸点的测定有常量法和微量法两种。常量法测定用的是蒸馏装置。这种方法一般试剂量为 10 mL 以上（见常压蒸馏实验），在操作上也与简单蒸馏相似。若液体较少，可用微量法测定。装置如图 2-5 所示，加热浴可用小烧杯或 b 形管。将待测沸点的液体滴入自制长约 5 cm、外径 5～8 mm 的小试管中，液柱高约 1 cm。将一端封闭约 6 cm 长的毛细管，封口在上倒插入待测液中，把试管用橡皮圈固定于温度计上插入加热浴中，若使用烧杯作加热浴，为了加热均匀，需要不断搅拌。当温度慢慢升高时，将会有小气泡从毛细管中经液面跑出，继续加热至接近液体沸点时，将有一连串气泡快速逸出，此时停止加热，浴温持续升高后，随即慢慢下降。但必须注意观察，当气泡恰好停止外逸，液体刚要进入毛细管的瞬间（注意：可观察到最后一个气泡刚欲缩至毛细管的瞬间），记下温度计上的温度，即为该液体的沸点。每支毛细管只可用于一次测定。一个样品测定需重复 2～3 次，测得平行数据温差应不超过 1 ℃。

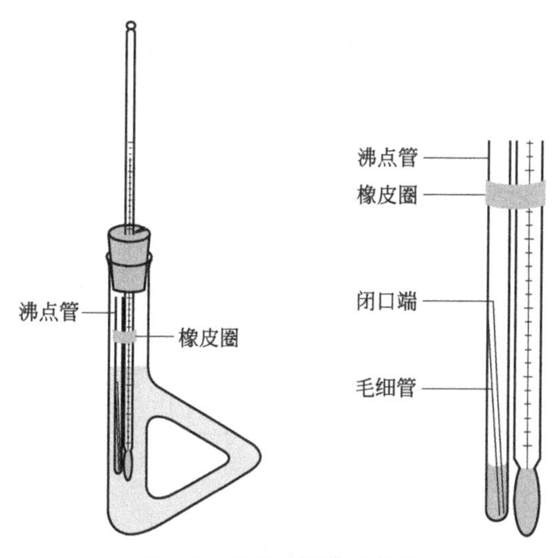

图 2-5　微量法测沸点装置

因为在最初加热时，毛细管内存在的空气膨胀逸出管外，继续加热出现气泡流。当加热停止时，留在毛细管内的唯一蒸气是由小试管内的样品受热所形成的，此时若液体受热温度超过其沸点，管内蒸气的压力将高于大气压；若将液体冷却，其蒸气压下降到低于大气压时，液体即被压入毛细管；当气泡不再冒出而液体刚要缩入毛细管内的瞬间，此时毛细管内蒸气压与外界大气压相等，所测温度即为液体的沸点。一些常用标准化合物样品的沸点见表 2-1。

表 2-1　标准化合物的沸点

化合物名称	沸点/℃	化合物名称	沸点/℃
溴乙烷	38.4	氯苯	131.8
丙酮	56.1	溴苯	156.2
氯仿	61.3	环己醇	161.1
四氯化碳	76.8	苯胺	184.5
乙醇	78.2	苯甲酸甲酯	199.5
苯	80.1	硝基苯	210.9
水	100.1	水杨酸甲酯	223.0
甲苯	110.0	对硝基甲苯	238.3

沸点测定的注意事项如下：

① 在常量法测定沸点的蒸馏过程中，应始终保持温度计水银球上有一稳定的液滴，这是汽-液两相达到平衡的特征。此时温度计的读数代表液体的沸点。

② 用微量法测定沸点时，如果没能观察到一连串小气泡快速逸出，可能是内管封口处没封好之故。此时应停止加热，换一根内管，待导热液温度降至 20 ℃后即可重新测定。

2.3　折射率的测定

2.3.1　基本原理

一束单色光从介质 1 进入介质 2 时，由于光传播速度的改变，而发生折射现象。根据光的折射定律，入射角与折射角之间有如下关系：

$$\frac{\sin i}{\sin r}=\frac{u_1}{u_2}=\frac{n_2}{n_1} \tag{2-1}$$

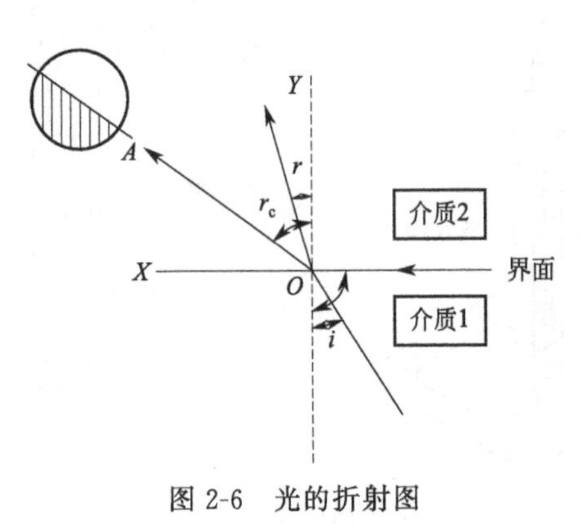

图 2-6　光的折射图

式中，u_1、u_2 分别为光在介质 1、2 中的传播速率；n_1、n_2 分别为介质 1、2 的折射率。由式(2-1)可知，如果一束光线由光疏介质 1 进入光密介质 2，即 $n_2>n_1$ 时（见图 2-6），则入射角 i 大于折射角 r，随着入射光束的入射角 i 不断增大，相应地折射角 γ 也增大，当入射角 i 为 90°时，折射角亦达最大为 r_c，称临界角，就是说入射角在 90°以内的所有光线都可进入光密介质。如果在临界入射角处装有一观察装置，则可看到在 OY、OA 之间是亮的，有光线通过，而 OA 与 OX 之间无光线通过则为暗区，r_c 正处于明暗分界线的位置。当入射角 $i=90°$时，上式改写为：

$$n_1=n_2\sin r_c \tag{2-2}$$

由此可知，如将介质 2 固定不变时，则临界角 r_c 的大小只与介质 1 的折射率有简单的函数关系。当介质 1 不同时，临界角 r_c 亦不相同，故从临界角的变化就测出 n_1 的变化。

阿贝折射仪就是根据这一原理而设计的，其外形如图 2-7(a) 所示。由图可知，其主要测量部件是由两块折射率为 1.75 的玻璃直角棱镜构成的，它们在其对角线的平面重叠。中间仅留微小缝隙将待测液体放在其中。而且辅助棱镜的斜面（图中 $M'N'$）被制成毛玻璃状，测量棱镜斜面（图中 MN）则为光滑平面。当反光镜（图 2-7 中的 9）反射来的入射光进入辅助棱镜后，入射光在毛玻璃面上发生漫反射，并以不同入射角（0°～90°）通过置于

MN 与 $M'N'$ 间的待测液体薄层而到达测量棱镜的 MN 面，根据图 2-6 所示的原理，即光线从光疏介质（待测液体）折射进入光密介质（测量棱镜）时，折射角小于入射角，故各个方向的光均能在 MN 面发生折射而进入测量棱镜。当入射角最大（即 90°）时折射角也达最大，即临界角。可见，对镜面 MN 上的一点而言，当光以 0°～90°范围内入射时，只有临界角以内才有折射光，而临界角以外则无折射光，就是说漫射光透过液层在 MN 面折射时，全部进入测量棱镜。光通过测量棱镜再穿过空气后进入透镜聚焦于目镜的视野内，由于只有临界角内才有光线，故在目镜视野上出现一明区与暗区的界线。为了将测量均取同一基准，可通过转动棱镜组位置以令明暗分界线调至视野的十字交叉点处，见图 2-8。这时就可以通过镜筒直接读出待测液体的折射率值。由于待测液体的光折射率不同，故其产生的临界角不同，于是测量时要使明暗分界线每次均处于十字线的交点处，则棱镜组旋转位置不同，从而就能读出不同待测液体的折射率数值。

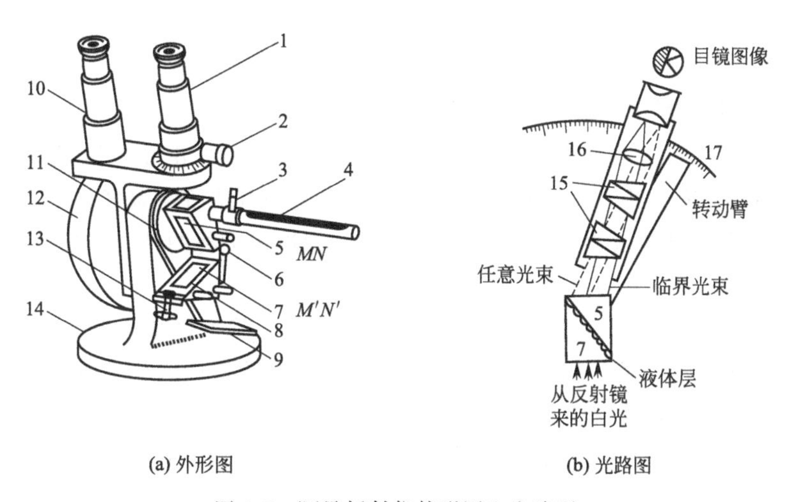

(a) 外形图　　(b) 光路图

图 2-7　阿贝折射仪外形图和光路图

1—测量目镜；2—消色补偿器；3—循环恒温水接头；4—温度计；5—测量棱镜；6—铰链；7—辅助棱镜；8—加样品孔；9—反光镜；10—读数目镜；11—转轴；12—刻度盘罩；13—折射棱镜锁紧扳手；14—底座；15—阿密西棱镜；16—聚焦透镜；17—标尺

由于折射率和温度有关，所以测量时一定要调节到 25 ℃或所需的温度。在棱镜的周围有夹套，可以通入恒温水，并有温度计孔用于测温。通常测定 25 ℃时的数值。

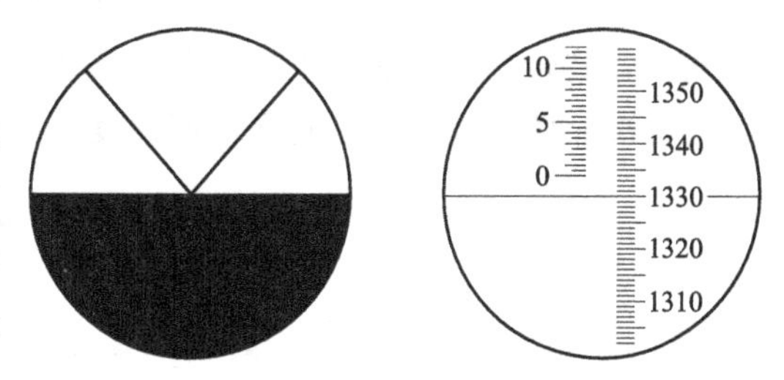

图 2-8　折射仪在临界角时的目镜视野图

由于折射率和入射光的波长有关，故在查阅、测定折射率时应注明波长。通常采用钠黄光（波长 $\lambda=589.3$ nm，符号 D）为标准，但阿贝折射仪的光源为日光，因可见光部分为 400～700 nm 各种波长的混合光，波长不同的光在相同介质中的传播速度不同而会产生色散现象，即令界面出现各种颜色。因此，在观测筒下方装有可调的补差棱镜，通过它可以将色散了的光补偿到钠黄光的位置。故虽然使用的是白光，但经补偿后仍得到相当于使用钠黄光所得到的结果。折射率的符号为 n，通常用 n_D^{25}。

折射率是有机化合物重要的物理常数之一，尤其是液态有机化合物的折射率，一般手册、文献多有记载，折射率的测定常应用于以下几方面。

① 判断有机物纯度　作为液态有机物的纯度标准，折射率比沸点更为可靠。

② 鉴定未知化合物　如果一个未知化合物是纯的，即可根据所测得的折射率，排除预计中的其他可能性，从而识别出这个未知物。

③ 确定液体混合物组成　分馏时可配合沸点测定，作为划分馏分的依据。应注意，化合物的折射率除与它本身的结构和光线的波长有关外，还受温度等因素的影响，所以在报告折射率时必须注明所用光线（放在 n 的右下角）与测定时的温度（放在 n 的右上角）。例如 $n_D^{20}=1.4699$ 表示 20 ℃时，某介质对钠光（D 线 589 nm）的折射率为 1.4699。粗略地说，温度每升高 1 ℃时，液体有机化合物的折射率减少 4×10^{-4}。实际工作中，往往采用这一温度变化常数，把某一温度下所测的折射率换算成另一温度下的折射率。其换算公式为：

$$n_D^{t_0}=n_D^t+4\times10^{-4}(t-t_0) \tag{2-3}$$

式中，t_0 为规定温度；t 为实验时的温度。这一粗略计算虽有误差，但有一定的参考价值。

2.3.2 阿贝折射仪的使用方法

① 将阿贝折射仪置于明亮之处，但要避免阳光直接照射。由超级恒温槽通入所需温度的恒温水于棱镜组夹套之中，检查棱镜上温度计的温度是否达所需温度。

② 转动棱镜上的锁紧扳手 13，向下打开棱镜。用擦镜纸将两棱镜（MN 面及 $M'N'$ 面）擦拭干净后，再将棱镜闭合，待用。

③ 用滴管吸取适量待测液体，加入两棱镜的夹缝中，旋紧锁紧扳手 13（勿拧过紧）。

④ 调节反光镜 9，使通过观测筒目镜观测时，光的强度适中。调节棱镜注意旋转方向并转动手轮以转动两棱镜，使明暗界线落在十字交叉点处。

⑤ 由于色散，在明暗界线处出现彩色线条，这时调节补偿旋钮使色散消失，而留下明暗鲜明的分界线。

⑥ 仔细调节棱镜使明暗界线恰好通过十字交叉点。

⑦ 记下这时折射率的数值，并重新调节再读一次。两次折射率的数值相差应不大于 0.0002。

⑧ 打开棱镜，用擦镜纸擦拭两棱镜，并使之干燥，留待下一份样品的测定。

⑨ 如果需要校正阿贝折射仪，应当使用已经准确知道其折射率值的样品，将折射率的刻度对准，旋转位于观测筒中部的调节螺丝，使明暗界线对准十字交叉点即校准完毕。简单易得的标准液体是蒸馏水，它在不同温度下的折射率见表 2-2。

表 2-2　水在不同温度下的折射率

温度/℃	14	15	16	18	20	22	24	26
折射率	1.33348	1.33341	1.33333	1.33317	1.33299	1.33281	1.332262	1.33241
温度/℃	28	30	32	34	36	38	40	
折射率	1.33219	1.33192	1.33164	1.33136	1.33107	1.33079	1.33051	

另外，折射仪常附有注明折射率的标准晶片，亦可用其进行校正。方法是用 α-溴萘将标准晶片粘在棱镜组的上棱镜上（使标准晶片的小抛光面一端向上，以接收光线），不要合上下棱镜，打开棱镜背面小窗使光线由此射入，调节刻度盘读数，使之等于标准晶片上所刻的数值，观察望远镜内明暗分界线是否通过十字交叉点，若有偏差，如上方法调节即可。

2.3.3 阿贝折射仪的维护

阿贝折射仪是一精密、贵重的光学仪器，使用时应注意如下事项：

① 开闭棱镜要小心，特别注意要保护棱镜镜面。尤其在加试液时滴管不能触及棱镜，更不能有硬物落在棱镜镜面上。

② 不得测量酸性、碱性、腐蚀性的液体。

③ 使用完毕要用乙醇或丙酮清洗干净棱镜的表面，清洗时要使用擦镜纸或棉球，不得用普通纸巾，以免磨损镜面。

④ 阿贝折射仪的量程是 1.3000～1.7000，精确度为±0.0001。仪器应放在干燥并且空气流通的地方，以免仪器的光学零件受潮。

2.4 旋光度的测定

2.4.1 基本原理

自然光是在垂直于传播方向的一切方向上振动的电磁波，只在垂直于传播方向的某一方向上振动的光，称为偏振光。一束自然光以一定角度进入尼科尔（Nicol）棱镜（由两块直角棱镜组成）后，分解成两束振动面相互垂直的平面偏振光（见图 2-9）。由于折射率不同，两束光经过第一块棱镜而到达该棱镜与树胶层的界面时，折射率大的一束光被全反射，并由棱镜框子上的黑色涂层吸收。另一束光可以透过第二块直角棱镜，从而在尼科尔棱镜的出射方向上得到一束单一的平面偏振光。此作用的尼科尔棱镜称为起偏振镜。

当一束平面偏振光照射到尼科尔棱镜上时，若光的偏振面与棱镜的主截面一致，即可全透过。若二者成垂直，光被全反射。当二者的夹角在 0°～90°之间时，则透过棱镜的光强度发生衰减，所以，使用尼科尔棱镜又可以测出偏振光的偏振面方向，此作用的尼科尔棱镜叫作检偏振镜。

旋光仪就是利用起偏振镜和检偏振镜来测定旋光度的，其光路如图 2-10 所示。

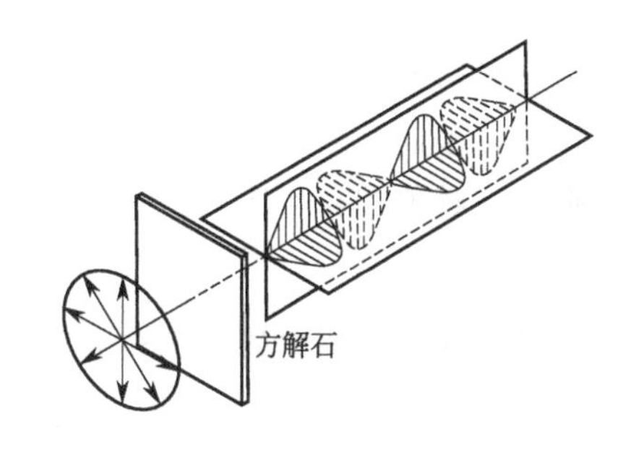

图 2-9 旋光仪工作原理

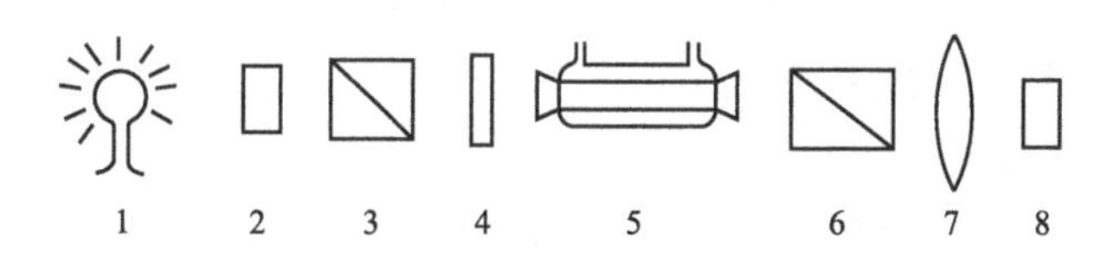

图 2-10 旋光仪光路示意图

1—钠光灯；2—透镜；3—起偏振镜；4—石英片；5—样品管；6—检偏振镜；7—刻度盘；8—目镜

在不放入样品管的情况下，由钠光灯发出的钠黄光首先经透镜进入固定的起偏振镜，从而得到一束单色的偏振光。该偏振光可直接进入可转动的检偏振镜。若将检偏振镜转到其主截面与起偏振镜主截面相垂直的位置，偏振光被全反射，在目镜中观察到的视野是最暗的。此时，若在起偏振镜与检偏振镜之间放入装有蔗糖溶液的样品管，则偏振光经过样品管时偏振面被旋转了一定角度，光的偏振面不再与检偏振镜的主截面垂直。这样就会有部分光透过检偏振镜，其光强度为原偏振光强度在检偏振镜光轴轴向上的分量。此时目镜中观察到的视野不再是最暗的。欲使其恢复最暗，必须将检偏振镜旋转与光偏振面转过的同样角度。这个角度可以在与检偏振镜同轴转动刻度盘上读出。这就是溶液的旋光度。

物质旋光度的大小随所测样品的浓度、盛液管的长度、温度、光波的波长以及溶剂的性质等改变。为了使旋光度的测量能够标准化，人们引入了比旋光度（specific rotation）这一概念。比旋光度是指 1 mL 含 1 g 旋光性物质的溶液，放在 1 dm 长的盛液管中所测得的旋光度。表示为：

$$[\alpha]_{\lambda}^{t}=\frac{\alpha}{cl} \tag{2-4}$$

式中，c 为样品的浓度，即每毫升溶液中样品的质量（g），g(溶质)/mL(溶液)；l 为盛液管的长度，单位为 dm；t 为测定时的温度；λ 为光源的波长，通常采用钠光灯，λ 为 589.3 nm，用 D 表示。如果所测定的样品不是溶液，而是样品的纯液体，则用该液体的密度 d 更换式中的浓度 c。例如：在 20 ℃，用钠光灯为光源，在 10 cm 长的盛液管内装有浓度为 5 g/100 mL 的果糖水溶液，测得旋光度为 −4.64°，则果糖的比旋光度为：

$$[\alpha]_{D}^{20}=\frac{-4.64}{1\times5/100}=-92.8^{\circ}(H_2O)$$

在一定条件下，不同旋光性的物质的比旋光度是一特有的常数，如：肌肉乳酸 $[\alpha]_{D}^{20}=+3.8^{\circ}$，mp：53 ℃；糖发酵乳酸 $[\alpha]_{D}^{20}=-3.8^{\circ}$，mp：53 ℃。

如被测物本身是液体，可直接放入旋光管中测定，纯液体的比旋光度可由下式表示：

$$[\alpha]_{\lambda}^{t}=\frac{\alpha}{\rho l}$$

式中，ρ 为纯液体的密度（g/mL）。测得物质的比旋光度后，可用下式求得样品的光学纯度，即手性产物的比旋光度与该纯净物的比旋光度之比：

$$光学纯度=\frac{[\alpha]_{观察}}{[\alpha]_{纯品}} \tag{2-5}$$

由于溶质与溶剂之间的相互作用等原因，比旋光度的数值会随溶剂的变化而变化，有时甚至旋光方向也会发生变化，同时温度也会对比旋光度产生影响，因此自测样品的比旋光度时，应使用与文献相同的溶剂、温度及相似的浓度，所得数据与文献值才有可比性。

2.4.2 使用方法

旋光仪的种类较多，测定的范围和读数方式差别很大，但基本原理是相似的。现在的旋光仪大部分都是自动调节，自动显示读数，使用很方便（图 2-11）。

图 2-11 SGW®-1 自动旋光仪

使用旋光仪时，先接通电源，开启开关预热后，钠光灯发光正常后才可开始工作。

将配制好的溶液置于样品管中，盖好玻璃片，旋好压紧螺帽，使样品管不泄漏。也不可旋得过紧，以免引起玻璃片的应力，影响度数准确性。样品管中若有小气泡，应将其赶到样品管的扩大部分。将样品管擦干净，放入旋光仪，按照仪器说明点击测量按钮即可获取读数。

注意：每次测量前，需要用空白溶剂校正零点。

2.5 紫外与可见光谱简介

紫外光谱一般是指波长在 200～400 nm 的近紫外吸收光谱，波长小于 200 nm 的远紫外对动植物都有很强的辐射，并且能被氧、氮、二氧化碳和水吸收，只能在真空条件下使用，所以实际用处不大。可见光谱则是波长在 400～800 nm 的吸收光谱，有色物质的颜色就是该物质吸收其互补色后呈现出来的，例如橙色的物质是吸收了蓝色的可见光，黄色的物质是吸收了紫色的可见光。紫外与可见光谱都是分子中的电子吸收光能发生能级跃迁的结果。

紫外光谱一般用于共轭体系的有机化合物的结构鉴定，由于灵敏度高，还可用于有机化合物的定量分析。

2.5.1 紫外光谱的表达

紫外光谱一般以波长 λ（nm）为横坐标，吸收强度 A 为纵坐标，吸光度与摩尔吸光系数 ε 的关系可用朗伯-比耳（Lambert-Beer）定律表示：

$$A=\lg(I_0/I)=\varepsilon cl \tag{2-6}$$

式中，I_0 为入射光强度；I 为透射光强度；ε 为摩尔吸光系数，L/(mol・cm)；c 为样品浓度，mol/L；l 为样品管长，cm。ε 的大小反映了分子在吸收峰的波长处发生能量转移的可能性。ε 的范围为 $10\sim10^5$（$\lg\varepsilon=1\sim5$）。一般 ε 为 10^4 以上，属于允许的跃迁；ε 小于 10^3，跃迁的可能性小。图 2-12 和图 2-13 分别为对甲基苯乙酮和香芹酮的紫外光谱，可以看出紫外光谱不是尖峰而是带状，这是由于在电子跃迁的同时，还伴随着振动能级和转动能级的跃迁。

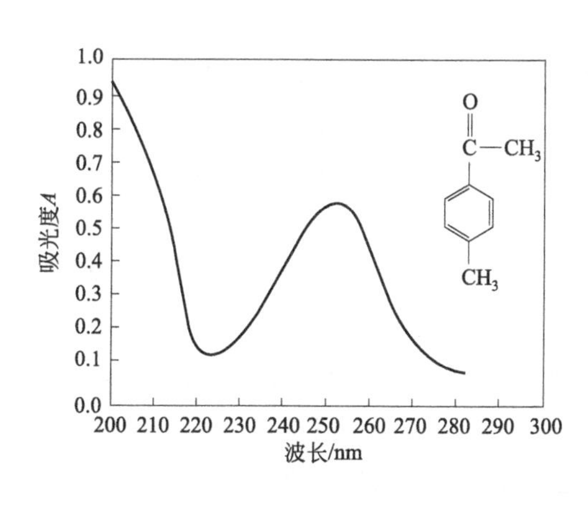

图 2-12 对甲基苯乙酮的紫外光谱

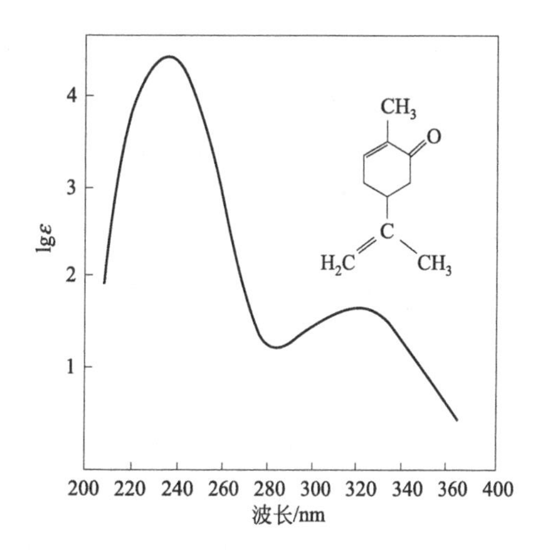

图 2-13 香芹酮的紫外光谱

在多数文献报道中，一般不给出紫外光谱图，只报告其最大吸收峰和与之对应的摩尔吸光系数。以对甲基苯乙酮为例，它在甲醇溶液中的最大吸收波长 $\lambda_{max}=252$ nm，吸光度 $A=0.57$，摩尔吸光系数 $\varepsilon=12300$ L/(mol·cm)，则可表示为 $\varepsilon=1.23\times10^4$ L/(mol·cm) 或 $\lg\varepsilon=4.09$。

2.5.2 紫外-可见光谱的基本原理

紫外线（200～400 nm）所对应的能量为 300～600 kJ/mol，紫外光谱是分子吸收光能后发生了价电子的跃迁，所以也可称它为电子光谱。

（1）电子跃迁的种类

有机分子中有三种电子：σ 电子、π 电子和未成键的 n 电子（p 电子）。当分子吸收光能后，电子会从成键轨道向反键轨道跃迁，即 $\sigma\rightarrow\sigma^*$，$\pi\rightarrow\pi^*$，而未成键的 n 电子没有反键轨道，只能向 σ 和 π 的反键轨道跃迁，即 $n\rightarrow\sigma^*$、$n\rightarrow\pi^*$。例如羰基具有 σ、π 和 n 电子，可以有 $\sigma\rightarrow\sigma^*$、$\pi\rightarrow\pi^*$、$n\rightarrow\pi^*$ 和 $n\rightarrow\sigma^*$ 跃迁，这几种跃迁所需能量不同，如图 2-14。

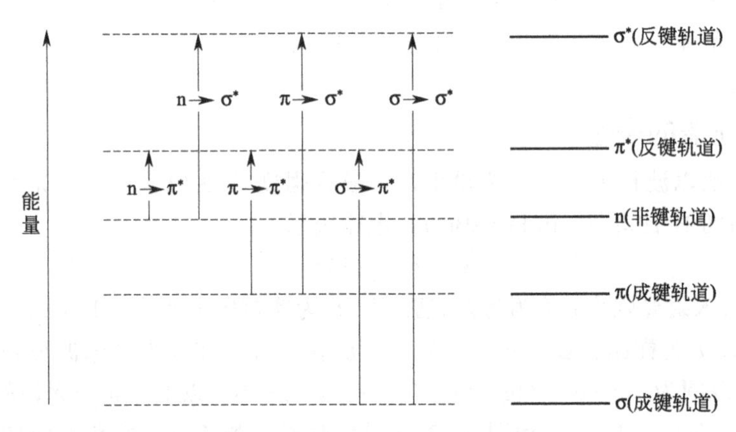

图 2-14 各种电子跃迁的能量轨道

跃迁时吸收能量大小的顺序为：

$$n\rightarrow\pi^* < \pi\rightarrow\pi^* < n\rightarrow\sigma^* < \sigma\rightarrow\pi^* < \sigma\rightarrow\sigma^*$$

烷烃分子中只有 σ 键，只能发生 $\sigma\rightarrow\sigma^*$ 跃迁，两个轨道能量相差很大，必须吸收较短波长的光，落在远紫外区。

饱和烃中的氢原子被—OH、—OR、—NHR、—SH、—Cl、—Br、—I 等取代后，这些杂原子上 n 轨道的电子可以发生 $n\rightarrow\sigma^*$ 跃迁，能差较大，本身不吸收能量大于 200 nm 的光，但是当它们与不饱和键（生色基团）相连时，会使分子的吸收波长向长波方向移动，并增加其吸收强度。这些含有非键电子对的基团称为助色基。

当分子中含 >C=C<、—C≡C—、—C≡N、>C=O、—N=N—、$—NO_2$ 等不饱和基团时，可以发生 $\pi\rightarrow\pi^*$ 跃迁，所需能量较 σ 电子小，且吸收强度较大。但只有一个 π 键的分子其吸收波长仍然小于 200 nm，一般的紫外分光光度计观察不到，例如乙烯的 $\pi\rightarrow\pi^*$ 跃迁，最大吸收波长 $\lambda_{max}=185$ nm［摩尔吸光系数 $\varepsilon=10000$ L/(mol·cm)］。但对于丙酮、乙醛等含有羰基的化合物，其分子内除了 $\pi\rightarrow\pi^*$ 跃迁以外，还有 $n\rightarrow\pi^*$ 的跃迁，例如丙酮有 $\pi\rightarrow\pi^*$ 跃迁［$\lambda_{max}=188$ nm，$\varepsilon=900$ L/(mol·cm)］，也有 $n\rightarrow\pi^*$ 跃迁［$\lambda_{max}=279$ nm，$\varepsilon=15$ L/(mol·cm)］。利用这一特征可用紫外光谱鉴别醛、酮。

（2）共轭体系与紫外光谱

如果分子中存在两个以上的不饱和键，π电子处于离域的分子轨道，与定域的轨道相比，最高占有电子的成键轨道（HOMO）与最低未占轨道（LUMO）的能级差减小，使得$\pi \to \pi^*$跃迁所需的能量减少，吸收峰向长波方向移动，摩尔吸光系数也随之增大。例如丁二烯与乙烯相比，从最高占有电子的成键轨道（π_2）向最低未占轨道（π_3^*）跃迁所需的能量小于乙烯$\pi \to \pi^*$跃迁所需的能量，共轭键越长，能级差越小，吸收波长越长（俗称红移），如图2-15。

图2-15　丁二烯与乙烯分子轨道的能级差比较

表2-3表示了多烯化合物的吸收带，随着共轭键的不断增长，最大吸收波长进入可见光区，例如胡萝卜素和番茄红素。

表2-3　多烯化合物的吸收带

化合物	双键数	λ_{max}/ nm(ε)	颜色
乙烯	1	185(10000)	无色
丁二烯	2	217(21000)	无色
1,3,5-己三烯	3	258(35000)	无色
癸五烯	5	335(118000)	淡黄
二氢-β-胡萝卜素	8	415(210000)	橙黄
番茄红素	11	470(185000)	红

2.5.3　紫外光谱在有机化学中的应用

（1）检测化合物的结构特征

一个化合物的红外光谱可以表明分子中存在哪些官能团，而紫外光谱则可表明这些官能团之间的关系，即官能团是否共轭，以及取代基的位置、数目及种类，分子中是否存在芳香结构等。在决定未知物结构时，紫外光谱可以提供一些补充数据，以便进一步确证红外光谱和核磁共振的结果。

利用紫外光谱确定有机物结构有两种方法：一是将测得的谱图与标准谱图对比，如果一致，则可以确定它们有相同的共轭结构；二是利用经验规则计算最大吸收波长，然后与实测值比较。其方法是查到发色团的特征吸收峰的波长λ_{max}，根据伍德沃德（Woodward，主要用于共轭多烯）、斯格特（Scott，主要用于芳香体系）经验规则估计所测化合物的最大吸收峰，然后与实测值进行比较。

（2）对化合物纯度的鉴定

由于一般能吸收紫外线的物质，其ε值比较高，且重复性好，所以一些对近紫外透明的溶剂或化合物，如其中杂质能吸收近紫外线，只要$\varepsilon > 2000$，检测的灵敏度便能达到0.005%。例如乙醇在紫外和可见光区没有吸收，但若含有少量苯时，则在255 nm处有一个吸收峰，因此用此方法来检测是否存在杂质是很方便的。反之也可用乙醇作溶剂，测定苯、丙酮、乙酰乙酸乙酯等有紫外吸收的化合物的光谱。

(3) 对一些化合物进行定量分析

根据朗伯-比耳定律 $A=\lg I_0/I=\varepsilon cl$，如果测试条件、$\lambda_{max}$ 和 ε 都已知的情况下，可以测定被测物的含量，例如，维生素 A 的紫外吸收光谱数据为：

$$\lambda_{max}^{(CH_3)_2CHOH}=325\ nm$$
$$(\varepsilon:1530;l:1\ cm;c:1\%)$$

如果其粗产品的 ε 为 1208，则该维生素 A 的纯度是 $\frac{1208}{1530}\times100\%=78.95\%$。

再比如，已知肾血液中有一化合物 18-OH DOC，用 UV 测定 239 nm（$\varepsilon=15000$）的吸光度。$l=1$ cm，实验测定 λ_{max} 处 $I_0/I=2$（用标样测，再在相同条件下测未知物），求浓度 c。

$$c=\frac{\lg(I_0/I)}{\varepsilon l}=\frac{\lg2}{15000}\times1=2.007\times10^{-5}\ mol/L$$

2.5.4 紫外-可见分光光度计的原理、结构和实验操作

(1) 紫外-可见分光光度计的原理和结构

紫外-可见分光光度计主要由五个部分组成：光源、单色器、吸收池、检测器和信号指示系统，如图 2-16 所示。

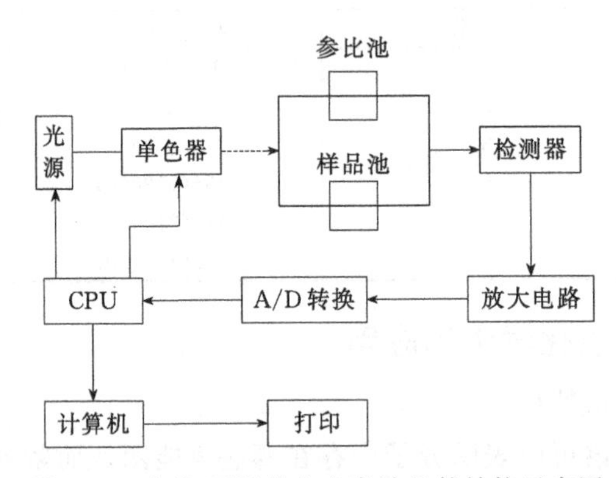

图 2-16　紫外-可见分光光度计组件结构示意图

由光源发出的复合光，经入射狭缝射入单色器，由色散元件将该复合光分解成单色光，再经出射狭缝射出。由单色器出来的单色光，经半圆形反射镜交替反射光束，使其分别通过参比池和样品池，然后这两束光变成脉冲射到检测器上，检测器检测到的电信号被送到放大器，将信号放大后送入 A/D 转换，经计算机处理后，将数据显示出来。

(2) 溶剂的选择

测定紫外光谱需要配制样品的稀溶液，所选溶剂必须具备以下几个条件：

① 在测量范围内，溶剂本身无吸收（仅含 σ 键和非共轭 π 键的溶剂都可以用）。

② 对样品有足够的溶解度。

③ 溶剂不与样品作用（应避免溶剂与样品形成氢键而产生溶剂效应）。

④ 溶剂必须是光谱纯的，否则会有杂质信号产生。

常用的溶剂有环己烷、正己烷、甲醇、乙醇和水等。

(3) 样品的制备和测定

① 试样溶液要在校正过的容量瓶中配制。通常制备的标准溶液（称量准确至 0.1 mg），

浓度约为 0.1%。若 ε 值较大，浓度可以稀一些；若 ε 值较小，则浓度可以略大一点。

② 使用紫外仪器需提前预热。打开软件，进入自检状态，等自检结束后方可使用。

③ 样品溶液倒入石英比色皿中，将比色皿插入吸收池支架，同时还要在参比池支架中插入不含样品的纯溶剂（空白样品）比色皿。所用的石英比色皿一般是 1 cm 厚，样品用量大约为 3 mL。在使用石英比色皿时，严禁触摸透光面！若有溶液溅出要用擦镜纸轻拭。

④ 关闭试样室盖，测定紫外光谱。

注意：如需做空白校正，应在测量前先完成基线扫描。在测定紫外光谱时，如果吸光度 A 太大（一般为 0.5～0.9），需将溶液稀释。可用 1～10 mL 的移液管移取溶液至另一容量瓶中，用同样方法稀释至刻度。

测量完毕，石英比色皿用清洁的溶剂淋洗数次，再用乙醇洗净晾干，置于盒中保存。

紫外-可见分光光度计型号较多，不同型号的仪器操作方法略有不用，可根据仪器使用说明进行操作。

第3章　有机化合物的分离与提纯技术

3.1　重结晶

3.1.1　重结晶的一般步骤

从有机反应分离出的固体有机化合物往往是不纯的，其中常夹杂一些反应的副产物、未用的原料及催化剂等。纯化这类物质的有效方法通常是用合适的溶剂进行重结晶，其一般过程如图 3-1 所示。

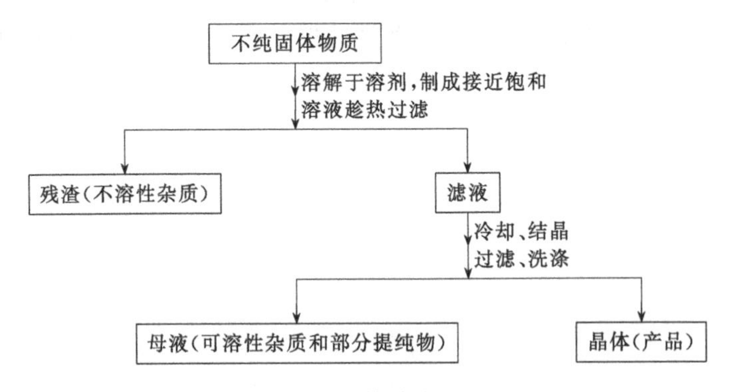

图 3-1　重结晶的过程

① 选择合适的有机溶剂，包括溶剂的用量。

② 将不纯的固体有机物在溶剂的沸点或接近沸点的温度下溶解在溶剂中，制成接近饱和的浓溶液，若固体有机物的熔点较溶剂的沸点低，则应制成在熔点温度以下的饱和溶液。

③ 若溶液含有色杂质，可加适量活性炭煮沸脱色（如粗产物接近无色，也可以不使用活性炭脱色）。

④ 过滤此热溶液以除去其中不溶性杂质及活性炭。

⑤ 将滤液冷却，使结晶从过饱和溶液中析出，而可溶性杂质仍留在母液中。

⑥ 抽气过滤，从母液中将结晶分出，洗涤结晶以除去吸附的母液，得到产物晶体。

⑦ 经干燥后测定熔点。

如发现其纯度不符合要求时，可重复上述操作，直至熔点不再改变。

固体有机物在溶剂中的溶解度与温度有密切关系。一般是温度升高，溶解度增大。若把固体溶解在热的溶剂中达到饱和，冷却时即由于溶解度降低，溶液变成过饱和而析出结晶。利用溶剂对被提纯物质及杂质的溶解度不同，可以使被提纯物质从过饱和溶液中析出。而让杂质全部或大部分仍留在溶液中（若在溶剂中的溶解度极小，则制成饱和溶液后被过滤除去），从而达到提纯的目的。

3.1.2　选择重结晶溶剂的一般规则

在进行重结晶时，选择理想的溶剂是关键，理想的溶剂必须具备下列条件：

① 不与被提纯物质起化学反应。

② 在较高温度时能溶解大量的被提纯物质，而在室温或更低温度时，只能溶解很少量

的该种物质。

③ 对杂质的溶解度非常大或非常小（前一种情况是使杂质留在母液中不随提纯物晶体一同析出，后一种情况是使杂质在热过滤时被滤去）。

④ 容易挥发（溶剂的沸点较低），易与结晶分离除去。

⑤ 能给出较好的结晶。

⑥ 无毒或毒性很小，便于操作。

表 3-1 列出几种常用的重结晶溶剂。

表 3-1 常用的重结晶溶剂

溶剂名称	沸点/℃	相对密度	溶剂名称	沸点/℃	相对密度
水	100.0	1.00	石油醚	30～60	0.68
乙酸	118	1.05	石油醚	60～90	0.72
二甲亚砜	189	1.10	环己烷	80.8	0.78
甲醇	64.7	0.79	二氧六环	101.3	1.03
乙醇	78.0	0.79	甲苯	110.6	0.87
丙酮	56.1	0.79	正戊烷	36	0.626
甲乙酮	79.6	0.81	正己烷	69	0.659
乙酸乙酯	77.1	0.90	三氯甲烷	61.62	1.49
二氯甲烷	40.8	1.34	四氯化碳	76.8	1.58
二氯乙烷	83.8	1.24	乙腈	81.6	0.78
乙醚	34.6	0.71	硝基甲烷	120.0	1.14
甲基叔丁基醚	52	0.74			

在几种溶剂同样都合适时，则应根据结晶的回收率、操作的难易、溶剂的毒性、易燃性和价格等来选择。

当一种物质在一些溶剂中的溶解度太大，而在另一些溶剂中的溶解度又太小，不能选择到一种合适的溶剂时，常可使用混合溶剂得到满意的结果。所谓混合溶剂，就是把对此物质溶解度很大的和溶解度很小的而又能互溶的两种溶剂（例如水和乙醇）混合起来，这样可获得新的良好的溶解性能。用混合溶剂重结晶时，可先将待纯化物质在接近良溶剂的沸点时溶于良溶剂中（在此溶剂中极易溶解）。若有不溶物，趁热滤去；若有色，则用适量（如 1%～2%）活性炭煮沸脱色后趁热过滤。于此热溶液中小心地加入热的不良溶剂（物质在此溶剂中溶解度很小），直至所出现的浑浊不再消失为止，再加入少量良溶剂或稍热使恰好透明。然后将混合物冷却至室温，使结晶从溶液中析出。有时也可将两种溶剂先行混合，如 1∶1 的乙醇和水，则其操作和使用单一溶剂时相同。常用的混合溶剂见表 3-2。

表 3-2 常用的混合溶剂

水-醇	乙酸乙酯-环己烷	石油醚-甲苯
水-乙酸	乙酸乙酯-石油醚	石油醚-丙酮
水-丙酮	乙醚-丙酮	石油醚-二氯甲烷
水-二氧六环	甲醇-二氯乙烷	乙醇-乙醚-乙酸乙酯
乙醇-乙醚	石油醚-氯仿	

活性炭的使用是为了除去粗制的有机化合物中常含有的有色杂质。在重结晶时，杂质虽可溶于沸腾的溶剂中，但当冷却析出结晶时，部分杂质又会被结晶吸附，使得产物带色。有时在溶液中存在某些树脂状物质或不溶性杂质的均匀悬浮体，使得溶液有些浑

浊，常常不能用一般的过滤方法除去。如果在溶液中加入少量的活性炭，并煮沸5～10 min（要注意活性炭不能加到已沸腾的溶液中，以免溶液暴沸而自容器中冲出）。活性炭可吸附有色杂质、树脂状物质以及均匀分散的物质。趁热过滤除去活性炭，冷却溶液便能得到较好的结晶。活性炭在水溶液中进行的脱色效果较好，它也可以在任何有机溶剂中使用，但在烃类等非极性溶剂中效果较差。除用活性炭脱色外，也可采用硅藻土或柱色谱来除去杂质。

使用活性炭时，用量要适当，避免过量太多，因为它也能吸附一部分被纯化的物质。所以活性炭的用量应视杂质的多少而定，一般为干燥粗产品质量的1%～5%。假如这些数量的活性炭不能使溶液完全脱色，则可再用1%～5%的活性炭重复上述操作。活性炭的用量选定后，最好一次脱色完毕，以减少操作损失。过滤时选用的滤纸质量要紧密，以免活性炭透过滤纸进入溶液中。

3.1.3 重结晶实验操作

（1）溶剂的选择

在重结晶时需要知道用哪一种溶剂最合适和物质在该溶剂中的溶解情况。一般化合物可以查阅手册或辞典中的溶解度一栏或通过试验来决定采用哪种溶剂。

选择溶剂时，必须考虑到被溶物质的成分与结构。因为溶质往往易溶于结构与其近似的溶剂中。极性物质较易溶于极性溶剂中，而难溶于非极性溶剂中。例如含羟基的化合物，在大多数情况下或多或少地能溶于水中；碳链增长，如高级醇，在水中的溶解度显著降低，但在碳氢化合物中，其溶解度却会增加。

溶剂的最后选择，只能用实验方法来决定。其方法是：取0.1 g待结晶的固体粉末于一小试管中，用滴管逐滴加入溶剂，并不断振荡。若加入的溶剂量达1 mL仍未见全溶，可小心加热混合物至沸腾（必须严防溶剂着火！）。若此物质在1 mL冷的或温热的溶剂中已全溶，则此溶剂不适用。如果该物质不溶于1 mL沸腾的溶剂中，则继续加热，并分批加入溶剂，每次加入0.5 mL并加热使沸腾。若加入溶剂量达到4 mL，而物质仍然不能全溶，则必须寻求其他溶剂。如果该物质能溶解在1～4 mL沸腾的溶剂中，则将试管进行冷却，观察结晶析出情况。如果结晶不能自行析出，可用玻璃棒摩擦溶液液面下的试管壁，或再辅以冰水冷却，以使结晶析出。若结晶仍不能析出，则此溶剂也不适用。如果结晶能正常析出，要注意析出的量，在几个溶剂用同法比较后，可以选用结晶收率最好的溶剂来进行重结晶。

（2）溶质的溶解

通常将待结晶物置于烧瓶中（不能用烧杯，除非溶剂是水），加入较需要量（根据查得的溶解度数据或溶解度试验方法所得的结果估计）稍少的适宜溶剂，加热到微沸一段时间，直至物质完全溶解（要注意判断是否有不溶性杂质存在，以免误加过多的溶剂）。若未完全溶解，可再次逐渐添加溶剂，每次加入后均需再加热使溶液沸腾，要使重结晶得到的产品纯度和回收率高，溶剂的用量是关键，虽然从减少溶解损失来考虑，溶剂应尽可能避免过量，但这样在热过滤时会引起很大的麻烦和损失，特别是当待结晶物质的溶解度随温度变化很大时更是如此。因为在操作时会因挥发而减少溶剂，或因降低温度而使溶液变为过饱和而析出沉淀。因而要根据这两方面的损失来权衡溶剂的用量，一般可比需要量多加20%左右的溶剂。

为了避免溶剂挥发及可燃溶剂着火或有毒溶剂中毒，应在烧瓶上装置回流冷凝管，添加溶剂可由冷凝管的上端加入。根据溶剂的沸点和易燃性，选择适当的热浴使溶质全部溶解。

(3) 溶液脱色

若溶液中含有色杂质，则要加活性炭脱色。这时应移去火源，使溶液冷至室温，加入稍多一些的溶剂以防晶体析出，然后加入活性炭，切不可向沸腾的溶液中加入活性炭，以免暴沸。继续煮沸 5～10 min，再趁热过滤。

(4) 热过滤

热过滤可分为常压热过滤和减压热过滤，常压热过滤是利用重力过滤的方法除去不溶性杂质，包括活性炭。

过滤易燃溶剂的溶液时，必须熄灭附近的火源。为了过滤得较快，可选用颈短而粗的玻璃漏斗，这样可避免晶体在颈部析出而造成堵塞。在过滤前，要把漏斗放在烘箱中预先烘热，待过滤时才将漏斗取出放在铁架上的铁圈中，或放在盛滤液的锥形瓶上。图 3-2 为用水作溶剂的一种过滤装置，盛滤液的锥形瓶用小火加热（有机溶剂不能用明火加热，要用其他热源）产生的热蒸汽可使玻璃漏斗保温。过滤时，漏斗上应盖上表面皿（凹面向下），减少溶剂的挥发。盛滤液的容器一般用锥形瓶，只有水溶液才可收集在烧杯中，如过滤进行得很顺利，常只有很少的结晶在滤纸上析出（如果此结晶在热溶剂中溶解度很大，则可用少量热溶剂洗下，否则还是弃之为好，以免得不偿失）。若结晶较多时，必须用刮刀刮回到原来的瓶中，再加适量的溶剂溶解并过滤。过滤完毕，用洁净的塞子塞住盛溶液的锥形瓶，放置冷却。如果溶液稍经冷却就要析出结晶，或过滤的溶液较多，则最好用热水漏斗，如图 3-3。热水漏斗要用铁夹固定好并预先烧热。

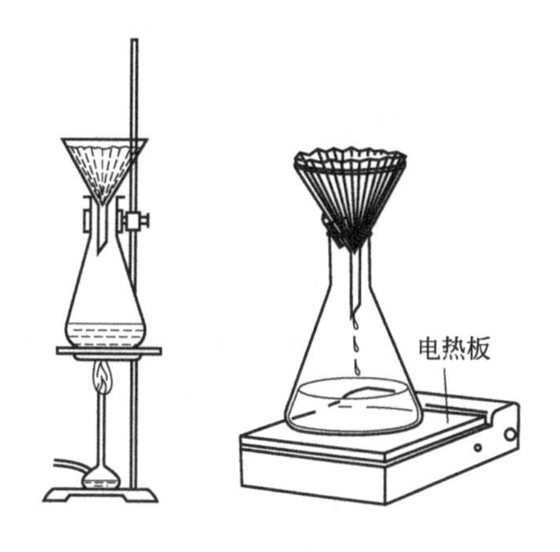

图 3-2　水溶剂的热过滤

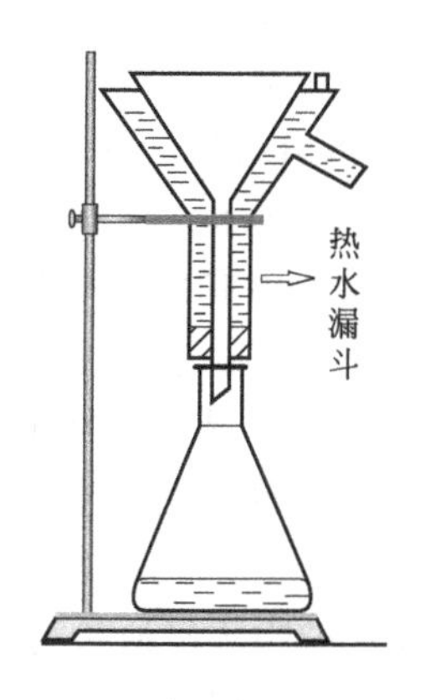

图 3-3　普通热过滤装置

为了尽可能地利用滤纸的有效面积，加快过滤速度，滤纸应折成菊花状。折叠方法如图 3-4 所示。需要注意的是：折叠时，折叠方向要一致向里。滤纸折线集中的地方为圆心，切勿重压，以免过滤时滤纸破裂。

减压过滤（图 3-5）的优点是速度快，缺点是沸点较低的溶剂会因减压而使热溶剂挥发，导致溶液浓度改变，使结晶有可能过早析出。

减压过滤用的布氏漏斗事先预热，抽滤用的滤纸应和漏斗底部大小适合，先用少量热水润湿滤纸，使滤纸与漏斗贴紧。如抽滤样品需无水操作时，可先用水贴紧滤纸，再用热溶剂

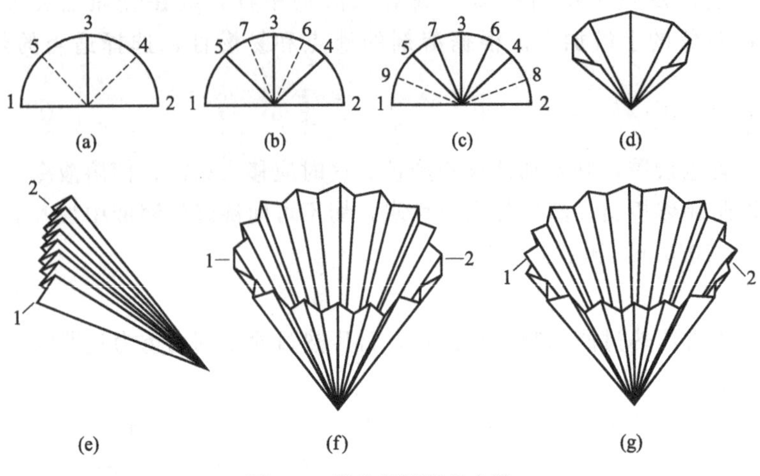

图 3-4　菊花滤纸折叠方法

(如乙醇) 洗去水分再过滤。减压抽紧滤纸后，迅速将热溶液倒入布氏漏斗中，在过滤过程中漏斗里要保持有较多的溶液。为防止压力过低导致滤液沸腾而沿抽气管跑掉，可用手稍稍捏住抽气管，或使安全瓶活塞处于不完全关闭状态，使抽滤瓶保持一定的真空度而能继续迅速过滤。

有些物质易于析出晶体，如果有结晶在滤纸上析出，阻碍继续过滤，处理不妥会导致产品损失较多，此时应小心地将析出物与滤纸一同返回，重新制备热溶液，再次热过滤。这种情况下，可将热溶液稍微配稀一些。

(5) 结晶

将滤液在冷水浴中迅速冷却并剧烈搅动时，可得到颗粒很小的晶体，小晶体包含杂质较少，但其表面积较大，吸附于其表面的杂质较多。希望得到均匀而较大的晶体，可将滤液(如在滤液中已析出结晶，可加热使之溶解) 在室温或保温下静置，使之缓缓冷却。这样得到的结晶往往比较纯净。

有时由于滤液中有焦油状物质或胶状物存在，使结晶不易析出，或有时因形成过饱和溶液也不析出结晶，在这种情况下，可用玻璃棒摩擦器壁以形成粗糙面，使溶质分子呈定向排列而形成结晶的过程较在平滑面上迅速和容易；或者投入晶种 (若无此物质的晶种，可用玻璃棒蘸一些溶液，稍干后即会析出晶体，用作晶种)，供给定形晶核，使晶体迅速形成。

有时被纯化的物质呈油状析出，油状物质长时间静置或足够冷却后虽也可以固化，但这样的固体往往含有较多杂质 (杂质在油状物中的溶解度常较在溶剂中的溶解度大；其次，析出的固体中还会包含一部分母液)，纯度不高，用溶剂大量稀释，虽可防止油状物生成，但会使产物大量损失。这时可将析出油状物的溶液加热重新溶解，然后慢慢冷却。一旦油状物析出时便剧烈搅拌混合物，使油状物在均匀分散的状况下固化，这样包含的母液就大大减少。但最好还是重新选择溶剂，使之能得到晶形的产物。

(6) 减压过滤和洗涤

抽气过滤即减压过滤。当过滤少量晶体时，可选用小型或微型的漏斗和抽滤瓶，如图 3-5。抽滤后所得的母液，如还有用处，可移置于其他容器中。较大量的有机溶液，一般应用蒸馏法回收。如果母液中溶解的物质不容忽视，可将母液适当浓缩。回收得到一部分纯度较低的晶体，测定它的熔点，以决定是否可供直接使用，或需进一步提纯。

洗涤漏斗上的产物时，要先通大气，再用冷却后的溶剂洗涤，抽滤，直至晶体洗净，滤液澄清。

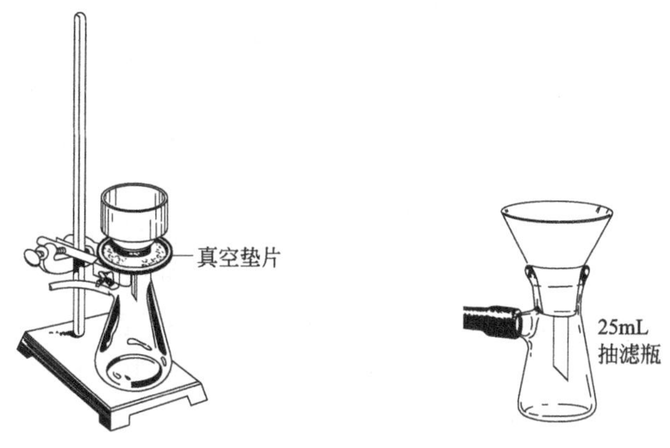

图 3-5 抽滤

(7) 结晶的干燥

抽滤和洗涤后的结晶，表面上还吸附有少量溶剂，因此尚需要适当的方法进行干燥，固体的干燥方法很多，可根据重结晶所用的溶剂及结晶的性质来选择。常用的方法有如下几种。

空气晾干：将抽干的固体物质转移到表面皿上铺成薄薄的一层，再用一张滤纸覆盖，以免灰尘沾污，然后在室温下放置，一般要经几天后才能彻底干燥。

烘干：一些对热稳定的化合物，可以在低于该化合物熔点或接近溶剂沸点的温度下进行干燥。实验室中常用红外线灯或用真空烘箱、干燥器等方式进行干燥。

有时晶体吸附的溶剂在过滤时很难抽干，这时可将晶体放在二三层滤纸上，上面再用滤纸挤压以吸出溶剂。此法的缺点是晶体上易沾污一些滤纸纤维。一般从水中析出的晶体很难干燥，这时可用有机溶剂稍加洗涤，以利于快速干燥。

必须注意，由于溶剂的存在，结晶可能在较其熔点低得多的温度下就开始熔化了，造成熔点偏低现象，所以必须充分干燥。

3.2 升　　华

升华是纯化固体有机化合物的一个方法，它所需的温度一般较蒸馏时低，但是只有在其熔点温度以下具有相当高（高于 2.67 kPa）蒸气压的固态物质，才可用升华来提纯。利用升华可除去不挥发性杂质，或分离不同挥发度的固体混合物。升华常可得到较高纯度的产物，但操作时间长，损失也较大，在实验室中只用于较少量（1～2 g）物质的纯化。

3.2.1 基本原理

严格来说，升华是指物质自固态不经过液态直接转变成蒸气的现象，这样能得到高纯度的物质。一般来说，分子对称性较高的固态物质，具有较高的熔点，且在熔点温度以下具有较高的蒸气压，易于用升华来提纯。

为了了解和控制升华的条件，就必须研究固、液、气三相平衡，如图 3-6。图中 ST 表示固相与气相平衡时固体的蒸气压曲线，TW 是液相与气相平衡时液体的蒸气压曲线，TV

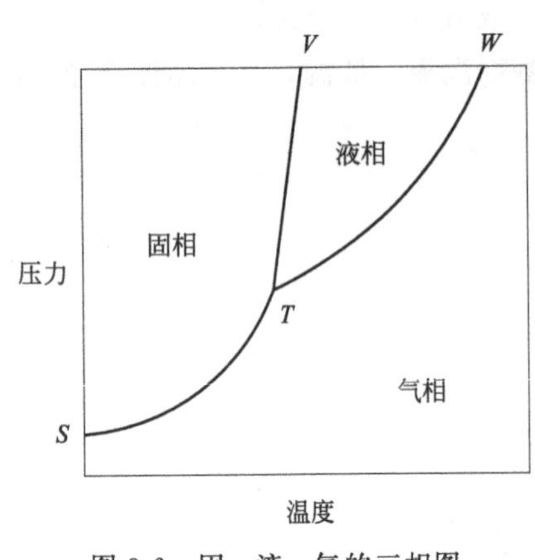

图 3-6　固、液、气的三相图

曲线表示固、液两相平衡时的温度和压力，它指出了压力对熔点的影响并不太大。*ST*、*TV*、*TW* 相交点为 *T* 点，在此点固、液、气三相可同时并存，*T* 为三相点。

一个物质的正常熔点是固、液两相在大气压下平衡时的温度。在三相点时的压力是固、液、气三相的平衡蒸气压，所以三相点时的温度和正常的熔点有些差别。但在一定压力范围内，在一般的常见体系中，*TV* 曲线偏离垂直方向很小。在三相点以下，物质只有固、气两相，若降低温度，蒸气就不经过液态而直接变成固态；若升高温度，固态也不经过液态而直接变成蒸气。因此一般的升华操作皆应在三相点温度以下进行。若某物质在三相点温度以下的蒸气压很高，因而气化速率很大，就可以容易地从固态直接变为蒸气，且此物质蒸气压随温度的降低而下降非常显著，稍降低温度即能由蒸气直接转变成固态，则此物质可容易地在常压下用升华方法来提纯。例如六氯乙烷（三相点温度 186 ℃，压力 104 kPa）在 185 ℃时蒸气压已达 0.1 MPa，因而在低于 186 ℃时就可完全由固相直接挥发成蒸气。樟脑（三相点温度 179 ℃，压力 49.3 kPa）在 160 ℃时蒸气压为 29.1 kPa，未达熔点前，已有相当高的蒸气压，只要缓缓加热，使温度维持在 179 ℃以下，它就可不经熔化而直接蒸发，蒸气遇到冷的表面就凝结成固体，这样蒸气压可始终维持在 49.3 kPa 以下，直至挥发完毕。

像樟脑这样的固体物质，它的三相点平衡气压低于 0.1 MPa（大气压），如果加热很快，使蒸气压超过了三相点平衡的蒸气压，这时固体就会熔化成为液体。如继续加热至蒸气压到 0.1 MPa 时，液体就开始沸腾。

有些物质在三相点时的平衡蒸气压比较低（为了方便，可以认为三相点时的温度及平衡蒸气压与熔点的温度及蒸气相差不多），例如苯甲酸熔点 122 ℃，蒸气压 0.8 kPa；萘熔点 80 ℃，蒸气压为 0.93 kPa。这时如果也用上述升华樟脑的办法，就不能得到满意产率的升华产物。例如萘加热到 80 ℃时要熔化，而其相应的蒸气压很低，当蒸气压达到 0.1 MPa 时（218 ℃）开始沸腾。若要使大量萘全部转变为气态，就必须保持它在 218 ℃左右，但这时萘的蒸气冷却后要转变为液态。除非达到三相点（此时的蒸气压为 0.93 kPa 时），才转变为固态。在三相点温度时，萘的蒸气压很低（萘的分压∶空气分压＝7∶753），因此升华的收率很低。为了提高升华的效率，对于萘及其他类似情况的化合物，除可在减压下进行升华外，也可以采用一个简单有效的方法：将化合物加热至熔点以上，使具有较高的蒸气压，同时通入空气或惰性气体带出蒸气，促使蒸发速度增快；降低被纯化物质的分压，使蒸气不经过液化阶段而直接凝成固体。

3.2.2　实验操作

（1）常压升华

最简单的常压升华装置如图 3-7(a) 所示。在蒸发皿中放置粗产物，上面覆盖一张刺有许多小孔的滤纸（最好在蒸发皿的边缘上先放置大小合适的用石棉纸做成的窄圈，用于支持此滤纸）。然后将大小合适的玻璃漏斗倒盖在上面，漏斗的颈部塞有玻璃毛或脱脂棉，以减少蒸气逃逸。在石棉网上渐渐加热蒸发皿（最好能用沙浴或其他热浴），小心调节火焰，控制浴温低于被升华物质的熔点，使其慢慢升华。蒸气通过滤纸小孔上升，冷却后凝结在滤纸上或漏斗壁上。必要时外壁可用湿布冷却。

在空气或惰性气体流中进行升华的装置见图 3-7(b)，在锥形瓶上配有二孔塞，一孔插入玻璃管，以导入空气或惰性气体；另一孔插入接液管，接液管的另一端伸入圆底烧瓶中，烧瓶口塞一些玻璃棉或玻璃毛。当物质开始升华时，通入空气或惰性气体，带出的升华物质，遇到冷水冷却的烧瓶壁就凝结在壁上。

较大量物质升华，可在烧杯中进行。烧杯上放置一个通冷水的烧瓶，使蒸气在烧杯底部凝结成晶体并附着在瓶底上，如图 3-7(c) 所示。

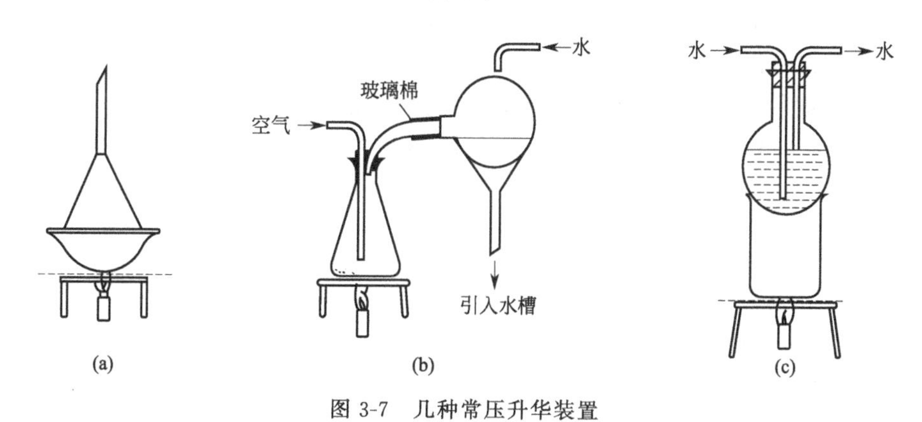

图 3-7　几种常压升华装置

(2) 减压升华

对于蒸气压较低的物质，可以采用减压升华的方法加以提纯。小规模的减压升华装置如图 3-8 所示，将固体物质放在吸滤管中，然后将装有“冷凝指”的橡皮塞紧密塞住管口，“冷凝指”内装碎冰，利用水泵或油泵减压，将包有铝箔的吸滤管浸在电热套或油浴中加热，冷凝后的固体将凝聚在“指形冷凝器”的底部。

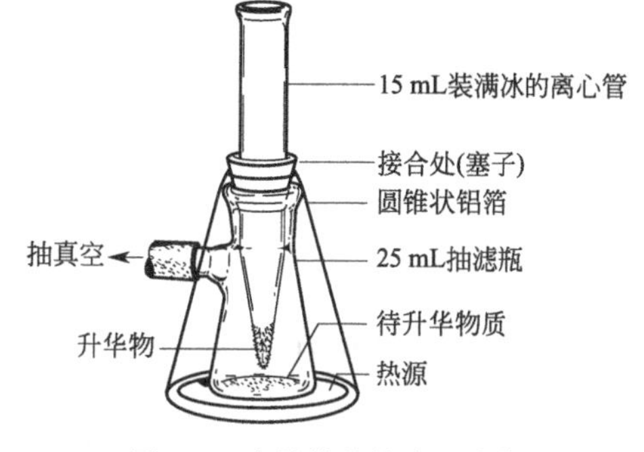

图 3-8　小量样品的减压升华

(3) 注意事项

① 升华温度一定要控制在固体化合物熔点以下。

② 减压升华前，必须把待精制的物质充分干燥。

③ 滤纸上的孔应尽量大些，以使蒸气上升时顺利通过滤纸，在滤纸的上面和漏斗中结晶，否则将会影响晶体的析出。

④ 减压升华结束，停止抽滤时一定要先打开安全瓶上的空气导管。

3.3　萃　　取

萃取是有机化学实验中用来提取或纯化有机化合物的常用操作之一。萃取可以从固体或液体混合物中提取出所需要的物质，也可以用来洗去混合物中的少量杂质。通常称前者为“抽提”或“萃取”，后者为“洗涤”。分液漏斗是液-液萃取和液体洗涤的基本仪器。

萃取是利用有机物在两种不互溶的溶剂中的溶解度或分配比不同而达到分离目的的，可用水与不互溶的有机溶剂在水溶液中的分离加以说明。

3.3.1 液-液萃取的基本原理

在一定温度下，有机物在有机相中和在水相中的浓度比为一常数（在此不考虑分子的解离、缔合和溶剂化等作用）。其关系式为：

$$\frac{c_A}{c_B}=K \tag{3-1}$$

式中，A、B为两种不互溶的溶剂，如水和有机溶剂；K 为分配系数，是一常数。利用此关系式，可算出每次萃取后物质的剩余量。

假设 W_0 为被萃取物质的总质量（g），V_0 为原溶液的体积（mL），W_1 为第一次萃取后物质的剩余量（g），V 为每次所用萃取剂的体积（mL），将上述物理量代入式(3-1)则有：

$$K=\frac{\dfrac{W_1}{V_0}}{\dfrac{W_0-W_1}{V}}$$

即
$$W_1=W_0\frac{KV_0}{KV_0+V}$$

式中，W_1 为第一次萃取后的剩余量。

二次萃取后，有 $K=\frac{\dfrac{W_2}{V_0}}{\dfrac{W_1-W_2}{V}}$

即
$$W_2=W_1\frac{KV_0}{KV_0+V}=W_0\left(\frac{KV_0}{KV_0+V}\right)^2$$

所以经 n 次萃取后

$$W_n=W_0\left(\frac{KV_0}{KV_0+V}\right)^n \tag{3-2}$$

由式(3-2) 可知，$\frac{KV_0}{KV_0+V}$的值永远小于1。n 值越大，W_n 则越小，说明用一定量的溶剂进行萃取时，多次萃取比一次性萃取效率高。

但是，连续萃取的次数不是无限度的，当溶剂总量保持不变时，萃取次数增加，每次使用的溶剂体积就要减少。$n>5$ 时，n 与 V 两个因素的影响就几乎相互抵消了，再增加 n 次，则 W_n/W_{n+1} 的变化不大，可忽略。故一般以萃取三次为宜。

注意：如果是从水相中萃取有机物，一般水相澄清即表示萃取次数够了。

另外，选择合适的萃取剂，也是提纯物质的有效方法。合适萃取剂的要求：纯度高，沸点低，毒性小，水溶液中萃取使用的溶剂在水中溶解度要小（难溶或微溶），被萃取物在溶剂中的溶解度要大，溶剂与水和被萃取物都不发生反应，萃取后溶剂易于蒸馏回收。此外，价格便宜、操作方便、不易着火等也是应考虑的条件。

经常使用的溶剂有乙醚、苯、四氯化碳、氯仿、石油醚、二氯甲烷、正丁醇和乙酸乙酯等。难溶于水的物质用石油醚等萃取：易溶于水的物质用乙酸乙酯或其他类似溶剂萃取；较易溶于水者，用乙醚或苯萃取。但需注意，萃取剂中有许多是易燃试剂，故在实验室中可少量操作，而工业生产中不宜使用。

3.3.2 液-液萃取操作

实验中用得最多的是水溶液中物质的萃取。最常使用的萃取器皿为分液漏斗。

(1) 分液漏斗的选择

应选择容积较液体体积大一倍以上的分液漏斗。

(2) 玻璃漏斗的防漏处理

把活塞擦干，在离活塞孔稍远处薄薄地涂上一层润滑脂（注意切勿涂得太多或使润滑脂进入活塞孔中，以免沾污萃取液），塞好后再把活塞旋转几圈，使润滑脂均匀分布，看上去透明即可。一般在使用前应于漏斗中放入水摇荡，检查塞子与活塞是否渗漏，确认不漏水时方可使用。

注意：聚四氟乙烯活塞不需要涂凡士林。

(3) 加萃取剂

将漏斗放在固定在铁架台上的铁圈中，关好活塞，将要萃取的水溶液和萃取剂（一般为溶液体积的 1/3）依次自上口倒入漏斗中，塞紧塞子（注意塞子不能涂润滑脂）。

(4) 放气和振摇

取下分液漏斗，用右手手掌顶住漏斗顶塞并握住漏斗，左手握住漏斗活塞处，大拇指压紧活塞，把漏斗放平前后摇振，如图 3-9(a)。在开始时，摇振要慢，摇振几次后，将漏斗的上口向下倾斜，下部支管指向斜上方（朝向无人处），左手仍握在活塞支管处，用拇指和食指旋开活塞，从指向斜上方的支管口释放出漏斗内的压力，也称“放气”，如图 3-9(b)。

图 3-9 分液漏斗振摇和放气

以乙醚萃取水溶液中的物质为例，在振摇后乙醚可产生 40～66.7 kPa 的蒸气压，加上原来空气压力和水的蒸气压，漏斗中的压力就大大超过了大气压。如果不及时放气，塞子就可能被顶开而出现喷液。待漏斗中过量的气体逸出后，将活塞关闭再行振摇。如此重复至放气时只有很小压力后，再剧烈振摇 2～3 min。

(5) 静置与收集

将漏斗放回铁圈中静置，待两层液体完全分开后，打开上面的玻璃塞，再将活塞缓缓旋开，下层液体自活塞放出（见图 3-10）。分液时一定要尽可能分离干净，有时在两相间可能出现一些絮状物，也应同时放去。然后将上层液体从分液漏斗的上口倒出，切不可也从活塞放出，以免被残留在漏斗颈上的第一种液体所沾污。将水溶液倒回分液漏斗中，再用新的萃取剂萃取。

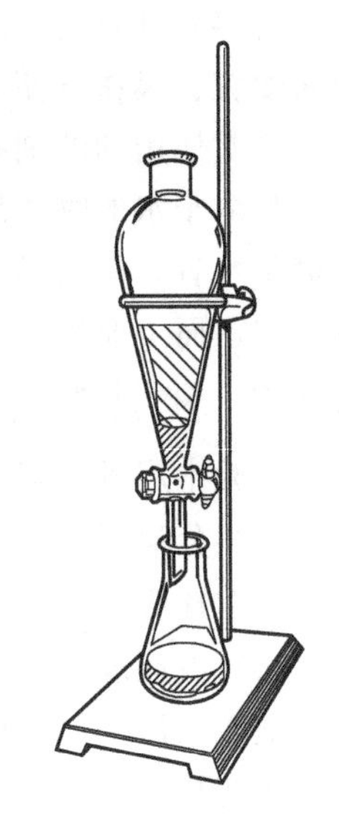
图 3-10 萃取装置

为了弄清哪一层是水溶液，可任取其中一层的少量液体，置于试管中，并滴加少量自来水，若分为两层，说明该液体为有机相。若加水后不分层，则是水溶液。萃取次数取决于分配系数，一般为 3～5 次，将所有的萃取液合并，加入过量的干燥剂干燥。然后蒸去溶剂，萃取所得的有机物视其性质可利用蒸馏、重结晶等方法纯化。

上述操作中的萃取剂是有机溶剂，它是根据“分配定律”使有机化合物从水溶液中萃取出来。另外一类萃取原理是利用萃取剂能与被萃取物质起化学反应。这种萃取通常用于从化合物中移去少量杂质或分离混合物，操作方法与上面所述相同，常用的这类萃取剂如 5%氢氧化钠水溶液，5%或 10%的碳酸钠、碳酸氢钠溶液，稀盐酸、稀硫酸及浓硫酸等。碱性萃取剂可以从有机相中移出有机酸，或从溶于有机溶剂的有机化合物中除去酸性杂质（使酸性杂质形成钠盐溶于水中），稀盐酸及稀硫酸可从混合物中萃取出碱性有机物质或用于除去碱性杂质，所以也可称之为酸碱萃取。此外浓硫酸可用于从饱和烃中除去不饱和烃，从卤代烷中除去醇及醚；亚硫酸氢钠溶液可用于除去醛等氧化性物质。

在萃取某些含有碱性或表面活性较强的物质时，易出现溶液乳化，造成不能分层或不能很快分层。原因可能是由于两相界面之间存在少量轻质的不溶物；也可能是两相界面处表面张力小；或由于两液相密度相差太小。碱性物质（如氢氧化钠）能稳定乳状、絮状物而使分层更困难，这种情况可采取如下措施：

① 较长时间静置；

② 若因两种溶剂（水与有机溶剂）能部分互溶而发生乳化，可以加入少量电解质（如氯化钠），利用盐析作用加以破坏，在两相密度相差很小时，也可以加入食盐，以增加水相的密度；

③ 加入数滴醇类化合物，改变表面张力；

④ 过滤，除去少量轻质固体物质；

⑤ 如在萃取含有表面活性剂的溶液时形成乳状溶液，当实验条件许可时，可小心改变其 pH 值使之分层，溶液量少时，离心分离也是一个不错的选择。

用于萃取的有机溶剂常常溶解了少量的水，在室温条件下乙醚中可溶解 7.5%的水，乙醚在水中的溶解度也有 1.5%，但醚基本不溶于饱和的食盐水，所以为了降低有机物在水中的溶解度，可用饱和食盐水最后洗涤乙醚。

萃取溶剂的选择要根据被萃取物质在此溶剂中的溶解度而定，同时要易于和溶质分离开，所以最好用低沸点的溶剂。一般水溶性较小的物质可用石油醚萃取；水溶性较大的可用乙醚、乙酸乙酯等萃取。第一次萃取时，使用溶剂的量常要较以后几次多一些，这主要是为了补足由于它稍溶于水而引起的损失。

当有机化合物在原溶剂中比在萃取剂中更易溶解时，就必须使用大量溶剂并多次萃取。

为了减少萃取溶剂的量，最好采用连续萃取，其装置有两种：一种适用于自较重的溶液中用较轻溶剂进行萃取（如用乙醚萃取水溶液）；另一种适用于自较轻的溶液中用较重溶剂进行萃取（如氯仿萃取水溶液）。它们的过程可以明显地从图 3-11(a)、(b) 中看出，其中图 3-11(c) 是兼具 (a)、(b) 功能的装置。

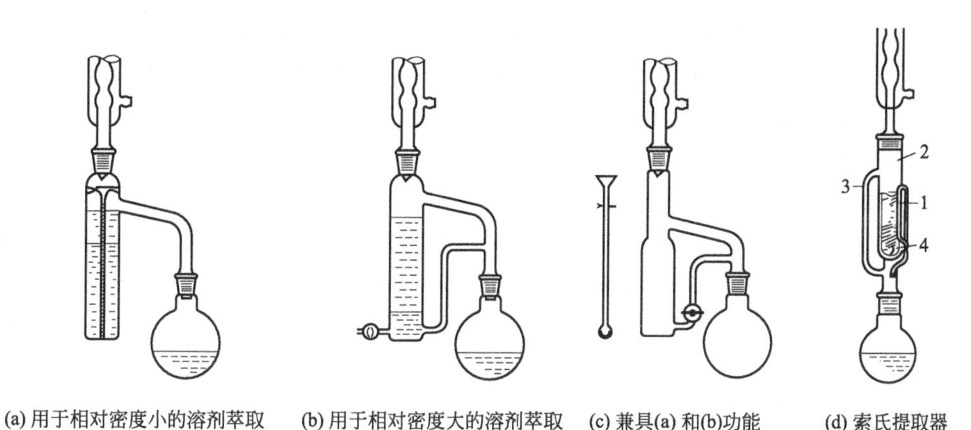

(a) 用于相对密度小的溶剂萃取　(b) 用于相对密度大的溶剂萃取　(c) 兼具(a) 和(b)功能　(d) 索氏提取器

图 3-11　连续萃取装置

1—滤纸套管；2—抽提筒；3—蒸气上升管；4—虹吸管

3.3.3　液-固萃取

液-固萃取是从固体混合物中萃取所需要的物质，最简单的方法是把固体混合物研细，放入容器中，加入适当溶剂，振荡后，用过滤或倾析的方法把萃取液和残留的固体分开。若被提取的物质特别容易溶解，也可把固体混合物放在有滤纸的玻璃漏斗中，用溶剂洗涤，要萃取的物质就可以溶解在溶剂中，而被滤出。如萃取物的溶解度很小，则此时宜采用索氏（Soxhlet）提取器来萃取，如图 3-11(d) 所示，它是利用溶剂对样品中被提取成分和杂质之间溶解度的不同，来达到分离提纯的目的。即利用溶剂回流及虹吸原理，使固体有机物连续多次被纯溶剂萃取，它具有较高的萃取效率（例如，从茶叶中提取咖啡因）。

索氏提取器是利用溶剂回流及虹吸原理，使固体物质连续不断地被纯的溶剂所萃取，因而效率较高。萃取前应先将固体物质研细，以增加溶剂浸润的面积，然后将固体物质放在滤纸套管 1 内，置于抽提筒 2 中。提取器的下端通过木塞（或磨口）和盛有溶剂的烧瓶连接，上端接冷凝管。当溶剂沸腾时，蒸气通过玻璃管 3 上升，被冷凝管冷凝成为液体，滴入提取筒中，当溶剂液面超过虹吸管 4 的最高处时，即虹吸流回烧瓶，因而萃取出溶于溶剂的部分物质。就这样利用溶剂回流和虹吸作用，使固体的可溶物质富集到烧瓶中。然后用其他方法将萃取到的物质从溶液中分离出来。

以索氏提取器来提取物质，最显著的优点是节省溶剂。不过，由于萃取物要在烧瓶中长时间受热，对于受热易分解或易变色的物质就不宜采用这种方法。此外，应用索氏提取器来萃取，所使用的溶剂的沸点也不宜过高。

3.4　常压蒸馏

液态物质受热沸腾化为蒸气，蒸气经冷凝又转变为液体，这个操作过程就称作蒸馏

(distillation)。蒸馏是纯化和分离液态物质的一种常用方法，通常纯化合物的沸程（沸点范围）较短（0.5～1 ℃），而混合物的沸程较长。因此，蒸馏操作既可用来定性地鉴定化合物，也可用来判定化合物的纯度。

3.4.1 常压蒸馏的基本原理

将液体加热，它的蒸气压就随着温度升高而增大。当液体的蒸气压增大到与外界施加于液面的压力（通常为大气压力）相等时，就有大量气泡从液体内部逸出，即液体沸腾，这时的温度称为液体的沸点。另外沸点与所受外界压力有关。

纯的液态物质在一定压力下具有确定的沸点，不同的物质具有不同的沸点。蒸馏操作就是利用不同物质的沸点差异对液态混合物进行分离和纯化。当液态混合物受热时，由于低沸点物质易挥发，首先被蒸出，而高沸点物质因不易挥发或挥发出的少量气体易被冷凝而滞留在蒸馏瓶中，从而使混合物得以分离。

图 3-12 描述了环己烷和甲苯的蒸气压与温度的函数关系，在标准大气压下，纯环己烷的沸点是 78 ℃，甲苯的沸点是 110 ℃，将其中任何一种纯液体蒸馏，纯液体的沸点等于蒸汽的温度，并且在整个蒸馏过程中温度保持不变。

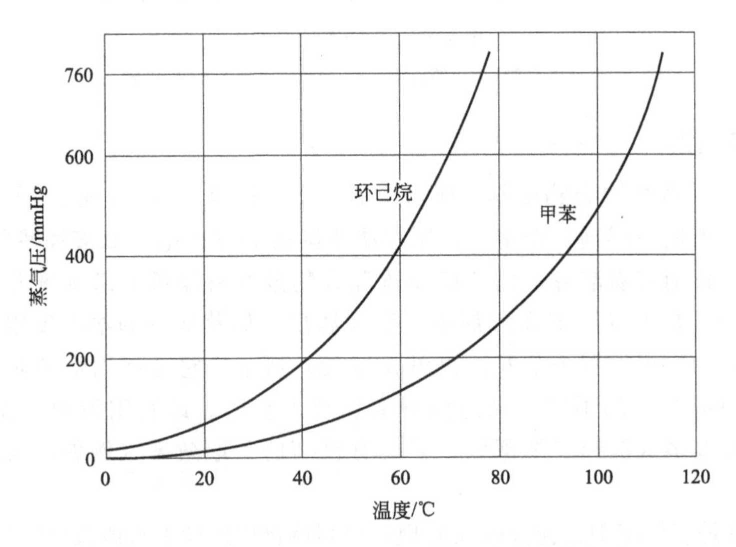

图 3-12　环己烷和甲苯的蒸气压与温度的函数关系

图 3-13 描述了甲苯与环己烷的混合体系中溶液的沸点与组成的关系，图中所示如果混合体系中甲苯的含量是 75%而环己烷含量是 25%，加热到 100 ℃时体系沸腾位于 A 点，此混合体系的蒸气压为环己烷的蒸气压 p_c 和甲苯的蒸气压 p_t 之和，即：

$$p_{tot}=p_c+p_t$$

根据拉乌尔定律：

$$p_c=p_c^\circ x_c$$

$$p_t=p_t^\circ x_t$$

式中，p_c° 是纯环己烷的蒸气压；x_c 是环己烷的摩尔分数；p_t° 是纯甲苯的蒸气压；x_t 是甲苯的摩尔分数。

道尔顿分压定律表明了环己烷在蒸气中的摩尔分数 x_c 等于其分压 p_c 除以总压力：

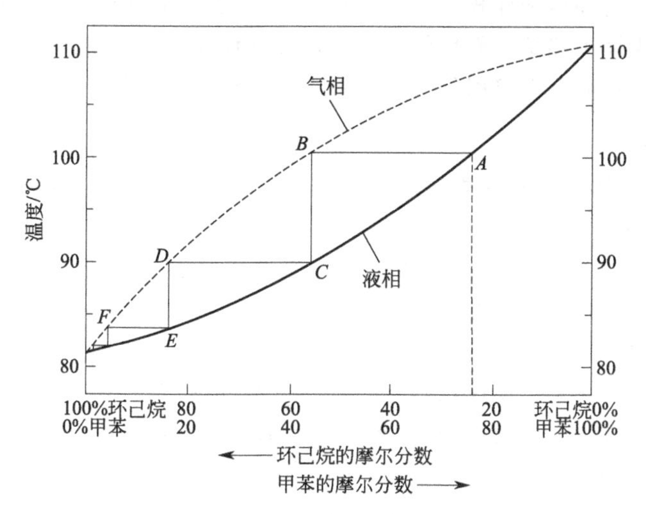

图 3-13　环己烷和甲苯的沸点与组成的关系

$$x_c=\frac{p_c}{p}$$

实际上 100 ℃时环己烷的分压是 433 mmHg，甲苯的分压是 327 mmHg，如果将达到平衡时的蒸汽冷凝，则会发现其中环己烷的含量是 433/760，即环己烷的摩尔分数是 57%，就是 B 点，与 A 点相比环己烷含量增加了，也就是说通过普通蒸馏在 100 ℃时得到的馏出物中环己烷的含量是 57%，甲苯是 43%。如果将混合物从 A 点沿液相线加热到 110 ℃，蒸汽中甲苯含量将富集，气相线沿 B 点到 110 ℃。为了得到纯的环己烷，从 B 点得到的馏出物必须重新蒸馏。同样如果混合液在 90 ℃沸腾（C 点），蒸汽冷凝将得到 85%的环己烷（D 点），可见为了分离环己烷和甲苯，会得到一系列的馏分，而每一段馏分都是混合物，还要经过多次的重新蒸馏，所以简单蒸馏的分离效果较差，只有当组分沸点相差在 30 ℃以上时，蒸馏才有较好的分离效果。如果组分沸点差异不大，就需要采用分馏操作对液态混合物进行分离和纯化。

3.4.2　基本操作

安装好蒸馏烧瓶、冷凝管、接引管和接收瓶，如图 3-14 所示，然后将待蒸馏液体通过漏斗从蒸馏烧瓶颈口加入瓶中。投入 1～2 粒沸石，再配置温度计。

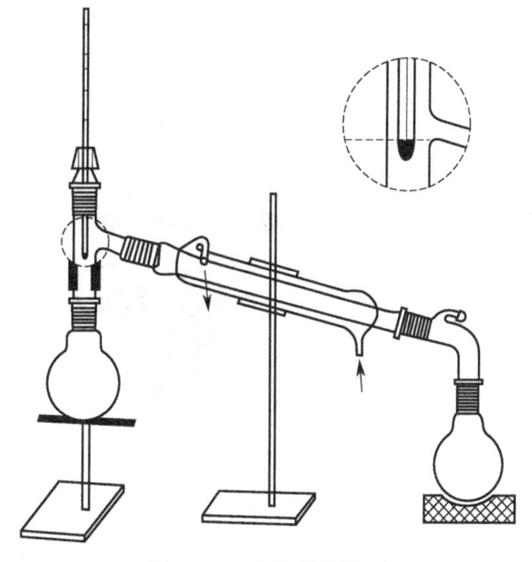
图 3-14　简单蒸馏装置

接通冷凝水，开始加热，使瓶中液体沸腾。调节火焰，控制蒸馏速度，以 1～2 滴/s 为宜。在蒸馏过程中，注意温度计读数的变化，记下第一滴馏出液流出时的温度。当温度计读数稳定后，另换一个接收瓶收集馏分。如果仍然保持平稳加热，但不再有馏分流出，而且温度会突然下降，这表明该段馏分已近蒸完，需停止加热，记下该段馏分的沸程和体积（或质量）。馏分的温度范围越小，其纯度就越高。

蒸馏完毕，应先撤去热源，然后停止通水，拆下仪器。拆除仪器的顺序和装配的顺序相反。先取下接收器，然后拆下接引管、冷凝管、蒸馏头和蒸馏瓶等。

3.4.3 注意事项

① 蒸馏烧瓶大小的选择依待蒸馏液体的量而定。通常，待蒸馏液体的体积约占蒸馏烧瓶体积的1/3～2/3（不能超过2/3）。

② 当待蒸馏液体的沸点在140 ℃以下时，应选用直形冷凝管；沸点在140 ℃以上时，选用空气冷凝管，若仍用直形冷凝管则易发生爆裂。

③ 如果蒸馏装置中所用的接引管无侧管，则接引管和接收瓶之间应留有空隙，以确保蒸馏装置与大气相通。否则，封闭体系受热后会引发事故。

④ 沸石是一种多孔性的物质，如素瓷片或毛细管。当液体受热沸腾时，沸石内的小气泡就成为汽化中心，使液体保持平稳沸腾。如果蒸馏已经开始，但忘了投沸石，此时千万不要直接投放沸石，以免引发暴沸。正确的做法是，先停止加热，待液体稍冷片刻后再补加沸石。

⑤ 蒸馏低沸点易燃液体（如乙醚）时，千万不可用明火加热，此时可用热水浴加热。

⑥ 如果馏出物为低沸点化合物，接收器应用冰水浴冷却。

⑦ 如果馏出物易潮解，接引管的支管处应连接干燥管；如果蒸馏时有有害气体产生（如氯化氢），接引管的支管处要连接气体吸收装置。如图3-15所示。

图3-15 有尾气吸收的蒸馏装置

⑧ 任何情况下都不要把烧瓶蒸干，因为有时会产生高沸点的浓缩的过氧化物，引起爆炸。

3.4.4 共沸蒸馏

需要指出的是，具有恒定沸点的液体并非都是纯化合物，因为有些化合物由于分子间的相互作用，可以形成二元或三元共沸混合物，共沸物在恒定的温度下蒸馏得到的产物的组成不会发生变化，例如95.5%的乙醇和4.5%的水的共沸点是78.15 ℃（100%乙醇的沸点是 78.3 ℃)；74.1％的苯、18.5％的乙醇和 7.4％的水的共沸点是 64.9 ℃，这就不能通过蒸馏操作进行分离得到纯物质。如要制备 100％的乙醇，则要利用化学反应如加入无水氧化钙，或者将苯加到 95％的乙醇中，通过共沸蒸馏带出极少量的水。图 3-16 表示乙醇和水共沸蒸馏时组分与温度的变化关系。

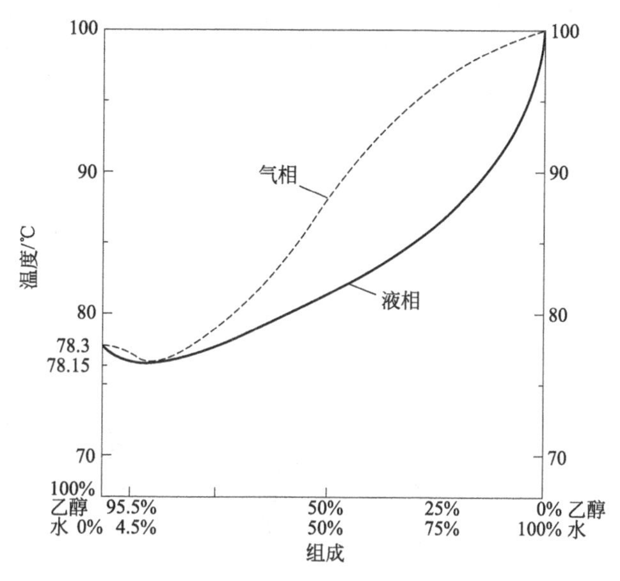

图 3-16　乙醇和水的沸点与组成曲线图

3.5 分　　馏

3.5.1 分馏的基本原理

分馏实际上就是连续的蒸馏，如图 3-17 所示，在分馏过程中沸腾的混合物进入分馏柱中，其中沸点较高的组分易被冷凝，所以冷凝液中含有较多的高沸点组分，而蒸汽中含有较多的低沸点组分，冷凝液向下流动时又与上升的蒸汽接触，二者之间进行热量交换，也就是上升的蒸汽中高沸点的组分被冷凝下来，低沸点的组分呈蒸汽上升。经过多次的液相与汽相的热交换，使得低沸点物质不断上升，最后被蒸馏出来，而高沸点物质则不断地流回加热的反应器中，从而使沸点不同的物质得以分离。

在分馏柱中，柱内不同高度的各段，其组分是不同的，相距越远，组分差别越大，即在柱的动态平衡情况下，沿着分馏柱存在着组分梯度。

有机化学实验中常用的有填充式分馏柱和韦氏（Vigreux）分馏柱，图 3-18 所示。填充式分馏柱是在柱内填充各种惰性材料，以增加表面积。填料包括玻璃珠、玻璃管、陶瓷及螺旋形、马鞍形、网状等各种形状的金属片或金属丝。这类分馏柱效率较高，适用于分离一些沸点差距较小的化合物。韦氏分馏柱结构简单，且比填充式分馏柱沾附的液体少，缺点是比同样长度的填充柱分馏效率低，适用于分离少量沸点差距较大的液体。如需分离沸点差距很近的化合物，则必须采用精密分馏装置。

3.5.2 简单分馏操作

分馏操作与蒸馏大致相同，但被蒸馏的液体体积一般不超过 1/2，需要在圆底烧瓶上安装分馏柱，分馏柱上端接蒸馏头，其余部分与蒸馏装置类似。如图 3-19 所示。

为了减少柱内热量的散失，柱子可适当用石棉布包裹。需要注意的是，液体沸腾后要注意控制温度，使蒸汽慢慢升入分馏柱，约 10～15 min 蒸汽到达柱顶，在有馏出液滴出后，调节浴温使得蒸出液体的速度控制在每 2～3 秒 1 滴，这样可以得到比较好的分离效果，待低沸点组分蒸完后，再渐渐升高温度，当第二个组分蒸出时，沸点会迅速上升。上述情况是假定分馏体系有可能将混合物组分进行严格分馏，如果不是这个情况，则有相当大的中间馏分。值得强调的是，分馏操作要慢一些，过快的操作往往影响分离效果。

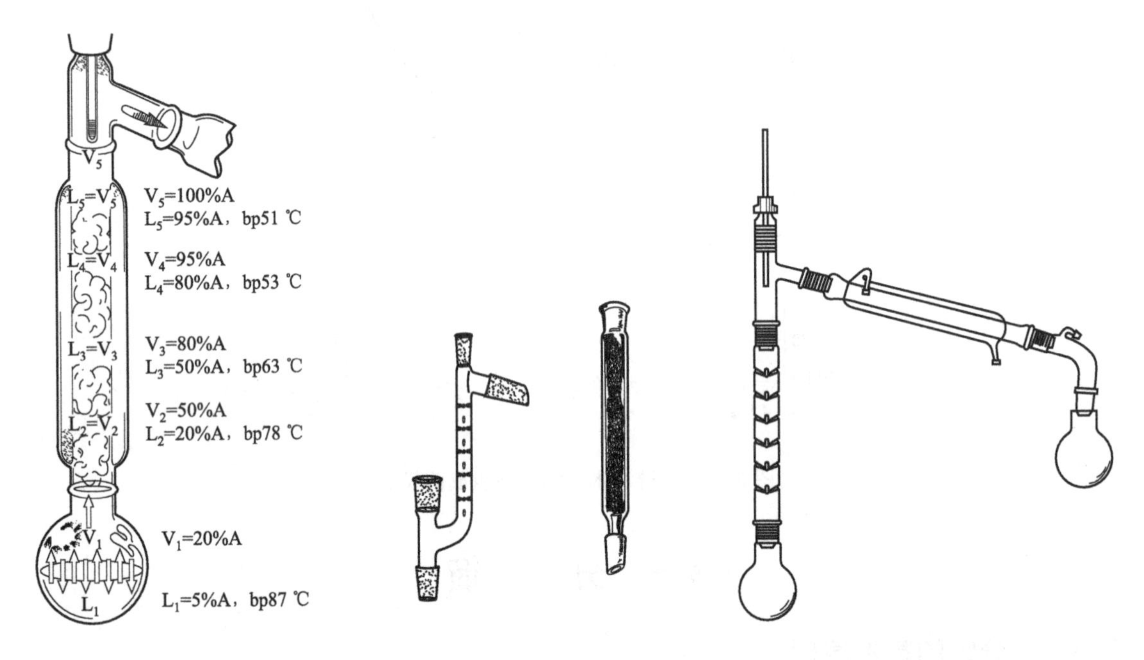

图 3-17　分馏过程示意图　图 3-18　韦氏分馏柱和填充式分馏柱　图 3-19　简单分馏装置

3.6　减压蒸馏

减压蒸馏是分离和提纯有机化合物的一种重要方法，它特别适用于那些在常压蒸馏时未达沸点即已受热分解、氧化或聚合的物质。

液体的沸点是指它的蒸气压等于外界大气压时的温度，所以液体沸腾的温度是随外界压力的降低而降低的。因而如用真空泵连接盛有液体的容器，使液体表面上的压力降低，即可降低液体的沸点。这种在较低压力下进行蒸馏的操作称为减压蒸馏。减压蒸馏时物质的沸点与压力有关，如图 3-20。有时在文献中查不到与减压蒸馏选择的压力相应的沸点，则可根据图 3-20 的一个经验曲线，找出该物质在此压力下的沸点（近似值）。

如二乙基丙二酸二乙酯常压下沸点为 218～220 ℃，欲减压至 20 mmHg（2.67 kPa），它的沸点将为多少摄氏度？我们可以先在图 3-20 中间的直线上找出相当于 218～220 ℃的点，将此点与右边斜线上 20 mmHg 处的点连成一直线，延长此直线与左边的直线相交，交点所示的温度就是 20 mmHg 时二乙基丙二酸二乙酯的沸点，为 105～110 ℃。

在给定压力下的沸点还可以根据下列公式求出近似值：

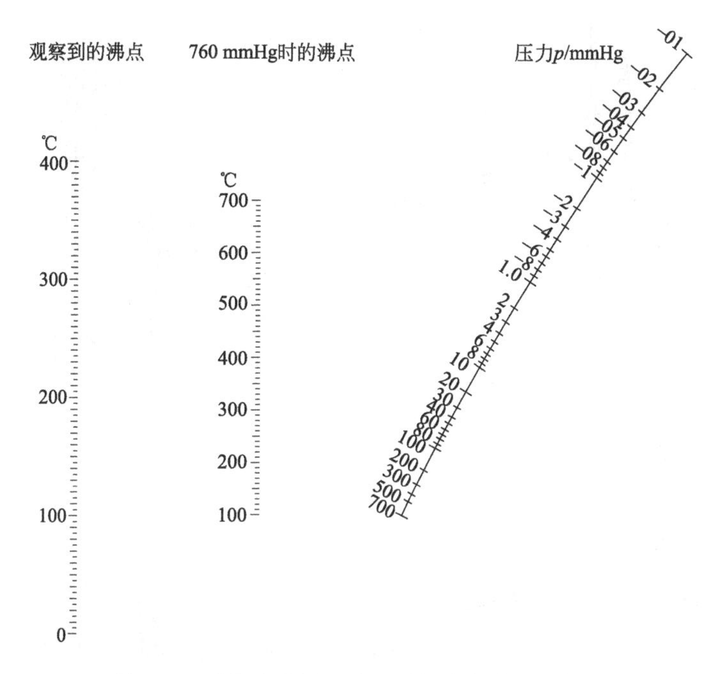

图 3-20　液体在常压、减压下的沸点关系近似图

$$\lg p = A + B/T$$

式中，p 为蒸气压；T 为沸点（热力学温度）；A、B 为常数。

如以 $\lg p$ 为纵坐标，$1/T$ 为横坐标作图，可以近似地得到一条直线。因此可从两组已知的压力和温度算出 A 和 B 的数值，再将所选择的压力代入上式算出液体的沸点。表 3-3 列出了一些有机化合物在常压与不同压力下的沸点。从中可以看出，当压力降低到 2.67 kPa（20 mmHg）时，大多数有机化合物的沸点比常压 0.1 MPa（760 mmHg）的沸点低 100～120 ℃。大体上压力每相差 0.133 kPa（1 mmHg），沸点约相差 1 ℃。当要进行减压蒸馏时，应预先粗略估计出相应的沸点，这对具体操作和选择合适的温度计与热浴是有益的。

表 3-3　某些有机化合物在常压和不同压力下的沸点

压力/mmHg	水	氯苯	苯甲醛	水杨酸乙酯	甘油	蒽
760	100	132	179	234	290	354
50	38	54	95	139	204	225
30	30	43	84	127	192	207
25	26	39	79	124	188	201
20	22	34.5	75	119	182	194
15	17.5	29	69	113	175	186
10	11	22	62	105	167	175
5	1	10	50	95	156	159

3.6.1　减压蒸馏的装置

图 3-21(a) 和 (b) 是常用的减压蒸馏系统。整个系统可分为蒸馏、抽气（减压）以及在它们之间的保护和测压装置三部分组成。

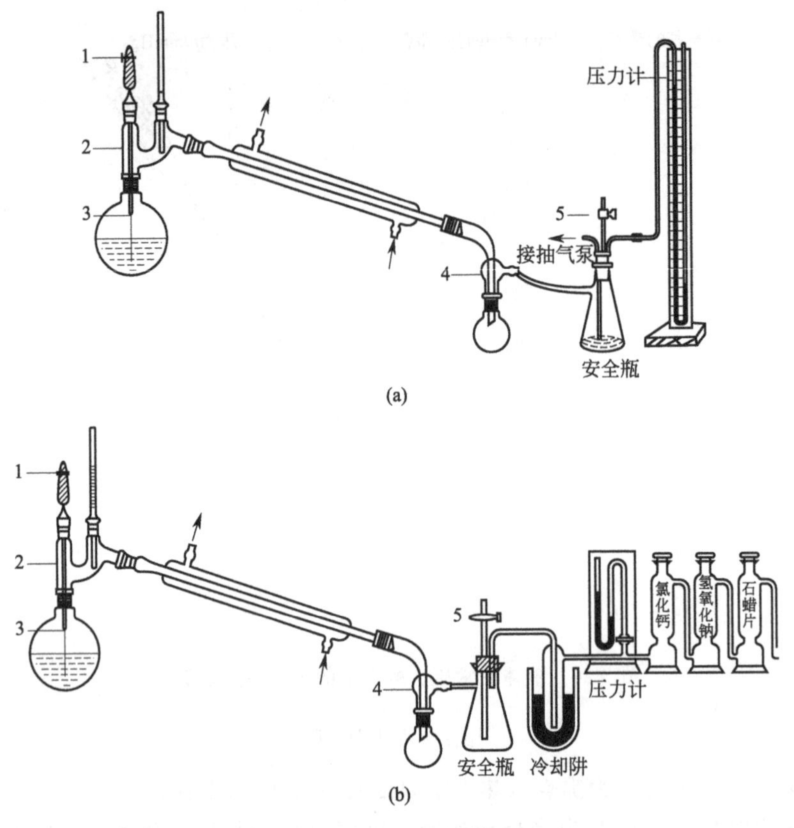

图 3-21　减压蒸馏装置

1—螺旋夹；2—克氏蒸馏头；3—毛细管；4—真空尾接管；5—两通活塞

(1) 蒸馏部分

减压蒸馏瓶又称克氏（Claisen）蒸馏瓶，在磨口仪器中可用克氏蒸馏头配圆底烧瓶代替，它有两个颈，目的是避免减压蒸馏时瓶内液体由于沸腾而冲入冷凝管中。瓶的一个颈中插入温度计，另一颈中插入一根毛细管。毛细管长度恰好使其下端距瓶底 1～2 mm。毛细管上端连有一段带螺旋夹的橡皮管。螺旋夹用于调节进入空气的量，使有极少量的空气进入液体，呈微小气泡冒出，作为液体沸腾的汽化中心，使蒸馏平稳进行。接收器可用圆底烧瓶，切不可用平底烧瓶或锥形瓶，以免受力不均引起破裂。减压蒸馏时要收集不同的馏分而又不中断蒸馏，则可用两尾或多尾接液管，多尾接液管的几个分支管与作为接收器的圆底烧瓶连接起来，转动多尾接液管，可使不同的馏分进入指定的接收器中。如图 3-22 所示。

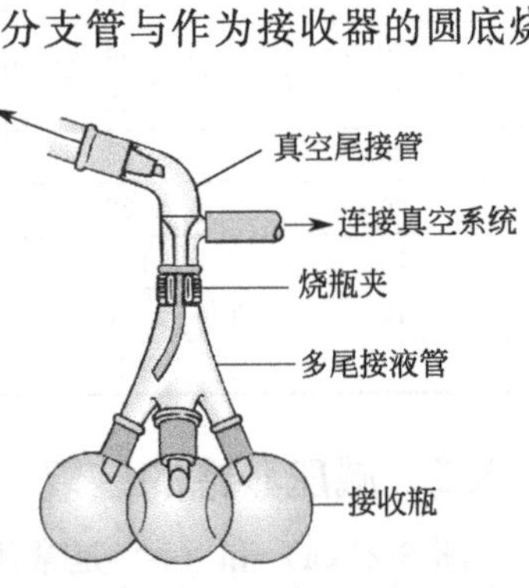

真空尾接管
连接真空系统
烧瓶夹
多尾接液管
接收瓶

图 3-22　减压蒸馏的接收装置

根据蒸出液体的沸点不同，选用合适的热浴和冷凝管。如果蒸馏的液体量不多而且沸点甚高，或是低熔点的固体，也可不用冷凝管，而将克氏烧瓶的支管通过接液管直接插入接收瓶的球形部分（如图 3-23 所示）。蒸馏沸点较高的物质时，最好用石棉绳或石棉布包裹蒸馏瓶的两颈，以减少散热。控制热浴的温度，使它比液体的沸点高 20～30 ℃。

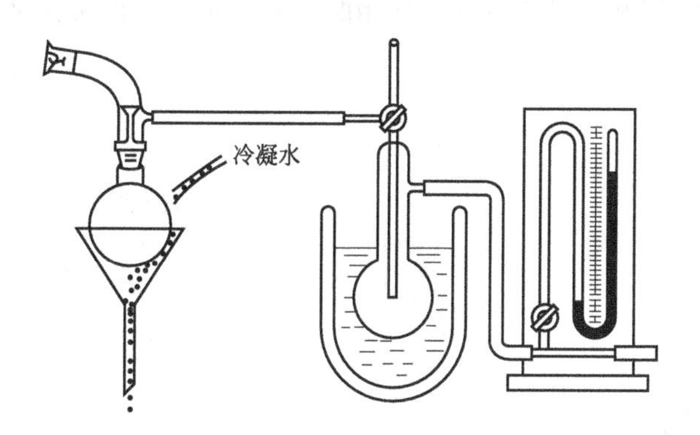

图 3-23　不用冷凝管的减压蒸馏装置

(2) 抽气部分

实验室通常用水泵或油泵进行减压。

水泵所能达到的最低压力为当时室温下的水蒸气压。例如在水温为 6～8 ℃时，水蒸气压为 7.0～8.0 mmHg (0.93～1.07 kPa)；在夏天，若水温为 30 ℃，则水蒸气压为 31.6 mmHg (4.2 kPa) 左右。

油泵的效能取决于油泵的机械结构以及真空泵油的好坏（油的蒸气压必须很低）。好的油泵能抽至真空度为 10^{-1}～10^{-3} mmHg (0.133×10^{-1}～0.133×10^{-3} kPa)，一般使用油泵时，系统压力常控制在 1～5 mmHg (0.133～0.665 kPa) 之间，系统的压力控制在 1 mmHg 比较困难。这是由于蒸气从瓶内的蒸发面逸出而经过瓶颈和支管（内径为 4～5 mm）时，需要有 0.13～1.07 kPa 的压力差。如果要获得较低的压力，可选用短颈和支管粗的克氏蒸馏瓶。蒸馏时选用的烧瓶也要尽可能小，一般被蒸馏液体的体积不超过蒸馏烧瓶的 1/2。

(3) 保护与测压装置

当用油泵进行减压时，为了防止易挥发的有机溶剂、酸性物质和水汽进入油泵，必须在馏液接收器与油泵之间顺次安装冷却阱和几种吸收塔，以免污染油泵用油、腐蚀机件致使真空度降低。冷却阱的构造如图 3-24 所示，将它置于盛有冷却剂的广口保温瓶中，冷却剂的选择随需要而定，例如可用冰水、冰盐、液氮、干冰-丙酮等。后者能使温度降至 −78 ℃。若用铝箔将干冰-丙酮的敞口部分包住，能使用较长时间，十分方便。

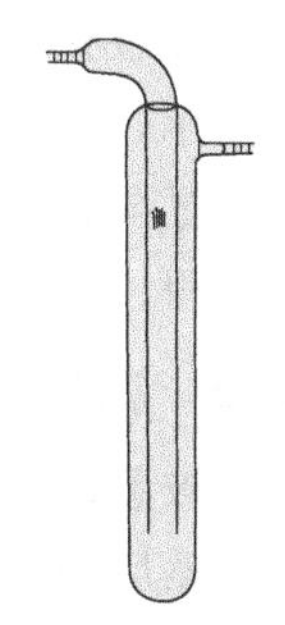

图 3-24　冷却阱

吸收塔又称干燥塔 [图 3-21(b)]，通常设二至三个，前一个装无水氯化钙（或硅胶），后一个装粒状氢氧化钠。有时为了吸除烃类气体，可再加一个装石蜡片的吸收塔。

实验室通常采用水银压力计来测量减压系统的压力，图 3-25(a) 为开口式水银压力计，两臂汞柱高度之差，即为大气压力与系统中压力之差。因此蒸馏系统内的实际压力（真空度）应是大气压力减去这一压力差。封闭式水银压力计如图 3-25(b)，两臂液面高度之差即为蒸馏系统中的真空度。测定压力时，可将管后木座上的滑动标尺的零点调整到右臂的汞柱顶端线上，这时左臂的汞柱顶端线所指示的刻度即为系统的真空度。开口式压力计较笨重，读数方式也较麻烦，但读数比较准确。封闭式的比较轻巧，读数方便，但常常因为有残留空气，以致不够准确，需用开口式来校正。使用时应避免水或其他污物进入压力计内，否则将严重影响其准确度。

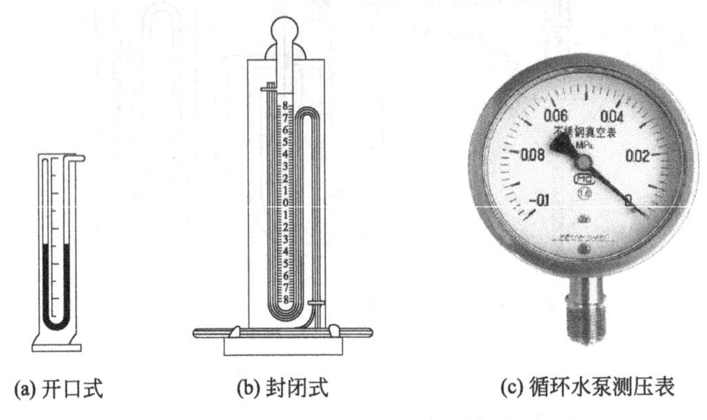

(a) 开口式　(b) 封闭式　(c) 循环水泵测压表

图 3-25　压力计和真空表

图 3-25(c) 是循环水泵的测压仪表，水泵未工作时表的初始值为 0；工作状态下，其测量值介于－0.1～0 MPa 之间。真空表上的指示值不是真空度的绝对值，而是真空度的相对值。如真空表的读数为 0.095，则系统内的压力为 $1.01\times10^{5}\times(1-0.095/0.1)$ Pa，即为 5.05 kPa (38 mmHg)。

在泵前还应接上一个安全瓶，瓶上的两通活塞 G 供调节系统压力及放气之用。减压蒸馏的整个系统必须保持密封不漏气，所以选用橡皮塞的大小及钻孔都要十分合适。所有橡皮管需要用真空橡皮管。各磨口玻璃塞部位都应仔细涂好真空脂。

在普通有机化学实验室中，可设计一小推车，如图 3-26 所示，来安放油泵及保护测压设备。车中有两层，底层放置泵和电机，上层放置其他设备。这样既能缩小安装面积，又便于移动。

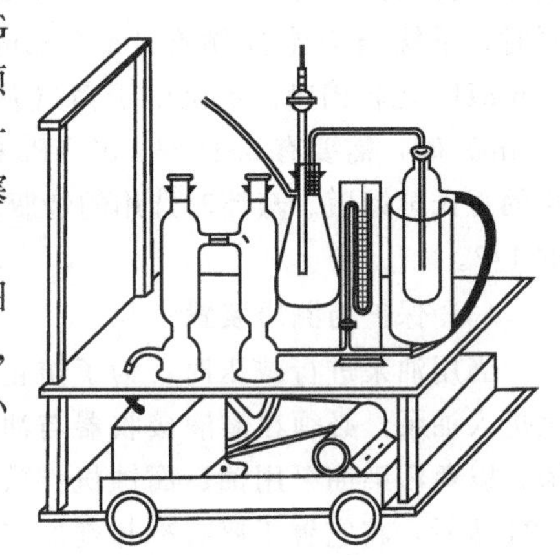
图 3-26　油泵车

3.6.2　减压蒸馏操作

当被蒸馏物中含有低沸点的物质时，应先进行普通蒸馏，然后用水泵减压蒸去低沸点物质，最后再用油泵减压蒸馏。

在克氏蒸馏瓶中放置样品（不超过容积的 1/2），按图 3-21 装好仪器，旋紧细管上的螺旋夹 1，打开安全瓶上的两通活塞 5，然后开泵抽气（如用水泵，这时应开至最大流量）。逐渐关闭活塞 5，打开压力计的开关，从压力计上观察系统所能达到的真空度。如果是因为漏气（而不是因水泵、油泵本身效率的限制）而不能达到所需的真空度，可检查各部分塞子和橡皮管的连接是否紧密等。必要时可用熔融的固体石蜡密封（密封应在解除真空后才能进行）。如果超过所需的真空度，可小心地旋转活塞 5，使慢慢地引进少量空气，以调节至所需的真空度。

调节螺旋夹 1，使液体中有连续平稳的小气泡通过（如无气泡可能因毛细管已阻塞，应予更换）。也可采用磁力搅拌，利用磁子的转动带动液体的旋转，起到同样的作用。

待压力恒定后，参考图 3-20 找到在此压力下体系的沸点，开启冷凝水，选用合适的热浴加热蒸馏。

加热时克氏蒸馏瓶的圆球部位至少应有 2/3 浸入浴液中。在浴液中放一温度计，控制浴温比待蒸馏液体的沸点高 20～30 ℃，使每秒馏出 1～2 滴，在整个蒸馏过程中，都要密切注意瓶颈上的温度计和压力的读数。经常注意蒸馏情况和记录压力、沸点等数据。

纯物质的沸点范围一般不超过 1～2 ℃，假如起始蒸出的馏液比要收集物质的沸点低，则在蒸至接近预期的温度时需要调换接收器。一般采用多尾接液管，则只要转动其位置即可收集不同馏分，注意要在冷凝管和尾接管的连接处涂抹真空脂，以有利于转动。

蒸馏完毕，应先撤热源，待稍冷后关闭冷凝水，打开毛细管上的螺旋夹 1，关闭压力表的开关（以防空气冲入水银压力表，影响精度），再打开安全瓶活塞，解除真空，最后关闭油泵。

3.6.3 注意事项

① 减压蒸馏时，不可使用有裂缝或壁薄的玻璃仪器，也不能使用不耐压的平底烧瓶，因减压过程中，装置外部的压力较高，不耐压的部分易内向爆炸。

② 为防止液体沸腾冲入冷凝管，蒸馏液的量为容器的 1/3～1/2，但也不可选用过大的容器，因为容器过大液体不易蒸出，而长时间回流会导致过热炭化。

③ 蒸馏的接收部分，可使用多尾接液管，连接多个（两个以上）称好质量的梨形瓶或圆底烧瓶，接收不同馏分时，只转动多尾接液管即可。

④ 在蒸馏之前，应先从手册上查出物质在不同压力下的沸点，供减压蒸馏时参考，或根据图 3-20 推测出被蒸馏液体在此压力下的大致沸点再进行蒸馏。

⑤ 如果采用磁力搅拌就不需要用毛细管了，因为连续搅拌可以打破大的气膜，物料不会涌出，使得装置更加简便。

⑥ 如果化合物遇空气很易氧化，在减压时，可由毛细管通入氮气或二氧化碳气体保护。

3.6.4 旋转蒸发仪的使用

很多有机制备得到的预期产物都是以低沸点溶剂的溶液形式存在，例如柱色谱分离后得到的各组分的稀溶液，要分离出产物就必须先蒸除溶剂。采用传统的蒸馏方式具有蒸馏时间长、溶剂蒸除不完全的缺点，同时很有可能因为蒸馏温度过高使极少量的产物炭化、分解等。这时可以用旋转蒸发仪来蒸除溶剂，见图 3-27。实际上旋转蒸发也是减压条件下的蒸馏，一般采用水泵抽气。为使冷凝效果更好，冷凝管中的冷却剂除冷水以外，可以连接低温泵，低温泵中的冷却剂一般采用乙醇等有机溶剂（熔点比水更低）。

（1）实验操作

① 将待蒸发溶液转移到梨形瓶或圆底烧瓶中。

② 开启低温循环泵和抽气水泵。

③ 右手将装有待蒸发溶液的烧瓶安置在接口处，左手关闭通气开关，待系统达到真空以后，用夹子夹在烧瓶口，以防烧瓶不慎跌落到水浴中。

④ 调节升降旋钮使蒸馏烧瓶的一半浸入水浴，打开控制面板中的旋转开关，调节烧瓶的旋转速度，使之匀速旋转。

⑤ 打开控制面板中的水浴加热开关，可以观察到从冷凝管上有大量溶剂回落至接收瓶中。

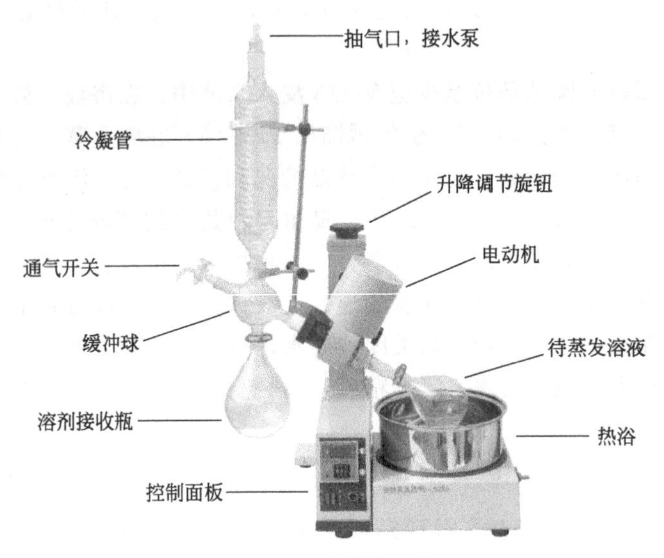

图 3-27　旋转蒸发仪

⑥ 待溶剂全部蒸完或者达到预期要求后，首先关闭热源，调节升降旋钮使蒸馏烧瓶高出水浴，再关闭旋转开关。右手握住烧瓶，左手缓缓打开通气开关，关闭水泵，取下烧瓶。

(2) 注意事项

① 开始安装蒸馏烧瓶时，一定要确保在负压条件下吸牢才能松开右手，并夹上夹子。

② 实验完毕也要用右手握住烧瓶后才能打开通气开关，谨防烧瓶跌落！

3.7　水蒸气蒸馏

3.7.1　实验原理

水蒸气蒸馏也是用来分离和提纯液态有机物的重要方法之一。它常用在与水不相溶的、具有一定挥发性的有机物的分离和提纯中。操作时将水蒸气通入不溶或难溶于水但有一定挥发性的有机物（约 100 ℃时其蒸气压至少 1333 Pa，即 10 mmHg）中，使该物质在低于 100 ℃的温度下，随水蒸气一起蒸馏出来。

根据道尔顿气体分压定律，在一定温度时，两种（A 和 B）互不相溶的液体混合物的总蒸气压（p）等于各组分单独在该温度下的分压（p_A 和 p_B）之和，对于其中任意一物质，如 A 物质，则：

$$p = p_{水} + p_A$$

若此时 $p = p_{大气压}$ 时，混合物将沸腾，混合物的沸点也将低于任意物质的沸点。即有机物可在比其沸点低时先被蒸出来。

此法特别适用于分离那些在其沸点附近易分解的物质，也适用于从不挥发物质或不需要的树脂状物质中分离出所需的组分。蒸馏时混合物的沸点保持不变，直至其中一组分几乎完全移去（因总的蒸气压与混合物中二者间的相对量无关），温度才上升至留在瓶中液体的沸点。我们知道，混合物蒸气中各个气体分压（p_A、p_B）之比等于它们的物质的量之比（n_A、n_B 表示此两物质在一定容积的气相中的物质的量）。即：

$$\frac{n_A}{n_B} = \frac{p_A}{p_B}$$

而$n_A=\dfrac{m_A}{M_A}$，$n_B=\dfrac{m_B}{M_B}$，其中m_A、m_B为各物质在一定容积中蒸气的质量；M_A、M_B为物质A和B的分子量。因此：

$$\frac{m_A}{m_B}=\frac{M_A \cdot n_A}{M_B \cdot n_B}=\frac{M_A \cdot p_A}{M_B \cdot p_B}$$

可见，这两种物质在馏出液中的相对质量（就是它们在蒸气中的相对质量）与它们的蒸气压和分子量成正比。

水具有较低的分子量和较大的蒸气压，可以用来分离具有较高分子量和较低蒸气压的物质。以溴苯为例，它的沸点为135 ℃，且与水不相混溶，当和水一起加热至95.5 ℃时，水的蒸气压为86.1 kPa，溴苯的蒸气压为15.2 kPa，它们的总压力为0.1 MPa，于是液体就开始沸腾。水和溴苯的分子量分别为18和157，代入上式：

$$\frac{m_A}{m_B}=\frac{86.1\times 18}{15.2\times 157}=\frac{6.5}{10}$$

即蒸出6.5 g水能够带出10 g溴苯。溴苯在溶液中的组分占61%。上述关系式只适用于与水不相互溶的物质。而实际上很多化合物在水中或多或少有些溶解。因此这样的计算只是近似值。

从以上例子可以看出，溴苯和水的蒸气压之比约为1∶6，而溴苯的分子量较水的大9倍，所以馏出液中溴苯的含量较水多。那么是否分子量越大越好呢？我们知道分子量越大的物质，一般情况下其蒸气压也越低，虽然某些物质分子量较水大几十倍，但它在100 ℃左右时的蒸气压只有0.012 kPa或者更低，因而不能用于水蒸气蒸馏。利用水蒸气蒸馏来分离提纯物质时，要求此物质在100 ℃左右时的蒸气压至少为1.333 kPa左右。如果蒸气压在0.13～0.67 kPa，则其在馏出液中的含量仅占1%，甚至更低。为了使馏出液中的含量增高，要想办法提高此物质的蒸气压，也就是说要提高温度，使蒸气的温度超过100 ℃，即要用过热水蒸气蒸馏。例如对苯甲醛（沸点178 ℃）进行水蒸气蒸馏时，在97.9 ℃沸腾（这时$p_A=93.7$ kPa，$p_B=7.5$ kPa），馏出液中苯甲醛占32.1%，假如导入133 ℃过热蒸汽，这时苯甲醛的蒸气压可达29.3 kPa，因而只要有72 kPa的水蒸气压，就可使体系沸腾。因此：

$$\frac{m_A}{m_B}=\frac{72\times 18}{29.3\times 106}=\frac{41.7}{100}$$

这样馏出液中苯甲醛的含量就提高到70.6%。

在实验操作中，过热蒸汽可应用于在100 ℃时具有0.13～0.67 kPa（1～5 mmHg）的物质。例如在分离苯酚的硝化产物中，邻硝基苯酚可用一般的水蒸气蒸馏蒸出。在蒸完邻位异构体后，如果提高蒸汽温度，也可以蒸馏出对位产物。

3.7.2 仪器装置

主要由水蒸气发生器和蒸馏装置两部分组成，如图3-28所示。

水蒸气发生器通常是由金属制成，也可用1000 mL锥形瓶或圆底烧瓶代替。发生器容器中盛水的体积占容器容量的1/2～2/3，瓶口配一软木塞，一孔插入长约1 m、内径约5 mm的玻璃安全管，以保证水蒸气畅通，其末端应接近烧瓶底部，以便调节蒸汽发生器内的压力。另一孔插入内径约8 mm的水蒸气导出管，此导管内径应略粗一些，以便蒸汽能畅通地进入冷凝管中。若内径小，蒸汽的导出要受到一定的阻碍，将会增加烧瓶中的压力。

蒸馏部分由三口圆底烧瓶、蒸汽导管、二口连接管和冷凝管组成。圆底烧瓶中待蒸馏物质的加入量不宜超过容积的 1/3，将蒸汽导管插到接近蒸馏瓶底部的位置，以便样品可以充分被水蒸气加热至沸而汽化。二口连接管主要用于连接蒸馏瓶与冷凝管。水蒸气发生器与三口烧瓶之间要尽可能紧凑，以防蒸汽在通过较长的管道后有部分冷凝成水，而影响蒸馏效率。此时为了减少对蒸馏效率的影响，在发生器与蒸汽导管之间连一个三通管（T 形管，图 3-29），T 形管上连一段短乳胶管，夹好螺旋夹，目的是需要时可在此处除去水蒸气冷凝下来的冷凝水。

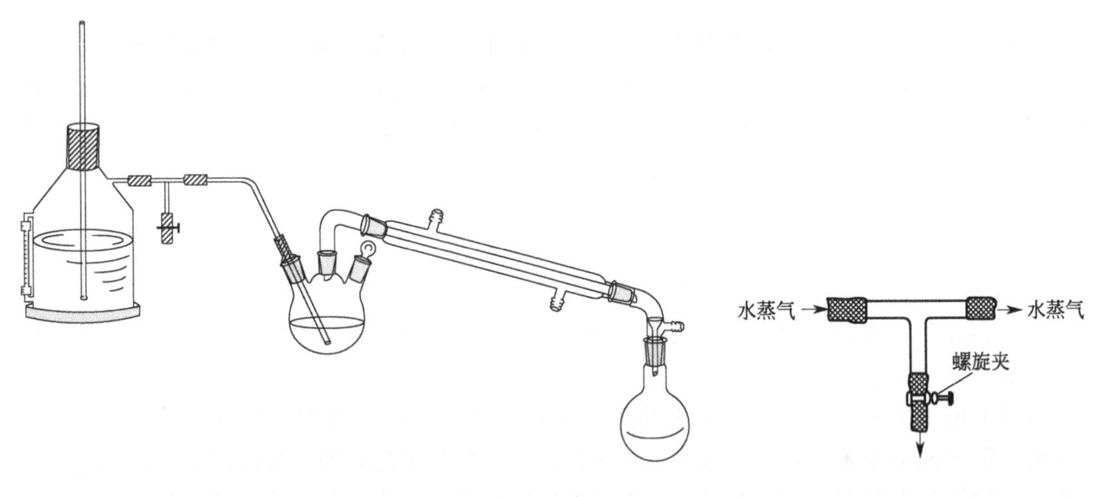

图 3-28　水蒸气蒸馏装置（普通仪器）　　图 3-29　三通管（T 形管）

在蒸馏的冷凝部分，应控制冷凝水的流量略大些，以保证混合物蒸汽在冷凝管中全部冷凝。但若蒸馏物为高熔点有机物，在冷凝过程中析出固体时，应调节冷凝水流速慢一些或暂停通入冷凝水，待设法使固体熔化后，再通冷凝水。

安装水蒸气蒸馏装置，应先从水蒸气发生器一方开始，从下往上，从左到右，先在 1000 mL 水蒸气发生器中装入少于 2/3 体积的水，连好安全管和“导管”，连好 T 形管，并夹好 T 形管上乳胶管的螺旋夹，此时导管插入圆底烧瓶底部。冷凝部分与接收器部分的安装同蒸馏装置。

3.7.3　实验操作

① 首先检查仪器装置的气密性，然后开始蒸馏，打开 T 形管，用火将蒸汽发生器中的水加热至沸，有蒸汽蒸出时，夹紧夹子使水蒸气通入烧瓶，此时瓶中混合物翻腾不息。

② 待有馏出物时，调节火焰，控制馏出液体速度为每秒 2～3 滴。操作时随时注意安全管中水柱是否异常以及烧瓶中的液体是否发生倒吸现象。如有故障，需排除后方可继续蒸馏。如果烧瓶中的液体过多，可在其下方加热蒸出内部液体，必要时打开 T 形管，停止通入蒸汽。

③ 当馏出液澄清透明不再含有有机物的油滴时，停止蒸馏，先打开 T 形管上的夹子，再移去火焰。否则有可能导致烧瓶中的物料倒吸入水蒸气发生器。

3.7.4　注意事项

① 水蒸气发生器中一定要配置安全管，可选用一根长玻璃管作安全管，管子下端接近水蒸气发生器底部。使用时，注入的水不要过多，一般不要超出其容积的 2/3。

② 蒸馏过程中，若插入水蒸气发生器中的玻璃管内蒸汽突然上升至几乎喷出，说明蒸

馏系统内压增高，可能系统内发生堵塞。应立刻打开螺旋夹，移走热源，停止蒸馏，待故障排除后方可继续蒸馏。当蒸馏烧瓶内的压力大于水蒸气发生器内的压力时，将发生液体倒吸现象，此时，应打开螺旋夹或对蒸馏烧瓶进行保温，加快蒸馏速度。

③ 停止蒸馏时，一定要先打开 T 形管，然后停止加热。如果先停止加热，水蒸气发生器因冷却而产生负压，会使烧瓶内的混合液发生倒吸。

④ 整个操作过程中谨防烫伤，特别是打开和关闭 T 形管时，要戴防护手套。

⑤ 如果被蒸馏的物质量很少时，也可采用简易水蒸气蒸馏，即将与水不溶的有机物中加入适量的水，通过普通蒸馏装置（见图 3-14）将有机物和水一起蒸出，直至馏出液为水。

3.8 色谱法

色谱法又称色层法、层析法，是分离、纯化和鉴定有机化合物的有效方法，现已被广泛应用。按色谱法的分离原理，大致可以分为吸附色谱和分配色谱两种；根据操作条件的不同，又可分为柱色谱、薄层色谱、纸色谱、气相色谱及液相色谱等。

吸附色谱主要以氧化铝、硅胶等吸附剂将一些物质从溶液中吸附到它的表面。当用溶剂洗脱或展开时，由于吸附剂表面对不同化合物的吸附能力不同，不同化合物在同一种溶剂中的溶解度也不同，因此，吸附能力强、溶解度小的化合物，移动的速率就慢一些；而吸附能力弱、溶解度大的化合物，移动的速率就快一些。吸附色谱正是利用不同化合物在吸附剂和溶剂之间的分布情况不同而达到分离的目的，常用柱色谱和薄层色谱两种方式。

分配色谱则主要利用不同化合物在两种不相混溶的液体中的分布情况而得到分离，相当于一种溶剂连续萃取的方法。这两种液体分为固定相和流动相。固定相需要一种本身不起分离作用的固体吸住它，如纤维素、硅藻土等称为载体。用作洗脱或展开的液体称为流动相。易溶于移动相的化合物，移动速率快一些，而在固定相中溶解度大的化合物，移动的速率就慢一些。分配色谱的分离原理可在柱色谱、薄层色谱以及纸色谱的操作中体现。

色谱法的分离效果远比分馏、重结晶等一般方法好，具有微量、快速、简便、高效的特点。近年来，这一方法在化学、生物学、医学中得到了普遍应用，它帮助解决了天然色素、蛋白质、氨基酸、生物代谢产物、激素和稀土元素等的分离和分析。

3.8.1 薄层色谱

(1) 薄层色谱的用途

薄层色谱（thin layer chromatography，TLC）是一种微量、快速而简单的色谱法，它兼备了柱色谱和纸色谱的优点。一方面适用于少量样品（几到几十微克，甚至 0.01 μg）的分离；另一方面若在制作薄层板时，把吸附层加厚、加大，将样品点成一条线，则可分离多达 500 mg 的样品，因此又可用来精制样品。此法特别适用于挥发性较小或在较高温度易发生变化而不能用气相色谱分析的物质。

薄层色谱常用的有吸附色谱和分配色谱两类。一般能用硅胶或氧化铝薄层色谱分开的物质，也能用硅胶或氧化铝柱色谱分开；用硅藻土和纤维素作支持剂的分配柱色谱能分开的物质，也可分别用硅藻土和纤维素薄层色谱展开，因此薄层色谱常用作柱色谱的先导。

概括起来，薄层色谱主要有以下几个用处。

① 决定混合物中有多少种物质：TLC 可以快速简便地提供反应混合物中有多少种物质，一般有几种物质就会在 TLC 板上的不同位置有几个点。例如分析有机合成反应结束后

的混合液、从植物中提取有效组分等。

② 区分两种物质：如果两种物质在相同的展开条件下，在 TLC 板上位置一样，那么它们可能是同一物质（也有可能是极性非常相近的物质），位置不同则是两种物质。

③ 监测反应进程：在反应过程中不断取样，可以通过观察反应物和产物在 TLC 板上的变化，决定反应时间的长短，以及温度、浓度、溶剂等对反应的影响，而无需将产物分离出来。

④ 判断分离纯度：利用重结晶、蒸馏、萃取等方法分离纯化的有机物，可以通过 TLC 板判断其分离效力。当然有时即使在 TLC 板上是一个点也不能保证就是一种物质。

⑤ 作为柱色谱的前导：薄层色谱不适于纯化量大的物质，大于 1 g 的物质可以用柱色谱分离，而固定相和流动相的选择通常通过 TLC 来摸索。

⑥ 作为柱色谱的监测工具：柱色谱中的流动相被收集到不同的试管中，除非被分离物的各个组分有不同的颜色，否则很难确定试管中的物质是否为同一种物质，这就需要通过 TLC 快速监测其组分。

⑦ 分离纯化少量样品：可以选择制备用的薄层板（如 20 cm×20 cm），将混合液点成一条线，一次可分离出 10～500 mg 的样品。

应用 TLC 进行分离鉴定的方法是：将被分离鉴定的试样用毛细管点在离薄层板 1 cm 处的起始线上，晾干或吹干后置薄层板于盛有展开剂的展开槽内，浸入深度为 0.5 cm。展开剂携带着组分沿着薄层板缓慢上升，各个组分在薄层板上上升的高度依赖于组分在展开剂中的溶解能力和被固定相的吸附程度，待展开剂前沿离顶端约 1 cm 附近时，将薄层板取出。如果各个组分本身有颜色，那么待薄层板干燥后就会出现一系列的斑点；如果化合物无色，则可用显色方法使之显色；若化合物能吸收近紫外线，则可使用荧光板在紫外灯下显色。

一个化合物在薄层板上上升的高度与展开剂上升的高度的比值称为化合物的比移值 R_f，其计算公式为：

$$R_f=\frac{\text{溶质的最高浓度中心至原点中心的距离}}{\text{溶剂前沿至原点中心的距离}}$$

图 3-30 是二组分混合物展开后各组分的 R_f，良好分离的 R_f 应在 0.15～0.75 之间，否则应更换展开剂重新展开。

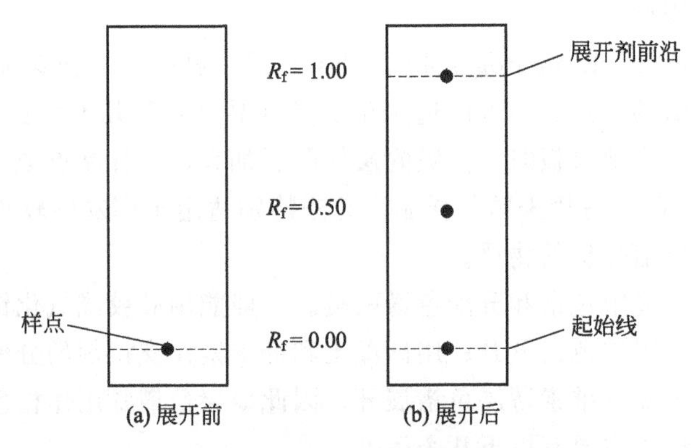

图 3-30 二组分混合物的薄层色谱分离

(2) 薄层色谱的实验操作

① 薄层板的制备与活化　薄层色谱常用的吸附剂是氧化铝和硅胶，黏合剂是煅石膏、羧甲基纤维素钠等。硅胶是无定形多孔性物质，略具酸性，适用于酸性物质的分离和分析。薄层色谱用的硅胶分为“硅胶 H”，不含黏合剂；“硅胶 G”，含煅石膏黏合剂；“硅胶 HF_{254}”，含荧光物质，可于 254 nm 紫外线下观察荧光；“硅胶 GF_{254}”，既含煅石膏又含荧光剂等类型。

与硅胶相似，氧化铝也因含煅石膏和荧光剂而分为氧化铝 G、氧化铝 GF_{254} 及氧化铝 HF_{254}。氧化铝的极性比硅胶大，比较适合分离极性较小的物质（烃、醚、醛、酮、卤代烃等），因为极性物质会被氧化铝强烈吸附，分离效果较差，R_f 值较小。相反硅胶适用于分离极性较大的物质（羧酸、醇、胺等），非极性物质在硅胶板上吸附较弱，R_f 值较大。

黏合剂除煅石膏（$2CaSO_4 \cdot H_2O$）外，还可使用淀粉及羧甲基纤维素钠，具体操作如下：将 5 g 硅胶于搅拌下慢慢加入 12 mL 1%的羧甲基纤维素钠（CMC）水溶液中，调成糊状。然后将糊状浆液倒在洁净的薄层板上，用手轻轻振动，使涂层均匀平整，大约可铺 8 cm×3 cm 薄层板 6～8 块。室温下晾干，然后在 110 ℃烘箱内活化 0.5 h，以除去吸附的水分。

② 点样　通常将样品溶于低沸点溶剂（如乙醚、丙酮、乙酸乙酯等），将样品配成 1%左右的溶液，然后用内径小于 1 mm 的毛细管点样。点样前，先用铅笔在薄层板上距末端 1 cm 处轻轻画一横线，然后用毛细管吸取样液在横线上轻轻点样。如果要重新点样，一定要等前一次点样残余的溶剂挥发后再点样，以免点样斑点过大，一般斑点直径不大于 2 mm。如果在同一块薄层板上点两个样，两斑点间距应保持 1～1.5 cm 为宜，干燥后就可以进行展开（图 3-31）。

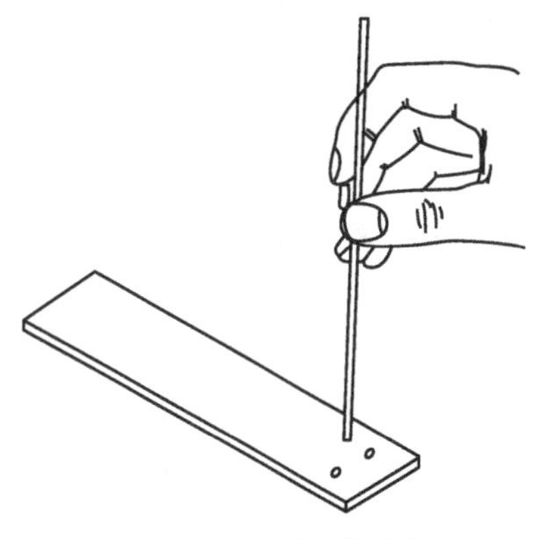
图 3-31　薄层板的点样

样品浓度对展开效果影响很大，通常以 1%～2%为宜。不同浓度在展开时，呈现不同的效果。低浓度时，样品中所有组分以相同的速率扩散，样品与展开点彼此呈线性关系，即为圆形分布；高浓度时，由于扩散速率比低浓度快，往往出现拖尾现象，影响分离效果。

③ 展开

a. 展开剂的选择　展开剂的选择对分离来讲至关重要。展开剂的选择主要依据样品的极性、溶解度和吸附剂的活性，同时还要考虑尽可能使用安全、对环境友好的试剂。像苯、四氯化碳、氯仿等有毒试剂可与低毒性的试剂配合使用。一般而言，通常使用低沸点、低黏度、低毒性的溶剂，溶剂的极性越大，对化合物的展开能力越强。常用的展开剂的极性变化顺序为：

烷烃（石油醚）＜甲苯＜二氯甲烷＜乙醚＜氯仿＜乙酸乙酯＜异丙醇＜丙酮＜乙醇＜甲醇＜乙腈＜乙酸

一般很少使用比甲醇极性更强的展开剂。当单一的展开剂效果不好时，可选择混合展开剂。混合展开剂的极性大小取决于各组分的比例，占比例较大的溶剂起溶解和基本分离作用；占比例较小的溶剂起调整、改善分离物的 R_f 和对某些组分的选择作用。主要溶剂应选择不易形成氢键的溶剂，或选择极性比被分离物低的溶剂，以避免 R_f 值过大。混合展开剂要求溶剂间互溶，被分离物也要溶于其中。极性大的溶剂易洗脱化合物并使其在薄层板上移动；极性小的溶剂则降低极性大的溶剂的洗脱能力，使 R_f 值减小。中等极性的溶剂往往起着极性相差较大溶剂间的混溶作用。表 3-4 列出了几种常见的混合展开剂体系。

表 3-4 常见的几种混合展开剂体系

化合物酸碱性	展开剂体系
中性体系	石油醚-乙醚（2∶1）
	石油醚-丙酮（4∶1）
	石油醚-乙酸乙酯（3∶1）
	石油醚-异丙醇（3∶1）
酸性体系	氯仿-甲醇-乙酸（100∶10∶1）
碱性体系	氯仿-甲醇-浓氨水（100∶10∶1）

注：展开剂的具体配比要视分离情况适时调整。

b. 展开操作　薄层色谱的展开需要在密闭容器中进行。展开剂的高度为 0.5～1 cm，可在展开瓶内放一张滤纸，以使器皿内的蒸汽很快达到汽液平衡，待滤纸饱和后，把点好样品的板放入，并使其与器皿成一定的角度，务必使展开剂的水平线在样品点以下，盖好盖子，当展开剂上升至顶部 1 cm 时取出，并立即用铅笔标出展开剂前沿的位置，以便计算 R_f 值。如图 3-32 所示。

图 3-32　TLC 展开示意图

④ 显色　如果被分离物本身有颜色，薄层色谱展开后，即可直接观察到斑点。若样品本身无色，则需进行显色，常用的显色方法如下。

a. 碘显色　最常用的显色剂是碘，许多有机物都能与之形成褐色的配合物。通常是加少许碘于密闭容器中，容器内被碘蒸气饱和，将展开后干燥的薄层板放入，碘与展开后的有机物可逆地结合，几分钟内化合物的斑点位置呈褐色。需要注意的是有些有机物如酚类等与碘反应，则不能用此法显色。此外，当薄层板上仍有展开剂时，由于碘蒸气亦能与展开剂结合，致使薄层板显淡棕色，而展开后的有机化合物则呈现较暗的斑点。薄层板自容器内取出后，由于碘升华，呈现的斑点一般在数十秒内消失。因此必须立即用铅笔标出化合物的位置。

b. 紫外灯显色　使用硅胶 GF_{254} 和硅胶 HF_{254} 做成的薄层板，在紫外灯的照射下，可以观察到样品的斑点呈暗色（有样品的位置造成了荧光猝灭）。如果样品本身具有荧光，经展开后可直接在紫外灯下观察斑点的位置。

c. 其他显色方法　除了上述两种显色方法外，常用的还有 90%浓硫酸显色——有机物呈黑色斑点；高锰酸钾碱性溶液——有机物呈黄色斑点。还有一些针对性的显色剂，如酚类物质可用 5%的三氯化铁溶液（甲醇∶水＝1∶1）显色；醛、酮类物质用 0.4%的 2,4-二硝基苯肼-2 mol/L 盐酸溶液显色；胺和氨基酸用水合茚三酮显色；甾类和萜类物质用 5%～10%磷钼酸乙醇溶液显色等。

3.8.2 柱色谱

柱色谱是分离和提纯少量固体或液体物质常用的有效方法，可以分离大于 10 g 的物质。在柱色谱分离中必须考虑三种物质间的相互作用，即样品的极性、洗脱剂的极性和吸附剂的活性。

通常柱色谱有吸附柱色谱和分配柱色谱两类。吸附柱色谱常用氧化铝和硅胶作为吸附剂，当待分离的混合物溶液流过吸附柱时，各种成分被吸附在柱的上端。当洗脱剂流下时，由于不同化合物吸附能力不同，往下洗脱的速度也不同，于是形成了不同层次。吸附性强的组分移动较慢留在柱子的上端，吸附性较弱的组分移动较快进入柱子的下端，从而达到分离的目的。而分配色谱以硅胶、硅藻土和纤维素作为支持剂，以吸收的液体作固定相，而支持剂本身不起分离作用，它是利用混合物中各组分在互不相溶的两种液体之间的分配系数不同而进行分离。下面主要介绍吸附柱色谱。

（1）色谱柱的选择

色谱柱的尺寸要根据被分离物的量来确定，一般来说氧化铝或者硅胶的量至少是被分离物质量的 30 倍，色谱柱的高度与直径比是 10∶1，柱身细长，分离效果较好，但分离时间长，分离量也少；柱身较短，分离效果较差，但分离时间短，选用什么样的柱子要根据被分离混合物的分离难易程度而定。若组分极性差别较大，易于分离，可选用较为短粗的柱子，使用较少的吸附剂；若组分极性相差较小，则难以分离，宜选用较为细长的柱子，并使用较大量的吸附剂。

（2）吸附剂的选择

柱色谱常用的吸附剂有氧化铝、硅胶、氧化镁、碳酸钙及活性炭等，一般多用氧化铝，柱色谱专用的氧化铝以通过 100～150 目筛孔的颗粒为宜。颗粒太细，吸附力强，溶液流速太慢；颗粒太粗，溶液流速太快，分离效果不好，使用时可根据实际分离需要选定。

色谱用氧化铝按其水提取液的 pH 值（取 1 g 氧化铝，加 30 mL 蒸馏水，煮沸 10 min，冷却，滤去氧化铝，测定滤液的 pH 值）分为：中性氧化铝、碱性氧化铝和酸性氧化铝三种。中性氧化铝（水提取液 pH 值为 7.5）应用最广，适用于醛、酮、醌及酯类化合物的分离；碱性氧化铝（水提取液 pH 值为 9～10）适用于烃类化合物、生物碱以及其他碱性化合物的分离；酸性氧化铝（水提取液 pH 值为 4～4.5）适用于有机酸的分离。

硅胶是实验室应用最广的吸附剂，市面上有各种粒径的硅胶供应，粒径越小，目数越大。由于它略带酸性，能与强碱性物质发生作用，所以适用于酸性和中性有机物的分离。

氧化铝和硅胶的活性取决于含水量的多少。通常分为五个等级，如表 3-5 所示。各活性级别分离效果的差异要用实验方法确定，而不是盲目选择高的活性级别，最常使用的是Ⅱ～Ⅲ级。

表 3-5　吸附剂的活性与含水量的关系

活性等级	Ⅰ	Ⅱ	Ⅲ	Ⅳ	Ⅴ
氧化铝含水量/%	0	3	6	10	15
硅胶含水量/%	0	5	15	25	38
吸附活性	←活性逐渐增强				

如果吸附剂活性太低，分离效果不好，可通过活化来提高活性，即通过加热的方法除去吸附剂所含的水分，提高其吸附活性。使用前把吸附剂放进烘箱加热，活化温度和时间根据分离需要确定，氧化铝一般在 200 ℃恒温 4 h，硅胶在 110 ℃恒温 1 h。也有一些样品在活性高的吸附剂中分离效果不好，可将吸附剂放在空气中使其吸收一些水分，分离效果反而较好。此外，一些天然产物带有多种官能团，对微弱的酸碱性都很敏感，则可用纤维素、淀粉或糖类作为吸附剂。

(3) 洗脱剂的选择

洗脱剂是指将被分离物从吸附剂上洗脱下来所用的溶剂。洗脱剂的选择通常是先用薄层色谱法进行探索，这样只花较少的时间就能完成对溶剂的选择，然后将薄层色谱找到的最佳溶剂或混合溶剂用于柱色谱。

如果被分离物的极性差别较大，一般首先使用非极性溶剂来洗脱极性较小的组分，然后再用极性稍大的溶剂将极性大的组分洗脱。使用混合溶剂洗脱时，如果必须在洗脱过程中改变洗脱剂的极性，应将极性稍强的溶剂按一定的比例逐渐加到正在使用的洗脱剂中。例如原洗脱剂为石油醚，如欲加入乙酸乙酯增加极性，可逐渐增加乙酸乙酯的用量，目的在于避免后面的色带行进过快，追上前面的色带，造成交叉带。

如果两色带之间有宽阔的空白带，不会造成交叉，则也可直接换成另一种溶剂，所以要视具体情况灵活应用

洗脱剂的一般选择规律是：若化合物极性较大，则易吸附难洗脱，一般选用活性较低的吸附剂和极性较大的洗脱剂；若化合物极性较小，则可选用活性较高的吸附剂和极性较小的洗脱剂。表 3-6 列举了常用的洗脱剂的极性顺序，表 3-7 为各类有机物的洗脱顺序。。

表 3-6 洗脱剂的极性顺序

洗脱剂	
正戊烷	极性和洗脱能力增加↓
石油醚	
环己烷	
乙醚	
二氯甲烷	
三氯甲烷	
1,4-二氧六环(二噁烷)	
乙酸乙酯	
丙酮	
2-丙醇	
乙醇	
甲醇	
乙酸	

表 3-7 各类有机物被洗脱的顺序

有机物	
烷烃	从易到难↓
烯烃	
二烯烃	
芳烃	
醚	
酯	
酮	
醛	
胺	
醇	
酚	
酸	

(4) 实验操作

① 装柱 装柱是柱色谱中最关键的操作，装柱的好坏直接影响分离效果。装柱前应先将色谱柱洗净、干燥，垂直固定在铁架上。在柱子底部放一小块棉花，再平铺一层约 0.5 cm 厚的石英砂，以免细小的吸附剂堵塞棉花中的空隙，过柱太慢，然后再进行装柱，装柱的方法分为湿法和干法两种。

a. 湿法装柱 将所需的吸附剂用洗脱剂调成糊状（如为混合溶剂，选择极性较小的），在柱中加入约 1/3 高的洗脱剂，再将调好的吸附剂倒入柱中，打开旋塞，在色谱柱下面放一个干净的锥形瓶，接收洗脱剂，同时用橡皮球轻轻敲打柱身，使吸附剂在洗脱剂中均匀沉降，使吸附剂均匀紧密且没有气泡。柱子填充完毕，在吸附剂上端覆盖一层 0.5 cm 厚的石英砂。覆盖石英砂的目的是使样品能够均匀地流入吸附剂表面，防止加入洗脱剂时吸附剂表面被破坏。在整个装柱过程中，柱内洗脱剂的高度始终高于吸附剂最上端，一旦吸附剂裸露在空气中，柱内就会出现裂痕和气泡，影响分离效果。装好的色谱柱如图 3-33 所示。

b. 干法装柱 在色谱柱上端放一个干燥的漏斗，将吸附剂倒入漏斗中，使其成为细流源源不断地装入柱中，并轻轻敲打色谱柱，使其填充均匀，打开旋塞，用水泵抽真空，关闭

旋塞，再加入洗脱剂润湿。也可先加入 3/4 的洗脱剂，打开旋塞，将所需的吸附剂通过短颈漏斗慢慢加入柱中，如图 3-34，轻轻敲打柱身使其充填紧密。必要时可采用增压泵压实(打开旋塞)，或在下端用水泵抽至有洗脱剂流出。切记不能让柱中出现裂痕和气泡，以免影响分离效果。

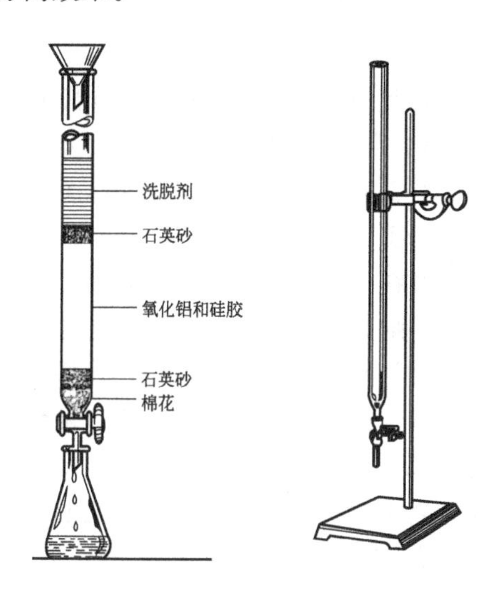

图 3-33　柱色谱装置

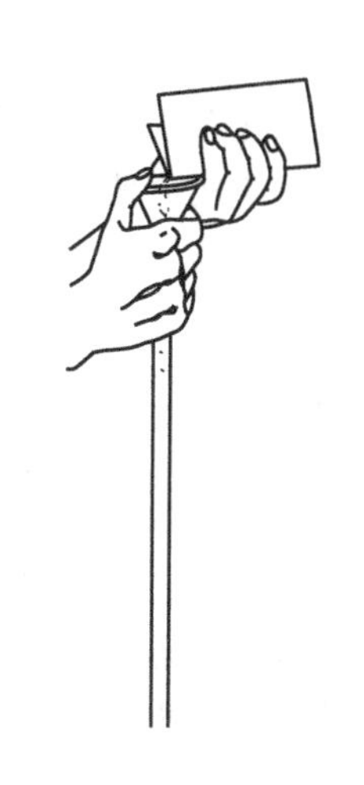
图 3-34　色谱柱的装填

② 上样

a. 湿法上样　将待分离物溶于尽可能少的低沸点、低极性溶剂中（溶剂的极性不能大于洗脱剂的极性），若有不溶性杂质应当除去。打开旋塞小心地放出柱中液体，至液面正好下降到与吸附剂齐平（石英砂露出），关闭旋塞，将配好的溶液环绕着柱内壁缓缓加入，切勿冲动吸附剂，否则会造成吸附剂表面不平，影响分离效果。

b. 干法上样　将待分离样品加入少量低沸点的溶剂溶解，再加入适量吸附剂，搅拌均匀后在旋转蒸发仪上减压蒸干。将吸附了样品的吸附剂均匀地平摊在吸附剂的顶端，然后在上面加盖一薄层吸附剂，再加一层石英砂。干法上样易于掌握，但不适合对热敏感的物质。

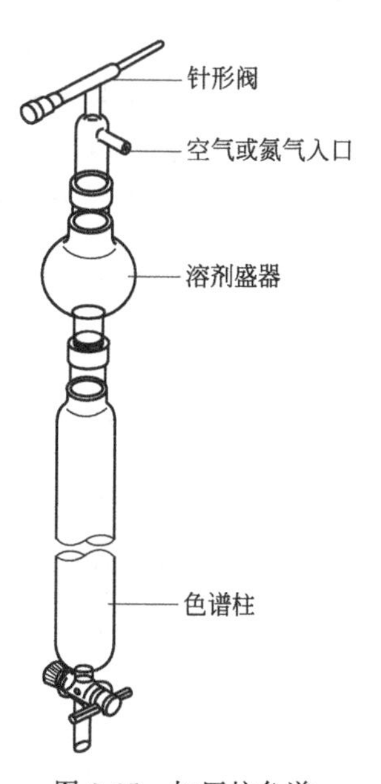

图 3-35　加压柱色谱

③ 展开与洗脱　样品加入后，打开旋塞使色谱柱中的溶液慢慢下降至与吸附剂齐平（石英砂露出），关闭活塞，用滴管加入少量洗脱剂洗涤柱壁上所沾的样品溶液，放出后再重复上述步骤 2～3 次，小心加入洗脱剂至高于吸附剂几厘米，在柱顶放置溶剂球，将洗脱剂徐徐加入，打开色谱柱旋塞，使洗脱剂的流速控制在 1 滴/s，样品在柱中的下移速度不能太快，也不能太慢（甚至过夜），因为吸附表面活性较大，时间太久会造成某些成分被破坏，使色谱扩散，影响分离效果，若流速太慢，可适当加压，如图 3-35 所示。通常采用试管作为接收器。如果色谱带出现拖尾，可适当提高洗脱剂的极性。

④ 色谱柱的检测　当分离有色物质时，可以直接观察到分离后的“色带”，然后用洗脱

剂将分离后的“色带”依次自柱中洗脱出来，分别收集在不同容器中。然而大部分有机物是无色的，因此通常采用十几至几十个试管，依次编号，等体积收集流出液，体积的大小取决于柱子的大小和分离的难易程度。将试管中的流出液依次在薄层板上点样展开、显色（相关显色操作参见薄层色谱部分），具有相同 R_f 值为同一组分，可以合并处理。

3.8.3 气相色谱

在色谱中，用气体作为流动相的是气相色谱。气相色谱（GC）是一种用于分离和分析具有一定热稳定性化合物的常用色谱方法。GC 主要用途：测试特定物质的纯度；分析混合物中不同成分及这些成分的相对含量；在某些情况下，GC 可以用于识别化合物。GC 根据分析样品中各组分在固定相中的溶解度不同及沸点不同，实现分离。

气相色谱过程类似于分馏，但是使用的不是填充了填料（例如不锈钢弹簧）的 25 cm 长玻璃柱，所用的是气相色谱柱。气相色谱柱可以是填充了耐火的多孔材料（例如硅藻土，煅烧过的硅藻土）3～10 m 长盘绕金属管（直径 6 mm）。这些耐火的多孔材料用作非挥发性高沸点液体（如硅油、碳蜡类低分子量聚合物）的惰性载体，这些高沸点液体称为气液色谱法的固定相。气相色谱柱也可以是长度达到几十米，内径 0.5～2 mm 的玻璃管，其内壁涂有固定相。样品通过硅胶隔垫进入色谱柱，用氦气或氮气流吹扫。样品首先溶解在高沸点液相（固定相），然后样品中更易挥发的组分从固定相中蒸发并进入气相。氦气或氮气作为载气，将这些组分沿着柱子携带一小段距离，再溶于液相（固定相），然后在那里再被蒸发，反复进行。最终，载气（一种非常好的热导体）和样品到达检测器，通过检测器检测流出载气中含有组分的量，连接到图表记录器，记录仪产生的记录称为色谱图。

气相色谱只记录电流与时间的关系（图 3-36）。在图示中，组分 A 的较大峰具有较短的保留时间，因此它是一种比组分 B 更易挥发的物质（如果固定相是惰性液体，如硅油）。如果 A 和 B 在结构上相似，两个峰的面积与混合物中 A 和 B 的摩尔量成正比。给定组分的保留时间是柱温、氦气流速和固定相性质的函数。

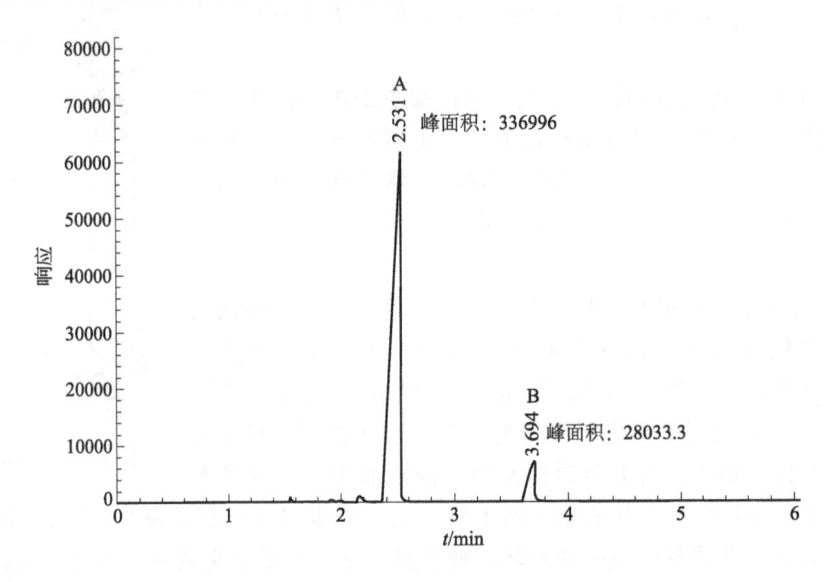

图 3-36　气相色谱图

典型的气相色谱仪构造如图 3-37 所示。载气（通常为氦气或氮气）以一定的流速进入色谱仪。使用进样器通过硅胶隔垫注射样品（1～25 μL）。样品立即通过色谱柱，然后通过检测器。进样器、色谱柱和检测器都封闭在恒温箱中，可保持任何温度，最高通常可达300 ℃。通过这种方式，可以分析在室温下不会充分挥发的样品。气相色谱法可以测定极少量样品中的组分数及其相对含量。配备氢火焰离子化检测器的气相色谱仪可以检测 μg 级样品，例如食品中的痕量农药或血液和尿液中的药物。一些专门的气相色谱也可以用于混合物的分离，每次可分离 0.5 mL 的样品，并在单独的容器中自动收集每个馏分。

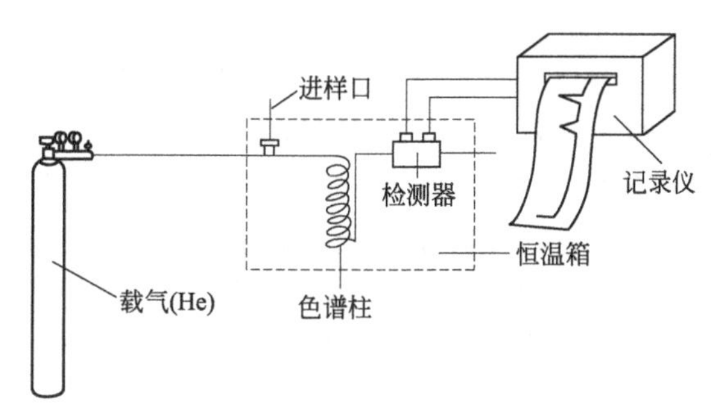

图 3-37　气相色谱仪构造

(1) 分析方法开发

分析方法开发是确定分析待测样品适合或理想的条件。需要确定的条件包括进样口温度、检测器温度、柱温和升温程序、载气和载气流速、柱子的固定相、直径和长度、进样口类型、流速和样品量。根据安装在 GC 上的检测器，可能有许多检测器条件也要进行相应的调节。一些 GC 还包括可以改变样品和载流路径的阀门。这些阀门的打开和关闭时间对方法开发很重要。

(2) 进样量

色谱分析从样品引入色谱柱开始。进样系统应满足进样量要求，不应使色谱柱过载。

(3) 柱子的选择

① 依据相似性原则选择　相似性原则是指两种或两种以上的物质，如果它们的极性、官能团、化学键等相似可以相互溶解。如分离醇类混合物通常选用聚乙二醇、聚酯等氢键型固定液；分离脂肪酸（一般衍生化为甲酯）选用聚酯固定液。对于要分离的物质，首先考虑的是相似性原则，非极性组分一般用非极性固定液，如无特殊选择性，分离次序按沸点增加的次序出峰。极性组分一般选用极性固定液，分离次序是按极性增加的次序出峰。

② 依据固定液与被分离物质之间的特殊作用力选择。特殊作用力可以是诱导力、定向力或氢键作用力（见表 3-8）。

表 3-8　常用固定液及选择[1]

固定液	极性级别	分析用途
100%聚二甲基硅氧烷	0	胺类、烃类、酚类、多氯联苯等
5%二苯基-95%二甲基聚硅氧烷	+1	卤代化合物、芳香化合物等
50%二苯基-50%二甲基聚硅氧烷	+3	甾族化合物、杀虫剂
聚乙二醇	+5	醇类、芳香类、香精油

(4) 柱温和程序升温

GC 色谱柱包含在柱温箱中，其温度由电子元件精确控制。样品通过色谱柱的速率与色谱柱的温度成正比。柱温越高，样品通过柱的速度就越快。然而，样品通过色谱柱的速度越快，它与固定相的相互作用就越少，分析物分离度就越低。通常，选择柱温以在分析时间和分离水平之间进行折中。在整个分析过程中将色谱柱保持在相同温度的方法称为“等温”。然而，大多数方法在分析过程中是提高柱温，初始温度、升温速率（温度“斜坡”）和最终温度被称为“程序升温”。程序升温可使在分析早期洗脱的组分充分分离，同时缩短延迟洗脱的组分通过色谱柱所需的时间。

（5）检测器的选择

常用的气相色谱检测器有氢火焰离子化检测器（FID）、热导检测器（TCD）、氮磷检测器（NPD）、火焰光度检测器（FPD）和电子捕获检测器（ECD）。

氢火焰离子化检测器（FID）：根据气体的电导率检测。由色谱柱流出的载气或携带样品的载气流经温度高达 2100 ℃的氢火焰时，待测有机物组分在火焰中发生离子化作用，使两个电极之间出现一定量的正、负离子，在电场的作用下，正、负离子各被相应电极所收集。通常用于检测有机物（含碳化合物），不适于分析惰性气体、空气、水、CO、CO_2、CS_2、NO、SO_2 及 H_2S 等。

热导检测器（TCD）：根据组分与载气有不同的热导率的原理检测，适用于气体混合物的分析，检测过程中不破坏被监测组分，有利于样品的收集，或与其他仪器联用。

氮磷检测器（NPD）：从氢火焰离子化检测器发展而来，适用于分析氮、磷化合物的高灵敏度、高选择性检测器，广泛应用于农药、石油、食品、药物、香料及临床医学等多个领域。

火焰光度检测器（FPD）：在一定外界条件下（即在富氢条件下燃烧）促使一些物质产生化学发光，通过波长选择、光信号接收检测含 S、P 化合物。

电子捕获检测器（ECD）：当纯载气进入检测室时，受射线照射，电离产生正离子（N_2^+）和电子 e^-，生成的正离子和电子在电场作用下分别向两极运动，形成基流。当样品中含有电负性强的元素即易与电子结合的分子时，就会捕获低能电子，产生带负电荷的阴离子（电子捕获）。这些阴离子和载气电离生成的正离子结合生成中性化合物，被载气带出检测室外，从而使基流降低，产生信号。

（6）数据和分析

① 定性分析　在色谱图中提供了样品的峰谱，代表在不同时间从色谱柱洗脱的样品中存在的组分。如果方法条件恒定，保留时间可用于鉴定待测物。此外，在恒定条件下，样品的峰形将是恒定的，也可以分析复杂的混合物。在大多数现代应用中，GC 也可以连接到质谱仪或类似检测器，能够识别每个峰的化合物结构。

② 定量分析　色谱图中峰的面积与样品中组分的含量成正比。使用数学公式计算峰面积的积分函数，确定原始样品中组分的浓度；可以使用校准计算浓度，通过找到样品中待测组分的一系列浓度对应的响应，创建出曲线，再根据检测样品中待测组分的峰面积可以计算出其含量。也可以通过待测组分与确定组分（内标）的相对响应因子来定量。

当待测混合物中各组分具有相同的灵敏度时，各组分峰面积比等于它们的质量比。如果各组分易挥发、易洗脱，那么通过测量各组分的峰面积占总面积的百分比就可以获得各组分的比例。对应双组分混合物（A 和 B），可以根据下式计算：

$$\text{A 的含量}=\frac{\text{A 峰面积}}{\text{A 峰面积}+\text{B 峰面积}}\times 100\%$$

当待测混合物中各组分的灵敏度不同时，各组分峰面积比就不等于它们的质量比。可以根据内标法测定待测组分的含量。首先将已知量的待测组分 A 与已知量的内标 C 组成样品，经一定条件下的气相色谱分析，根据相应的峰面积可以计算出校正因子 f。

$$\frac{\text{A 峰面积}}{\text{A 的质量}}=f\times\frac{\text{C 峰面积}}{\text{C 的质量}}$$

然后将定量的内标 C 加入未知量待测样品中，在相同的条件下进行气相色谱分析，根据测得的相应 A 和 C 的峰面积，可以计算出 A 的质量。

$$\text{A 的质量}=\frac{1}{f}\times\left(\frac{\text{A 峰面积}}{\text{C 峰面积}}\right)\times\text{C 的质量}$$

3.9 无水无氧操作

许多金属或过渡金属有机化合物及碱金属等，对空气（水或氧气）很敏感。遇水、遇氧能发生反应，甚至燃烧或爆炸。因此这类对空气和水敏感化合物的制备和处理，采取无水无氧操作是很有必要的。

目前采用的无水无氧操作分为三种：直接保护、手套箱操作及 Schlenk 操作。

3.9.1 直接保护

对于要求不是很高的体系，可以采用直接将惰性气体通入反应体系置换出空气的方法。这种方法简便易行，广泛用于各种常规反应，是最常见的保护方式。惰性气体可以是氮气或氩气，对于一些对氮气敏感的如金属锂的操作就一定得用氩气了。

对于那些会受极微量的氧和水影响的反应，可以使用如下方法来处理溶剂，处理装置为特制的溶剂蒸馏系统。将干燥过的干净的仪器按照图 3-38 装置好，使纯净的氮气由旋塞 A 进入，经旋塞 B、D 和 E 放出，重复该操作三次，彻底冲洗出空气后，关闭旋塞 A，打开旋塞 D 和 E 改由 F 处通入细微量的氮气，经鼓泡器放出，使整个系统保持常规的静态氮气压力。

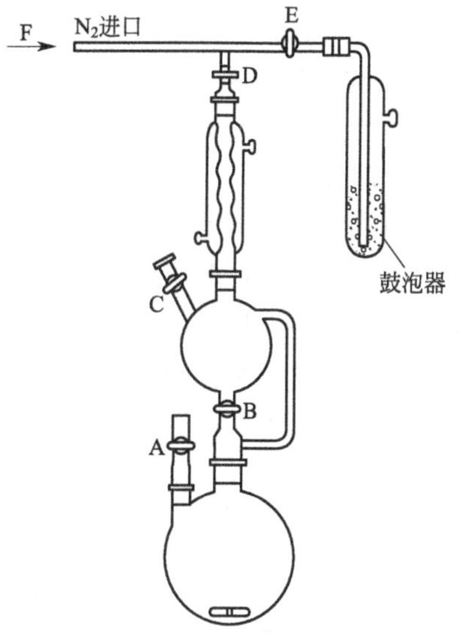

图 3-38 氮气保护下使用的溶剂蒸馏系统

3.9.2 手套箱

对于需要进行称量、研磨、转移、过滤等复杂操作的体系，一般在充满惰性气体的手套箱内进行操作。常用的手套箱是有机玻璃制成的，在其中放入干燥剂、充入惰性气体即可进行无水无氧操作。有机玻璃外壳的手套箱比较便宜，但有机玻璃手套箱不耐压，而且无法进行真空换气，所以就无法达到低氧分压、低水分压的要求，只能在一些要求较低的情况下使用。

严格无水无氧操作的手套箱是由金属制成的（图 3-39）。不锈钢外壳的手套箱由氯丁橡胶手套、抽气口、进气口和密封很好的玻璃窗组成。惰性气体通过手套箱自带的脱水、脱氧分子筛经进一步的纯化后，进入手套箱的箱体，能达到高惰性气体比例、低氧分压、低水分压的要求。试剂和仪器通过小进样仓或大进样仓进行移进或移出。

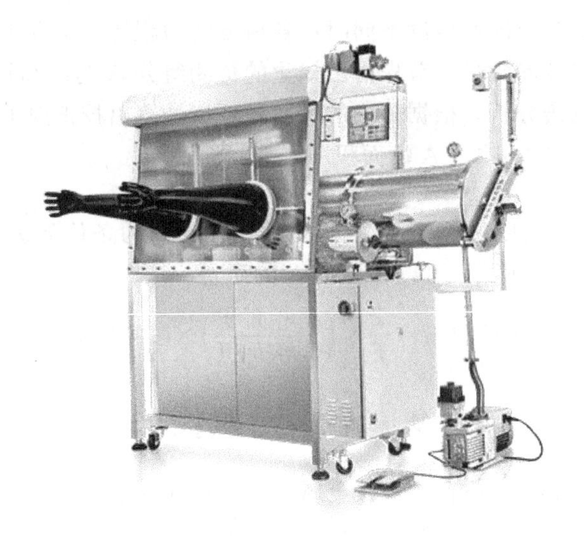

图 3-39 手套箱

3.9.3 Schlenk 操作系统

无水无氧操作线也称史兰克线（Schlenk line），是一套惰性气体的净化及操作系统（图3-40）。通过这套系统，可以将无水无氧惰性气体导入反应系统，从而使反应在无水无氧气氛中进行。无水无氧操作体系主要由除氧柱、干燥柱、Na-K 合金管、截油管、双排管、真空泵等部分组成。

惰性气体在一定压力下由鼓泡器导入，经干燥柱进行初步除水、除氧，再除去因除氧而产生的微量水分，继而通过 Na-K 合金管以除去残余的水和氧。如果要求除去惰性气体中残留的氮气，需再将气体通入锂屑或灼热的镁屑，最后经过截油管进入双排管。安全管主要控制无水无氧操作系统的压力。

在干燥柱中，常填充脱水能力强并可再生的干燥剂，如 5A 分子筛；在除氧柱中则选用除氧效果好并能再生的除氧剂，如银分子筛。经过这样的脱水除氧系统处理后的惰性气体，就可以导入反应系统或其他操作系统。

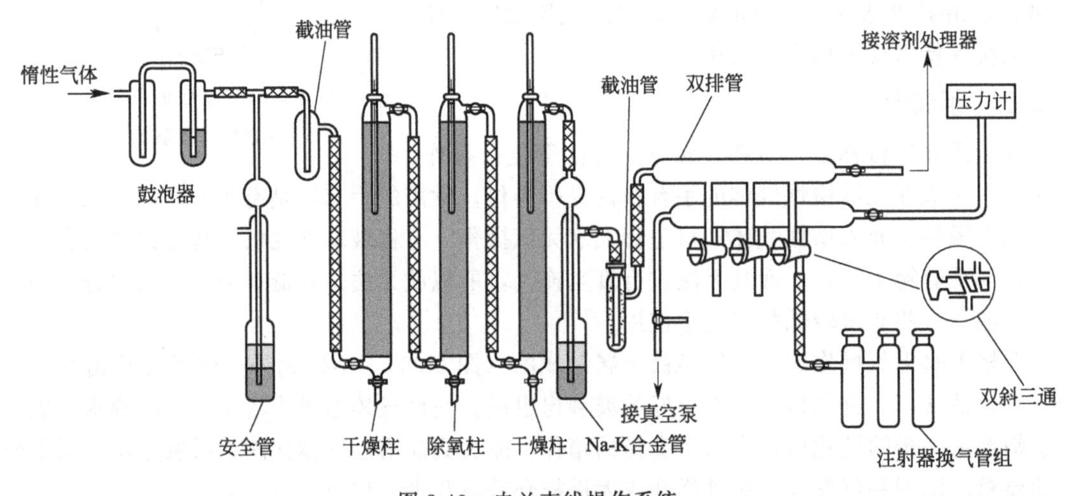

图 3-40 史兰克线操作系统

第4章　有机化学基础实验

4.1　基本操作训练实验

实验一　重结晶及熔点测定

【实验目的】

1. 了解重结晶法提纯固体有机物的原理和意义。
2. 掌握重结晶及过滤的操作方法。
3. 学习重结晶溶剂的选择方法。
4. 掌握用熔点仪和提勒管测定固体物质熔点的方法。

【实验预习】

1. 回流装置的搭建 1.3.2。
2. 重结晶的相关知识 3.1。
3. 熔点的测定 2.1。

【实验原理】

重结晶是提纯固体有机化合物的常用方法之一，其原理是利用被提纯物质与杂质在某溶剂中溶解度的不同将它们分离，从而达到纯化的目的。重结晶的关键是选择合适的溶剂。

【实验试剂】

粗萘，精萘，70%乙醇，粗苯甲酸，精苯甲酸。

Ⅰ萘的重结晶

【实验步骤】

1. 制备饱和溶液

在装有回流冷凝管的100 mL圆底烧瓶中，放入粗萘（2.0 g），加入70%乙醇（15 mL）和1～2粒沸石。接通冷凝水后，加热至沸[1]，并不时摇动瓶中物，以加速溶解。若所加的乙醇不能使粗萘完全溶解，则应从冷凝管上端继续加入少量70%乙醇（注意添加易燃溶剂时应先移去火源），每次加入乙醇后应略微摇动并继续加热，观察是否可完全溶解，大约加到25 mL。待完全溶解后，补加乙醇（5 mL）。

2. 脱色

移开热源，冷却后加入少许活性炭[2]，并稍加摇动。再重新加热至沸数分钟。

3. 热过滤

趁热用预热好的短颈漏斗和折叠滤纸过滤，用少量热的70%乙醇润湿折叠滤纸后，将上述萘的热溶液滤入干燥的100 mL锥形瓶

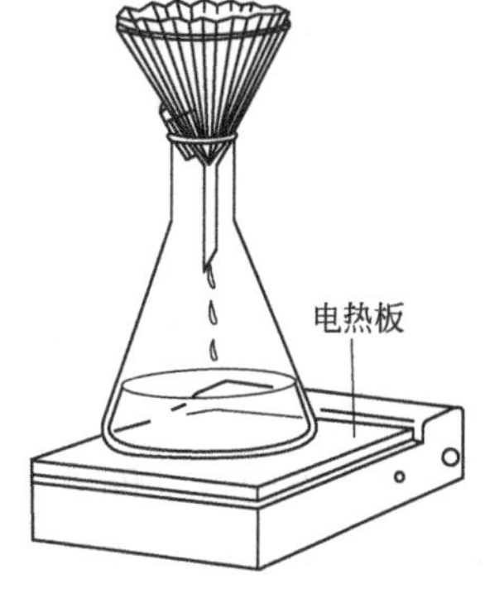

图4-1　热过滤装置（一）

中（注意这时附近不应有明火），滤完后用少量热 70%乙醇洗涤容器和滤纸。如图 4-1 所示[3]。

4. 冷却

盛滤液的锥形瓶用磨口塞塞好，自然冷却[4]，最后再用冰水冷却。

5. 抽滤

用布氏漏斗抽滤（滤纸应先用 70%乙醇润湿，吸紧），用少量冷的 70%乙醇洗涤。若锥形瓶内有残留的固体，可将少量滤液倒回锥形瓶洗涤后再过滤。

6. 干燥

抽干后将结晶移至已称量的表面皿上，放在空气中晾干或放在干燥器中，待干燥后测熔点，称重并计算回收率。

Ⅱ苯甲酸的重结晶

【实验步骤】

1. 制热饱和溶液

称取粗苯甲酸（1.0 g），放入 100 mL 烧杯中，加入水（40 mL，溶剂），加热至微沸，用玻璃棒搅拌使其完全溶解（杂质除外）。此时若尚有未完全溶解的固体，可继续加入少量的热水[5]。

2. 脱色

稍冷却，加入少量活性炭（一般为固体质量的 1%～5%），继续搅拌加热沸腾。

3. 热过滤

事先加热，使热水漏斗中的水达到沸腾，也可用图 4-2 的装置[6]。放好菊花形滤纸，用少量溶剂润湿。然后将上面制得的热溶液趁热过滤（此时应保持热水漏斗中水微沸、饱和溶液微沸）。滤毕，用少量热水（1～2 mL）洗涤滤渣、滤纸各一次。

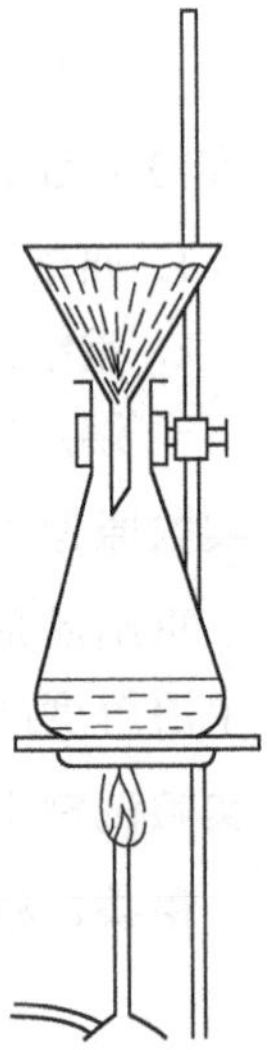

4. 冷却

所得滤液自然冷却析出结晶（此时最好不在冷水中速冷，否则晶体太细，易吸附杂质）。如不析出结晶，可用玻璃棒摩擦容器壁引发结晶。如只有油状物而无结晶，则需重新加热，补加少量水，待澄清后再结晶。

图 4-2 热过滤装置（二）

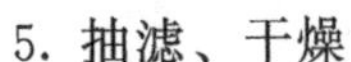

5. 抽滤、干燥

使用布氏漏斗进行减压过滤，固体用少量冷水（1～2 mL）洗涤，以除去附着在结晶表面的母液。洗涤时应先停止抽滤，然后加水洗涤，再抽滤至干。

可重复洗涤两次。然后将固体转移到表面皿上，于低于 100 ℃的温度在真空烘箱中烘干，称重计算产率。取出一部分留作测熔点用。

Ⅲ固体物熔点的测定

1. 毛细管法和电热熔点仪测定精萘和精苯甲酸的熔点，参见 2.1。

2. 测定提纯后的萘或苯甲酸的熔点，并与标准样品作比较。

【实验指导】

[1] 萘的熔点较 70%乙醇的沸点低，因而加入不足量的 70%乙醇加热至沸后，萘呈熔融状态而非溶解，这时应继续加溶剂直至完全溶解。

[2] 活性炭绝对不可加到正在沸腾的溶液中，否则将造成暴沸现象！加入活性炭的量约相当于样品量的 1%～5%。

［3］图 4-1 装置适用于水溶液体系或者无毒无害的有机溶剂，如乙醇、乙酸乙酯，但也要谨防溶剂挥发！

［4］若冷却速度过快，不利于晶形的形成，可能出现粉末状晶体。

［5］本实验制得的是热不饱和溶液，目的是防止热过滤时苯甲酸结晶提前析出。

［6］图 4-2 主要用于水溶剂的重结晶。

【思考题】

1. 简述有机化合物重结晶的步骤和各步的目的。

2. 某一有机化合物进行重结晶时，最适合的溶剂应该具有哪些性质？

3. 加热溶解重结晶粗产物时，为何先加入比计算量（根据溶解度数据）略少的溶剂，然后渐渐添加至恰好溶解，最后再多加少量溶剂？

4. 为什么活性炭要在固体物质完全溶解后加入？为什么不能在溶液沸腾时加入？

5. 将溶液进行热过滤时，为什么要尽可能减少溶剂的挥发？如何减少其挥发？

6. 用抽滤收集固体时，为什么在关闭水泵前，先要拆开水泵和抽滤瓶之间的连接或先打开安全瓶上通大气的活塞？

7. 在布氏漏斗中用溶剂洗涤固体时应注意些什么？

8. 用有机溶剂重结晶时，哪些操作步骤容易着火？应如何防范？

9. 如果自己提纯的样品与标样的熔点有差异，请说明原因。

实验二　工业乙醇的常压蒸馏

【实验目的】

1. 学习常压蒸馏的基本操作。

2. 理解常压蒸馏的基本原理。

【实验预习】

1. 常压蒸馏的基本原理 3.4.1，重点预习共沸蒸馏的原理 3.4.4。

2. 蒸馏装置的搭建 3.4.2。

【实验原理】

工业乙醇的主要成分是乙醇和水，由于来源不同纯度会不同，往往有少量低沸点和高沸点的杂质，通过常压蒸馏可以将这些杂质除去。但水可与乙醇形成共沸物，不能将水和乙醇完全分开，蒸馏所得的是含乙醇 95.5%、水 4.5%的混合物，相当于市售的 95%乙醇。在实验之前应先了解“最低共沸体系”的相关知识。

【实验试剂】

工业乙醇。

【实验步骤】

按图 4-3 搭好蒸馏装置[1]，在 50 mL 的蒸馏烧瓶中加入工业乙醇（30 mL），加入几粒沸石，开启冷凝水（水流方向自下而上），调节热源使液体平稳沸腾[2]，蒸汽冷凝回流形成的圈会缓缓上升到蒸馏头，当水银球接触到蒸汽时，温度计的读数会迅速上升，待前几滴过去后，温度会达到平衡值，分别收集 77 ℃以下和 77～79 ℃的馏分[3]，并测量馏分的体积。

蒸馏结束后，先关闭热源，待蒸馏烧瓶冷却后，再关掉冷凝水。

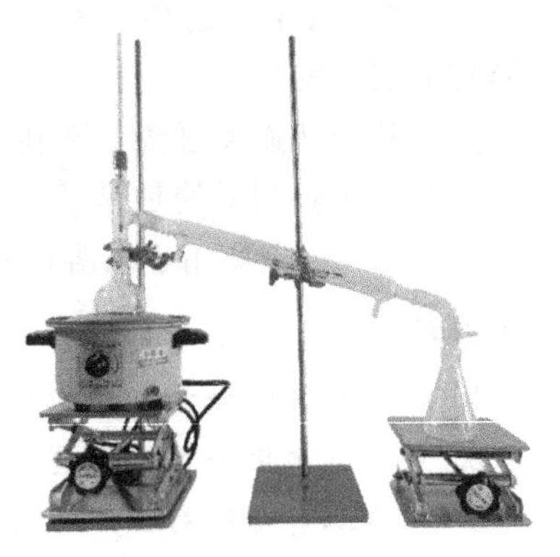

图 4-3 普通蒸馏装置

【实验指导】

[1] 搭建装置时遵循从下到上、从左到右的原则，拆装置时反之。

[2] 蒸馏速度不要过快，以每秒蒸出 1～2 滴为宜，过快会导致冷却不充分。

[3] 蒸馏有机溶剂一般采用磨口接收器，如锥形瓶、圆底烧瓶，不要用普通烧瓶，以防溶剂挥发。

【思考题】

1. 蒸馏操作时加入沸石的作用是什么？如果蒸馏时忘加沸石，可否立即补加？
2. 为什么液体冷却后重新蒸馏时要补加沸石？
3. 蒸馏时所盛液体体积有限制吗？一般是容器的多少？
4. 为什么蒸馏时馏出液的速度以 1～2 滴/s 为宜？
5. 如果馏出液有恒定的沸点，能否认为它就是单一物质？
6. 蒸馏时温度计的水银球应位于什么位置？偏高或偏低对温度的读数有何影响？

实验三　乙酰乙酸乙酯的减压蒸馏

【实验目的】

1. 学习减压蒸馏的基本操作。
2. 理解减压蒸馏的基本原理。

【实验预习】

1. 减压蒸馏的基本原理 3.6。
2. 减压蒸馏装置的搭建 3.6.2、3.6.3。

【实验原理】

市售的乙酰乙酸乙酯中常含有少量的乙酸乙酯、乙酸和水，由于乙酰乙酸乙酯在受热温度超过 95 ℃时会发生副反应，故必须通过减压蒸馏进行提纯。

【实验试剂】

市售乙酰乙酸乙酯。

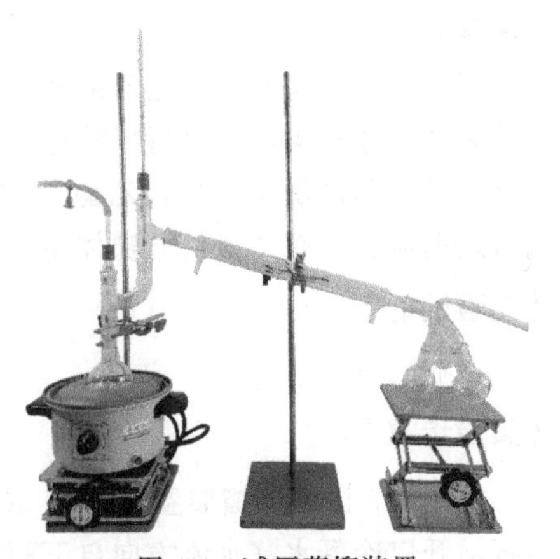

图 4-4 减压蒸馏装置

【实验步骤】

在 50 mL 蒸馏烧瓶中，加入乙酰乙酸乙酯 20 mL，按减压蒸馏装置图 4-4 装好仪器，按照 3.6.2 的操作步骤，通过减压蒸馏进行纯化。乙酰乙酸乙酯的沸点与压力的关系见表 4-1。

表 4-1　乙酰乙酸乙酯的沸点与压力的关系

压力/ Pa	101325	10665.8	7999.3	5332.9	3999.6	2666.4	2399.8	1866.5	1599.9
沸点/ ℃	181	100	97	92	88	82	78	74	71

【思考题】

1. 具有什么性质的化合物需要采用减压蒸馏？请举例。
2. 使用减压蒸馏时，需要哪些吸收和保护装置？各自的作用是什么？
3. 减压蒸馏前要做哪些准备？蒸馏结束后，又应如何停止？

实验四　薄层色谱分离

【实验目的】

1. 了解薄层色谱技术的应用范围。
2. 学习薄层色谱展开剂的选择方法。
3. 掌握薄层色谱展开技术。

【实验预习】

1. 薄层色谱的原理和操作参见 3.8.1。
2. 偶氮苯顺反异构体的结构、极性以及展开剂的影响。
3. 镇痛片有效成分（阿司匹林、咖啡因、扑热息痛、布洛芬）的结构与极性大小分析。

Ⅰ偶氮苯顺、反异构体的分析

【实验原理】

偶氮苯常见的形式是反式结构。在光的照射下，反式偶氮苯能够吸收能量形成活化分子，活化分子失去过量的能量会回到顺式和反式基态。生成的混合物组成与所用光的波长有关。当用波长为 365 nm 的光照射偶氮苯的苯溶液时，生成 90％以上的热力学不稳定的顺式异构体；当用可见光照射时，顺式异构体仅略多于反式异构体。

$h\nu$

顺式　　反式

由于两种物质的极性不同，对固定相和流动相的吸附和溶解能力也不同，极性大、吸附能力强的组分在薄层板上的移动速度较慢，极性弱、吸附能力差的组分在薄层板上移动速度较快，从而达到将二者分离的目的。

【实验试剂】

硅胶，0.5％羧甲基纤维素钠，1％的偶氮苯乙醇溶液，环己烷，乙酸乙酯。

【实验步骤】

1. 薄层板的制备[1]

取 7.5 cm×2.5 cm 左右的载玻片 5 片，洗净晾干。在 50 mL 烧杯中，放置硅胶 G（3.0 g），逐渐加入 0.5%羧甲基纤维素钠（CMC）水溶液（8 mL），调成均匀的糊状，用滴管吸取此糊状物，涂于上述洁净的载玻片上，用手将带浆的载玻片在玻璃板或水平的桌面上做上下轻微的颠动，并不时转动方向，制成薄厚均匀、表面光洁平整的薄层板，涂好硅胶 G 的薄层板置于水平的玻璃板上，在室温下放置 0.5 h 后，放入烘箱中，缓慢升温至 110 ℃，恒温 0.5 h，取出，稍冷后置于干燥器中备用。

2. 点样

取 1 块用上述方法制好的薄层板[1]，在距一端约 1 cm 处用铅笔轻轻画一横线作为起始线。取管口平整的毛细管插入样品溶液中，在一块板的起点线横向约 1/4 的位置上点上没有光照的偶氮苯[2]，再用另一根毛细管取光照以后的偶氮苯点样，两点之间的横向距离应大于 1 cm。如果样点的颜色较浅，可重复点样，重复点样前必须待前次样点干燥后进行。样点直径不应超过 2 mm。

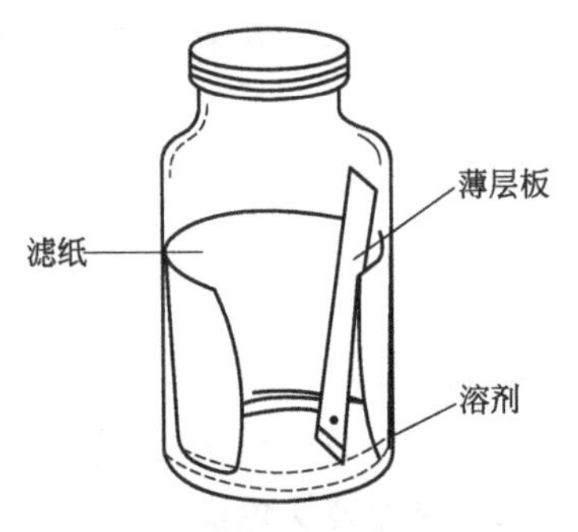

图 4-5　薄层色谱展开装置

3. 展开

用 20∶1 的环己烷-乙酸乙酯为展开剂，待样点干燥后，小心放入已加入展开剂的 100 mL 广口瓶中进行展开（图 4-5）。广口瓶的内壁贴壁放置一张滤纸，下端浸入展开剂中，以使容器内被展开剂蒸气饱和。点样一端应浸入展开剂 0.5 cm。盖好瓶塞，观察展开剂前沿上升至离板的上端 1 cm 处取出，尽快用铅笔在展开剂上升的前沿画一记号，晾干。

4. 计算 R_f 值

观察分离的情况，比较二者 R_f 值的大小。

$$R_f=\frac{\text{溶质的最高浓度中心至原点中心的距离}}{\text{溶剂前沿至原点中心的距离}}$$

Ⅱ镇痛片有效成分的分析

【实验原理】

解热镇痛药通常含有阿司匹林、非那西汀、咖啡因、对乙酰氨基酚、布洛芬等成分，其中阿司匹林、咖啡因、对乙酰氨基酚是感冒药中最为常见的成分，非那西汀虽然具有类似的作用，但因为有较强的毒副作用，现在已很少使用，布洛芬则是止痛药中的主要成分。通常可以采用与标准物对照的方法，用薄层色谱来确定混合体系中可能的成分。以下为几种解热镇痛药的结构：

COOH　OCOCH$_3$　　　　O　OC$_2$H$_5$ N H　　　　O　OH N H

阿司匹林　　　　非那西汀　　　　扑热息痛（对乙酰氨基酚）

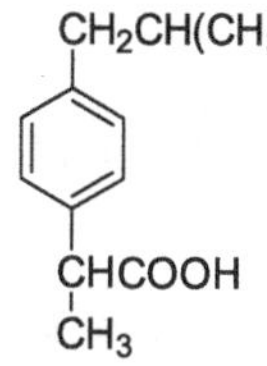

布洛酚

2-(4-异丁基) 苯基丙酸

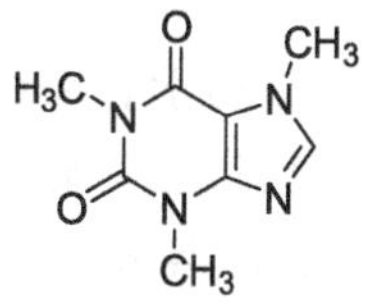

咖啡因

【实验试剂】

硅胶板，阿司匹林，非那西汀，对乙酰氨基酚，布洛芬，镇痛片 APC，95%乙醇，乙酸。

【实验步骤】

1. 标准液的配制[3]

配制 1%阿司匹林的 95%乙醇溶液、1%非那西汀的 95%乙醇溶液、1%的咖啡因的 95%乙醇溶液、1%对乙酰氨基酚的 95%乙醇溶液、1%布洛酚的 95%乙醇溶液。

2. 样品的制备

取镇痛片 APC（含阿司匹林、非那西汀、咖啡因），用不锈钢铲研成粉末。取一滴管，用少许棉花塞住其细口部，然后将粉末 APC 从后部装入其中。另取一滴管，将 95%的乙醇（2.5 mL）从后部滴入盛有 APC 的滴管中，流出的萃取液收集于一小试管中。

3. 点样

取 3 块薄层板，每块板上点两个样点，分别为 APC 的萃取液和 1%阿司匹林、1%非那西汀和 1%咖啡因的 95%乙醇溶液三个标准样品。

4. 展开

展开剂为 95%的乙酸乙酯和 5%的乙酸[4]。将待测样点干燥后，小心放入已加入展开剂的 100 mL 广口瓶中进行展开。广口瓶的内壁贴一张滤纸，下端浸入展开剂中，以使容器内被展开剂蒸气饱和。点样一端应浸入展开剂 0.5 cm。盖好瓶塞，观察展开剂前沿上升至离板的上端 1 cm 处取出，尽快用铅笔在展开剂上升的前沿画一记号，晾干。

5. 显色并鉴定

本实验所用药品在可见光条件下均为无色，只要使用的是硅胶 GF_{254} 或硅胶 HF_{254} 制成的薄层板，在紫外灯的照射下，可以观察到样品的斑点呈暗色，用铅笔将其画出，求出每个点的 R_f 值，并将未知物与标准样品比较，推断各斑点的归属。

也可把以上薄层板再置于放有几粒结晶碘的广口瓶内，盖上瓶盖，直至薄层板上暗棕色斑点明显时取出，用铅笔将其画出，以防碘挥发后斑点消失。

6. 其他镇痛药品有效成分的鉴定

(1) 加合百服宁和科达琳（复方氨酚肾素片）

这两种药物中的主要有效成分是对乙酰氨基酚和咖啡因，也可采用与上面类似的方法鉴定。

(2) 洛芬伪麻片和臣功再欣

这两种药物中都含有布洛芬，可采用 2-(4-异丁基)苯基丙酸为标准物做对比，鉴定药品中的主要成分。

【实验指导】

[1] 薄层板制作对于初学者来讲良莠不齐，有条件的可以选用市售的薄层板。

[2] 偶氮苯呈现黄色斑点，易于辨认。

[3] 所配制 1%标样的溶液，浓度不必十分精确，因为不是定量实验，只是希望浓度稀一些。浓度太大，点样展开后会拖尾，并与其他斑点混淆。

[4] 展开 APC 时，也可采用 12∶1 的 1,2-二氯乙烷和乙酸作为展开剂。

【思考题】

1. 展开剂的高度如果超过了点样线，对薄层色谱有何影响？

2. 如果展开时间过长，溶剂边缘线超过薄层板了，对监测样品有何影响？

3. 溶剂极性增加，样品斑点会有什么变化？减小又有什么变化？

4. 两个点如果离得很近，应该怎样做才能得到较好的分离效果？

5. 以二氯甲烷为展开剂，萘、苯甲酸、乙酸苯酯在 TLC 板上会呈现怎样的顺序？

6. 如果展开瓶不及时盖盖子，会对展开结果有影响吗？为什么？

7. 如果两个样品的 R_f 分别是 0.25 和 0.36，把样品板从展开瓶中取出干燥后，再一次放入展开瓶中展开，R_f 值会有变化吗？

8. 顺式和反式的偶氮苯哪个 R_f 值大？哪个 R_f 值小？为什么？

实验五　柱色谱分离

【实验目的】

1. 掌握柱色谱的基本操作。

2. 学习柱色谱中溶剂、洗脱剂的选择。

3. 了解柱色谱分离技术在有机合成中的应用。

【实验预习】

1. 柱色谱的原理和操作参见 3.8.2。

2. 甲基橙和亚甲基蓝的结构及极性大小比较。

3. 联苯与对溴苯乙酮极性大小的比较。

4. 旋转蒸发仪的原理及操作。

Ⅰ 甲基橙和亚甲基蓝的分离

【实验原理】

甲基橙和亚甲基蓝都是有色物质，皆可用于化学指示剂及印染工业，亚甲基蓝还可用于生物染色剂和药物等方面。

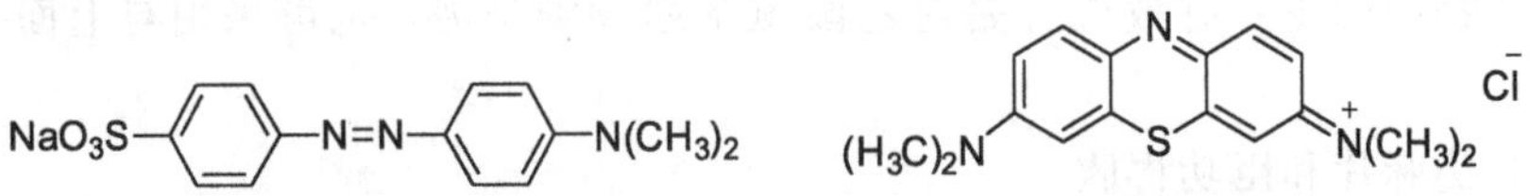

$NaO_3S-C_6H_4-N=N-C_6H_4-N(CH_3)_2$

甲基橙

$(H_3C)_2N$ … $\overset{+}{N}(CH_3)_2$ $\overset{-}{Cl}$

亚甲基蓝

1 份甲基橙可溶于 500 份冷水中，易溶于热水，溶液呈金黄色，几乎不溶于乙醇。亚甲基蓝是一种吩噻嗪盐，外观为深绿色青铜光泽结晶（三水合物），可溶于水/乙醇，不溶于醚类，由于二者极性差异较大，而且都为有色物质，所以可用柱色谱方便地分离。

【实验试剂】

中性氧化铝，95%乙醇，水，溶有1.0 mg甲基橙和1.0 mg亚甲基蓝的95%乙醇溶液（1 mL）。

【实验步骤】

1. 装柱

（1）将内径约1.5 cm的色谱柱洗净、烘干后在底部放入一小团脱脂棉[1]。

（2）在锥形瓶中称量中性Al_2O_3 7.0 g，并用95%乙醇10 mL调匀，另外加入95%乙醇5 mL于色谱柱中。

（3）打开色谱柱活塞，控制乙醇流速为1滴/s，将Al_2O_3从柱顶一次加入柱内，并用橡皮管轻轻敲击管外壁，使其填装均匀[2]。

（4）待Al_2O_3全部下沉，通过转动轻敲使Al_2O_3柱顶成均匀平面，然后在表面轻轻地覆盖一张圆形滤纸。

2. 上样

当乙醇液面降至滤纸表面时，关闭活塞，用滴管加入1 mL亚甲基蓝与甲基橙（1∶1）的乙醇混合液到圆形滤纸片上。

打开活塞，控制流速为1滴/s，当混合液降至滤纸面时再关闭活塞，用滴管沿管壁滴入95%乙醇1～2 mL[3]，洗去黏附在柱壁上的液滴。打开活塞，让洗脱液降至滤纸面时，再加95%乙醇3 mL。

3. 洗脱

（1）在色谱柱顶装上滴液漏斗[4]，用95%乙醇淋洗，洗脱速度为1滴/s，观察色层带的形成和分离。

（2）当亚甲基蓝的蓝色带到达柱底时，更换接收器，收集全部色层带，然后改用水为洗脱剂[5]，同时更换接收器。

（3）当甲基橙的黄色带到达柱底时，再更换接收器，收集全部色层带[6]。

4. 后处理

色谱分离结束后，打开活塞将柱内氧化铝倒入废物桶内，切勿倒入水槽。回收亚甲基蓝乙醇溶液和甲基橙水溶液。

【实验指导】

[1] 脱脂棉不可用太多，以免堵塞，影响洗脱剂流出；也不能太少，以免氧化铝漏下。

[2] 柱子一定要装实，不留空隙。

[3] 一定要等样品下降到滤纸以下，才能加洗脱剂。

[4] 也可用溶剂球代替，要防止氧化铝被溶剂冲坏。

[5] 必须更换洗脱剂，否则无法洗脱亚甲基蓝。

[6] 在整个实验操作过程中，切不可使固定相暴露在空气中，以防柱子干燥、裂缝，影响分离效果。

Ⅱ分离联苯与对溴苯乙酮的混合物

【实验原理】

联苯和对溴苯乙酮都是常见的有机物，二者具有一定的极性差异，可以通过柱色谱很好地分开。此外，二者都是无色化合物，但具有共轭结构，可以通过紫外显色仪在 TLC 上分辨出二者的斑点。本实验以联苯和对溴苯乙酮的分离来学习加压快速柱色谱分离方法。

联苯　　对溴苯乙酮

【实验试剂】

联苯，对溴苯乙酮，石油醚，硅胶（300～400 目），硅胶（100～200 目），乙酸乙酯，二氯甲烷。

【实验步骤】

1. 选择淋洗剂的极性

选择合适的溶剂体系使待分离的点（化合物）的 R_f 值达到 0.35 左右。对于多个点（化合物）的分离，可以采用梯度洗脱的方式，先分别找到需要分离的化合物的 R_f 值为 0.35 左右的溶剂体系。

2. 制备样品

由于待分离样品联苯和对溴苯乙酮在石油醚中的溶解度不大，如果以溶液形式上样，需要加入二氯甲烷溶解，少量的二氯甲烷存在会影响小极性样品的分离，因此，本实验采用固体上样方法，即将待分离样品吸附在硅胶上。称取待分离混合物（100.0 mg 左右），加入 50 mL 圆底烧瓶中，将混合物溶解在二氯甲烷（10 mL）中，加入粗硅胶（100～200 目）（硅胶的质量大约是化合物质量的 2～3 倍），然后在旋转蒸发仪上浓缩该溶液[1]。当固体旋干后（当多数固体从容器壁上脱落，说明固体已经干燥），从旋转蒸发仪上卸下烧瓶，完成样品的制备。

3. 装柱

选择合适的色谱柱（根据表 4-2），固定色谱柱，然后在色谱柱中先后放入棉花、石英砂（不超过 1 cm）[2]，关闭色谱柱下面的活塞。

表 4-2　色谱柱及收集器选择参考表

色谱柱直径/mm	洗脱剂体积/mL	分离样品质量/mg		收集组分仪器体积/mL
		$\Delta R_f \geqslant 0.2$	$\Delta R_f \geqslant 0.1$	
10	100	100	40	5
20	200	400	160	10
30	400	900	360	20
40	600	1600	600	30
50	1000	2500	1000	50

在通风橱中，取适量的硅胶[3]（7.5～8.0 g）加入 100 mL 锥形瓶中，加入 1.5 倍体积的石油醚，将其制成浆状，用力振荡和强烈搅拌，使其充分混合，并且除去硅胶中的气体。

用漏斗小心缓慢地将浆状物移入色谱柱中，注意不要破坏下面的砂层。转移的过程中不时地停下来摇动锥形瓶中的浆体，以确保硅胶混合均匀。转移结束后，用石油醚反复冲洗锥形瓶几次，并且将余下的溶剂硅胶混合物加入分离柱中。用滴管加石油醚将沾附在柱子顶部边缘上的硅胶冲洗到溶剂层中。当所有的硅胶都被洗离柱壁，检查并确保柱子的顶段平坦，如果不平，必须重新搅拌，然后沉降下来。打开活塞，装上加压球给柱子加压[4]，装置如图 4-6 所示。在加压下，加入过量的石油醚，用铅笔头或橡皮塞轻轻地敲打柱子，这将使硅胶颗粒填充得更加紧密。当溶剂液面接近硅胶面上 0.5 cm 左右时停止加压，在柱子中小心再加入石油醚（至柱高的 3/4 左右），再次加压至石油醚的液面接近硅胶面上 0.5 cm 左右时。收集从柱子中流出的石油醚，可以重复使用。柱内的硅胶高度应为 14～15 cm。泄压、关闭柱子的活塞，准备上样。

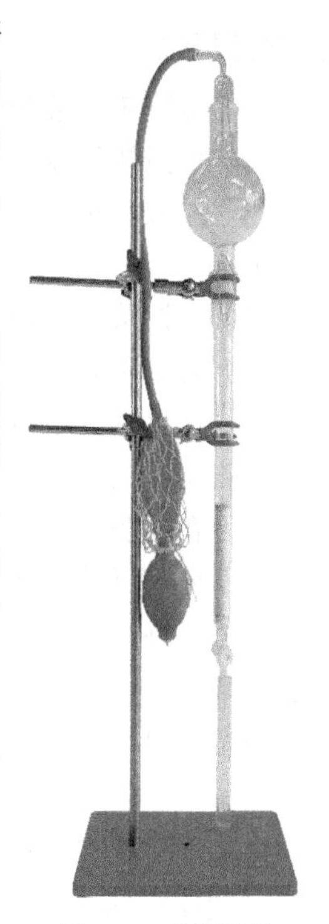

图 4-6　带增压的柱色谱装置

4. 上样

保持石油醚的高度在填充层上 1 cm 左右，用漏斗将已经吸附到硅胶上的待分离样品加在装好的色谱柱的硅胶面顶端，用铅笔头或橡皮塞轻轻地敲打柱子，柱子的顶端平坦，在平整的样品层的顶部加入石英砂作为保护层。需要填充得比较平整，厚度约为 2 cm[5]。加入配制好的洗脱剂（2.0 mL），打开色谱柱下面的活塞，小心加压，使溶剂液面达到石英砂层，反复三次[4]，确保样品很好地吸附在柱子的最上层。

5. 洗脱

根据表 4-2 选择适当的接收器，将第一个试管放在柱子的出口下方。小心地在色谱柱中加满洗脱液。开始时可以用滴管加入溶剂。当加入了 1 cm 高度的溶剂之后，最好打开活塞。继续用滴管滴加溶剂，直到溶剂高于柱内填充层几个厘米。可以通过漏斗从锥形瓶中加入洗脱剂——缓慢地让它沿柱子壁加入[6]。

当把洗脱液装满分离柱之后，可以开始加压“过柱”了。调整压力使洗脱剂下降的速度达到 3～5 cm/ min，当收集试管装入 4/5 洗脱剂后换上一支新的试管。注意随时向柱内补充洗脱剂。

6. 监测

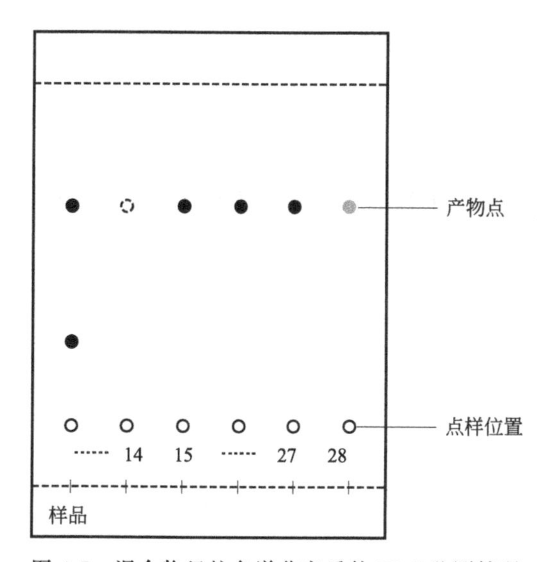

图 4-7　混合物经柱色谱分离后的 TLC 监测情况

用 TCL 跟踪柱子的分离进程（图 4-7）。可以一边收集样品，一边进行薄层色谱分析。对收集的样品可以每管监测或间隔监测；在间隔监测时，如发现 15 管中已有产物，再点样 14 管，亦有，故从 14 管开始收集产物[7]。同上方法直至 28 管时，样品斑点的荧光较淡。

7. 加大洗脱剂的极性[8]（第二个点的 R_f 为 0.35 时的极性）按步骤 7 和 8 继续进行分离。

8. 浓缩得到产物

将相似纯度的组分合并放在大的圆底烧瓶中，并用旋转蒸发仪进行浓缩。用油泵抽干溶剂，得到目标产物。

9. 当所有目标化合物都已经从柱内被洗脱下来时，在色谱柱的底端放置一个大锥形瓶，加压将剩余的溶剂全部压出柱子，然后干燥硅胶，将干硅胶倒入废硅胶收集瓶中。

【实验指导】

[1] 硅胶是非常细的粉末，很容易被吸入旋转蒸发仪中。用玻璃毛塞住旋转蒸发仪的接头，以防止固体被吸入泵中。此外，快速转动也可以避免此问题的出现。

[2] 加入石英砂的目的是防止过细的硅胶颗粒进入脱脂棉中，造成堵塞，石英砂的厚度大约 1 cm。

[3] 根据待分离的样品量及待分离化合物间的极性差决定硅胶的量。

[4] 切记不要让溶剂液面低于填充层。

[5] 这里加入石英砂和上一步实验一样，防止加入样品时硅胶溅起，造成柱面不在一个平面，石英砂的厚度大约 2 cm。

[6] 在向色谱柱中加洗脱剂时不要破坏柱内填充物的顶段。

[7] R_f 值相同的样品可以合并浓缩，一般来讲是同一物质。

[8] 要逐步提高洗脱剂的极性。过于急速的极性变换可能会使硅胶分裂，柱内的填充层出现裂缝。这对分离将会非常不利！因此，以每 100 mL（或更多）溶剂中增加 5%左右的极性溶剂，直至达到所希望的溶剂极性。然后，用该种洗脱液洗脱，直到目标化合物被洗脱出来。

【思考题】

1. 装柱时如果不紧密会有什么影响？
2. 色谱柱为什么必须垂直？如果倾斜有何影响？
3. 点样时为什么斑点不能过大？
4. 柱子的上下层分别加入石英砂的目的是什么？
5. 当色谱带出现拖尾时应如何操作？

【参考文献】

Still W C，Kahn M，Mitra A. *J. Org. Chem.*，1978，43：2923-2925.

4.2 消除反应

消除反应是指在化合物分子中消除两个原子或基团生成不饱和化合物或环状化合物的反应，最一般的情况是这些原子或基团在相邻的两个原子上被消除，并在此两个原子间形成一个新的双键或叁键。

$$\underset{\alpha}{-\overset{|}{\underset{\overset{|}{X}}{C}}}-\underset{\beta}{\overset{|}{\underset{\overset{|}{Y}}{C}}}- \longrightarrow -\overset{|}{C}=\overset{|}{C}-$$

这种消除反应称为 β-消除。

常见的消除反应有醇在无机酸作用下的脱水反应：

$$RH_2C-\underset{OH}{\underset{|}{CH_2}} \xrightarrow[\triangle]{H_2SO_4} RHC=CH_2$$

但在强酸作用下按照 E1 历程往往伴随重排产物的出现。使用卤代烃和碱反应生成烯烃，按照 E2 历程反应则可避免重排，但由于卤代烃不易得到，一般选择价廉、易得的卤代烃来制备烯烃。

$$RH_2C-\underset{X}{CH_2} \xrightarrow[\text{醇}]{NaOH} RHC=CH_2$$

与醇脱水一样，当可能有两种以上烯烃形成时，反应主要遵循 Saytzeff 规则，例如：

$$\text{Br} \xrightarrow[\text{加热}]{\text{浓 KOH/乙醇}} \underset{81\%}{\quad} + \underset{19\%}{\quad} + HBr$$

此外还会有与之竞争的取代产物。

二卤代物在碱性条件下脱去分子卤化氢常用于炔烃的制备：

$$\text{Br, Br} \xrightarrow[\triangle]{\text{KOH, 醇}} H_3CC\equiv CH$$

实验六　醇脱水制备环己烯

【实验目的】

1. 学习醇脱水制备烯烃的基本原理。
2. 学习分馏的基本操作。
3. 学习气相色谱表征产物纯度的方法。

【实验预习】

1. 《有机化学》教材中有关醇脱水的反应机理和烯烃的制备。
2. 有关分馏操作的注意事项，见 3.5 节。
3. 气相色谱的基本原理，见 3.8.3 节。

【实验原理】

烯烃是重要的有机化工原料。简单的烯烃如乙烯、丙烯等一般通过石油裂解制备，实验室主要由醇脱水或卤代烃脱卤化氢制备。醇脱水一般采用酸催化，常用的脱水剂是硫酸或者磷酸，也可采用氧化铝或分子筛在高温（350～450 ℃）条件下脱水制备。

$$\text{OH} \xrightarrow[<100^{\circ}C]{H_2SO_4} \underset{70\%}{\quad} + H_2O$$

$$\text{OH} \xrightarrow[450^{\circ}C]{Al_2O_3} \underset{98\%}{\quad}$$

醇脱水生成烯烃时，如果能够生成两种不同的烯烃，反应取向主要遵从 Saytzeff 规则，主要产生双键上连有较多取代基的烯烃。醇脱水过程中往往伴随有碳正离子的重排和副产物醚的生成，例如：

$$H_3CH_2C-CH(CH_3)-CH_2OH \xrightarrow{H^+} H_3CH_2C-CH(CH_3)-CH_2^+ \xrightarrow{\sim H} H_3CH_2C-\overset{+}{C}(CH_3)-CH_3$$

$$H_3CH_2C-CH(CH_3)-CH_2^+ \xrightarrow{-H^+} H_3CH_2C-C(CH_3)=CH_2$$

$$H_3CH_2C-\overset{+}{C}(CH_3)-CH_3 \xrightarrow{-H^+} H_3CHC=C(CH_3)-CH_3$$

$$C_2H_5OH \xrightarrow{\text{浓}H_2SO_4} H_2C=CH_2 + C_2H_5-O-C_2H_5$$

环己醇在磷酸作用下脱水的反应式为：

$$\text{环己醇(OH)} \xrightarrow[\Delta,-H_2O]{H_3PO_4} \text{环己烯}$$

首先是酸性条件下 OH 发生质子化：

$$\text{环己醇} + H_3PO_4 \rightleftharpoons \text{质子化环己醇}(OH_2^+) + H_2PO_4^-$$

紧接着失去水得到一个二级正离子，然后迅速失去一个质子得到烯烃：

$$\text{质子化环己醇}(OH_2^+) \longrightarrow \text{环己基正离子} \xrightarrow{:\ddot{O}H_2} \text{环己烯}$$

【实验试剂】

环己醇，85%磷酸，甲苯，饱和氯化钠溶液，无水氯化钙。

【实验步骤】

在 100 mL 干燥的圆底烧瓶中，加入环己醇（20.0 g，约 0.2 mol）、85%磷酸（5 mL）[1] 和几粒沸石，注意磷酸加入过程中体系会放热，安装上带分馏柱的蒸馏装置（如图 4-8），用 50 mL 圆底烧瓶或者磨口的锥形瓶作接收器，并将接收器置于冰水浴中[2]。

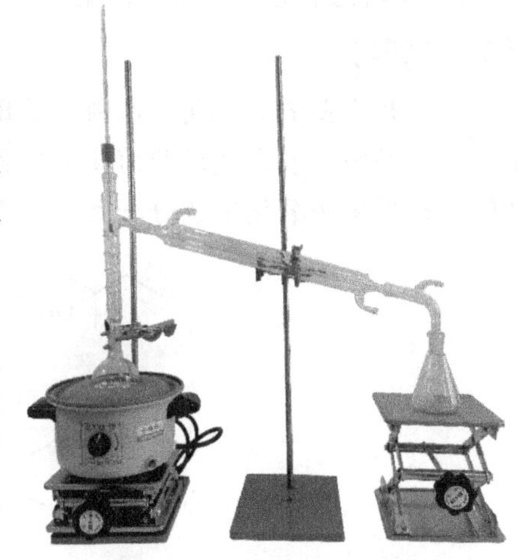
图 4-8　环己烯制备装置

缓慢加热混合物至沸腾，控制分馏柱顶部馏出温度不超过 90 ℃[3]，慢慢蒸出生成的环己烯和水的浑浊液体[约 1 滴/(2～3 s)]，直至瓶中剩余液体为 5～10 mL 时，让体系稍微冷却，然后轻轻拿下蒸馏装置上的温度计，从分馏柱上方通过长颈漏斗加入甲苯（约 20 mL）[4]，继续加热蒸馏，直到上层有机相被蒸出约一半的量，停止蒸馏。

将蒸出的液体转移到 50 mL 分液漏斗中，加入饱和的氯化钠水溶液，然后分液，将上层液体转移到干燥的 100 mL 锥形瓶中，用无水 $CaCl_2$ 干燥 10～30 min，然后将其转移到另一个干燥的 100 mL 圆底烧瓶中，重新搭起上述精馏装置[5]，缓慢加热观察精馏柱上的温度计，收集 83 ℃的馏分，沸程不超过 2 ℃，最终得到无色透明的液体，若浑浊则因为环己烯前期干燥不够充分。

称重，计算产率。纯的环己烯沸点为 82.98 ℃，折射率为 1.4465。产物经气相色谱表征纯度[6]。

【实验指导】

［1］硫酸在有机物体系中浓度大时会使有机物碳化，磷酸更易于操作。

［2］产物置于冰水浴中是为了防止其少量挥发。

［3］加热速度要慢一些，不可过快！因为环己烯与水形成共沸物的沸点是 70.8 ℃，含水 10%；环己醇与环己烯形成共沸物的沸点是 64.9 ℃，含环己醇 30.5%；环己醇与水形成共沸物的沸点是 97.8 ℃，含水 80%，温度过高会导致原料环己醇被蒸出。

［4］加入甲苯的目的是带出更多的环己烯，否则当反应中脱水完成且大部分产物被蒸出后，残留在分馏柱中的环己烯和水的共沸物很难再被蒸出，因此甲苯也可称为驱逐剂（chaser solvent）。

［5］本装置必须完全无水，特别是分馏柱，以免形成共沸物。

［6］气相色谱的条件是：初始温度 40 ℃，保持 1 min；然后以 20 ℃/min 的速率升温至 120 ℃；在 120 ℃保持 5 min，然后降温。环己烯保留时间为 2.531 min 左右；甲苯保留时间为 3.694 min 左右。

【思考题】

1. 分馏与蒸馏有什么区别？
2. 在蒸馏环己烯时为什么要严格控制温度，蒸馏速度过快会怎么样？
3. 为什么选择氯化钙作干燥剂？选用其他的干燥剂可否？
4. 在粗制环己烯中，加入饱和氯化钠溶液的目的何在？
5. 第二次分馏为什么必须干燥？

【附图】

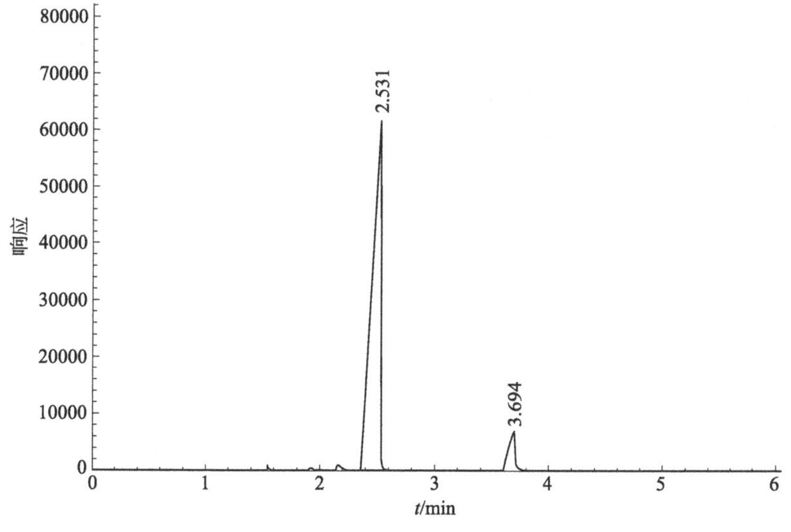

图 4-9　环己烯的气相色谱图

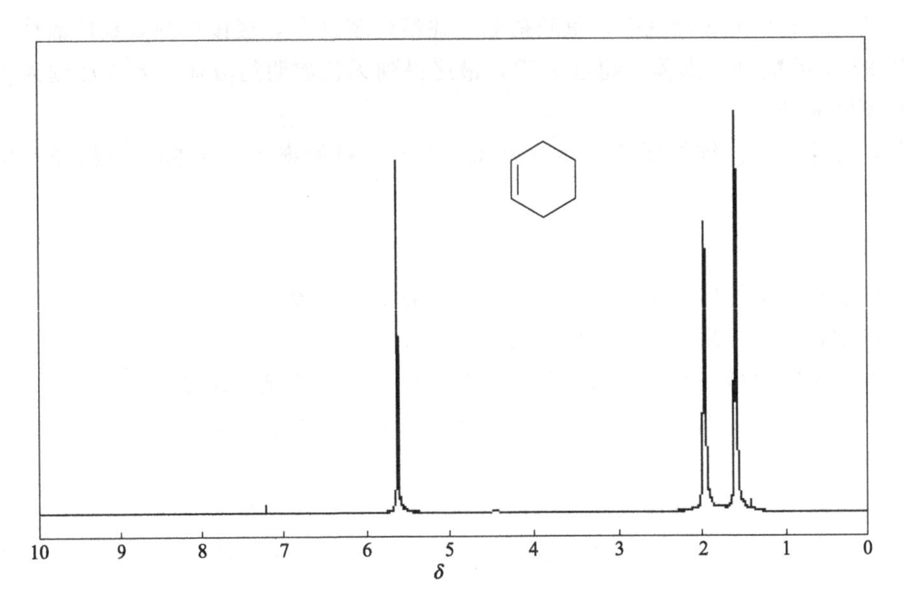

图 4-10　环己烯的^{1}H NMR 谱

实验七　二苯基乙炔的制备

【实验目的】

1. 学习二卤代物在碱性条件下脱卤化氢制备炔烃的原理和方法。
2. 提高固体有机物分离提纯的操作水平。

【实验预习】

1. 《有机化学》教材中有关炔烃制备的相关知识。
2. 重结晶相关操作 3.1。

【实验原理】

邻位二卤代烃在强碱的醇溶液中脱去两分子卤化氢可以制备炔烃，这类反应通常需要比较剧烈的条件，如内消旋的(1*R*,2*S*)-1,2-二苯基二溴乙烷在氢氧化钾的醇溶液中 140 ℃回流 24 h 制备二苯乙炔；选用高沸点溶剂二缩三乙二醇（三甘醇，bp 278.3 ℃），反应时间才得以大大缩短。

反应方程式：

$$PhCH(Br)-CH(Br)Ph + KOH \xrightarrow{HOCH_2CH_2OCH_2CH_2OCH_2CH_2OH} PhC\equiv CPh$$

meso-1,2-二苯基二溴乙烷

【实验试剂】

内消旋 1,2-二苯基二溴乙烷，氢氧化钾，二缩三乙二醇，95%乙醇。

【实验步骤】

在一个 20 mm×150 mm 的试管中加入 *meso*-1,2-二苯基二溴乙烷（0.500 g，1.4 mmol）、氢氧化钾（0.250 g，4.5 mmol）、二缩三乙二醇（2 mL）。在另一个 10 mm×75 mm 的试管中放入水银温度计[1]，加入少量的二缩三乙二醇，务必没住水银球。将此小试管沿器壁轻轻滑入大试管中，再将此反应器插入沙浴中，迅速加热到 160 ℃，这时可以看到有溴化钾析出，持续加热 5 min 以上，然后冷至室温，取出小试管和温度计，加入水（10 mL）以溶解反应中产生的盐，产物二苯乙炔析出[2]，冷却、抽滤，得到粗产物。该粗产物无需干燥即可采用 95%的乙醇重结晶，在重结晶过程中不要搅拌，可以观察到有大的、长的无色晶体缓慢析出。第一批产物收集完成后，母液浓缩，冷却后收集第二批产物，总产量大约 0.230 g，mp 60～61 ℃。

【实验指导】

[1] 不能将温度计直接插入反应液，因为高温、强碱性条件下玻璃会被腐蚀，导致刻度模糊，看不清。

[2] 加水稀释以后，无机盐溶解，更加有利于产物析出。

【思考题】

1. 本实验所用的高沸点溶剂——二缩三乙二醇如何制备？写出相关反应式。

2. 在有机化学课程学习中还有哪个典型反应用过二缩三乙二醇作为溶剂？写出反应式。

3. 利用本反应条件也可以从溴代环己烷制备环己烯，建议采用怎样的实验装置才能保证反应顺利进行？

【附图】

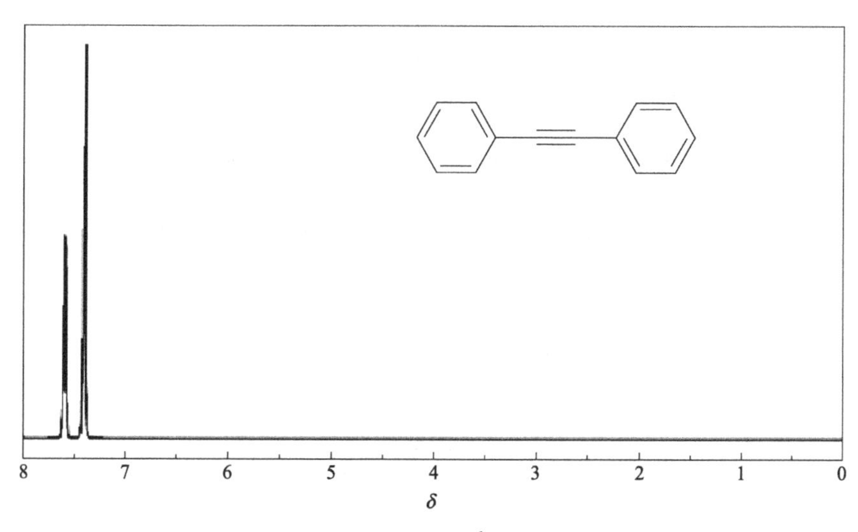

图 4-11　二苯乙炔的 ^{1}H NMR 谱

4.3　亲核取代反应

脂肪族化合物的亲核取代反应是一类研究比较充分，在理论上和实际应用上都有着重要价值的反应。通式为：

$$R—L + Nu^- \longrightarrow R—Nu + L^-$$

亲核试剂 Nu 为阴离子或带有孤对电子的中性物质，如 HO^-、RO^-、HS^-、CN^-、Cl^-、Br^-、I^-、H_2O、$R'OH$、NH_3 等。

在脂肪族的亲核取代反应中，根据反应底物、亲核试剂、离去基团和反应条件的不同，可按照不同的机理进行反应，一般分为单分子亲核取代反应 S_N1 和双分子亲核取代反应 S_N2。

卤代烃是一类重要的有机物。通过卤代烃的亲核取代反应，能制备多种有用的化合物，如腈、胺、醚等。在无水乙醚中，卤代烃与金属镁作用制备的 Grignard 试剂，可以和醛、酮、酯等羰基化合物及二氧化碳反应，用来制备不同结构的醇和羧酸。多卤代物是实验室常用的有机溶剂。

卤代烃可通过多种方法和试剂进行制备，烷烃的自由基卤化、烯烃与氢卤酸的亲电加成反应，都可制备卤代烃，但因产生异构体的混合物而难以分离。实验室制备卤代烃最常用的方法是将结构对应的醇通过亲核取代反应转变为卤代物，常用的试剂有氢卤酸、三卤化磷和氯化亚砜。例如：

$$n\text{-}C_4H_9OH + HBr \xrightarrow{H_2SO_4} \underset{95\%}{n\text{-}C_4H_9Br} + H_2O$$

$$n\text{-}C_4H_9OH + HCl \xrightarrow[25°C]{} \underset{85\%}{n\text{-}C_4H_9Cl} + H_2O$$

$$3n\text{-}C_2H_5OH + PI_3 \longrightarrow \underset{90\%}{3n\text{-}C_2H_5I} + H_3PO_3$$

$$n\text{-}C_2H_5OH + SOCl_2 \xrightarrow[80°C]{\text{吡啶}} n\text{-}C_2H_5Cl + SO_2 + HCl$$

醇与氢卤酸的反应是制备卤代烃最简单的方法，根据醇的结构不同，反应存在着两种不同的机理，叔醇按 S_N1 机理进行，伯醇则主要按 S_N2 机理进行。

$$(CH_3)_3COH + HCl \longrightarrow (CH_3)_3CCl \quad (S_N1)$$

$$(CH_3)_3COH + HCl \rightleftharpoons (CH_3)_3C\overset{+}{O}H_2 + Cl^-$$

$$(CH_3)_3C\overset{+}{O}H_2 \longrightarrow (CH_3)_3\overset{+}{C} + H_2O$$

$$(CH_3)_3\overset{+}{C} + Cl^- \longrightarrow (CH_3)_3CCl$$

$$RCH_2OH + HBr \longrightarrow RCH_2Br + H_2O \quad (S_N2)$$

$$RCH_2OH + H_2SO_4 \rightleftharpoons RCH_2\overset{+}{O}H_2 + HSO_4^-$$

$$RCH_2\overset{+}{O}H_2 + Br^- \longrightarrow RCH_2Br + H_2O$$

酸的作用主要是促使醇首先质子化，将较难离去的基团 OH^- 转变成较易离去的基团 H_2O，加快反应速率。

需要指出的是，消去反应与取代反应是同时存在的竞争反应，对于仲醇，还可能存在着分子重排反应。因此，针对不同的反应对象，可能存在着醚、烯烃或重排的副产物。

醇与氢卤酸反应的难易随所用醇的结构与氢卤酸的不同而有所不同。反应的活性次序为：叔醇＞仲醇＞伯醇，HI＞HBr＞HCl。

叔醇在无催化剂存在下，室温即可与氢卤酸进行反应；仲醇需温热及酸催化以加速反应；伯醇则需要更剧烈的反应条件及更有效的催化剂。

伯醇转变为溴化物也可用溴化钠及过量的浓硫酸代替氢溴酸，避免使用气体 HBr，在操作上更为简便，此方法不能用于仲卤代烃和叔卤代烃的制备。

这种方法也不适用于制备分子量较大的溴化物，因高浓度的盐降低了醇在反应介质中的溶解度。分子量较大的溴化物可通过醇与干燥的溴化氢气体在无溶剂条件下加热制备，通过三溴化磷与醇作用也是一种有效的合成方法。

$$n\text{-}C_2H_5OH + NaBr + H_2SO_4 \xrightarrow{\triangle} n\text{-}C_2H_5Br + NaHSO_4 + H_2O$$

氯化物常用溶有二氯化锌的浓盐酸与伯醇、仲醇作用来制备，伯醇则需与用二氯化锌饱和的浓盐酸一起加热。氯化亚砜也是实验室制备氯化物的良好试剂，它具有无副反应、产率及纯度高、便于提纯等优点。

碘化物由醇与氢碘酸反应很容易制备，更经济的方法是用碘和磷（三碘化磷）与醇作用，也可以用相应的氯化物或溴化物与碘化钠在丙酮溶液中发生卤素交换反应。由于有更便宜和易得的氯化物和溴化物，一般在合成中很少用到碘化物，然而液态的碘甲烷因其操作方便，是相应的氯甲烷和溴甲烷很难代替的。一卤代甲烷的沸点分别为：氯甲烷－24 ℃；溴甲烷 5 ℃；碘甲烷 43 ℃。

实验八　溴乙烷的制备（S_N2 反应）

【实验目的】

1. 学习由醇制备卤代烃的原理与方法。
2. 学习利用蒸馏装置制备和提纯有机物的方法。
3. 学习液体有机物分离和提纯的基本方法。

【实验预习】

1. 分液漏斗的使用 3.3.2。
2. 蒸馏的基本操作 3.4.2。
3. 《有机化学》教材中有关醇与氢卤酸反应制备卤代烃的知识。

【实验原理】

1. 主反应

$$NaBr + H_2SO_4 \longrightarrow HBr + NaHSO_4$$

$$C_2H_5OH + HBr \longrightarrow C_2H_5Br + H_2O$$

2. 副反应

$$C_2H_5OH \xrightarrow{H_2SO_4} C_2H_5OC_2H_5 + H_2C{=}CH_2 + H_2O$$

$$2HBr + H_2SO_4 \longrightarrow Br_2 + SO_2 + H_2O$$

【实验试剂】

乙醇，水，浓硫酸，溴化钠。

【实验步骤】

在 100 mL 圆底烧瓶中，加入 95％乙醇（10 mL，0.163 mol）及水（9 mL）[1]。在不断旋摇和冰水冷却下，慢慢加入浓硫酸（19 mL，0.356 mol）。冷却条件下，缓缓加入研细的溴化钠（15.0 g，0.146 mol）[2] 及几粒沸石，装上蒸馏头、冷凝管和温度计搭建蒸馏装置（图 4-12）[3]，并安装尾气吸收装置。接收器内加入少量冷水并浸入冰水浴中[4]，缓慢[5] 加热烧瓶，沸腾后有油状物蒸出，约 30 min 后慢慢加大加热功率，直至无油状物馏出为止[6]。

图 4-12　溴乙烷制备装置

将馏出物倒入分液漏斗中，分出有机层[7]（哪一层?），置于 50 mL 干燥的锥形瓶中。将锥形瓶浸入冰水浴，在旋摇下用滴管慢慢滴加浓硫酸（约 5 mL）[8]。用干燥的分液漏斗分去硫酸液，溴乙烷倒入（如何倒法?）50 mL 蒸馏瓶中，加入几粒沸石，加热进行蒸馏。将已称重的干燥锥形瓶作接收器，并浸入冰水浴中冷却。收集 34～40 ℃的馏分[9]，产量约 11.0 g。

纯溴乙烷的沸点为 38.40 ℃，折射率为 1.4239。

【实验指导】

[1] 加少量水可防止反应进行时产生大量泡沫，减少副产物乙醚的生成和避免氢溴酸的挥发，降低浓硫酸的氧化性。

[2] 溴化钠先研细后称重。

[3] 溴化氢是有毒气体，可以在接液管的侧管接一个橡胶管，将其通入稀碱液或下水道中。

[4] 溴乙烷在水中的溶解度甚小（1∶100），在低温时又不与水作用。为了减少其挥发，

常在接收器内预放冷水，也便于观察馏出物的变化。

［5］开始时蒸馏速度宜慢，否则蒸汽来不及冷却而逸失；而且在开始加热时，常有很多泡沫产生，若加热太猛烈，会使反应物冲出。

［6］馏出液由浑浊变澄清时，表示已经蒸完。拆除热源前，应先将尾气吸收部分断开，以防倒吸。稍冷后，将瓶内物趁热倒出，以免硫酸氢钠等冷后结块，不易倒出。

［7］尽可能将水分净，否则当用浓硫酸洗涤时会产生热量而使产物挥发损失。一定注意下层液体从下口放出，上层液体从上面倒出。

［8］粗制品中含少量未反应的乙醇、副产物乙醚、乙烯等杂质，它们都溶于浓硫酸中。

［9］当洗涤不够时，馏分中仍可能含极少量水及乙醇，它们与溴乙烷分别形成共沸物（溴乙烷-水，沸点 37 ℃，含水约 1%；溴乙烷-乙醇，沸点 37 ℃，含醇 8%）。

【思考题】

1. 本实验中，哪一种原料是过量的？为什么反应物间的配比不是 1∶1？在计算产率时，选用何种原料作为根据？

2. 浓硫酸洗涤的目的何在？

3. 为了减少溴乙烷的挥发损失，本实验中采取了哪些措施？

【附图】

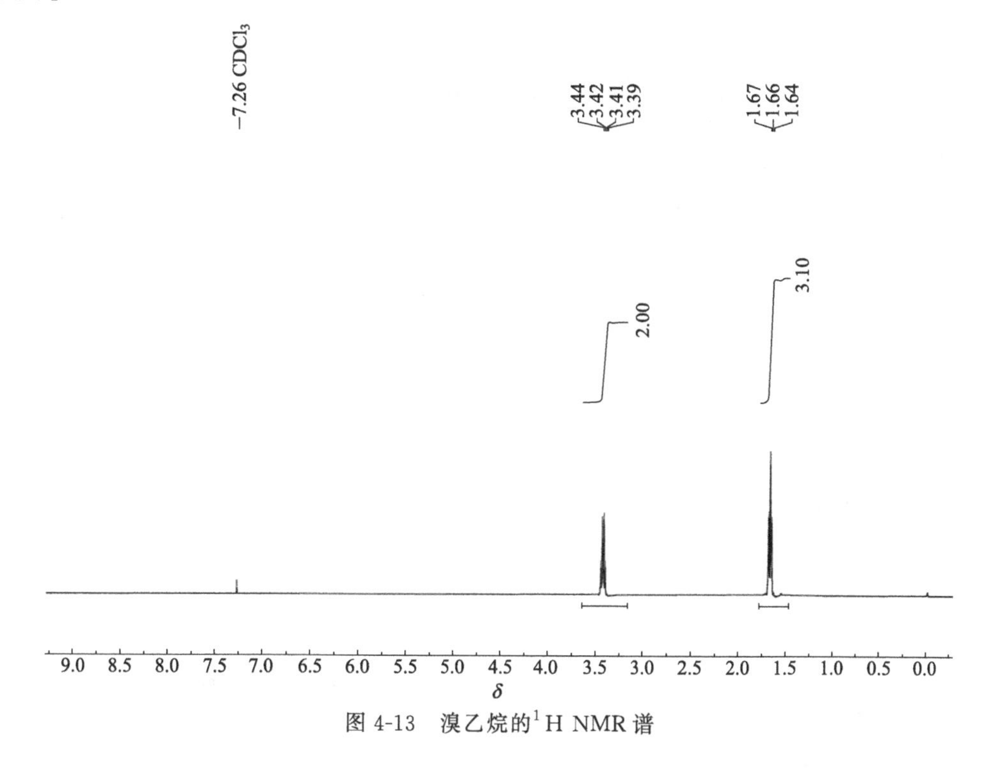

图 4-13　溴乙烷的 ^{1}H NMR 谱

实验九　正溴丁烷的制备（S_N2 反应）

【实验目的】

1. 学习有机物常用的制备方法——回流操作。

2. 掌握液体有机物分离、干燥的基本方法。

3. 掌握液体有机物纯化的基本方法。

4. 练习气体吸收操作。

【实验预习】

1. 分液漏斗的使用 3.3.2。

2. 蒸馏的基本操作 3.4.2。

3. 液体有机物的干燥 1.5.2。

4. 回流装置的搭建 1.3.2。

【实验原理】

1. 主反应

$$NaBr + H_2SO_4 \longrightarrow HBr + NaHSO_4$$

$$CH_3CH_2CH_2CH_2OH + HBr \longrightarrow CH_3CH_2CH_2CH_2Br + H_2O$$

2. 副反应

$$CH_3CH_2CH_2CH_2OH \xrightarrow{H_2SO_4} H_3CH_2CHC{=}CH_2 + H_2O$$

$$2CH_3CH_2CH_2CH_2OH \xrightarrow{H_2SO_4} CH_3CH_2CH_2CH_2OCH_2CH_2CH_2CH_3 + H_2O$$

【实验试剂】

溴化钠，正丁醇，水，浓硫酸，10%氢氧化钠溶液，无水氯化钙，无水硫酸钠。

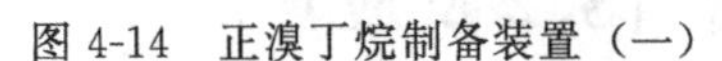

图 4-14　正溴丁烷制备装置（一）

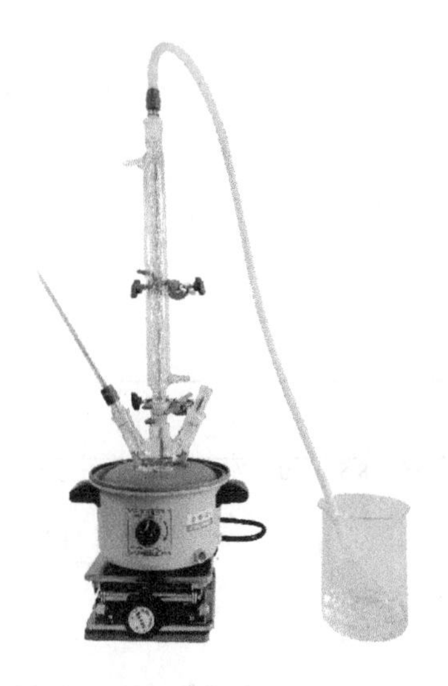

图 4-15　正溴丁烷制备装置（二）

【实验步骤】

100 mL 三口烧瓶装配聚四氟乙烯搅拌子、温度计套管及温度计、恒压滴液漏斗及尾气吸收装置，见图 4-14。室温下，加入溴化钠（13.5 g，0.131 mol）、水（15.0 mL）及正丁醇（10.0 mL，0.109 mol）。小心量取浓硫酸（11.9 mL，0.219 mol）加入恒压滴液漏斗中[1]。将冰水浴置于反应瓶下，开动搅拌，从恒压滴液漏斗滴加浓硫酸，控制滴加速度，保持反应体系稳定在 25 ℃以下[2]。滴加结束后，移去冰水浴及恒压滴液漏斗。反应瓶上装配回流冷凝管，用电加热套将反应混合物加热回流 45 min 左右（见图 4-15）[3]。移去热源，反应体系温度冷至 50 ℃左右，将回流冷凝管撤去，安装常压蒸馏装置及尾气吸收装置，将收集瓶置于冰水浴中。缓慢加热蒸馏反应混合物，收集馏分（1-溴丁烷及水）。当馏分澄清没有油状液滴，蒸馏头上的温度计显示温度达到 115 ℃[4] 时，撤去热源，停止蒸馏。

将收集的馏分倒入分液漏斗中，加入水（10 mL）后进行振荡，放气，静置，然后分液。将有机相（注意哪一相为有机相）转移到一个干燥、洁净的分液漏斗（使用前检查活塞及塞子是否漏液）中，再加入用冰冷却过的浓硫酸（10 mL）[5]，充分振荡。静置 5 min 后，分液（注意哪一相为有机相），移出浓硫酸相。有机相依次用水（10 mL）、饱和碳酸氢钠（10 mL）及水（10 mL）洗涤。

将有机相置于 50 mL 干燥的锥形瓶中，加入无水氯化钙进行干燥，摇晃锥形瓶至有机相变为澄清。可以将液体转移到另一个干燥的锥形瓶中，加入无水硫酸钠进一步干燥，干燥剂的加入量，直到新加入的干燥剂固体在锥形瓶底部不再黏结在一起为止[6]。将锥形瓶中液体小心倾倒或过滤至 50 mL 干燥的蒸馏瓶中，安装常压蒸馏装置，加入沸石或聚四氟乙烯搅拌子，将已称重的干燥锥形瓶作接收器，并浸入冰水浴中冷却。加热进行蒸馏，收集 99～103 ℃的馏分，产量为 10.0～12.0 g。

【实验指导】

[1] 恒压滴液漏斗使用前需检漏，加入浓硫酸前确认漏斗活塞关闭，加入浓硫酸时避免浓硫酸从侧管直接流入三口烧瓶中。

[2] 如硫酸滴加速度过快，会使反应液温度过高，导致生成副产物溴，损失原料溴化氢。

$$2HBr + H_2SO_4(浓) \longrightarrow SO_2 + 2H_2O + Br_2$$

[3] 将反应时间延长至 1 h，溴代烷的产率仅仅增加 1%～2%。

[4] 115 ℃为水、硫酸及氢溴酸的共沸温度。

[5] 如果分液漏斗有水，或者硫酸冷却不够导致放热，会引起粗产物挥发，影响产率。

[6] 无水氯化钙的作用是吸收溶液中的水及低分子量的醇，但干燥效率不如无水硫酸钠。

【思考题】

1. 哪种方法适用于合成 1-溴辛烷、叔丁基溴及 1-氯丁烷？
2. 为什么在制备 1-溴丁烷反应体系中加入少量的水？
3. 在第一次蒸馏得到的 1-溴丁烷粗产物中可能含有哪些副产物？
4. 使用浓硫酸洗涤 1-溴丁烷粗产物时，这些副产物与浓硫酸发生哪些反应？
5. 为什么蒸馏 1-溴丁烷时必须除去全部的水？

【附图】

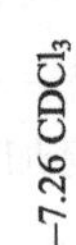

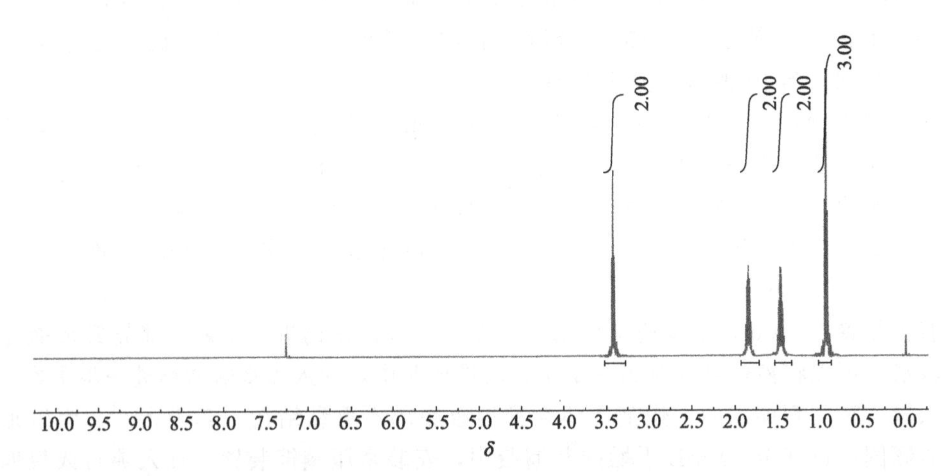

图 4-16 正溴丁烷的^{1}H NMR 谱

实验十 叔丁基氯的制备（S_N1 反应）

【实验目的】

1. 学习利用分液漏斗制备有机物的方法。
2. 比较 S_N1 和 S_N2 反应在反应速率、温度等方面的差异。

【实验预习】

1. 分液漏斗的使用 3.3.2。
2. 蒸馏的基本操作 3.4.2。

【实验原理】

1. 主反应

$$(CH_3)_3COH + HCl \longrightarrow (CH_3)_3CCl + H_2O$$

2. 副反应

$$(CH_3)_3COH \longrightarrow (H_3C)_2C{=}CH_2 + H_2O$$

【实验试剂】

叔丁基氯，浓盐酸，饱和碳酸氢钠，饱和食盐水。

【实验步骤】

在 250 mL 分液漏斗中加入叔丁醇（7.5 g，约 9.3 mL，0.1 mol）和浓盐酸（24 mL，

0.124 mol)。混合后，勿将盖子盖住，缓缓旋动分液漏斗内的混合物。约 1 min 后，盖紧塞子，将分液漏斗倒置，然后小心打开活塞放气[1]。振摇分液漏斗数分钟，中间不断放气。混合后静置，直至分为澄清的两层。分出有机层，依次用饱和碳酸氢钠溶液洗涤（10 mL）[2]、水（10 mL）洗涤，再用饱和氯化钠溶液[3] 仔细分去水层。

将粗产物放在锥形瓶内用无水氯化钙干燥。待产物澄清后，倒入 50 mL 圆底烧瓶内蒸馏，收集 49～52 ℃的馏分（接收瓶用冰水浴冷却）。产物约 7.5 g（产率约 70%）。

叔丁基氯的沸点为 51～52 ℃，折射率为 1.3877。

【实验指导】

［1］在完成此操作前，切记不可振摇分液漏斗，否则会因压力过大，将反应物冲出。

［2］当加入饱和碳酸氢钠溶液时有大量气体产生，必须缓慢加入并慢慢地旋动开口的漏斗塞直至气体逸出基本停止，再将分液漏斗塞紧，缓缓倒置后，立即放气。

［3］用饱和氯化钠洗涤的目的是降低有机物在水中的溶解度。

【思考题】

1. 写出丁醇的结构异构体的构造式，并按其对浓盐酸反应活性的递增顺序排列。在实验条件下，哪些异构体可得到理想产率的相应烷基氯？

2. 在制备叔丁基氯的操作中选用碳酸氢钠溶液洗涤有机层，是否可用稀氢氧化钠溶液代替碳酸氢钠溶液？说明原因。

【附图】

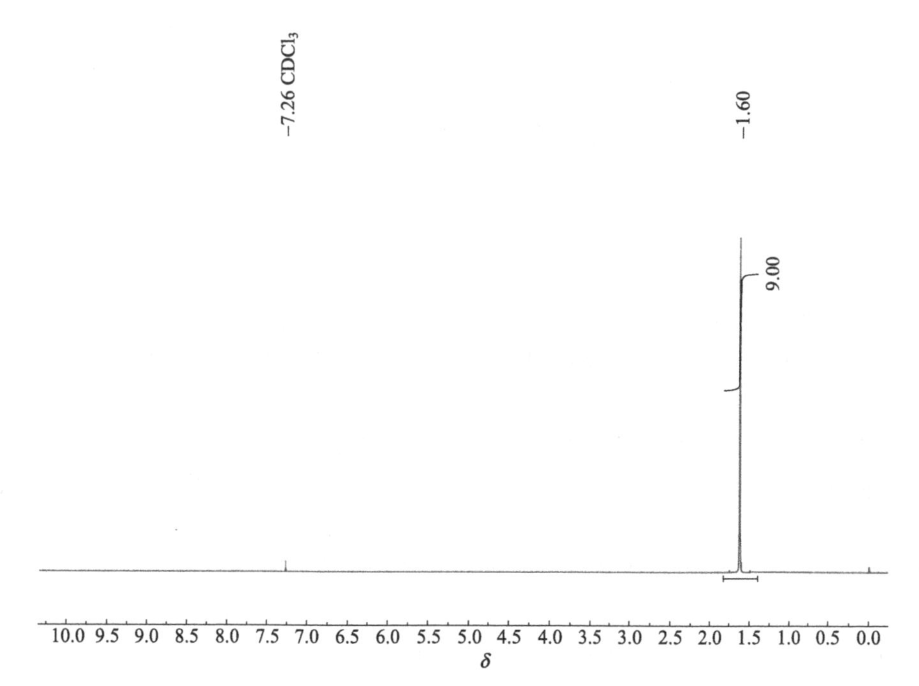

图 4-17　叔丁基氯的 ^{1}H NMR 谱

4.4　格氏（Grignard）反应

由卤代烃直接水解制备醇是比较困难的，因为水的亲核性比较差，只有非常活泼的卤代烃才能顺利发生水解反应，如由三苯基氯甲烷水解制备三苯甲醇。一般情况下反应是在碱催化下完成的，但由于卤代烷不溶于水，水解反应只能在其界面上进行。

$$RX + HOH \xrightarrow{OH^-} ROH + HX$$

为使反应均相化，常常选择醇作为溶剂。水解产生的醇和作为溶剂的醇都会引起副反应的发生，醇与氢氧根一起参与平衡，会有少量的醇盐生成，并与卤代烃反应，得到醚（此反应也可作为主反应：Williamson 合成）。

$$R{-}O{-}H + OH^- \rightleftharpoons R{-}O^- + H_2O$$

$$R{-}O^- + R{-}X \longrightarrow R{-}O{-}R + X^-$$

除了生成副产物醚外，强碱还会引起脱卤化氢，生成烯烃和炔烃。

因此，从卤代烃制备醇可以利用格氏反应。卤代烃和溴代芳烃与金属镁在无水乙醚中反应可以制备烃基卤化镁（Grignard 试剂）。芳香型和乙烯型氯化物，则需用四氢呋喃（沸点 60 ℃）为溶剂，才能发生反应。格氏试剂与氧气反应后水解可以制备碳链结构相同的醇，但一般来讲，卤代烃比相应的醇难以得到，价格也比较高，所以通常是用来制备分子量更大、结构更加复杂的醇。

$$R{-}X + Mg \xrightarrow{\text{无水乙醚}} R{-}MgX$$

$$2RMgX + O_2 \longrightarrow 2ROMgX \xrightarrow{H_3O^+} 2ROH$$

乙醚在 Grignard 试剂的制备中具有重要作用，醚分子中氧上的孤对电子可以和试剂中带部分正电荷的镁作用，生成配合物：

$$(C_2H_5)_2\ddot{O} \rightarrow R{-}Mg{-}X \leftarrow \ddot{O}(C_2H_5)_2$$

乙醚的溶剂化作用使有机镁化合物更稳定，并能溶解于乙醚中。此外，由于乙醚的挥发性，反应过程中可以阻止空气和水蒸气进入反应体系，而且乙醚价格低廉，沸点低，反应结束后容易除去。

卤代烃生成 Grignard 试剂的活性次序为：RI＞RBr＞RCl。实验室通常使用活性居中的溴化物，氯化物反应较难开始，碘化物价格较高，且容易在金属表面发生偶合，产生副产物烷烃。

Grignard 试剂中，碳-金属键是极化的，带部分负电荷的碳具有显著的亲核性质，在增长碳链的方法中有重要用途，其最重要的性质是与醛、酮、羧酸衍生物、环氧化合物、二氧化碳及腈等发生反应，生成相应的醇、羧酸和酮等化合物。

$$>C{=}O \xrightarrow{RMgX} R{-}\overset{|}{\underset{|}{C}}{-}OMgX \xrightarrow{H_3O^+} R{-}\overset{|}{\underset{|}{C}}{-}OH$$

$$R'{-}\overset{O}{\overset{\|}{C}}{-}OCH_3 \xrightarrow{2RMgX} R'{-}\overset{R}{\underset{R}{C}}{-}OMgX \xrightarrow{H_3O^+} R'{-}\overset{R}{\underset{R}{C}}{-}OH$$

$$H_2C\underset{O}{—}CH_2 \xrightarrow{RMgX} RCH_2CH_2OMgX \xrightarrow{H_3O^+} RCH_2CH_2OH$$

$$CO_2 \xrightarrow{RMgX} R-\overset{O}{\overset{\|}{C}}-OMgX \xrightarrow{H_3O^+} R-\overset{O}{\overset{\|}{C}}-OH$$

$$R'-C\equiv N \xrightarrow{RMgX} R-\underset{R'}{\underset{|}{C}}=NMgX \xrightarrow{H_3O^+} R-\overset{O}{\overset{\|}{C}}-R'$$

反应所产生的卤化镁配合物，通常由冷的无机酸水解，使有机化合物游离出来。对强酸敏感的醇类化合物可用氯化铵溶液进行水解。

Grignard 试剂的制备必须在无水条件下进行，所用仪器和试剂均需干燥，因为微量水分的存在抑制反应的引发，而且会分解 Grignard 试剂而影响产率：

$$RMgX + H_2O \longrightarrow RH + Mg(OH)X$$

此外，Grignard 试剂还能与氧、二氧化碳作用及发生偶合反应：

$$2RMgX + O_2 \longrightarrow 2ROMgX \xrightarrow{H_3O^+} 2ROH$$

$$RMgX + RX \longrightarrow R-R + MgX_2$$

故 Grignard 试剂不宜较长时间保存。研究工作中，有时需在惰性气体（氮气、氦气）保护下进行反应。用乙醚作溶剂时，由于醚的蒸气压可以排除反应器中的大部分空气。用活泼的卤代烃和碘化物制备 Grignard 试剂时，偶合反应是主要的副反应，可以采取搅拌、控制卤代烃的滴加速度和降低溶液浓度等措施减少副反应的发生。

Grignard 反应是一个放热反应，所以卤代烃的滴加速度不宜过快，必要时可用冷水浴冷却。当反应开始后，应调节滴加速度，使反应物保持微沸为宜。对活性较差的卤化物或反应不易发生时，可采用加入少许碘粒引发反应发生。

实验十一　2-甲基-2-丁醇的制备

【实验目的】

1. 掌握 Grignard 反应原理。
2. 掌握 Grignard 试剂的制备及无水操作技术。
3. 学习磁力搅拌器的使用。

【实验预习】

1. 《有机化学》教材中格氏试剂的制备，格氏试剂与羰基化合物的反应。
2. 制备有机镁化合物的要求及注意事项。
3. 有机试剂的干燥及无水操作装置。

【实验原理】

$$C_2H_5Br + Mg \xrightarrow{\text{无水乙醚}} C_2H_5MgBr$$

$$C_2H_5MgBr + H_3C-\overset{O}{\overset{\|}{C}}-CH_3 \xrightarrow{\text{无水乙醚}} C_2H_5-\underset{CH_3}{\underset{|}{\overset{CH_3}{\overset{|}{C}}}}-OMgX$$

$$C_2H_5-\underset{CH_3}{\overset{CH_3}{\underset{|}{\overset{|}{C}}}}-OMgX + H_2O \xrightarrow{H^+} C_2H_5-\underset{CH_3}{\overset{CH_3}{\underset{|}{\overset{|}{C}}}}-OH$$

【实验试剂】

镁带，无水乙醚（干燥），溴乙烷，丙酮，10%硫酸水溶液，5%碳酸钠溶液，无水碳酸钾。

【实验步骤】

1. 乙基溴化镁的制备

250 mL 干燥三口烧瓶[1] 安装温度计、回流冷凝管和恒压滴液漏斗，在冷凝管和滴液漏斗的上口分别装上氯化钙干燥管，如图4-18所示。瓶内放置镁带[2]（3.1 g，约 0.13 mol）和干燥无水乙醚（15 mL）[3]。在滴液漏斗中加入溴乙烷（17.7 g，12 mL，0.16 mol）和干燥无水乙醚（15 mL），混合均匀。先往三口烧瓶中滴加 3～4 mL 混合液，开动磁力搅拌，数分钟反应开始，溶液呈微沸状态。若不见反应开始，可用温水浴温热[4]。反应开始时比较激烈，待缓和后，自冷凝管上端加入 25 mL 无水乙醚，启动搅拌，滴入其余的溴乙烷和乙醚的混合液，控制滴加速度，使瓶内溶液呈微沸状态。加完后，温水浴加热回流 15 min，此时镁带已作用完[5]。

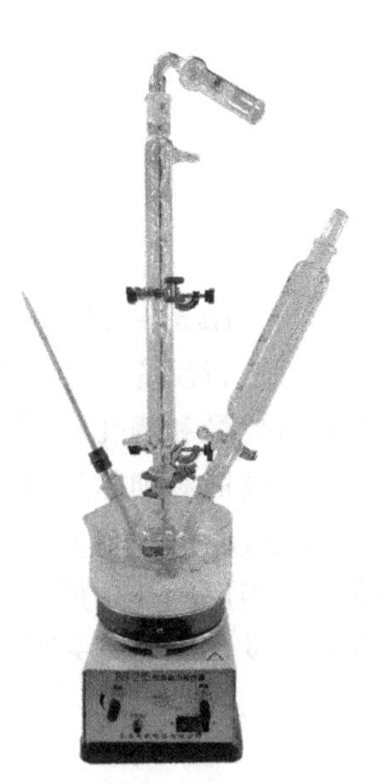

图 4-18　2-甲基-2-丁醇制备装置

2. 2-甲基-2-丁醇的制备

将上面制好的 Grignard 试剂在冷水浴中冷却，在剧烈搅拌下由滴液漏斗滴入干燥丙酮（10 mL）和干燥无水乙醚（15 mL）的混合液，控制滴加速度，使反应温度不要超过 30 ℃。滴加完后，将反应混合液在室温下继续搅拌 15 min，溶液中可能有白色黏稠状固体析出。

三口烧瓶在冷水浴中冷却和搅拌下，自滴液漏斗慢慢加入 10%硫酸溶液（100 mL）[6]（开始宜慢，随后可逐渐加快），分解产物。待分解完全后，将溶液倒入分液漏斗中，分出醚层，水层用乙醚（25 mL×2）萃取两次，合并乙醚溶液，用 5%碳酸钠溶液（30 mL）洗涤一次后，用无水碳酸钾干燥[7]。

将干燥后的粗产物乙醚溶液滤入干燥的 125 mL 蒸馏瓶中，搭建普通蒸馏装置，加热蒸去乙醚，残液继续加热蒸馏，收集 95～105 ℃的馏分，产量约 5.0 g（产率 53%）。

2-甲基-2-丁醇的沸点文献值为 102 ℃，折射率 $n_D^{20}=1.4052$。

【实验指导】

[1] 所有的反应仪器及试剂必须充分干燥。溴乙烷事先用无水氯化钙干燥并蒸馏进行纯化，丙酮用无水碳酸钾干燥也需经蒸馏纯化。所用仪器在烘箱中烘干，让其稍冷后，取出放在干燥器中冷却待用（也可以放在烘箱中冷却）。

[2] 镁带应用砂纸擦去氧化层，再用剪刀剪成约 0.5 cm 的小段，放入干燥器中待用。或用 5%盐酸溶液与之作用数分钟，抽滤除去酸液，依次用水、乙醚洗涤，干燥待用。

［3］乙醚应用金属钠干燥，保证绝对无水，也可用专用的试剂干燥装置干燥。

［4］开始为了使溴乙烷局部浓度较大，易于发生反应和便于观察反应是否开始，搅拌应在反应开始后进行。若 5 min 后仍不反应，可用温水浴加热，或在加热前加入一小粒碘以催化反应。反应开始后，碘的颜色立即褪去。

［5］如仍有少量残留的镁，并不影响下面的反应。

［6］硫酸溶液应事先配好，放在冰水中冷却待用，也可用氯化铵的水溶液水解。

［7］为了提高干燥剂的效率，可事先将干燥剂放在瓷坩埚中焙烧一段时间，冷却后待用。

【思考题】

1. 本实验水解前的两步操作，所用仪器和药品为什么要进行干燥？

2. 本实验有哪些副反应？如何避免？

3. 本实验为什么用乙醚作溶剂？可否用其他溶剂代替，如环己烷？

4. 最终产物可否用价廉的 $CaCl_2$ 干燥？

【附图】

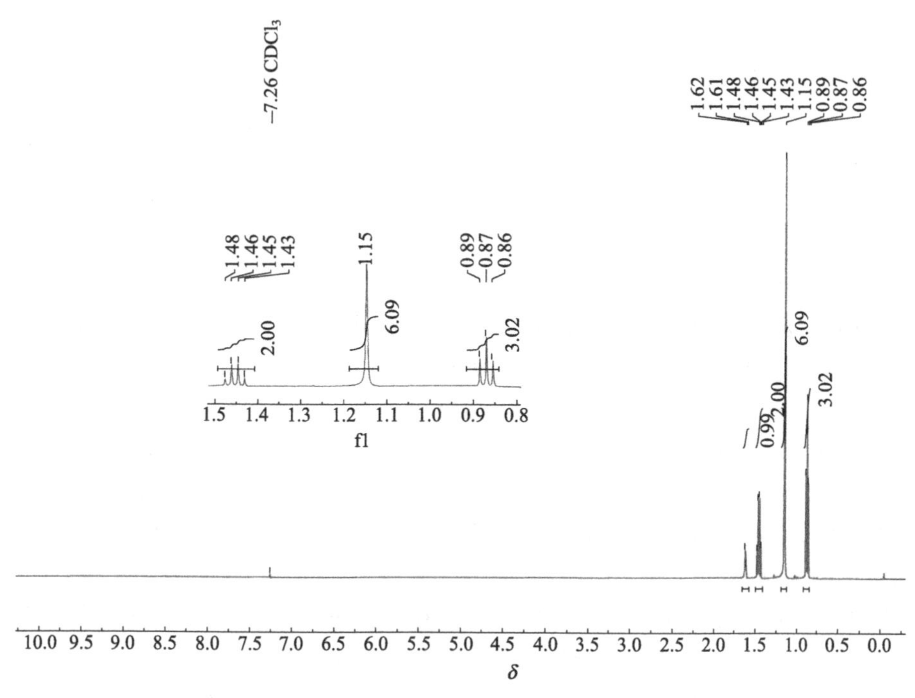

图 4-19　2-甲基-2-丁醇的 ^{1}H NMR 谱

实验十二　三苯甲醇的制备

【实验目的】

1. 掌握 Grignard 反应原理。

2. 掌握 Grignard 试剂的制备及无水操作技术。

3. 学习水蒸气蒸馏提纯有机物的方法。

4. 学习用薄层色谱鉴定有机物的方法。

【实验预习】

1.《有机化学》教材中有关羧酸衍生物与格氏试剂的反应。

2. 水蒸气蒸馏 3.7。

3. 薄层色谱 3.8.1。

【实验试剂】

镁带或镁屑，碘粒，溴苯，无水乙醚（干燥），苯甲酸乙酯，氯化铵饱和水溶液，浓硫酸，80%乙醇。

【实验原理】

Br + Mg 无水乙醚 → MgBr

MgBr + $COOC_2H_5$ 无水乙醚 → C_2H_5O OMgBr C $\xrightarrow{-C_2H_5OMgBr}$

C=O + MgBr 无水乙醚 → OMgBr $\xrightarrow{H_2O}$ OH

【实验步骤】

1. 苯基溴化镁的制备

在 250 mL 干燥的三口烧瓶上安装温度计、回流冷凝管及恒压滴液漏斗，在冷凝管及滴液漏斗的上口装置氯化钙干燥管，瓶内放置镁屑（1.5 g，0.063 mol）及一小粒碘片[1]，在滴液漏斗中混合溴苯（10.0 g，0.063 mol）及无水乙醚（25 mL），先将 1/3 的混合液滴入烧瓶中，数分钟后即见镁屑表面有气泡产生，溶液轻微浑浊，碘的颜色开始消失。若不发生反应，可用水浴或手掌温热。反应开始后开动搅拌装置，缓缓滴入其余的溴苯醚溶液，滴加速度应保持溶液呈微沸状态。滴加完毕，继续回流 0.5 h，使镁屑反应完全。

2. 三苯甲醇的制备

将已制好的苯基溴化镁试剂置于冷水浴中，在搅拌下由滴液漏斗滴加苯甲酸乙酯（3.8 mL，0.026 mol）和无水乙醚（10 mL）的混合液，控制滴加速度保持反应平稳进行。滴加完毕后，将反应混合物在水浴回流 0.5 h，使反应进行完全，这时可以观察到反应物明显地分为两层。将反应物改为冰水浴冷却，在搅拌下由滴液漏斗慢慢滴加由氯化铵（7.5 g）配成的饱和水溶液（约需 28 mL 水），分解加成产物[2]。

将反应装置改为蒸馏装置，加热蒸除乙醚，将残余物进行水蒸气蒸馏，以除去未反应的溴苯及联苯等副产物。反应瓶中剩余物冷却后凝为固体，抽滤收集。粗产物用 80%的乙醇重结晶，干燥后产量约为 4.5～5.0 g，熔点 161～162 ℃[3]。

纯三苯甲醇为无色棱状晶体，熔点 162.5 ℃。

3. 三苯甲基正离子

在一洁净干燥的试管中，加入少许三苯甲醇（约 0.020 g）及冰醋酸（2 mL），温热使其溶解，向试管中滴加 2～3 滴的浓硫酸，立即出现橙红色溶液，然后加入水（2 mL），颜色消失，并有白色沉淀生成。解释观察到的现象并写出所发生的化学反应式。

【实验指导】

［1］Grignard 反应的仪器用前应尽可能进行干燥，有时作为补救和进一步措施为清除仪器所形成的水化膜，可将已加入镁屑和碘粒的三口烧瓶在石棉网上用小火小心加热几分钟，使之彻底干燥，烧瓶冷却时可通过氯化钙干燥管吸入干燥的空气。在加入溴苯乙醚溶液前，需将烧瓶冷至室温，熄灭周围所有的火源。

［2］如反应中絮状的氢氧化镁未全溶，可加入几毫升稀盐酸促使其全部溶解。

［3］本实验可用薄层色谱鉴定反应的产物和副产物。用滴管吸取少许水解后的醚溶液于一干燥的锥形瓶中，在硅胶 G 薄层板上点样，用 1∶1 的甲苯-石油醚作展开剂，在紫外灯下观察，用铅笔在荧光点的位置做出记号。从上到下四个点分别代表联苯、苯甲酸乙酯、二苯酮和三苯甲醇，计算它们的 R_f 值。可能的话，用标准样品进行比较。

【思考题】

1. 本实验中溴苯加入太快或一次加入，有什么不好？

2. 如苯甲酸乙酯和乙醚中含有乙醇，对反应有何影响？

3. 写出苯基溴化镁试剂同下列化合物作用的反应式（包括用稀酸水解反应混合物）。

（1）二氧化碳；（2）乙醇；（3）氧；（4）对甲基苯甲腈；（5）甲酸乙酯；（6）苯甲醛

4. 用混合溶剂进行重结晶时，何时加入活性炭脱色？能否加入大量的不良溶剂，使产物全部析出？抽滤后的结晶应该用什么溶剂洗涤？

5. 可否从三苯基氯甲烷直接水解制备三苯甲醇？比较此方法与本实验的优缺点。

【附图】

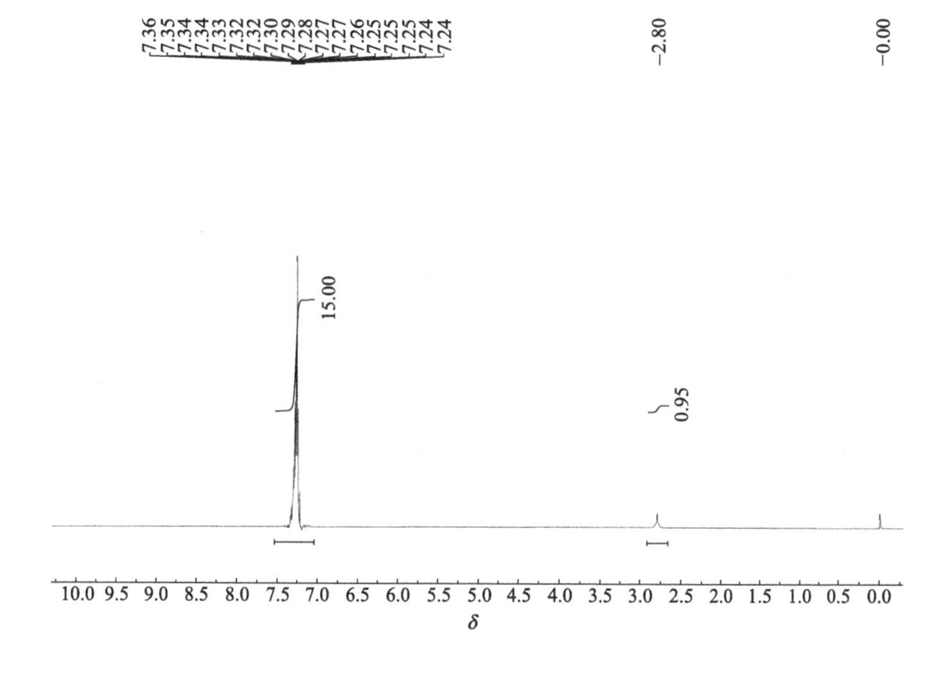

图 4-20　三苯甲醇的 ^{1}H NMR 谱

4.5 威廉姆逊（Williamson）合成

脂肪族低级单醚通常由两分子醇在酸性脱水催化剂的存在下共热来制备：

$$R-O-H + HO-R \xrightarrow{\triangle} ROR + H_2O$$

实验室中常用浓硫酸作脱水剂，一般适用于一级醇脱水制备对称性的醚。

$$CH_3CH_2\ddot{O}H + CH_3CH_2-\overset{+}{O}H_2 \xrightarrow{S_N2} CH_3CH_2OCH_2CH_3 + H_3O^+$$

可将生成的乙醚不断地从反应器中蒸出，使平衡右移。制备沸点较高的单醚（如正丁醚）时，则可利用一特殊的分水器将生成的水不断地从反应物中除去。但是醇类在较高温度下还能被浓硫酸脱水生成烯烃，为了减少这个副反应，在操作时必须特别控制好反应温度，用浓硫酸作脱水剂时，由于它有氧化作用，往往还生成少量氧化产物和二氧化硫，为了避免氧化反应，可以用芳香族磺酸作酸性催化剂。

上述方法适用于从低级伯醇制醚，用仲醇制醚的产量不高，用叔醇则主要发生脱水生成烯烃的反应。

混醚通常用威廉姆逊（Williamson）合成法制备，即利用醇（酚）钠与卤代烃或硫酸酯的作用。它既可以合成单醚，也可以合成混合醚，但主要用于合成不对称醚，特别是制备芳基烷基醚时产率较高。这种合成方法的机理是烷氧（或酚氧）负离子对卤代烃或硫酸酯的亲核取代反应（即 S_N2 反应）。

$$R\text{-}ONa + R'-X \longrightarrow R-O-R' + NaX$$

$$RONa + O=\underset{OR'}{\overset{O}{\underset{|}{\overset{||}{S}}}}-C_6H_5 \longrightarrow R-O-R' + NaO_3S-C_6H_5$$

实验十三 4-氯苯氧乙酸的制备

【实验目的】

1. 学习威廉姆逊制备酚醚法的原理及实验方法。
2. 学习控制反应速率的基本操作。

【实验预习】

1. 《有机化学》教材中关于醚的合成的相关知识。
2. 《有机化学》教材中关于亲核取代的相关知识。

【实验原理】

1. 主反应

$$Cl-C_6H_4-OH + ClCH_2COOH + NaOH \xrightarrow[\triangle]{KI} Cl-C_6H_4-OCH_2COONa$$

$$Cl-C_6H_4-OCH_2COONa + HCl \longrightarrow Cl-C_6H_4-OCH_2COOH + NaCl$$

2. 副反应

$$ClCH_2COOH + NaOH \longrightarrow HOCH_2COONa$$

4-氯苯氧乙酸又称防落素，是一种植物生长调节剂，有防止落花落果等功能，还可用作除草剂。本实验用对氯苯酚和氯乙酸在氢氧化钠水溶液中反应，生成4-氯苯氧乙酸钠，再用盐酸酸化得4-氯苯氧乙酸。加入少量碘化钾有利于反应顺利进行。2,4-二氯苯氧乙酸和2,4,5-三氯苯氧乙酸都是植物生长调节剂和除草剂。主反应是亲核取代反应，碱性条件可使对氯苯酚成为对氯苯酚氧负离子，后者具有亲核性，有利于反应的进行。在反应过程中总是加入过量的氯乙酸，以提高4-氯苯氧乙酸的产率。

【实验试剂】

20%氢氧化钠，对氯苯酚，碘化钾，氯乙酸，浓盐酸，水。

【实验步骤】

在100 mL三口烧瓶中配置磁力搅拌子、温度计、两个恒压滴液漏斗，如图4-21所示。烧瓶中加入20%的氢氧化钠溶液（20 mL）和对氯苯酚（12.9 g，0.1 mol），使其溶解，再加入碘化钾（1.0 g）。称取氯乙酸（10.5 g，0.11 mol）溶于蒸馏水（20 mL）中，转移至其中一个滴液漏斗中，在另一滴液漏斗中加入20%的氢氧化钠水溶液（30 mL）。

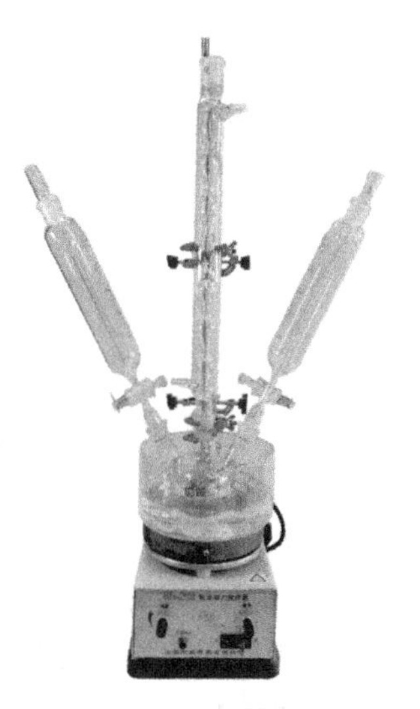

图4-21　4-氯苯氧乙酸的制备装置

将三口烧瓶置于电热套加热，在搅拌下慢慢滴加氯乙酸和20%氢氧化钠（约需40 min），滴加完毕后取下滴液漏斗，换成空心塞，继续加热搅拌40 min[1]。反应结束后，将反应液趁热倒入250 mL烧杯中，冷却后有大量结晶析出，搅拌下用盐酸酸化至pH=3～4。冷却后抽滤，用少量蒸馏水洗涤结晶，压干后移入表面皿，在蒸汽浴上烘干，称重，计算产率，测定熔点[2]。

4-氯苯氧乙酸熔点为158 ℃。

【实验指导】

[1] 本实验在反应过程中一定要充分搅拌，有利于反应进行。

[2] 若结晶不纯，可用4∶1的乙醇-水进行重结晶。

【思考题】

1. 加入碘化钾的目的是什么？
2. 为什么要在搅拌下滴加氯乙酸？
3. 为什么将对氯苯酚先溶于氢氧化钠溶液中？
4. 本实验中为什么要加过量的氯乙酸？

【附图】

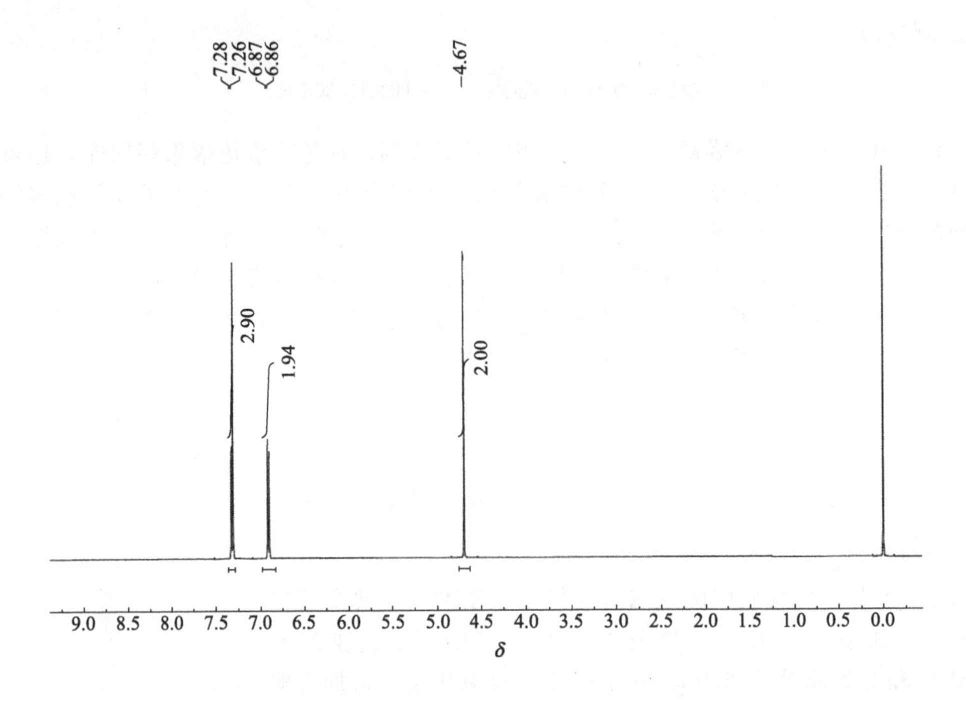

图 4-22 4-氯苯氧乙酸的 ^1H NMR 谱

实验十四 苯基正丁基醚的制备

【实验目的】

1. 掌握威廉姆逊制醚法的原理及实验方法。
2. 巩固无水操作的基本技能。

【实验预习】

1. 《有机化学》教材中卤代烃与醇钠、酚钠的反应。
2. 金属钠参与的化学反应的条件及原理。
3. 高沸点化合物的蒸馏。

【实验试剂】

金属钠，无水乙醇，苯酚，正溴丁烷，10％氢氧化钠，水，3％硫酸水溶液，无水硫酸镁。

【实验原理】

$$CH_3CH_2OH + Na \longrightarrow CH_3CH_2ONa + \frac{1}{2}H_2$$

$$CH_3CH_2ONa + C_6H_5OH \longrightarrow CH_3CH_2OH + C_6H_5ONa$$

$$C_6H_5ONa + CH_3CH_2CH_2CH_2Br \longrightarrow C_6H_5OCH_2CH_2CH_2CH_3 + NaBr$$

本反应利用乙醇和金属钠反应制备醇钠，醇钠与苯酚作用合成苯酚钠，然后与正溴丁烷发生亲核取代反应生成苯基正丁基醚。

【实验步骤】

本实验在通风橱中进行，所用仪器必须是干燥的[1]。

在 100 mL 三口烧瓶的侧口装配一恒压滴液漏斗，中口装配球形冷凝管及干燥管，另一侧口用磨口塞塞紧，加入搅拌子，如图 4-23 所示。从烧瓶的另一侧口投入钠丝或钠片（1.2 g，0.052 mol）[2] 及无水乙醇（25 mL，0.429 mol），钠与乙醇反应放热并释放出大量氢气。若反应过于激烈，烧瓶温度过高，可用冷水浴冷却，但不宜过分冷却，否则少量剩余的钠不易反应掉。称取苯酚（4.7 g，0.050 mol）溶于无水乙醇（5 mL）[3]，待钠全部作用完后，把新配制的苯酚乙醇溶液倒入烧瓶中。从滴液漏斗滴加由正溴丁烷（7.7 mL，0.072 mol）和无水乙醇（5 mL）配制的溶液，于 15 min 内滴加完毕，将反应混合物加热回流 3 h。稍微冷却后，把回流装置改为蒸馏装置，蒸出尽可能多的乙醇[4]。冷却至室温后，向烧瓶中加水（10 mL）。将反应混合物转移至分液漏斗，分出油层。油层用 10%氢氧化钠溶液（5 mL×2）洗涤两次，再依次用水（5 mL）、3%硫酸（5 mL）和水（5 mL）洗涤，然后用无水硫酸镁干燥。用 50 mL 烧瓶及空气冷凝管组装蒸馏装置，蒸馏收集 209～211 ℃馏分。产量约为 6.0 g。

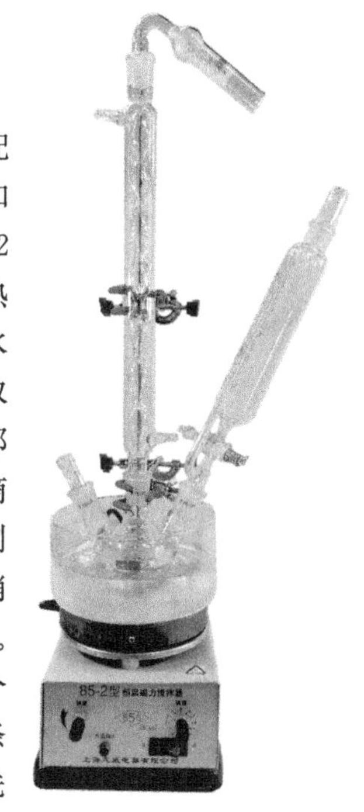

图 4-23　苯基正丁基醚制备装置

纯苯基正丁醚为无色透明液体，沸点 210 ℃。

【实验指导】

[1] 金属钠与水剧烈反应，有一定的危险，同时醇钠遇水分解产生氢氧化钠，所以必须无水操作。

$$C_2H_5ONa + H_2O \longrightarrow C_2H_5OH + NaO$$

[2] 钠丝用压钠机压制，钠片可用手术刀或剪刀在盛有环己烷等惰性烃的研钵中切割。

[3] 本实验采用乙醇作为溶剂稀释反应物，以免反应过于剧烈。

[4] 乙醇倒入指定回收瓶中。

【思考题】

1. 1.2 g 钠丝或钠片一次投入还是分次投入好？为什么？

2. 本实验为什么不直接合成酚钠而是先合成乙醇钠的溶液，再由后者合成酚钠？是否可以先合成丁醇钠再与溴苯反应制备苯基正丁基醚？

3. 蒸馏完毕向残余物中加水的目的是什么？

4. 本实验为什么不会有大量的苯乙醚副产物生成？

【附图】

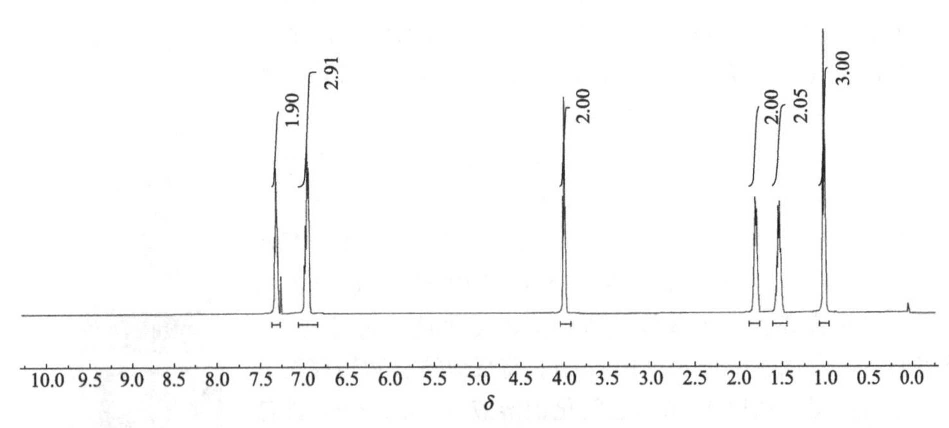

图 4-24　苯基正丁基醚的 ^{1}H NMR 谱

4.6　氧化反应

氧化反应的种类较多，其反应历程也各不相同。总的来讲，氧化剂是强吸电性（亲电）物质，化合物失电子（亲核）能力越强，越容易被氧化。例如：

$$R_3N + Fe^{3+} \longrightarrow R_3N^{\dagger} + Fe^{2+}$$

硝酸、氧气及过氧化物、二氧化硫、二氧化硒、氯、溴、次氯酸、氯酸、高碘酸以及高价的金属化合物，如二氧化锰、铁(Ⅲ)化合物、三氧化铬、四氧化锇、重铬酸钾、高锰酸钾等高亲电性物质都可以用作氧化剂。

有机化合物的氧化过程是失去氢原子或得到氧原子的过程。例如，甲苯被氧化成苯甲醇，再被氧化成苯甲醛，进一步被氧化成苯甲酸。

$$Ph{-}CH_3 \xrightarrow{[O]} Ph{-}CH_2OH \xrightarrow{[O]} Ph{-}CHO \xrightarrow{[O]} Ph{-}COOH$$

饱和烃的氧化反应一般选择性不好，通常得到的是混合物。然而在工业上具有一定的应用性，例如乙酸钴存在下空气氧化环己烷得到环己醇和环己酮的混合物。

伯醇和仲醇在比较温和的条件下，可以被氧化成醛和酮。伯醇氧化生成的醛一般要通过蒸馏的方法将其蒸出，否则会进一步被氧化成酸。通过重铬酸钾氧化制醛的产率不会高于60％，但控制好反应条件，碳碳多重键可以不被破坏。仲醇氧化成酮的反应比伯醇氧化成醛容易，且产率较高，一方面是由于仲醇的活性高于伯醇，另一方面是生成的酮相对于氧化剂来说比醛更稳定。

使用铬酸氧化醇的机理如下：

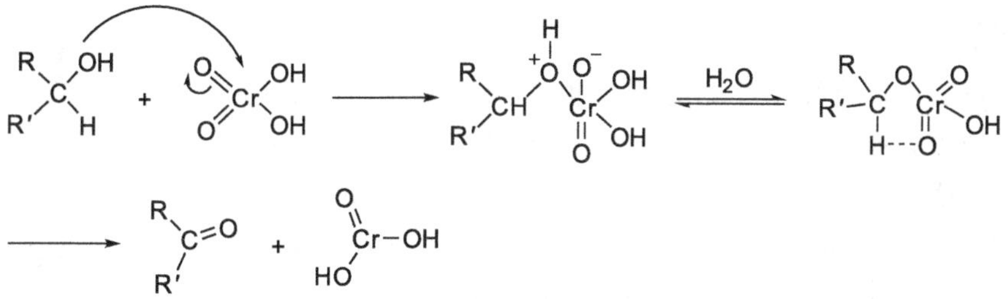

四价的铬可以再被醇还原为三价，反应方程式如下：

$$3R_2CHOH + Na_2Cr_2O_7 + 4H_2SO_4 \longrightarrow 3R_2CO + Cr_2(SO_4)_3 + Na_2SO_4 + 7H_2O$$

但是利用铬化合物作为氧化剂也有它的缺点，就是其毒性较大，六价铬的毒性是三价铬的 100 倍。

实验十五 环己酮的制备

【实验目的】

1. 学习醇氧化制备酮的原理，了解由醇氧化制备酮的常用方法。
2. 掌握水蒸气蒸馏及简易水蒸气蒸馏的原理和基本操作。

【实验预习】

1. 《有机化学》教材中醇的氧化反应。
2. 水蒸气蒸馏的原理及操作步骤 3.7。

【实验原理】

仲醇的氧化或脱氢是制备脂肪酮的主要方法。酸性重铬酸钠（钾）是实验室中常用的氧化剂之一。如：

$$Na_2Cr_2O_7 + H_2SO_4 \longrightarrow 2CrO_3 + Na_2SO_4 + H_2O$$

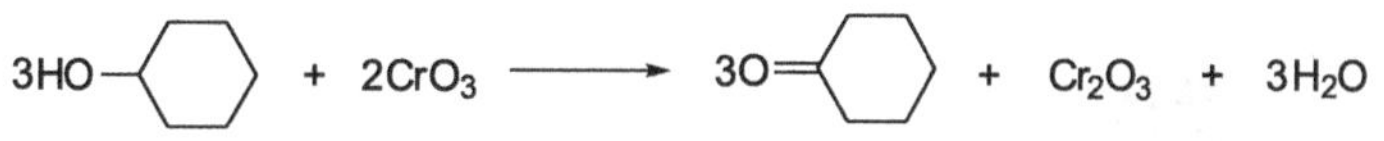

$$3HO\text{-}C_6H_{11} + 2CrO_3 \longrightarrow 3O{=}C_6H_{10} + Cr_2O_3 + 3H_2O$$

但由于重金属铬会对环境造成较大的破坏，采用漂白水（次氯酸钠）氧化醇制备酮不失为一种对环境更加友好的合成手段。

反应式：

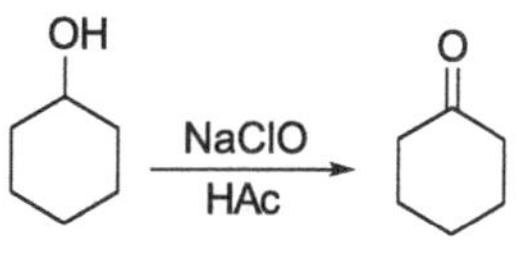

$$\text{环己醇} \xrightarrow[\text{HAc}]{\text{NaClO}} \text{环己酮}$$

【实验试剂】

环己醇，冰醋酸，次氯酸钠，淀粉-碘化钾试纸，饱和亚硫酸钠溶液，百里酚蓝指示剂，6 mol/L 氢氧化钠，氯化钠（精盐），乙醚，无水硫酸钠。

【实验步骤】

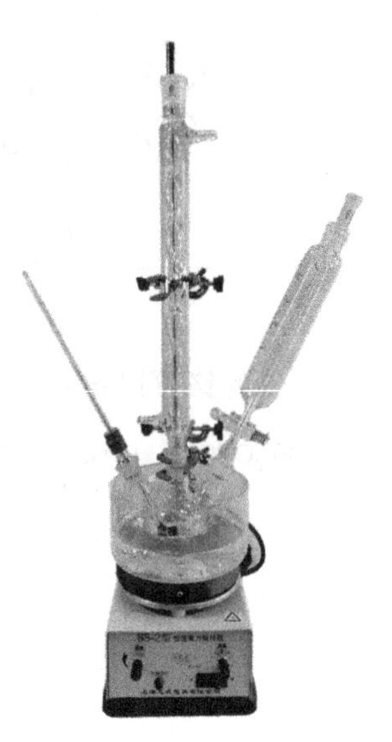
图 4-25　环己酮制备装置

取 250 mL 三口烧瓶一个，分别装恒压滴液漏斗、温度计、球形冷凝管和磁力搅拌子（图 4-25），烧瓶中加入环己醇（8 mL，0.05 mol）和冰醋酸（4 mL），在滴液漏斗中加入次氯酸钠水溶液（115 mL，浓度约 0.75 mol/L，0.086 mol）[1]，逐滴加入次氯酸钠水溶液，磁力搅拌，使瓶内的温度维持在 40～50 ℃[2] 之间，温度不宜过高，若温度过高，要用冰水浴冷却。

当所有次氯酸钠加完后，反应液从无色变成绿黄色，用碘化钾-淀粉试纸检验呈正性（变蓝），在室温下继续搅拌 20 min，然后加入饱和亚硫酸钠溶液（1～2 mL），直至反应液变成无色以及碘化钾-淀粉试纸呈负性（不变蓝）为止。

向反应液中加入百里酚蓝指示剂（1 mL），然后慢慢加入 6 mol/L NaOH 溶液，并充分搅拌至混合物呈弱碱性，指示剂变蓝为止。

在反应瓶中加入水（60 mL）和几粒沸石，改成水蒸气蒸馏装置[3]（图 4-26）。将环己酮和水一起蒸出来，直至馏出液不再浑浊后再多蒸 15～20 mL，约收集 50 mL 馏出液[4]。馏出液用精盐饱和[5]（约需 6 g）后，转入分液漏斗，静置后分出有机层。水层用乙醚（15 mL）萃取一次。

合并有机层和萃取液，用无水硫酸钠干燥，过滤除去干燥剂，使用常压蒸馏蒸出乙醚后，蒸馏收集 151～155 ℃馏分，产量 3.0～4.0 g。

环己酮 bp 151～155 ℃，折射率为 1.4507。

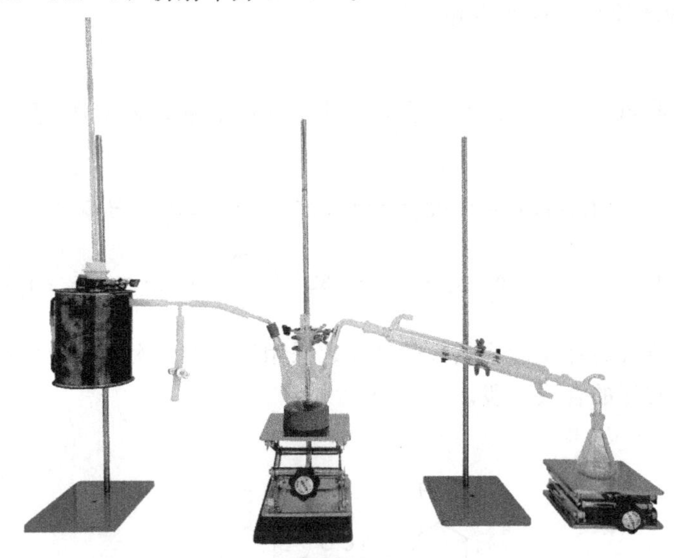
图 4-26　水蒸气蒸馏法提纯环己酮

【实验指导】

[1] 市售的次氯酸钠的浓度不太稳定，因此每次使用前要用硫代硫酸钠或亚硝酸钠的标准溶液标定，以确定使用量。

[2] 该反应温度不能超过 50 ℃，温度过高，可能造成次氯酸钠分解，放出氯气，从而

降低氧化性能；但也不能过低，否则反应不完全。

［3］环己酮与水形成恒沸混合物，沸点 95 ℃，含环己酮 38.4%。

［4］水的馏出量不宜过多，否则即使使用盐析，仍不可避免有少量环己酮溶于水中而损失掉。

［5］环己酮 31 ℃时在水中的溶解度为 2.4 g/100 g。加入精盐的目的是降低环己酮的溶解度，并有利于环己酮的分层。

【思考题】

1. 反应过程中两次用到碘化钾-淀粉试纸的作用是什么？

2. 加入饱和亚硫酸钠溶液的目的是什么？

3. 水蒸气蒸馏前，除去过氧化物和醋酸的目的是什么？写出反应方程式。

【附图】

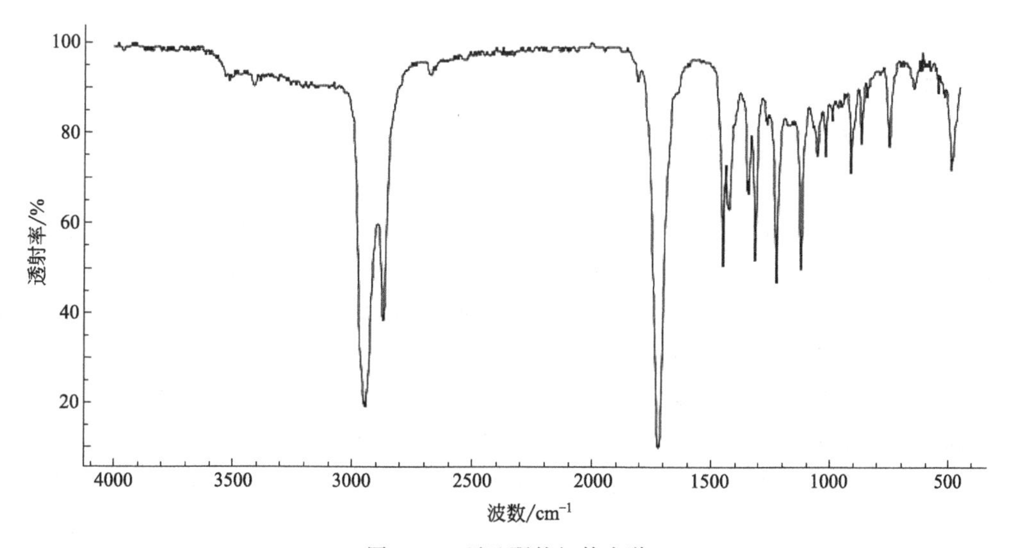

图 4-27　环己酮的红外光谱

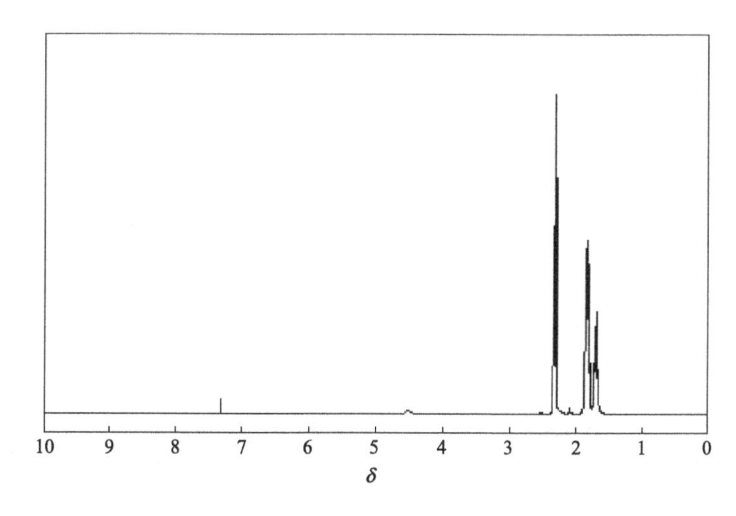

图 4-28　环己酮的 ^{1}H NMR 谱图

实验十六　高锰酸钾氧化制备己二酸

【实验目的】

1. 学习高锰酸钾氧化制备有机物的方法。
2. 巩固固体有机物脱色、重结晶的方法。

【实验预习】

重结晶基本操作 3.1。

【实验原理】

$$3\ \text{(环己醇, OH)} + 8KMnO_4 + H_2O \longrightarrow 3HO_2C(CH_2)_4CO_2H + 8MnO_2 + 8KOH$$

【实验试剂】

10%氢氧化钠，水，高锰酸钾，环己醇，亚硫酸氢钠，浓盐酸。

【实验步骤】

在 250 mL 三口烧瓶中加入 10%氢氧化钠溶液（5 mL）和水（50 mL），磁力搅拌下加入高锰酸钾（6.0 g，0.038 mol）。待高锰酸钾溶解后，用滴液漏斗滴加环己醇（2.1 mL，0.038 mol）[1]，控制滴加速度[2]，维持反应温度在 45 ℃左右。滴加完毕反应温度开始下降时，在沸水浴（电热套）加热 80～90 ℃维持 5～10 min，使氧化反应完全并使二氧化锰沉淀凝结。用玻璃棒蘸一滴反应混合物到滤纸上做点滴试验，如有高锰酸钾存在，则在二氧化锰点的周围出现紫色的环，可加少量固体亚硫酸氢钠直到点滴试验呈负性为止。

趁热抽滤混合物，滤渣二氧化锰用少量热水洗 3 次。合并滤液和洗涤液，用浓盐酸（约 4 mL）酸化，使溶液呈强酸性。将水溶液加热浓缩使溶液体积减少到约 10 mL，冷却后加入少量活性炭脱色，再加热 20 min，趁热抽滤除去活性炭，滤液放置结晶，得白色己二酸晶体[3]，熔点 151～152 ℃，产量 1.5～2 g。

本实验约需 4 h。

【实验指导】

[1] 环己醇熔点为 24 ℃，熔融时为黏稠液体。为减少转移时的损失，可用少量水冲洗量筒，并入滴液漏斗中。在室温较低时，这样做还可降低其熔点，以免堵塞漏斗。

[2] 此反应为放热反应，切不可大量加入，以免反应过于剧烈，引起爆炸。

[3] 不同温度下己二酸的溶解度如表 4-3。粗产物需用冰水洗涤，如浓缩母液可回收少量产物。

表 4-3　己二酸在不同温度下在水中的溶解度

温度/℃	15	34	50	70	87	100
溶解度/(g/100 g 水)	1.44	3.08	8.46	34.1	94.8	100

【思考题】

1. 本实验为什么必须控制反应温度和环己醇的滴加速度？

2. 为什么一些反应剧烈的实验，开始时的加料速度放得很慢，等反应开始后反而可以加快加料速度，原因是什么？

3. 粗产物为什么必须干燥后称重？并最好进行熔点测定？

4. 从给出的溶解度数据，计算己二酸粗产物经一次重结晶后损失了多少？与实际损失有否差别？为什么？

【附图】

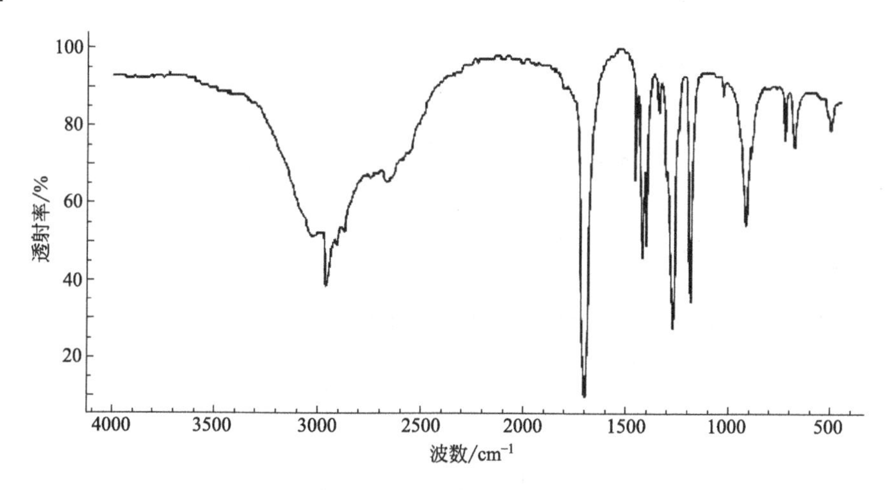

图 4-29 己二酸的红外谱图

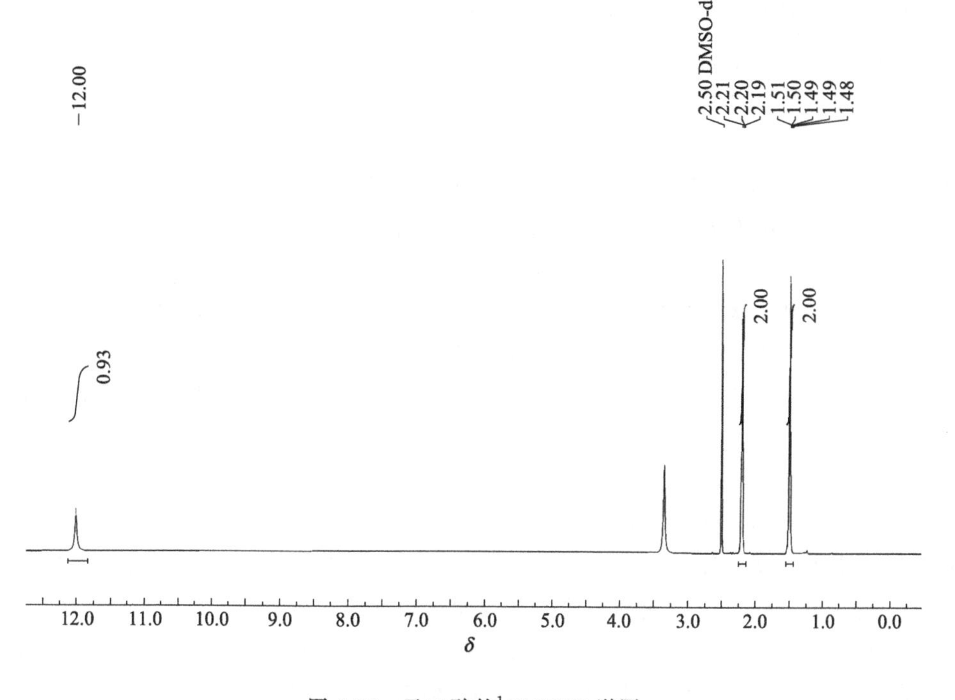

图 4-30 己二酸的 ^{1}H NMR 谱图

4.7 酯化反应

羧酸酯是一类在工业和商业上用途广泛的化合物，可由羧酸和醇在催化剂存在下直接酯化来进行制备，或采用酰氯、酸酐和腈的醇解，有时也可利用羧酸盐与卤代烃或硫酸酯的反应。酸催化的直接酯化是工业和实验室制备羧酸酯最重要的方法，常用的催化剂有硫酸、氯化氢和对甲苯磺酸等。

$$R-\overset{O}{\overset{\|}{C}}-OH + HOR' \xrightleftharpoons{H^+} R-\overset{O}{\overset{\|}{C}}-OR' + H_2O$$

酸的作用是使羰基质子化，从而提高羰基的反应活性。

$$R-\overset{O}{\overset{\|}{C}}-OH \xrightleftharpoons{H^+} R-\overset{\overset{+}{O}H}{\overset{\|}{C}}-OH \xrightleftharpoons{R'OH} R-\underset{OH}{\overset{OH}{C}}-\underset{H}{\overset{+}{O}}-R' \xrightleftharpoons{\sim H^+} R-\underset{\overset{+}{O}H_2}{\overset{OH}{C}}-OR'$$

$$\xrightleftharpoons{-H_2O} R-\overset{\overset{+}{O}H}{\overset{\|}{C}}-OR' \xrightleftharpoons{-H^+} R-\overset{O}{\overset{\|}{C}}-OR'$$

整个反应是可逆的，为了使反应向有利于生成酯的方向移动，通常采用过量的羧酸或醇，或者除去反应中生成的酯或水，或者二者同时采用。

根据质量作用定律，酯化反应平衡混合物的组成可表示为：

$$K=\frac{[酯][水]}{[酸][醇]}$$

对于乙酸和乙醇作用生成乙酸乙酯的反应，平衡常数 K 约等于 4，即用等物质的量的原料进行反应，达到平衡后只有三分之二的羧酸和醇转变为酯。

由于平衡常数在一定温度下为定值，故增加羧酸和醇的用量无疑会增加酯的产量，但究竟使用过量的酸还是过量的醇，则取决于原料是否易得、价格及过量的原料与产物容易分离与否等因素。

理论上催化剂不影响平衡混合物的组成，但实验表明，加入过量的酸，可以增大反应的平衡常数，因为过量酸的存在，改变了体系的环境，并通过水合作用除去了反应中生成的部分水。

在实践中，特别是大规模的工业制备中，提高反应收率常用的方法是除去反应中形成的水。在某些酯化反应中，醇、酯和水之间可以形成二元或三元最低恒沸物，也可以在反应体系中加入能与水、醇形成恒沸物的第三组分，如环己烷、苯、四氯化碳等，以除去反应中不断生成的水，达到提高酯产量的目的，这种酯化方法一般称为共沸酯化。究竟采取什么措施，要根据反应物和产物的性质来确定。

酯化反应的速率明显地受羧酸和醇结构的影响，特别是空间位阻。随着羧酸 α-及 β-位取代基数目的增多，反应速率可能变得很慢，甚至完全不起反应。对位阻大的羧酸最好先转化为酰氯，然后再与醇反应，或利用羧酸盐与卤代烃反应。

酯在工业和商业上大量用作溶剂。低级酯一般是具有芳香气味或特定水果香味的液体，自然界许多水果和花草的芳香气味，就是由于酯存在的缘故。酯在自然界中以混合物形式存在。

人工合成的一些香料就是模拟天然水果和植物提取液的香味经配制而成的。

实验十七　苯甲酸乙酯的制备

【实验目的】

1. 掌握在可逆反应中使平衡正向移动的原理和方法。
2. 学习分水器的使用方法。
3. 巩固液体有机物分液、萃取的基本操作。

【实验预习】

1.《有机化学》教材中有关酯化反应的基本原理。
2. 萃取基本操作 3.3。

【实验原理】

$$C_6H_5COOH + C_2H_5OH \xrightleftharpoons{H_2SO_4} C_6H_5COOC_2H_5 + H_2O$$

【实验试剂】

苯甲酸，无水乙醇，环己烷，浓硫酸，碳酸钠，乙酸乙酯，无水氯化钙。

【实验步骤】

在 100 mL 三口烧瓶中配置磁力搅拌子、温度计、回流冷凝管及分水器，如图 4-31 所示。烧瓶中加入苯甲酸（8.0 g，0.066mol）、无水乙醇（20 mL，0.343mol）、环己烷（15 mL）[1] 和浓硫酸（3 mL，0.056mol），再装上分水器，分水器上端接一回流冷凝管，如图 4-31 所示。

将烧瓶加热至回流，开始时回流速度要慢，随着回流的进行，分水器中出现二层或三层液体，且下层越来越多。约 1 h 后，毛细管取样，用薄层色谱监测反应进程[2]。

约 1.5 h 后，再次毛细管取样，薄层色谱监测反应进程，比较两次薄层板中产物和原料斑点的变化，如产物斑点增加不明显，即使还有原料存在，也可停止加热[3]。

反应过程中要放出中、下层液体并记下体积[4]（当充满时可由活塞放出，注意放时应移去火源），确保生产的水不再流回反应瓶中。

将瓶中残液倒入盛有 60 mL 冷水的烧杯中，在搅拌下分批加入碳酸钠粉末[5] 至无二氧化碳气体产生（用 pH 试纸检验至呈中性）。用分液漏斗分出粗产物[6]。用乙酸乙酯（20 mL）萃取水层。合并粗产物和萃取液，用无水氯化钙干燥。水层倒入公用的回收瓶回收未反应的苯甲酸[7]。过滤除去干燥剂，使用常压蒸馏先蒸去乙酸乙酯，进一步加热收集 210～213 ℃的馏分，产量 7.0～8.0 g[8]。

纯苯甲酸乙酯的沸点为 213 ℃，折射率为 1.5001。

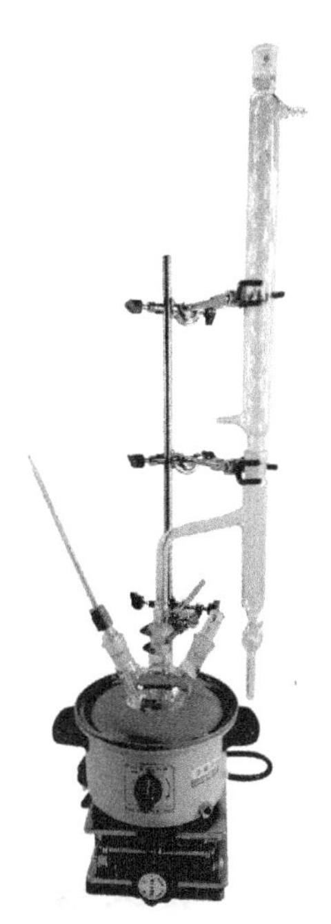

图 4-31　苯甲酸乙酯制备装置

【实验指导】

[1] 本实验中利用环己烷和水、乙醇可以形成共沸物的特点，带出反应中生成的水，从而使平衡右移，提高转化率。也可以采用苯共沸带水，但苯有毒性，环己烷更加安全、环保。

［2］展开剂为石油醚∶乙酸乙酯＝15∶1，点样用的原料苯甲酸可溶在乙醇中。

［3］本反应是可逆反应，产率一般在71％～81％，所以会有原料残留，即使再增加反应时间，产率增加也不明显。

［4］上下两层含水比例不同，下层含水量更高一些，上层则主要是环己烷和乙醇。一般不超过10 mL，过多地蒸出低沸点组分，会使反应器内硫酸浓度过高，引起产物碳化。

［5］加碳酸钠的目的是除去硫酸及未作用的苯甲酸，要研细后分批加入，否则会产生大量泡沫而使液体溢出。

［6］若粗产物中含有絮状物难以分层，则可直接用乙酸乙酯（25 mL）萃取。

［7］可用盐酸小心酸化用碳酸钠中和后分出的水溶液，至溶液对pH试纸呈酸性，抽滤析出的苯甲酸沉淀，并用少量冷水洗涤后干燥。

［8］本实验也可按下列步骤进行：将苯甲酸（8.0 g）、无水乙醇（25 mL）、浓硫酸（3 mL）混合均匀，加热回流3 h后，改成蒸馏装置。蒸去乙醇后处理方法同上。

【思考题】

1. 本实验应用什么原理和措施来提高该平衡反应的产率？

2. 实验中是如何应用化合物的物理常数分析现象和指导操作的？

【附图】

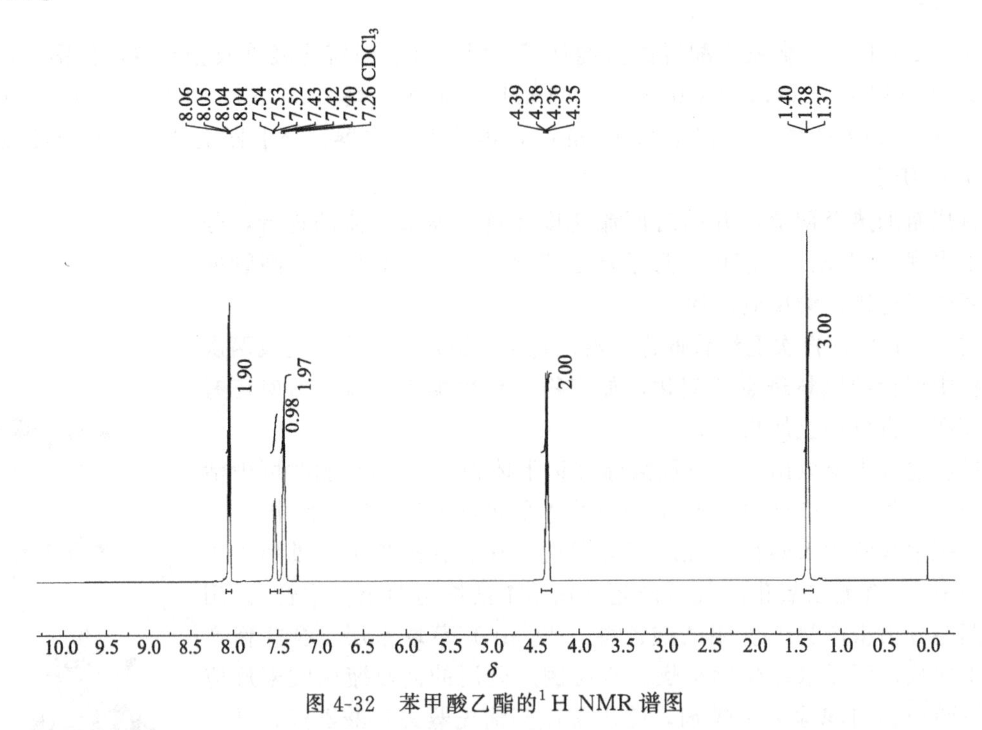

图4-32　苯甲酸乙酯的^{1}H NMR谱图

实验十八　邻苯二甲酸二丁酯（增塑剂）的制备

【实验目的】

1. 学习分水器的使用方法。

2. 巩固减压蒸馏的基本操作。

【实验预习】

1.《有机化学》教材中羧酸衍生物的醇解反应。

2. 减压蒸馏基本操作 3.6。

【实验原理】

在塑料和橡胶制造中，通常需要使用增塑剂。增塑剂是一类能增强塑料和橡胶柔韧性和可塑性的有机化合物。没有增塑剂，塑料就会发硬变脆，常用的增塑剂有邻苯二甲酸二丁酯、邻苯二甲酸二辛酯、磷酸三辛酯、癸二酸二辛酯。

本实验将制备邻苯二甲酸二丁酯，它是广泛应用于乙烯型塑料中的一种增塑剂，可以通过邻苯二甲酸酐（简称苯酐）与过量的正丁醇在无机酸催化下制得。邻苯二甲酸二丁酯的形成经历了两个阶段。首先是苯酐与正丁醇作用生成邻苯二甲酸单丁酯，这一步反应是酸酐的醇解。由于酸酐的反应活性较高，醇解反应十分迅速。当苯酐固体在丁醇中受热全部溶解后，醇解反应就完成了。新生成的邻苯二甲酸单丁酯在无机酸催化下与正丁醇进一步发生酯化反应生成邻苯二甲酸二丁酯。相对于酸酐的醇解而言，第二步酯化反应就困难一些，需要在酸催化及共沸带水的条件下进行。

正丁醇和水可以形成二元共沸混合物，沸点为 93 ℃，含醇量为 56%。共沸物冷凝后积聚在分水器的侧管中并分为两层，上层主要是正丁醇（含 20.1%的水），可以流回到反应瓶中继续反应，下层为水（约含 7.7%的正丁醇）。

反应方程式：

$$C_6H_4(CO)_2O + n\text{-}C_4H_9OH \longrightarrow C_6H_4(COOC_4H_9)(COOH)$$

$$C_6H_4(COOC_4H_9)(COOH) + n\text{-}C_4H_9OH \overset{H^+}{\rightleftharpoons} C_6H_4(COOC_4H_9)_2 + H_2O$$

【实验试剂】

正丁醇，邻苯二甲酸酐，浓硫酸，饱和食盐水，5%碳酸钠水溶液。

【实验步骤】

100 mL 三口烧瓶中配置磁力搅拌子、温度计、分水器及回流冷凝管，温度计应浸入反应混合物液面下，分水器中另加几毫升正丁醇，直至与支管口平齐，以便使冷凝下来的共沸混合物中的原料能及时流回反应瓶。依次加入邻苯二甲酸酐（10.0 g，0.068 mol）、正丁醇（19 mL，0.208mol）、4 滴浓硫酸及几粒沸石，开动搅拌后，缓慢加热[1]。（**注意：苯酐对皮肤、黏膜有刺激作用，称取时应避免用手直接接触。**）约 10 min 后，邻苯二甲酸酐固体全部消失，这意味着苯酐醇解反应结束。逐渐调高加热温度，使反应混合物回流。不久自回流冷凝管流入分水器中的冷凝液中有水珠沉入分水器支管底部；同时上层正丁醇冷凝液又流入反应瓶中。随着反应的不断进行，反应混合物温度逐渐升高。回流 2 h 左右，当温度升至 160 ℃，反应结束，停止加热[2]。

待反应混合物冷却至 70 ℃以下[3]，将其转入分液漏斗，先用等量饱和食盐水洗涤两次，再用5%碳酸钠水溶液（15 mL）洗涤一次，然后用饱和食盐水洗2～3次，每次15 mL，使有机层呈中性[4]。将有机层转入50 mL克氏蒸馏瓶，进行减压蒸馏。先用水泵减压蒸出正丁醇（也可以在常压下简单蒸馏蒸除正丁醇），然后在油泵减压下蒸馏，收集180～190 ℃/1.3 kPa（10 mmHg）的馏分。称量，测折射率，并计算产率。

纯邻苯二甲酸二丁酯为无色透明黏稠液体，沸点340 ℃，折射率为1.4910。

【实验指导】

[1] 高温下苯酐会因升华而附在瓶壁上，使部分原料不能参与反应，从而造成收率下降，因此，加热不宜太猛。

[2] 如果油水分离器中不再有水珠出现，即可判断反应已至终点。当反应温度超过180 ℃时，在酸性条件下的邻苯二甲酸二丁酯会发生分解：

$$C_6H_4(COOC_4H_9)_2 \xrightarrow{H^+} C_6H_4(CO)_2O + H_2C{=}CHCH_2CH_3 + H_2O$$

[3] 温度高于70 ℃时，酯在碱液中易发生皂化反应。因此，在洗涤时，温度不宜高，碱液浓度也不宜高。

[4] 如果有机层没有洗至中性，在蒸馏过程中，产物将会发生变化。例如，当有机层中含有残余的硫酸，在减压蒸馏时，冷凝管中会出现大量白色针状晶体，这是由于产物发生分解生成了邻苯二甲酸酐。

【思考题】

1. 反应中有可能发生哪些副反应？如果浓硫酸使用过多，会产生什么后果？

2. 如果粗产物中和不到中性，对后处理会产生什么不利影响？

【附图】

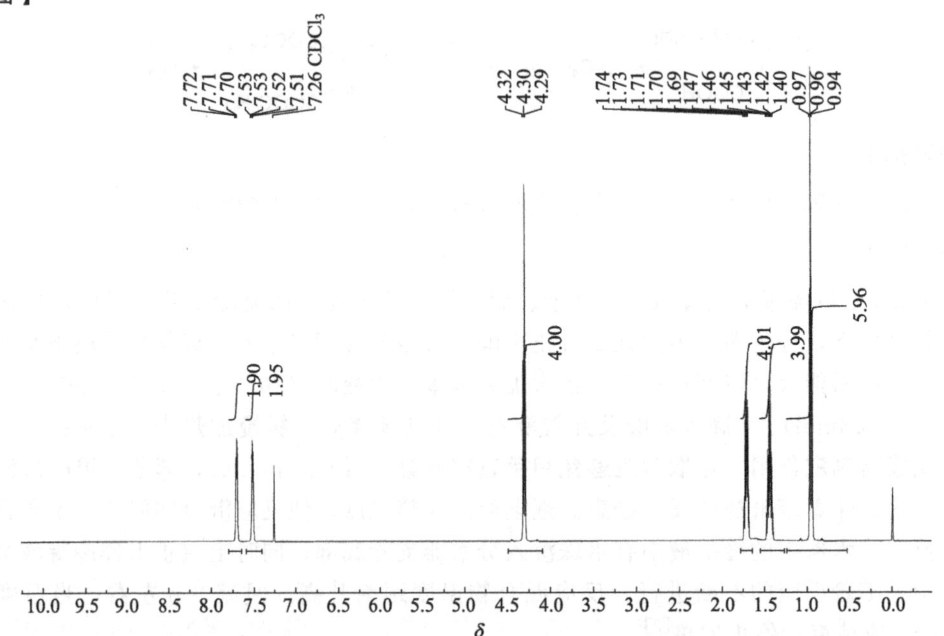

图4-33 邻苯二甲酸二丁酯的^{1}H NMR谱图

4.8 Friedel-Crafts 反应

Friedel-Crafts 反应是芳环上引入烷基和酰基最重要的方法，在合成上具有很大的实用价值。

Friedel-Crafts 烷基化指芳香烃在 Lewis 酸催化下的烃化反应。

$$ArH + RX \xrightarrow[\text{无水}]{AlCl_3} ArR + HX$$

在傅-克烷基化反应中，常用的 Lewis 酸催化剂及其催化活性顺序为：$AlCl_3 > SbCl_2 > FeCl_3 > TiCl_4 > SnCl_2 > BiCl_3 > ZnCl_2$，以及 BF_3 和质子酸 HF、H_2SO_4 等，其中无水三氯化铝是最常用的催化剂。催化剂的作用是协助产生亲电试剂——碳正离子。除卤代烃（包括芳基卤化物，如 $ArCH_2Cl$、$ArCHCl_2$）外，其他能产生碳正离子的化合物如烯、醇等也可作为烷基化试剂。使用多卤代烃，可得到二芳基烷烃和多芳基烷烃，烷基化反应是典型的芳环亲电取代反应，但芳环上有强吸电子基（$—NO_2$、$—SO_3H$ 等）时反应不能发生，卤代芳烃也很难发生烷基化反应。

烷基化反应有一定局限性：一是由于生成的烷基苯比苯更活泼，更容易发生烷基化反应产生多元取代生成二烷基苯和多烷基苯，但这可通过加入大大过量的芳烃和控制反应温度来加以抑制；二是发生重排反应，由于反应是通过碳正离子的机理来进行的，可以预料，当使用伯卤代烷和某些仲卤代烷时，主要得到烷基结构改变的重排产物。例如：

$$C_6H_6 + CH_3CH_2CH_2Cl \xrightarrow[\text{无水}]{AlCl_3} C_6H_5CH_2CH_2CH_3 + C_6H_5CH(CH_3)_2$$

	$C_6H_5CH_2CH_2CH_3$	$C_6H_5CH(CH_3)_2$
-6℃	60%	40%
35℃	40%	60%

显然这是由于生成的伯碳正离子不稳定，容易重排成更稳定的仲碳正离子或叔碳正离子导致的：

$$H_3C—\underset{}{\overset{H}{C}}H—\overset{+}{C}H_2 \longrightarrow CH_3\overset{+}{C}HCH_3$$

重排的程度取决于试剂的性质、温度、溶剂及催化剂等因素，因此，烷基化反应不能用来制备侧链上含三个碳原子以上的直链烷基苯。

工业上通常用烯烃作烷基化试剂，使用三氯化铝、氯化氢/烃的液态配合物、磷酸、无水氟化氢及浓硫酸等作催化剂。由于三氯化铝遇水或潮气会分解失效，故反应时所用仪器和试剂都应是干燥和无水的。

烷基化反应是放热反应，但它有一个诱导期，所以操作时要注意温度的变化。

Friedel-Crafts 酰基化是制备芳香酮的主要方法。在无水三氯化铝存在下，酰氯或酸酐与活泼的芳香化合物反应，可以高产率地得到烷基芳基酮或二芳基酮。

$$RCOCl + ArH \xrightarrow{AlCl_3} RCOAr + HCl$$

$$ArCOCl + ArH \xrightarrow{AlCl_3} ArCOAr + HCl$$

$$(RCO)_2O + ArH \xrightarrow{AlCl_3} RCOAr + RCOOH$$

反应历程如下：

$$RCOCl + AlCl_3 \rightleftharpoons [RCO]^+[AlCl_4]^-$$

$$C_6H_6 + RCO^+ \longrightarrow [C_6H_6(H)(COR)]^+ \longrightarrow C_6H_5COR + H^+$$

三氯化铝的作用与酰基化试剂反应产生亲电试剂——酰基正离子。酰基化反应与烷基化反应不同，烷基化反应所用三氯化铝是催化量的（例如：摩尔分数为10%），而在酰基化反应中，当用酰氯作酰基化试剂时，三氯化铝的用量大于1当量（例如1.1当量），因三氯化铝与反应中产生的芳香酮形成配合物。当使用酸酐作为酰基化试剂时，三氯化铝的使用量需大于两当量（例如：2.1 equiv.），因为反应中产生的有机酸也会与三氯化铝反应。

$$(RCO)_2O + 2AlCl_3 \longrightarrow [RCO]^+[AlCl_4]^- + RCOOAlCl_2$$

在制备反应中，常用酸酐代替酰氯作酰化试剂。这是由于与酰氯相比，酸酐原料易得、纯度高、操作方便，无明显的副反应或有酸性气体放出，反应平稳且产率高，产生的芳酮容易提纯。一些二元酸酐如马来酸酐及邻苯二甲酸酐通过酰基化反应制得的酮酸是重要的有机合成中间体。

与烷基化反应的另一不同点是，酰化反应由于酮羰基的致钝作用，阻碍了进一步的取代发生，故产物纯度高，不存在烷基化反应的多元取代产物，因此，制备纯净的侧链烷基苯通常是通过酰化反应接着还原羰基来实现的。此外，酰基化反应也不存在烷基化反应中的重排反应，这是由于酰基正离子通过共振作用增加了稳定性。

酰化反应中通常使用过量的芳烃或二氧化碳、二氯甲烷和硝基苯等作为反应的溶剂。

实验十九　对叔丁基苯酚的制备

【实验目的】

1. 学习 Friedel-Crafts 反应的实验方法。
2. 掌握萃取、蒸馏、重结晶及无水操作技术。
3. 学习反应中有害气体吸收的方法。

【实验预习】

1. 《有机化学》教材中有关 Friedel-Crafts 反应的理论知识。

2. 有害气体吸收的基本装置和方法 1.3.2。

【实验原理】

$$C_6H_5OH + (CH_3)_3CCl \xrightarrow{AlCl_3} p\text{-}(CH_3)_3C\text{-}C_6H_4\text{-}OH + HCl$$

苯酚在进行烷基化反应时，苯酚中的羟基是邻对位定位基，由于叔丁基位阻较大，所以取代反应一般发生在对位。产物叔丁基苯酚主要用途为合成对叔丁基酚醛树脂，还可用作阻聚剂和稳定剂。

【实验试剂】

叔丁基氯，苯酚，无水三氯化铝，水，浓盐酸，石油醚。

【实验步骤】

在干燥的 100 mL 锥形瓶上安装干燥管及尾气吸收装置，如图 4-34 所示。加入叔丁基氯（2.2 mL，1.8 g，0.019 mol）和苯酚（1.6 g，0.017 mol）[1]，开动搅拌使苯酚完全或几乎完全溶解。然后分三批向反应瓶中加入无水三氯化铝（4.5 g，0.034 mol），剧烈搅拌[2]，体系立即有氯化氢放出，尾气吸收装置可以吸收反应过程中生成的氯化氢[3]。如果反应混合物发热，产生大量气泡时可用冷水浴冷却[4]，如果所用原料是准确称量过的，此时反应瓶中混合物应当是固体[5]，待产物生成后[6] 再向锥形瓶中加入水（8 mL）及浓盐酸（1 mL）组成的溶液水解反应物，即有白色固体析出，尽可能将块状物捣碎直至成为细小的颗粒。使用布氏漏斗进行减压过滤收集固体，固体用少量水洗涤，粗产物干燥后用石油醚（60～90 ℃）重结晶得到白色对叔丁基苯酚约 2.3 g（产率 93%），测定熔点，文献值为 99～100 ℃。

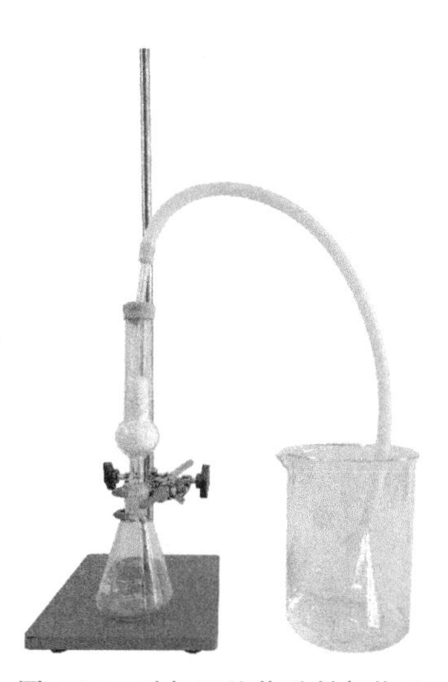
图 4-34　对叔丁基苯酚制备装置

【实验指导】

[1] 要避免苯酚与皮肤接触。如果被苯酚灼伤了，立即用水充分洗涤。

[2] 使催化剂的新表面得到充分暴露，以利于反应进行。

[3] 气体吸收装置中的玻璃漏斗应略微倾斜，使漏斗口一半在水面上。这样既能防止气体逸出，又可防止水被倒吸至反应瓶中。

[4] 反应温度过高时，反应太激烈，产生的大量氯化氢气体会将低沸点叔丁基氯（沸点为 50.7 ℃）大量带出，使产量降低。

[5] 产物是油状固体，不要与过量的三氯化铝固体混淆。

[6] 如果产物还没形成，过早加入盐酸，剧烈放热会导致叔丁基氯挥发，实验失败。

【思考题】

1. 如果用正丁基氯代替叔丁基氯，那么本实验中的副产物有哪些？

2. 除了用熔点来证明你得到的产物是对叔丁基苯酚外，还可以用什么方法证明产物是对位异构体而不是邻位异构体？

【附图】

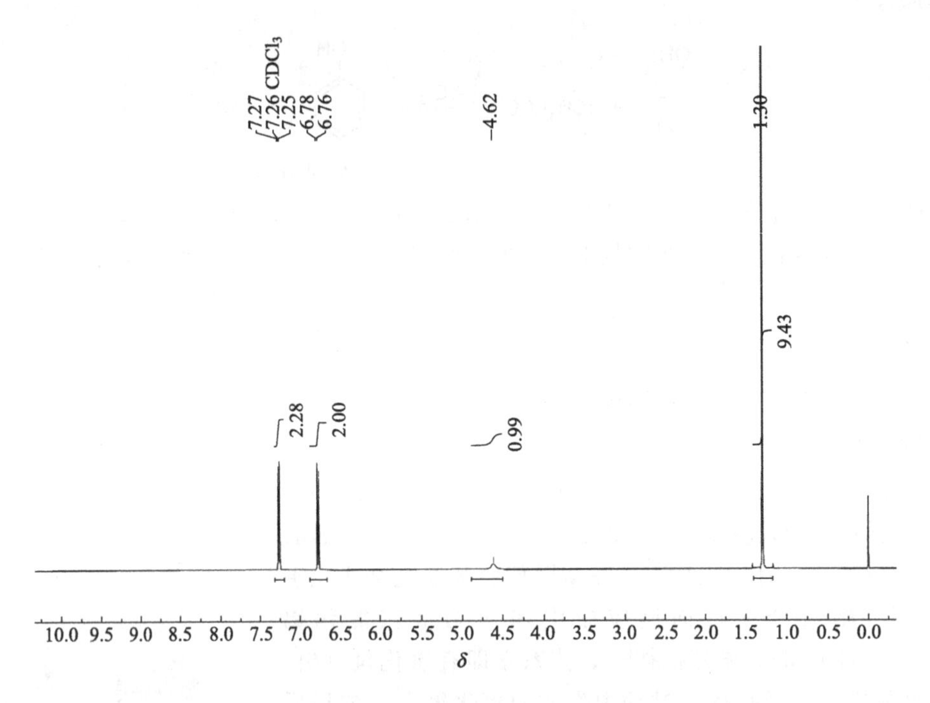

图 4-35 对叔丁基苯酚的[1] H NMR 谱图

实验二十 苯的 Friedel-Crafts 烷基化反应及主客体化学

【实验目的】

1. 学习主客体化学的相关知识及在有机合成中的应用。
2. 掌握无水操作技术、气体吸收的基本操作技能。

【实验预习】

1. 学习有关主客体化学的理论知识（参考冠醚）。
2. 有害气体吸收的基本装置和方法 1. 3. 2。

【实验原理】

反应式

$$C_6H_6 + 2\,H_3C\text{-}C(CH_3)_2Cl \xrightarrow{AlCl_3} p\text{-}C_6H_4[C(CH_3)_3]_2 + 2HCl$$

$$\left[H_3C\text{-}\overset{+}{C}(CH_3)_2\ AlCl_4^- \right]$$

位阻较大的叔丁基卤代烃与苯的傅-克烷基化反应选用高活性 $AlCl_3$ 作为催化剂，首先形成叔丁基苯，叔丁基苯会被再次烷基化得到对位的二叔丁基苯，产物1,4-二叔丁基苯为晶体。由于傅-克烷基化反应为可逆反应，在0～5 ℃，1,4-二叔丁基苯与叔丁基氯在三氯化铝的作用下，会形成1,3-二叔丁基苯、1,3,5-三叔丁基苯。因此在反应混合物中既有目标产物1,4-二叔丁基苯，还可能含有叔丁基苯、1,3-二叔丁基苯以及1,3,5-三叔丁基苯等副产物。

大部分的目标产物对二叔丁基苯可以通过重结晶的纯化方法获得，但母液中含有多种结构类似的化合物，不能再通过经典的重结晶来提纯母液中剩余的目标产物。可以通过包合物的方法来实现性质类似的混合物的提纯。

包合物是一类含有两种结构单元的有机晶体，即包合物是由两种化合物组成的：一种是能将其他化合物囚禁在它的结构骨架空穴中的化合物，称为包合剂或主体分子；另一种是被囚禁在包合剂结构的空穴或孔道中的化合物，称为被包合剂或客体分子。

硫脲分子形成的晶体，具有非常有趣的特性：其形成的螺旋状的晶格中存在一个圆柱形的空洞，可以作为宿主。如果有尺寸合适的分子，可以作为客体分子被固定在其中，它与宿主并不成键。1,4-二叔丁基苯正好可以留在硫脲分子形成的晶格中，形成包合物结晶。包结一个客体分子需要的主体分子数不一定是整数，因为它是一个平均值。此外，硫脲分子具有较好的水溶性，该包合物用乙醚和水的混合物振摇溶解，包合物可以分解。1,4-二叔丁基苯可以进入乙醚相，实现与主体分子的分离。因此，可用包合物的方法将母液中剩余的产物分离提纯。

【实验试剂】

叔丁基氯，苯，无水三氯化铝，乙醚，饱和氯化钠溶液，无水硫酸钠，硫脲，甲醇。

【实验步骤】

在100 mL三口烧瓶中配置磁力搅拌子、温度计、干燥管及尾气吸收装置，如图4-36所示。加入叔丁基氯（20.0 mL，0.184 mol）和苯（10.0 mL，0.112 mol）[1]，将反应瓶置于冰盐浴冷却。在一个样品管中称取新鲜的三氯化铝（1.0 g，0.00749 mol）[2]，注意称量结束，尽快将样品管盖上盖子，避免三氯化铝与空气接触。当反应液冷至0～3 ℃时，搅拌下先加入1/4的三氯化铝，大约2 min后反应剧烈发生，冒出HCl气体，然后将其余部分催化剂分成三部分加入，时间间隔约2 min。反应即将结束时，反应体系内出现大量白色固体。一旦出现此现象，即可撤去冰盐浴。在室温下搅拌5 min后，向反应体系中加入冰水（30 mL），搅拌10 min，再加入乙醚（30 mL），使固体溶解。将反应液转移至分液漏斗中并振摇、放气、静置分出水相，上层醚相依次用水（10 mL）和饱和氯化钠溶液（10 mL）洗涤。有机相用无水硫酸钠干燥5 min，过滤除去干燥剂，用旋转蒸发仪或常压蒸馏蒸除乙醚，得到大约15.0 g的粗产物，产物冷却后应固化。

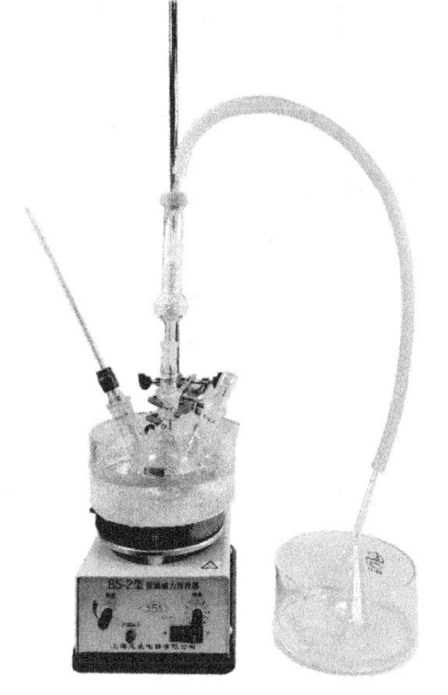

图4-36　对二叔丁基苯制备装置

将粗产物用甲醇进行重结晶。将其溶解在热的甲醇（20 mL）中，使溶液静置冷却即可得到结晶产物。也可以在冰水浴中静置冷却结晶。用布氏漏斗减压过滤收集产物，用少许冰冷的甲醇冲洗烧瓶和产物，第一次可以得到大约8.2～8.6 g的1,4-二叔丁基苯。保存好产物[3]和母液，以备第二次纯化时使用。

在 100 mL 单口烧瓶中加入硫脲（5.0 g）[4]、结晶得到的 1,4-二叔丁基苯（3.0 g）和甲醇（50 mL），然后加热回流使固体溶解，将溶液倒入 100 mL 烧饼中，用冰水浴冷却结晶。用布氏漏斗减压过滤收集晶体，并用少量的甲醇洗涤，干燥至恒重，得到包合物约 5.8 g。精确称量包合物的质量，并将该物质、水（约 25 mL）和乙醚（25 mL）分别加入分液漏斗中，振摇至晶体消失，分出含有硫脲的水溶液，剩余的有机相用饱和的氯化钠溶液（15 mL）洗涤，有机相层用无水硫酸钠干燥，过滤除去干燥剂，用已称重的 100 mL 圆底烧瓶收集滤液，旋蒸除去乙醚，剩余固体真空干燥至恒重，精确称量产物（1,4-二叔丁基苯）的质量。计算结合每个 1,4-二叔丁基苯分子平均需要硫脲的分子数。

将甲醇重结晶实验中保留的母液使用旋转蒸发仪或常压蒸馏除去溶剂，残留物在冰水浴中通常不会凝固。用甲醇（50 mL）溶解残余物，加入硫脲（5.0 g）加热回流溶解后，用冰水浴冷却结晶。收集到包合物约 3.2 g，重复前述从包合物中提取 1,4-二叔丁基苯的操作步骤，得到产物约 0.8 g。

【实验指导】

[1] 苯是致癌物，称量时要放在带塞子的容器中，避免吸入，也不要接触皮肤。

[2] 三氯化铝极易吸湿，有刺激性气味，它与水接触即产生氯化氢，切勿暴露在空气中。多余的三氯化铝应该用碳酸钠溶液中和后倒入无机废液桶中。

[3] 产物要用真空烘箱烘干，因为作为主客体的原料必须准确称重。

[4] 硫脲也是致癌物，取样时也要放入带塞子的容器中，不要吸入其粉尘。

【思考题】

1. 试解释为什么 1,4-二叔丁基苯和三氯化铝反应会生成 1,3,5-三叔丁基苯？

2. 为什么三氯化铝不能暴露在空气中？

3. 请给出两种可以替代叔丁基氯生成 1,4-二叔丁基苯的化合物。

【附图】

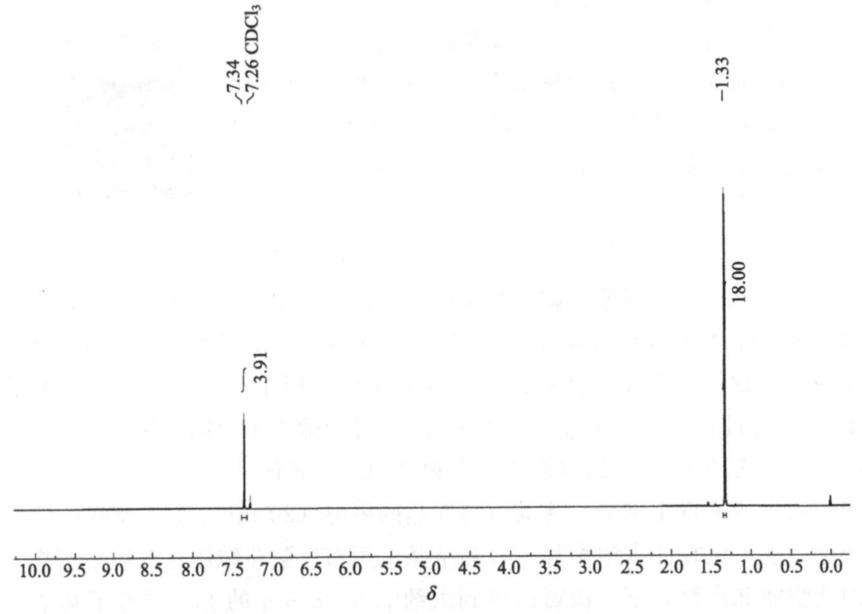

图 4-37 对二叔丁基苯的 ^{1}H NMR 谱图

实验二十一　苯乙酮的制备

【实验目的】

1. 学习 Friedel-Crafts 反应的实验方法。
2. 掌握无水操作技术、气体吸收的基本操作技能。
3. 巩固减压蒸馏的基本操作。

【实验预习】

1. 《有机化学》教材中有关 Friedel-Crafts 反应的理论知识。
2. 有害气体吸收的基本装置和方法 1.3.2。
3. 减压蒸馏的基本操作 3.6。

【实验原理】

$$C_6H_6 + (CH_3CO)_2O \xrightarrow{AlCl_3} C_6H_5COCH_3 + CH_3COOH$$

【实验试剂】

无水氯化钙，苯（干燥），无水三氯化铝，乙酸酐（新蒸），盐酸-冰水溶液，5%的氢氧化钠，无水硫酸钠（镁）。

【实验步骤】

在 100 mL 三口烧瓶中，分别装置搅拌器、恒压滴液漏斗及冷凝管。在冷凝管上口装一氯化钙干燥管[1]，后者再接一氯化氢气体吸收装置，如图 4-38 所示。迅速称取研碎的无水三氯化铝（16.0 g，0.120 mol）[2]，加入三口烧瓶中，再加入经金属钠干燥过的苯（20 mL），启动搅拌，恒压滴液漏斗中加入重新蒸馏过的乙酸酐（4.8 mL，约 5.1 g，0.05 mol）和无水苯（15.0 mL）的混合溶液，向反应体系中滴加混合物，反应立即开始，伴随有反应混合液发热及氯化氢的急剧产生。控制滴加速度，勿使反应过于激烈，大约 20 min 内滴完。滴加完毕，加热回流 30 min[3]，至无氯化氢气体逸出为止（此时三氯化铝溶完）。

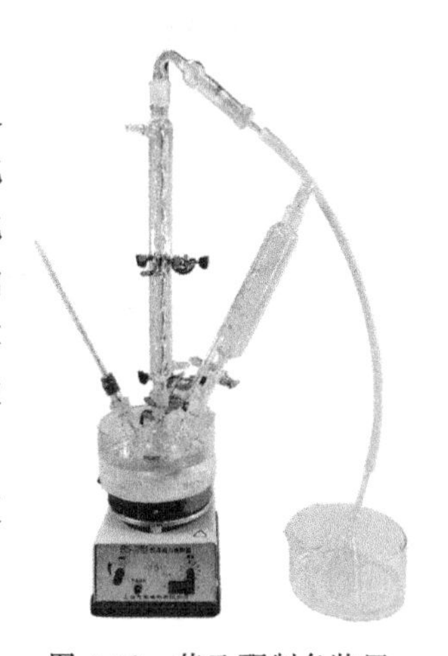

图 4-38　苯乙酮制备装置

将三口烧瓶浸入冰水浴中，在搅拌下慢慢滴加冷却的稀盐酸（50 mL）[4]。当反应瓶内固体物质完全溶解后，分出苯层。水层用苯（15 mL×2）萃取两次。合并苯层，依次用 5%的氢氧化钠溶液（20 mL）和水（20 mL）洗涤，然后苯层用无水硫酸钠（镁）干燥。

将干燥后的粗产物滤入 100 mL 蒸馏瓶中，蒸除苯以后，将粗产物转移到 50 mL[5] 的蒸馏瓶中，继续蒸馏，用空气冷凝管冷却[6]。收集 198～202 ℃的馏分，也可采用减压蒸馏，苯乙酮为无色液体，产量 8～10 g（产率 66%～83%）。

苯乙酮的沸点文献值为 202.0 ℃，熔点为 20.5 ℃，折射率为 1.53718。

【实验指导】

[1] 仪器必须干燥，否则影响反应的顺利进行。

[2] 无水三氯化铝的质量是实验成败的关键之一，它极易吸潮，需迅速称取。三氯化铝为白色颗粒或粉末状，如已变成黄色，表示已经吸潮，不能取用。

[3] 温度高对反应不利，一般控制在 60 ℃以下为宜。

[4] 可用浓盐酸（25 mL）和碎冰（30 g）替代。此时还会有 HCl 气体产生，应在通风橱中进行。

[5] 由于最终产物不多，且苯乙酮的沸点较高，因此宜选用较小的蒸馏瓶。

[6] 由于产物沸点大于 140 ℃，宜采用空气冷凝管（表 4-4）。

表 4-4　苯乙酮在不同压力下的沸点

压力/mmHg	4	5	6	7	8	9	10
沸点/ ℃	60	64	68	71	73	76	78
压力/mmHg	25	30	40	50	60	100	150
沸点/ ℃	98	102	110	115.5	120	134	146

【思考题】

1. 水和潮气对本实验有何影响？在仪器的装置和操作中应注意哪些事项？为什么要迅速称取三氯化铝？

2. 反应完成后为什么要加入冷却的稀盐酸？

3. 指出如何由 Friedel-Crafts 反应制备下列化合物？(1) 二苯甲烷；(2) 苄基苯酮。

【附图】

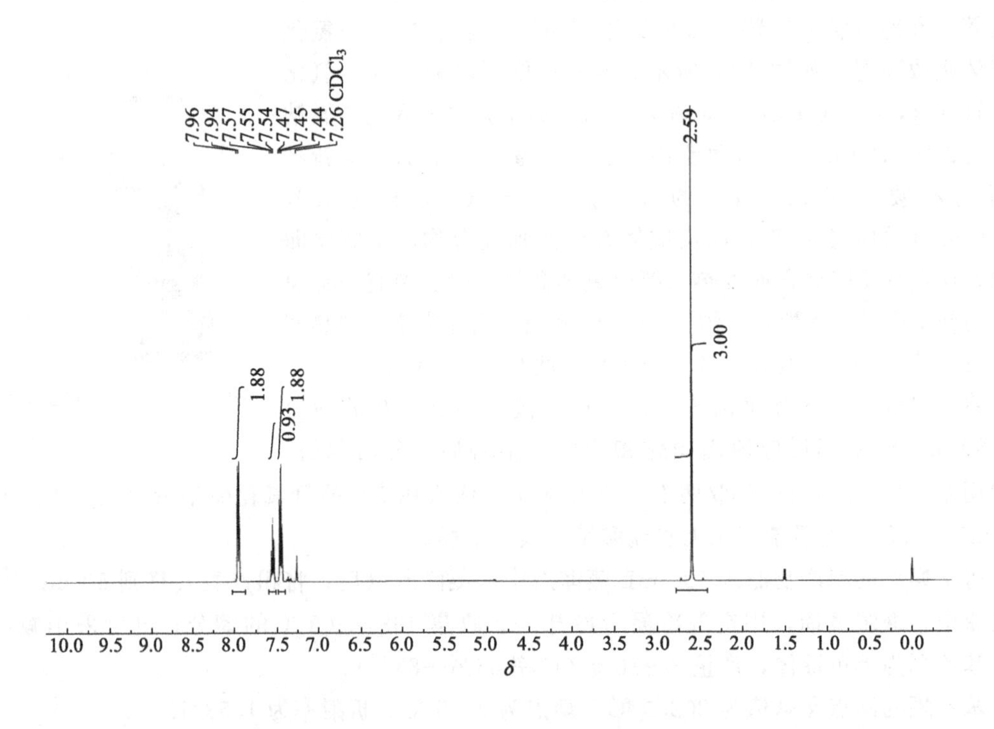

图 4-39　苯乙酮的 ^{1}H NMR 谱图

4.9 歧化（Cannizzaro）反应

不含 α-活泼氢的醛类在浓的强碱作用下，可以发生分子间或分子内的自身氧化还原反应，一分子醛被氧化成酸，而另一分子醛则被还原为醇，此反应称为坎尼查罗（Cannizzaro）反应。在 Cannizzaro 反应中，一分子醛失去氢被氧化，另一个醛得到氢被还原，这种分子间的氢转移反应又叫歧化反应。如：

$$2\,C_6H_5CHO + KOH \longrightarrow C_6H_5CH_2OH + C_6H_5COOK$$

机理如下：

$$PhCHO + OH^- \longrightarrow Ph-C(O^-)(OH)-H \xrightarrow{PhCHO} Ph-C(=O)-OH + Ph-CH_2-O^-$$

$$\xrightarrow{\text{质子转移}} Ph-C(=O)-O^- + PhCH_2OH$$

在 Cannizzaro 反应中，通常使用 50% 的浓碱，碱的物质的量需要比醛的物质的量多一倍以上，否则反应不完全，未反应的醛与生成的醇混在一起，通过一般的蒸馏很难分离。

实验二十二　苯甲醇和苯甲酸制备

【实验目的】

1. 掌握 Cannizzaro 反应的原理和操作方法。
2. 复习固体和液体化合物常用的分离提纯方法。

【实验预习】

1. 《有机化学》教材中歧化反应的机理。
2. 液体有机物和固体有机物提纯的基本方法。

【实验原理】

$$2\,C_6H_5CHO + KOH \longrightarrow C_6H_5CH_2OH + C_6H_5COOK$$

$$C_6H_5COOK \xrightarrow{H^+} C_6H_5COOH$$

【实验试剂】

氢氧化钾，水，苯甲醛（新蒸），乙醚，饱和亚硫酸氢钠溶液，10%碳酸钠溶液，无水硫酸镁，浓盐酸，刚果红试纸。

【实验步骤】

在 100 mL 锥形瓶中配制氢氧化钾（9.0 g，0.161 mol）和水（9.0 mL）的溶液，冷至室温后，加入新蒸过的苯甲醛（10.0 mL，0.098 mol）。用橡皮塞塞紧瓶口，用力振摇[1]，使反应物充分混合，最后成为白色糊状物，放置 24 h 以上。

向反应混合物中逐渐加入足够量的水（约 65 mL)，不断振摇使其中的苯甲酸盐全部溶解。将溶液倒入分液漏斗中，用乙醚（20 mL×3）萃取三次（萃取出什么?）。合并乙醚萃取液，依次用饱和亚硫酸氢钠溶液（10 mL）、10%碳酸钠溶液（10 mL）及水（10 mL）洗涤，最后用无水硫酸镁或无水碳酸钾干燥。

干燥后的乙醚溶液过滤除去干燥剂，进行常压蒸馏，先在水浴上蒸去乙醚，再换上空气冷凝管蒸馏苯甲醇，收集 204～206 ℃的馏分，产量为 4.0～4.5 g。

纯苯甲醇的沸点为 205 ℃，折射率 $n_D^{20}=1.5396$。

乙醚萃取后的水溶液，用浓盐酸酸化至刚果红试纸变蓝。充分冷却使苯甲酸析出完全，抽滤，粗产物用水重结晶，得苯甲酸 4.0～6.0 g，熔点 121～122 ℃。

纯苯甲酸的熔点为 122.4 ℃。

【实验指导】

[1] 充分摇振是反应成功的关键。如混合充分，放置 24 h 后混合物通常在瓶内固化，苯甲醛气味消失。

【思考题】

1. 试比较 Cannizzaro 反应与羟醛缩合反应在醛的结构上有何不同？

2. 本实验中两种产物是根据什么原理分离提纯的？用饱和的亚硫酸氢钠及 10%碳酸钠溶液洗涤的目的何在？

3. 乙醚萃取后的水溶液，用浓盐酸酸化到中性是否最合适？为什么？不用试纸或试剂检验，怎样知道酸化已经正好合适？

【附图】

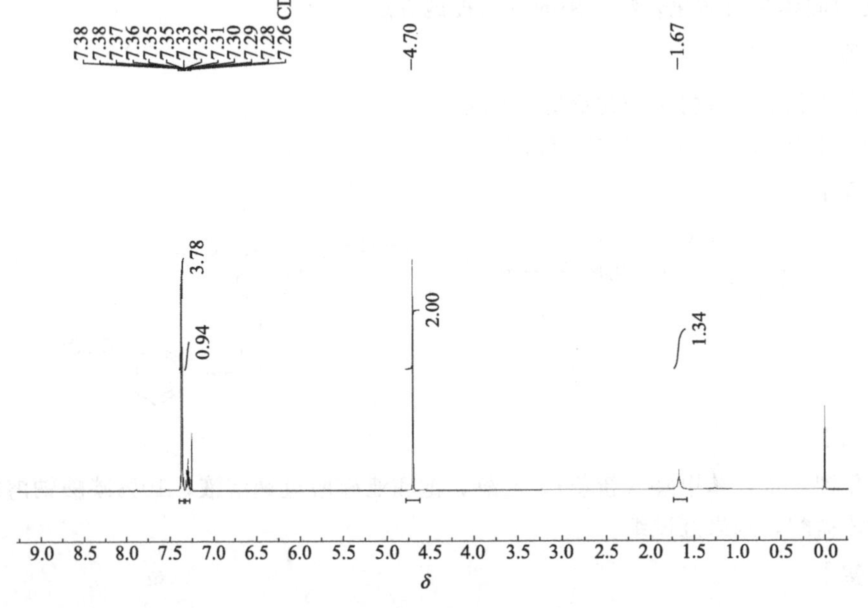

图 4-40 苯甲醇的¹H NMR 谱图

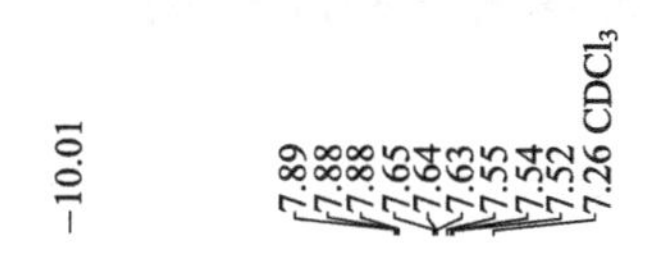

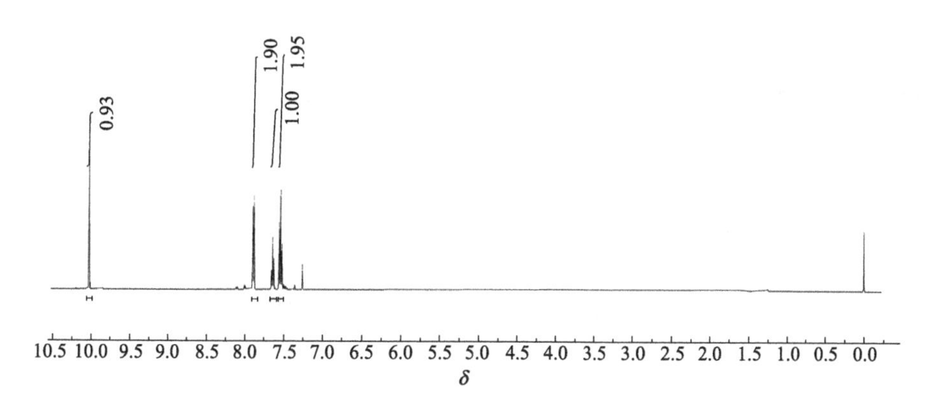

图 4-41　苯甲醛的^{1}H NMR 谱图

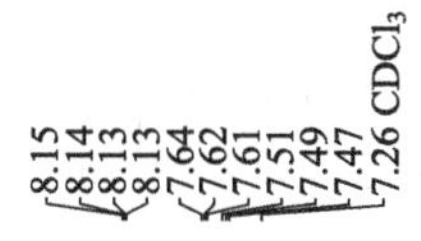

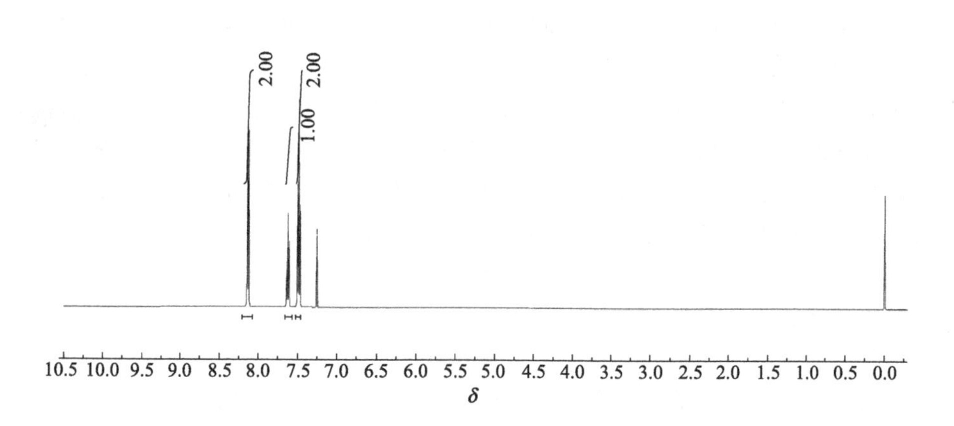

图 4-42　苯甲酸的^{1}H NMR 谱图

实验二十三　呋喃甲醇和呋喃甲酸的制备

【实验目的】

1. 掌握 Cannizzaro 反应的原理和操作方法。
2. 学习合成反应中原料提纯的基本方法。
3. 巩固重结晶过程中有机物脱色的基本操作。

【实验预习】

1. 《有机化学》教材中歧化反应的机理。
2. 液体有机物和固体有机物提纯的基本方法。

【实验原理】

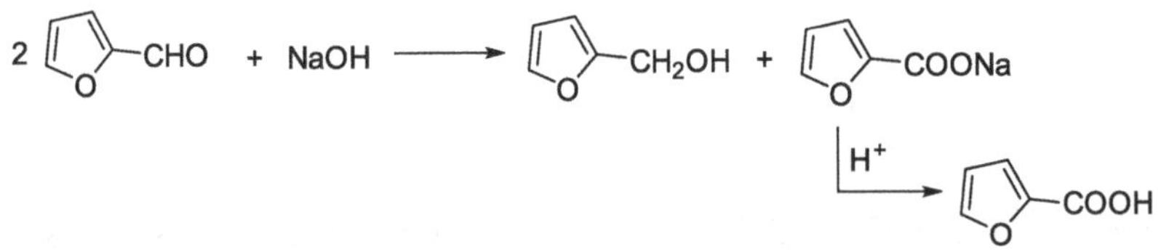

2 (呋喃)-CHO + NaOH ⟶ (呋喃)-CH_2OH + (呋喃)-COONa

(呋喃)-COONa $\xrightarrow{H^+}$ (呋喃)-COOH

【实验试剂】

呋喃甲醛（新蒸），33%氢氧化钠溶液，水，乙醚，无水硫酸镁，25%盐酸，活性炭。

【实验步骤】

在 100 mL 的三口烧瓶中，配置磁力搅拌子、恒压滴液漏斗，如图 4-43 所示。加入新蒸过的呋喃甲醛[1]（9.5 g，8.2 mL，0.0988 mol），将三口烧瓶置于冰水浴中冷却至 5 ℃左右，在搅拌下自滴液漏斗中滴入 33%氢氧化钠溶液（6.0 mL），保持反应温度在 8～12 ℃[2]。氢氧化钠溶液加完后（约 20～30 min），在室温下反应 30 min，以使反应完全[3]，如温度上升过高，仍需冷却。最后得一黄色浆状物。

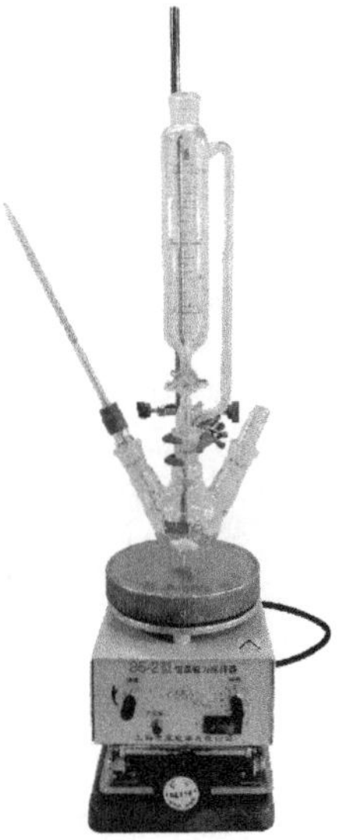

在搅拌下加入适量的水（约 8 mL），使沉淀恰好溶解[4]，此时溶液呈暗褐色或深红色。将溶液倒入分液漏斗中用乙醚（8 mL×4）萃取四次。合并乙醚萃取液，无水硫酸镁或无水碳酸钾干燥。过滤除去干燥剂后，使用常压蒸馏先加热蒸除乙醚，再加热蒸馏出呋喃甲醇，收集 169～172 ℃的馏分[5]，产量 3.0～4.0 g（产率 71%～82%）。

图 4-43　呋喃甲醇和呋喃甲酸制备装置

呋喃甲醇的沸点文献值为 171 ℃（750 mmHg），折射率n_D^{20}=1.4868。

乙醚萃取后的水溶液，用 25%盐酸酸化至 pH 值为 1～2（约需 8 mL）。冷却后使呋喃甲酸完全析出，抽滤，用少量水洗涤固体，得到的粗产物用水重结晶（约需水 9 mL，必要时可加活性炭脱色），得白色的针状结晶。呋喃甲酸的产量约为 4.0 g（产率 71%），熔点 129～130 ℃[6]。

呋喃甲酸的熔点文献值为 133～134 ℃。

【实验指导】

[1] 呋喃甲醛存放过久会变成棕褐色甚至黑色，同时往往含有水分。因此使用前需要蒸馏提纯。收集 160～162 ℃的馏分，但最好在减压下蒸馏，收集 54～55 ℃/10 mmHg 的馏分或者收集 18.5 ℃/1 mmHg、82.1 ℃/40 mmHg、103 ℃/100 mmHg 的馏分。新蒸过的呋喃甲醛为无色或浅黄色的液体。

[2] 反应温度若高于 12 ℃，则反应温度极易升高而难以控制，致使反应物变成深红色；若低于 8 ℃，则反应过程可能积累一些氢氧化钠。一旦发生反应，则过于剧烈，易使反应温度迅速升高，增加副反应，影响产量及纯度，所以控制反应温度在 8～12 ℃之间很重要！自氧化还原反应是在两相中进行的，因此必须充分搅拌。若采用反加的方法，将呋喃甲醛滴加到氢氧化钠溶液中，反应较易控制，产率相仿。

[3] 加完氢氧化钠溶液后，若反应液已变得黏稠而无法搅拌，就不再继续搅拌即可往下进行。如温度继续上升，浆状物仍有变成深红色的可能。

[4] 加水过多会损失一部分产品。

[5] 也可采用减压蒸馏，避免在蒸馏过程中被氧化。

[6] 测定熔点时，约于 125 ℃开始软化，完全熔融温度约为 132 ℃。一般实验产品的熔点约为 130 ℃。

【思考题】

1. 怎样利用 Cannizzaro 反应，将呋喃甲醛全部转变成呋喃甲酸？

2. 为何制备的呋喃甲酸往往有颜色？怎样避免？

【附图】

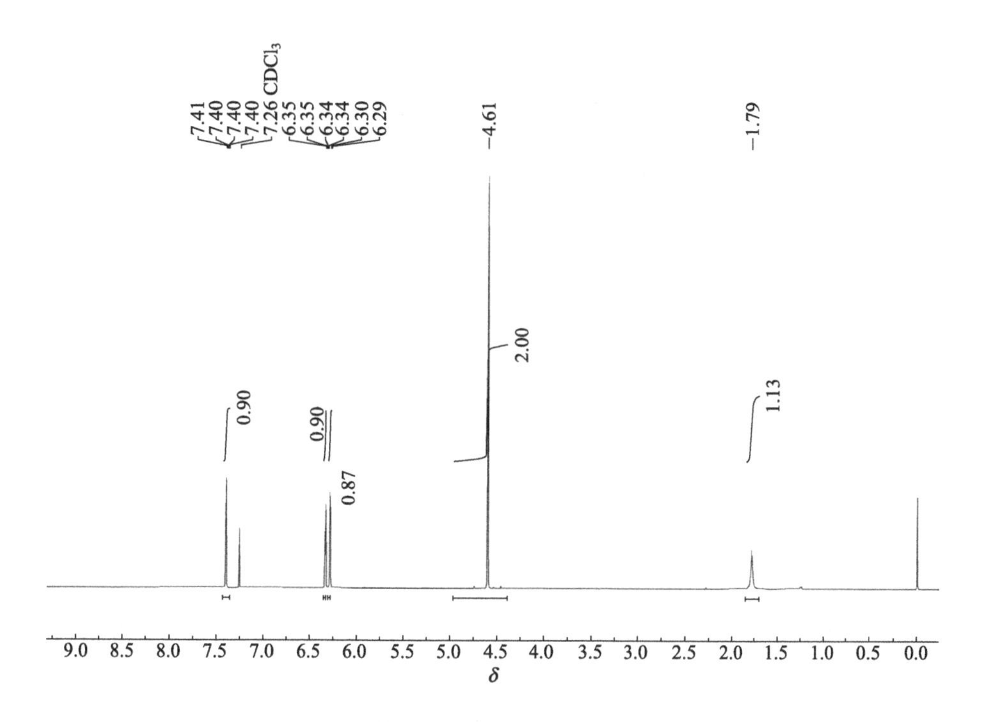

图 4-44 呋喃甲醇的^{1}H NMR 谱图

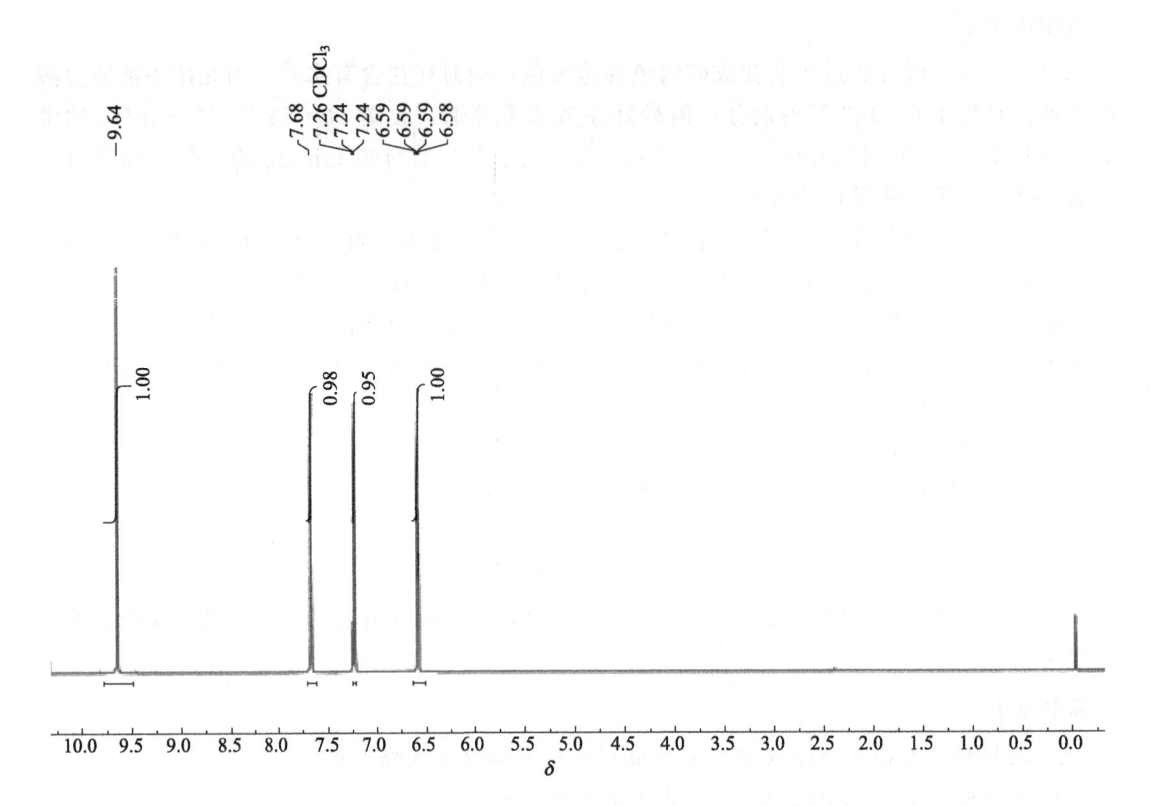

图 4-45 呋喃甲醛的^{1}H NMR 谱图

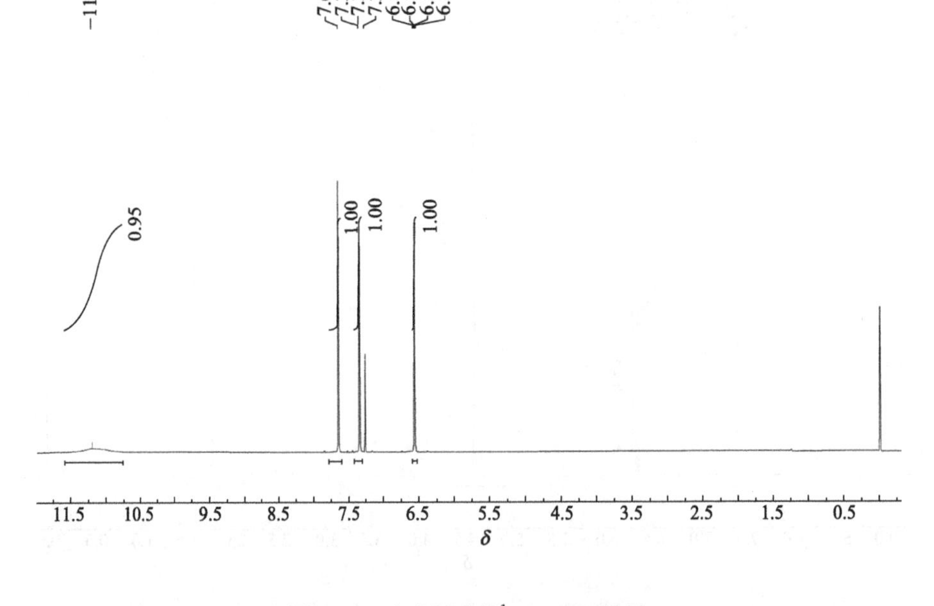

图 4-46 呋喃甲酸的^{1}H NMR 谱图

4.10 重氮化反应

芳香族伯胺在强酸性介质中与亚硝酸作用生成重氮盐的反应，称为重氮化反应。

$$ArNH_2 + NaNO_2 + 2HX \xrightarrow{0\sim5\ ^\circ C} Ar^+N{\equiv}NX^- + 2H_2O + NaX$$

这是芳香族伯胺特有的性质，生成的化合物 $Ar^+N_2X^-$ 称为重氮盐（diazonium salt）。与脂肪族重氮盐不同，芳基重氮盐中，重氮基上的 π 电子可以与苯环上的 π 电子形成共轭体系，共轭作用使其具有一定的稳定性。因此，芳基重氮盐可在冰浴温度下制备和进行反应，其作为中间体用于多种有机化合物的合成，被称为芳香族的"Grignard 试剂"，无论在工业上或实验室制备中都具有很重要的价值。

重氮盐通常的制备方法是将芳胺溶解或悬浮于过量的稀酸中，将溶液冷却至 0～5 ℃，然后加入与芳胺物质的量相等的亚硝酸钠水溶液。一般情况下，反应迅速进行，重氮盐的产率差不多是定量的。由于大多数重氮盐很不稳定，室温下即会分解放出氮气，故必须严格控制反应温度。当氨基的邻位或对位有强的吸电子基如硝基或磺酸基时，其重氮盐比较稳定，温度可以稍高一点。制成的重氮盐溶液不宜长时间存放，应尽快进行下一步反应。由于大多数重氮盐在干燥的固体状态受热或震动能发生爆炸，所以通常不需分离，而是将得到的水溶液直接用于下一步合成。只有硼氟酸重氮盐例外，可以分离出来并加以干燥。

酸的用量一般为芳胺物质的量的 2.5～3 倍，其中 1 equiv. 的酸与亚硝酸钠反应生成亚硝酸，1 equiv. 的酸生成重氮盐，余下的过量的酸是为了维持溶液一定的酸度，防止重氮盐与未起反应的胺发生偶联。邻氨基苯甲酸重氮盐是个例外，由于重氮化后生成的内盐比较稳定，故不需要过量的酸。

$$\text{(邻-COOH, }NH_2\text{苯)} + NaNO_2 + HCl \xrightarrow{0\sim5\ ^\circ C} \text{(邻-}COO^-\text{, }N_2^+\text{苯)} + NaCl + 2H_2O$$

重氮化反应还必须注意控制亚硝酸钠的用量，若亚硝酸钠过量，则生成多余的亚硝酸会使重氮盐氧化而降低产率。因而在滴加亚硝酸钠溶液时，必须及时用碘化钾-淀粉试纸试验至变蓝为止。

重氮盐的用途很广，其反应可分为两类：一类是用适当的试剂处理，重氮基被—H、—OH、—F、—Cl、—Br、—CN、$—NO_2$、—SH 等基团取代，制备相应的芳香族化合物；另一类是保留氮的反应，即重氮盐与相应的芳香胺或酚发生偶联反应，生成偶氮染料，在染料工业中占有重要的地位。甲基橙与甲基红就是通过偶联反应制备的。

温热重氮盐的水溶液时，大多数重氮盐发生水解，生成相应的酚并释放出氮气。

$$ArN_2^+X^- \longrightarrow Ar^+ + N_2\uparrow + X^-$$

$$Ar^+ + H_2O \longrightarrow ArOH + H^+$$

$$ArN_2^+Cl^- \longrightarrow ArCl + N_2\uparrow$$

这是重氮盐的制备要严格控制反应温度并不能长期存放的主要原因，但却为制备间取代的酚类（间硝基苯酚、间溴苯酚）这些不能通过亲电取代反应直接合成的化合物提供了一条间接的合成途径。当以制备酚为目的时，重氮化通常在硫酸中进行，这是因为使用盐酸时，重氮基被氯原子取代可能形成重要的副反应。水解反应需在强酸性介质中进行，以避免重氮盐与酚之间的偶联，并根据不同的芳胺采取适当的分解温度。

实验二十四　间硝基苯酚的制备

【实验目的】

1. 掌握重氮盐制备的方法和条件。
2. 了解重氮盐的应用及其反应机理。

【实验预习】

1. 《有机化学》教材中含氮化合物的有关章节。
2. 低温下的有机反应——重氮盐的制备步骤及条件，见 1.4.2。

【实验原理】

$$m\text{-}NO_2C_6H_4NH_2 \xrightarrow[NaNO_2]{H_2SO_4} m\text{-}NO_2C_6H_4N_2^+HSO_4^- \xrightarrow[\triangle]{40\%\sim60\%\ H_2SO_4} m\text{-}NO_2C_6H_4OH$$

【实验试剂】

浓硫酸，水，间硝基苯胺，亚硝酸钠，淀粉-碘化钾试纸，15%盐酸，活性炭。

【实验步骤】

1. 重氮盐溶液的制备

在 100 mL 烧杯中，将浓硫酸（5.5 mL，0.103 mol）溶于水（9 mL）配制成稀硫酸溶液，加入研成粉状的间硝基苯胺（3.5 g，0.025 mol）和碎冰（10～12 g），充分搅拌，至芳胺变成糊状的硫酸盐。将烧杯置于冰盐浴中冷至 0～5 ℃，在充分搅拌下由滴液漏斗滴加亚硝酸钠（1.7 g，0.025 mol）溶于水（5 mL）的溶液。控制滴加速度，使反应体系的温度始终保持在 5 ℃以下，约 5 min 加完[1]。必要时可向反应液中加入几小块冰，以防温度上升。滴加完毕，继续搅拌 10 min。然后取 1 滴反应液，用淀粉-碘化钾试纸进行亚硝酸试验，若试纸变蓝，表明亚硝酸钠已经过量[2]，必要时，可补加亚硝酸钠（0.25 g，0.004 mol）的溶液。然后将反应物在冰盐浴中放置 5～10 min，部分重氮盐以晶体形式析出，倾滗出大部分上层清液于一个锥形瓶中，立即进行下一步实验。

2. 间硝基苯酚的制备

在 250 mL 圆底烧瓶中，放入水（12.5 mL），在摇摇下小心加入浓硫酸（16.5 mL）。将配制的稀硫酸加热至沸，通过恒压滴液漏斗分批加入上述倾滗于锥形瓶中的重氮盐溶液，加入速度以保持反应液剧烈沸腾为标准，约 15 min 加完。然后再分批加入留在烧杯中的重氮盐晶体。控制加入速度，避免氮气迅速释放产生大量泡沫而使反应物溢出。此时的反应液呈深褐色，部分间硝基苯酚呈黑色油状物析出。制备的重氮盐加完后，继续加热 15 min。稍冷后，将反应混合物转移到用冰水浴冷却的烧杯中，并充分搅拌，使产物形成小而均匀的晶体。减压抽滤析出的晶体，用少量冰水洗涤几次，压干，湿的褐色粗产物为 2.0～3.0 g。粗产物用 15%的盐酸重结晶（每克湿产物约需溶剂 10～12 mL），并加适量的活性炭脱色。抽滤、干燥后得淡黄色的间硝基苯酚结晶。产量 1.0～2.0 g，熔点 96～97 ℃。

纯间硝基苯酚的熔点为 96～97 ℃。

【实验指导】

[1] 亚硝酸钠的加入速度不宜过慢，以防止重氮盐与未反应的芳胺发生偶联反应生成黄色不溶性的重氮氨基化合物。强酸性介质有利于抑制偶联反应的发生。

[2] 游离亚硝酸的存在表明芳胺硫酸盐已充分重氮化。重氮化反应通常使用比计算量多 3%～5%的亚硝酸钠，但过量的亚硝酸易导致重氮基被—NO_2 取代和间硝基苯酚被氧化等副反应发生。

【思考题】

1. 写出由硝基苯为原料制备间硝基苯酚的合成路线，为什么间硝基苯酚不能由苯酚硝化来制备？

2. 邻硝基苯胺和对硝基苯胺与氢氧化钠溶液一起煮沸后可生成对应的硝基酚，而间硝基苯胺却不发生类似的反应，试解释。

3. 在制备间硝基苯酚时，为什么要分批加入重氮盐，而不是一次加入？

4. 本实验中为什么用硫酸制备重氮盐，而不用盐酸？

5. 粗产品中为什么常常呈现各种颜色？

6. 本实验中有哪些副反应？

【附图】

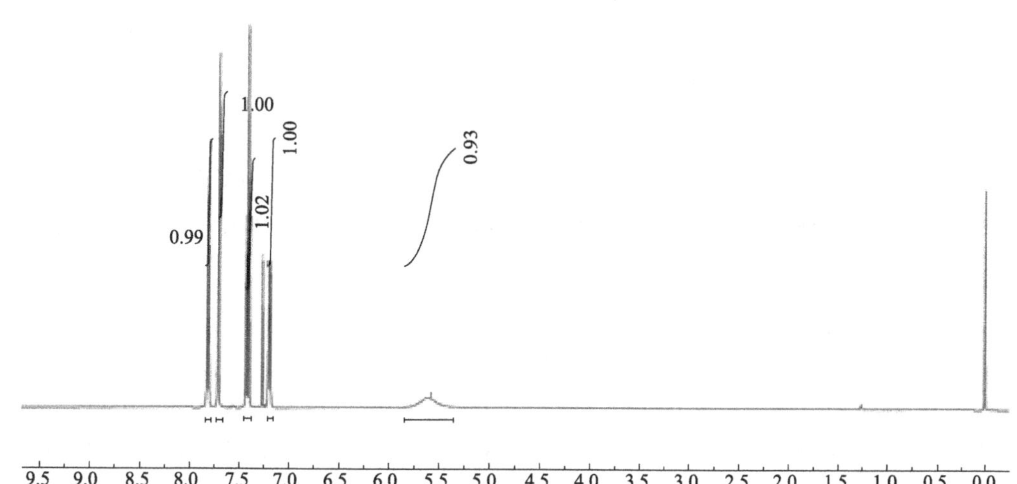

图 4-47 间硝基苯酚的^{1}H NMR 谱图

实验二十五　对氯甲苯的制备

【实验目的】

1. 掌握重氮盐制备的方法和条件。
2. 通过具体实验加深对 Sandmeyer 机理的理解。
3. 巩固水蒸气蒸馏的基本操作。
4. 学习氯化亚铜的制备方法。

【实验预习】

《有机化学》教材中有关 Sandmeyer 反应的相关内容。

【实验原理】

$$2CuSO_4 + 2NaCl + 2NaHSO_3 + 2NaOH \longrightarrow 2CuCl\downarrow + 2Na_2SO_4 + 2NaHSO_4 + H_2\uparrow$$

$$H_3C\text{-}C_6H_4\text{-}NH_2 \xrightarrow[0\sim5^\circ C]{NaNO_2,\ HCl} H_3C\text{-}C_6H_4\text{-}N_2^+Cl^- \xrightarrow[\triangle]{CuCl,\ HCl} H_3C\text{-}C_6H_4\text{-}\overset{+}{N_2}\cdot CuCl_2 \xrightarrow{\triangle} H_3C\text{-}C_6H_4\text{-}Cl + N_2\uparrow$$

重氮盐在有机合成中有着广泛的应用价值，其中 Sandmeyer 于 1884 年发现亚铜盐对芳基重氮盐的分解有催化作用，重氮盐溶液在氯化亚铜、溴化亚铜、氰化亚铜的存在下，重氮基可以被氯、溴原子和氰基取代，生成芳香族氯化物、溴化物和芳腈。一般认为这是一个自由基反应，亚铜盐的作用是传递电子。

$$CuCl + Cl^- \longrightarrow CuCl_2^-$$

$$ArN_2^+ + CuCl_2^- \longrightarrow Ar\cdot + N_2 + CuCl_2$$

$$Ar\cdot + CuCl_2 \longrightarrow ArCl + CuCl$$

该反应的关键在于相应的重氮盐与氯化亚铜是否能形成良好的复合物。实验中，重氮盐与氯化亚铜以等物质的量混合。由于氯化亚铜在空气中易被氧化，故以新鲜制备为宜。在操作上是将冷的重氮盐溶液慢慢加入较低温度的氯化亚铜溶液中。

【实验试剂】

结晶硫酸铜（$CuSO_4\cdot5H_2O$），水，氯化钠，亚硫酸氢钠，氢氧化钠，3 mol/L 氢氧化钠、浓盐酸，对甲苯胺，淀粉-碘化钾试纸，乙醚，饱和食盐水，无水硫酸钠。

【实验步骤】

1. 氯化亚铜的制备

在 250 mL 的圆底烧瓶中加入结晶硫酸铜（$CuSO_4\cdot5H_2O$）（15.0 g，0.006 mol）和水（50 mL），加热煮沸，随后加入氯化钠（5.0 g，0.086 mol），此时可能会产生少量的二氯化铜沉淀。配制亚硫酸氢钠（3.5 g）[1] 与氢氧化钠（2.3 g）的 25 mL 水溶液，振摇下加入热的硫酸铜的水溶液（60～70 ℃）[2] 中，搅拌并在冷水浴中冷却，溶液由原来的蓝绿色变为浅绿色或无色，并析出白色粉末状固体。

当需要使用氯化亚铜时，用倾滗法倒出上层溶液，白色固体水洗两次，再将其溶解在浓盐酸（45 mL）中，塞紧瓶塞，置于冰水浴中备用[3]。

2. 重氮盐的制备

250 mL 三口烧瓶配置磁力搅拌子、温度计及恒压滴液漏斗，加入对甲苯胺（5.5 g，0.051 mol）、水（15 mL）和浓盐酸（12 mL），加热使对甲苯胺溶解，稍冷后，将反应瓶置于冰水浴中并不断搅拌使成糊状，控制温度在 5 ℃以下[4]。配制亚硝酸钠（3.5 g，0.051 mol）与水（10 mL）的溶液，向三口烧瓶中加入几小块冰，在搅拌下，由滴液漏斗滴加亚硝酸钠的水溶液，尽可能在 5 min 内加完[5]，并严格控制温度在 5 ℃以下。3～4 min 后，取 1～2 滴反应液，并加入几滴水稀释后[6] 用淀粉-碘化钾试纸检验，若立即出现深蓝色，表示亚硝酸钠已适量，不必再加，搅拌 15 min。

3. Sandmeyer 反应——对氯甲苯的制备

将配好的氯化亚铜溶液在冰水浴中冷却，通过恒压滴液漏斗慢慢加入制备好的重氮盐溶液中。用少量水冲洗装氯化亚铜溶液的烧瓶，淋洗液也倒入反应体系中。滴加完毕，室温下搅拌 15 min，可以观察到有重氮盐-氯化亚铜的红色复合物产生，同时有油状物产生。加热至 50～60 ℃[7]，分解复合物，直至不再有氮气放出。产物进行水蒸气蒸馏蒸出对氯甲苯（也可在反应混合物中加入 50 mL 水，采用简易水蒸气蒸馏方法）。

分出水层，水层用乙醚（10 mL×2）萃取两次，萃取液与油层合并，依次用 3 mol/L 的氢氧化钠、饱和食盐水洗涤，醚层经无水硫酸钠干燥，常压蒸馏蒸出乙醚，蒸馏收集 158～162 ℃的馏分，产量 3.0～4.0 g。

纯对氯甲苯的沸点是 162 ℃，折射率为 1.5160。

【实验指导】

[1] 亚硫酸氢钠的纯度，最好在 90%以上。如果纯度不高，按此比例配方时，则还原不完全，且由于碱性偏高，生成部分氢氧化亚铜，使沉淀呈土黄色。此时可根据具体情况，酌加亚硫酸氢钠，或减少氢氧化钠的用量。在实验中如发现氯化亚铜沉淀中杂有少量黄色沉淀时，应立即滴加几滴盐酸，稍加振荡后即可除去。

[2] 在此温度下得到的氯化亚铜颗粒较粗，便于处理，且质量较好。温度较低则颗粒较细，难以洗涤。

[3] 氯化亚铜易被空气氧化，不可久置。同时氯化亚铜的量太少也会降低对氯甲苯的产量（氯化亚铜与重氮盐的比例是 1∶1）。

[4] 重氮盐遇热会分解放出氮气，同时也不可久置，必须现用现制。

[5] 重氮盐制备时间过长，易水解产生较多的副产物对甲苯酚。

[6] 亚硝酸钠的测试最好在溶液中进行，因为浓盐酸经过一小段时间也会使淀粉-碘化钾试纸显色。

[7] 分解温度不能过高，否则会发生副反应，生成较多的焦油状物质。

【思考题】

1. 为什么重氮化反应必须在低温下进行？如果温度过高或溶液酸度不够会产生什么副反应？

2. 为什么不能将甲苯直接氯化而要采用 Sandmeyer 反应来制备对氯甲苯？

3. 氯化亚铜在盐酸存在下，被亚硝酸氧化，反应瓶中可以观察到有一种红棕色的气体放出，试解释这种现象，并用反应式来表示。

【附图】

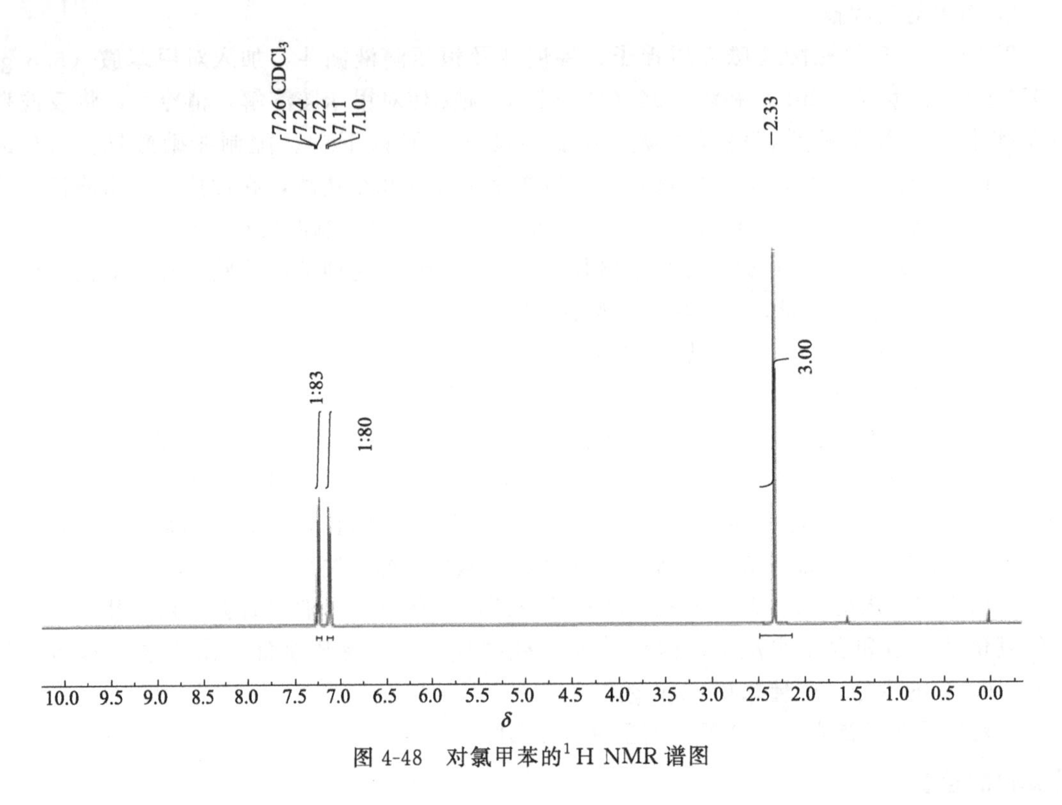

图 4-48 对氯甲苯的¹H NMR 谱图

实验二十六 甲基橙的制备及变色范围的测定

【实验目的】

1. 掌握重氮盐的偶联反应的技术和方法。

2. 进一步检测自制甲基橙的变色效果，巩固酸度计的使用操作。

【实验预习】

1. 重氮盐偶联反应的原理。

2. pH 酸度计的使用原理和方法。

【实验原理】

$$H_2N\text{-}C_6H_4\text{-}SO_3H + NaOH \longrightarrow H_2N\text{-}C_6H_4\text{-}SO_3Na + H_2O$$

$$H_2N\text{-}C_6H_4\text{-}SO_3Na \xrightarrow[HCl]{NaNO_2} \left[H_2N\text{-}C_6H_4\text{-}\overset{+}{N}{\equiv}N\right]Cl^- \xrightarrow[HAc]{C_6H_5\text{-}N(CH_3)_2}$$

$$\left[HO_3S\text{-}C_6H_4\text{-}N{=}N\text{-}C_6H_4\text{-}\underset{H}{N}(CH_3)_2\right]^+ Ac^- \xrightarrow{NaOH}$$

$$NaO_3S\text{-}C_6H_4\text{-}N{=}N\text{-}C_6H_4\text{-}N(CH_3)_2 + NaAc + H_2O$$

重氮离子是较弱的亲电试剂，在适当的条件下可以和活泼的芳香族化合物（含有强给电子基，如芳胺和酚）作用，发生芳环的亲电取代反应，生成偶氮化合物。

偶联反应一般发生在活性基团的对位，如果对位被占，则在邻位进行偶联。重氮盐与酚的偶联通常在弱碱性（pH＝8～10）条件下进行，重氮盐与芳胺的偶联通常在弱酸性（pH＝5～7）条件下进行。

偶氮化合物都有颜色，因而许多偶氮化合物是很好的染料或指示剂，如甲基橙、甲基红。

【实验试剂】

5%氢氧化钠溶液，1%氢氧化钠溶液，对氨基苯磺酸，浓盐酸，水，*N*,*N*-二甲基苯胺，冰醋酸，乙醇，乙醚，淀粉-碘化钾试纸，0.1 mol/L NaOH，0.1 mol/L HCl。

【实验步骤】

1. 重氮盐的制备

在 100 mL 烧杯中放置 5%氢氧化钠溶液（5.0 mL）及对氨基苯磺酸晶体（1.1 g，约 0.005 mol）[1]，温热使其溶解。亚硝酸钠（0.4 g，0.055 mol）溶于水（3 mL）中，加入上述烧杯中，用冰盐浴冷至 0～5 ℃，在不断搅拌下，将浓盐酸（1.5 mL）与水（5.0 mL）配成的溶液缓缓滴加到上述混合液中，并控制温度在 5 ℃以下。滴加完毕，在冰盐浴中放置 15 min，用淀粉-碘化钾试纸检验[2]，此时往往有细小晶体析出[3]。

2. 偶合

在试管中，加入 *N*,*N*-二甲基苯胺（1.2 g，约 1.3 mL，0.01 mol）和冰醋酸（1.0 mL），在不断搅拌下，将此溶液慢慢加到上述冷却的重氮盐溶液中。加完后，继续搅拌 10 min，然后慢慢加入 5%氢氧化钠溶液（25～35 mL），直至反应物变为橙色。这时反应液呈碱性。粗制的甲基橙呈细颗粒状沉淀析出[4]。将反应物在沸水浴上加热 5 min，冷至室温后，再在冰水浴中冷却，使甲基橙晶体完全析出。抽滤收集结晶，依次用少量冰水、乙醇、乙醚洗涤，压干。可将上述粗产品用 1%氢氧化钠溶液进行重结晶[5]，待结晶完全析出后，抽滤收集结晶，并依次用少量冰水、乙醇、乙醚洗涤得到橙色小叶片状甲基橙结晶[6]。产量约 2.5 g（产率 76%）。

3. 甲基橙变色范围的测定

（1）配制 0.05%甲基橙的水溶液（5 mL），配制 0.1 mol/L 的 NaOH 和 0.1 mol/L 的 HCl 溶液。

（2）量取 NaOH（50 mL，0.1 mol/L）加入 100 mL 烧杯中，滴加 3 滴甲基橙溶液，观察颜色，并用酸度计测定此时的 pH 值，向此溶液中滴加 0.1 mol/L 的 HCl 溶液，观察溶液颜色的变化，并在变色点时记录 pH 值。

（3）量取 HCl（50 mL，0.1 mol/L）加入 100 mL 烧杯中，滴加 3 滴甲基橙溶液，观察颜色并记录测定的 pH 值，向溶液中滴加 0.1 mol/L 的 NaOH 溶液，观察溶液的颜色变化，在变色点时记录 pH 值。

比较（2）和（3）得到什么结论？

【实验指导】

[1] 对氨基苯磺酸是两性固体，但酸性大于碱性，所以可以与碱作用生成内盐而不与酸

作用成盐。

[2] 若试纸不显蓝色，应补加亚硝酸钠，并充分搅拌直到试纸呈蓝色。若已出现蓝色表明亚硝酸过量。

$$2HNO_2 + 2KI + 2HCl \longrightarrow I_2 + 2NO(g) + 2H_2O + 2KCl$$

[3] 此时往往析出对氨基苯磺酸的重氮盐，这是因为重氮盐在水中可以电离，形成中性内盐（$^{-}O_3S-C_6H_4-\overset{+}{N}\equiv N$），在低温时难溶于水而形成细小的晶体析出。

[4] 若反应物中含有未作用的 N,N-二甲基苯胺醋酸盐，在加入氢氧化钠后，就会有难溶于水的 N,N-二甲基苯胺析出，影响产物纯度。湿的甲基橙在空气中受光照射后，颜色很快变深，所以一般得紫红色粗产物。

[5] 重结晶操作应迅速，否则由于产物呈碱性，在温度高时易使产物变质，颜色变深。

[6] 用乙醇、乙醚洗涤的目的是使其迅速干燥。

【思考题】

1. 什么叫偶联反应？结合本实验讨论一下偶联反应的条件。

2. 本实验中制备重氮盐时，为什么要把对氨基苯磺酸变成钠盐？如果直接与盐酸混合，再滴加亚硝酸钠溶液进行重氮化反应是否可以？

3. 试解释甲基橙在酸性介质中变色的原因，用反应式表示。

【附图】

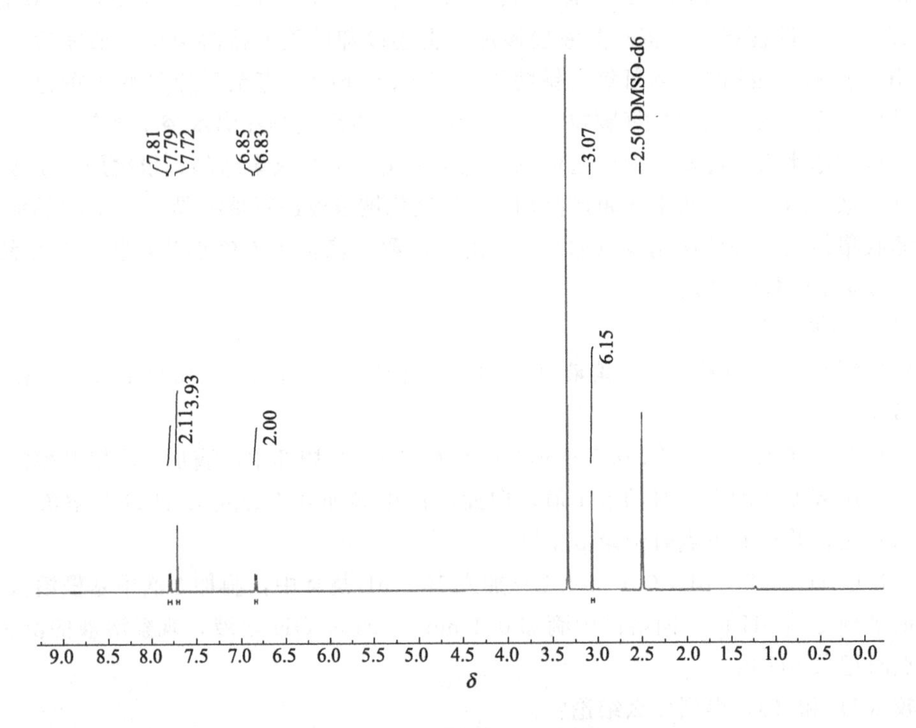

图 4-49 甲基橙的¹H NMR 谱图

4.11 双烯合成（Diels-Alder）反应

顺式共轭二烯烃和烯烃发生环化反应，生成环状化合物的反应称为双烯合成，又称迪尔斯-阿尔德（Diels-Alder）反应，这是一个合成六元环的重要方法，具有较高的产率和优良的立体专一性，为此奥托·迪尔斯和他的学生库尔特·阿尔德在1950年获得了诺贝尔化学奖。环加成反应中，*s*-顺式共轭二烯和烯烃发生环化反应，从两个 π 键形成两个新的 σ 键。这类反应是协同反应，即旧键的断裂和新键的形成是同步进行的。

在实验中，人们常常利用环状的二烯烃（顺式）与烯烃作用以期获得较高的产率，特别是二者的电子云密度有较大差异，例如亲双烯体上有吸电子取代基时，环加成产率可达90%。

100℃ 3h

产率：90%

由于是协同反应机理，Diels-Alder 反应是立体专一性的。例如，1,3-丁二烯与顺-2-丁烯二酸二甲酯作用生成顺-4-环己烯-1,2-二羧酸二甲酯，产物中保留了亲双烯体的立体化学。

150~160℃ 20h

同时也保留了双烯体的立体化学，例如：反,反-2,4-己二烯与四氰基乙烯作用时，原有的两个甲基都位于“外侧”，得到的产物中甲基位于顺式：

如果是顺,反-2,4-己二烯与四氰基乙烯反应，得到的产物中甲基位于反式：

此类反应中一步最多可以形成四个手性中心，这在有机合成中非常重要。R. B. Woodward 先生利用此反应合成了可的松等多种有机物，获得了1965年的诺贝尔化学奖。Diels-Alder 大部分反应以内型产物为主，内型产物是动力学优先产物。

80℃

过渡态

内型(*endo*) 91%

外型(*exo*) 9%

上述反应内型产物的比例高达 91%，这一选择性可以应用分子轨道理论加以解释，由于次级轨道作用的结果。

实验二十七　环戊二烯的制备

【实验目的】

1. 学习双环戊二烯解聚制备环戊二烯的方法。
2. 巩固分馏的基本操作 3.5。

【实验预习】

1. 《有机化学》教材中有关 Diels-Alder 反应的知识。
2. 分馏的基本操作。

【实验原理】

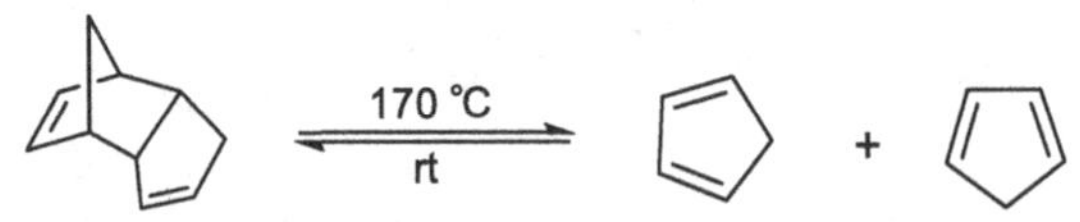

环戊二烯是从煤焦油的轻油中蒸馏得到的，以稳定的二聚体——双环戊二烯存在，是二烯烃双分子发生 Diels-Alder 反应的加成物，双环戊二烯是内型结构。使用时需要在 165～170 ℃的加热条件下裂解，通过分馏制备，二聚体的热解生成环戊二烯是一种逆 Diels-Alder 反应。得到的环戊二烯必须用冰浴保存以防二聚，气相色谱分析结果表明，环戊二烯在室温下 4 h 内二聚率为 8%，24 h 内二聚率为 50%。所以制得的环戊二烯应该保存在冰浴中，并尽快使用。因此环戊二烯一般都是现用现制。

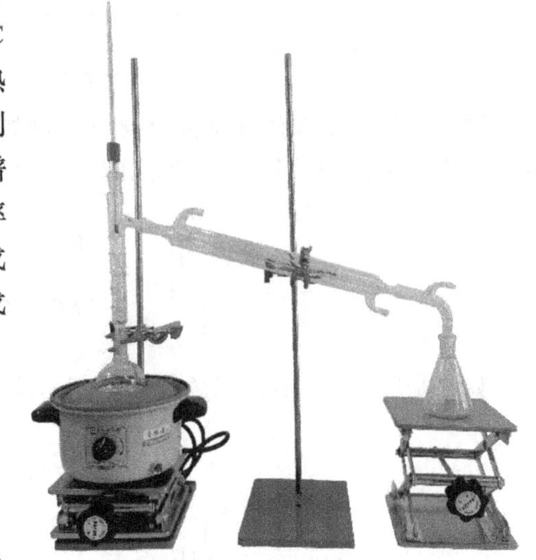

图 4-50　环戊二烯单体制备装置

【实验试剂】

市售双环戊二烯。

【实验步骤】

量取市售的双环戊二烯（20 mL），加入 100 mL 的蒸馏烧瓶中，安装分馏柱，接收器置于冰水浴中，如图 4-50 所示。

加热二聚体至快速回流状态，单体在 5 min 内开始流出，很快达到一个稳定的温度范围 40～42 ℃，持续加热、快速蒸馏，温度不超过 42 ℃，大约需要 45 min，可制得 12 mL 的环戊二烯。

【思考题】

在制备环戊二烯单体时，为什么蒸馏速度必须很慢？

【附图】

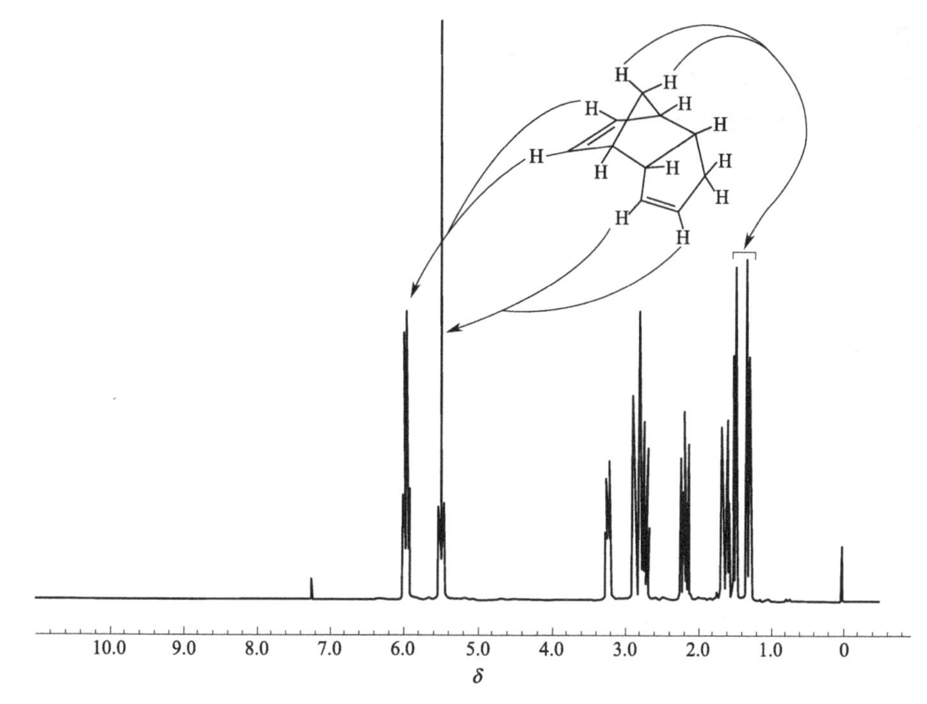

图 4-51 双环戊二烯的^{1}H NMR 谱图

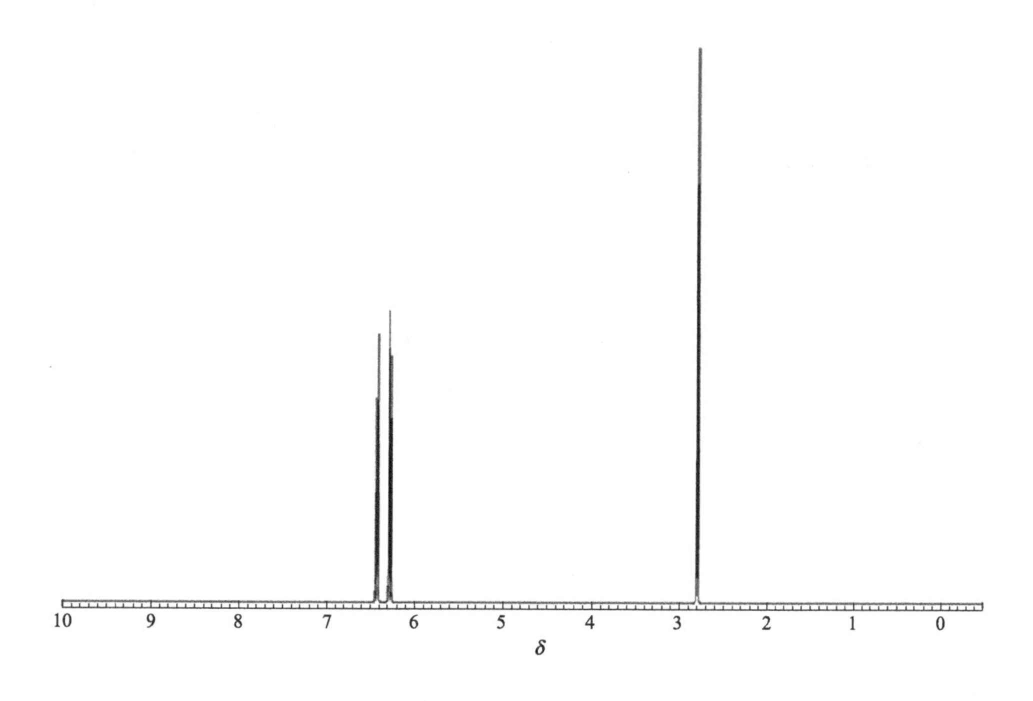

图 4-52 环戊二烯的^{1}H NMR 谱图

实验二十八　顺降冰片烯-5,6-内型二酸酐的合成

【实验目的】

1. 学习 Diels-Alder 反应的具体反应。

2. 巩固晶体产物的制备方法 3.1。

【实验预习】

1. 《有机化学》教材中有关 Diels-Alder 反应的知识。

2. 重结晶的相关知识。

【实验原理】

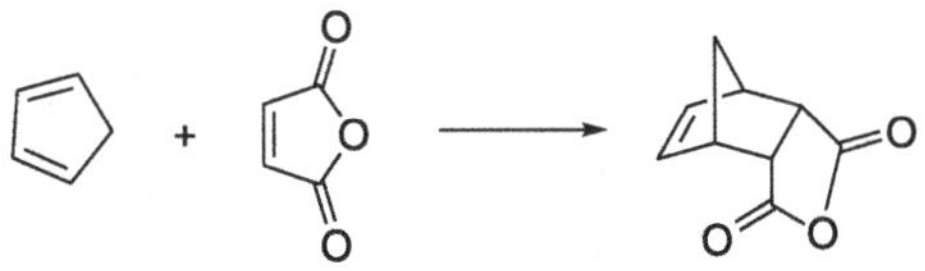

【实验试剂】

环戊二烯（新蒸），马来酸酐，乙酸乙酯，石油醚。

【实验步骤】

在 100 mL 的三口烧瓶中配置磁力搅拌子、回流冷凝管、温度计，加入无水马来酸酐（6.0 g，0.061 mol），加热溶于乙酸乙酯（20 mL）中，加入沸点 60～90 ℃的石油醚（20 mL），在冰水浴中充分冷却[1]。

将新蒸干燥的环戊二烯[2]（6.0 mL，0.075 mol）加入冷却的马来酸酐中，在冰水浴中搅拌反应，直至放热反应结束，加成产物以白色固体的形式析出。然后将此反应混合物加热至完全溶解，不要摇晃，缓慢冷却，析出非常漂亮的柱状晶体，mp. 164～165 ℃。一般可以得到 8.2 g 的产物。

【实验指导】

[1] 本反应是放热反应，为使反应平稳，需要在冰水浴中进行。

[2] 如果环戊二烯中有少量的水会略有浑浊，这时可以加入 1 g 氯化钙除水。

【思考题】

写出下列反应产物或原料：

(1) 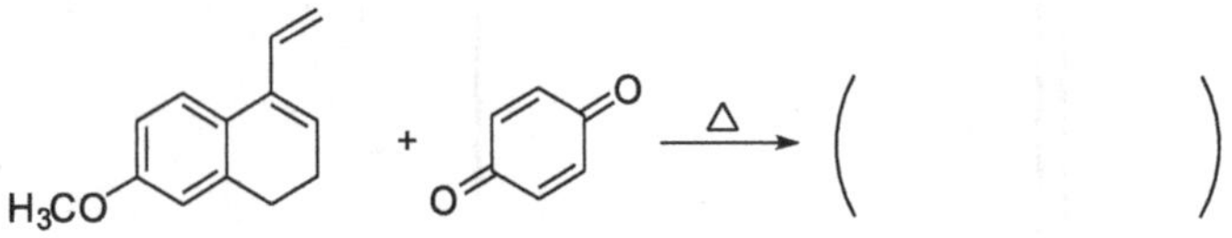 H_3CO … + … $\xrightarrow{\triangle}$ (　　　　)

(2) 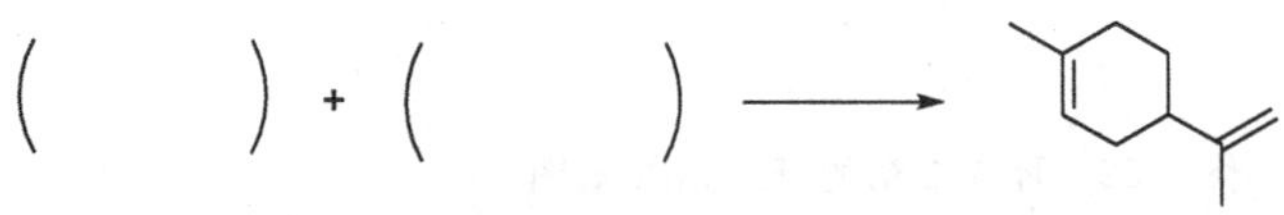 (　　　) + (　　　) ⟶

【附图】

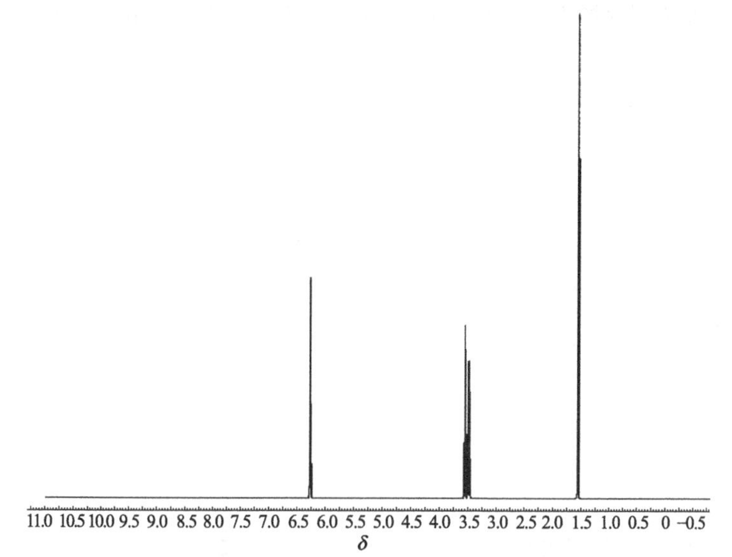

图 4-53　顺降冰片烯-5,6-内型二酸酐 ^{1}H NMR 谱图

实验二十九　9,10-二氢蒽-9,10-*α*,*β*-马来酸酐的合成

【实验目的】

1. 通过马来酸酐与蒽的 Diels-Alder 加成反应制备 9,10-二氢蒽-9,10-*α*,*β*-马来酸酐。
2. 学习微量产物的制备和提纯技术。

【实验预习】

《有机化学》教材中有关 Diels-Alder 反应的知识。

【实验原理】

绿色化学是以绿色意识为指导，研究和设计没有（或尽可能少）环境副作用，在技术上和经济上可行的化学品与化学过程。因此，绿色化学又称环境无害化学、环境友好化学。它是化学领域可持续发展的长远战略，也是我们化学工作者所必须面临的新课题。它的最大特点在于它是在始端就采用污染预防的科学手段，因而过程和终端均为最大限度的零排放和零污染。由于它在通过化学转化获取新物质的过程中充分利用了每个原料的原子，具有“原子经济性”，因此，它既充分利用了资源，又实现了防止污染。Diels-Alder 就是原子经济性反应。

微型化学实验是以应用尽可能少的化学试剂而获得比较明白清晰的反应结果和化学信息的一种新型实验方法，体现了绿色意识。本实验是在绿色化学理念的指导下，针对实验品浪费大、对环境污染问题突出等问题探索实施的微型化学实验。微型实验与常量实验相比反应时间可相应缩短。本实验以马来酸酐与蒽的 Diels-Alder 反应为例来练习和熟悉微量化学实验。

【实验试剂】

蒽，马来酸酐，二甲苯，石油醚，乙酸乙酯。

【实验步骤】

将蒽（80.0 mg，0.44 mmol）、马来酸酐（40.0 mg，0.40 mmol）和干燥二甲苯（1 mL）加入已称重的 10 mL 三口烧瓶中，装好回流冷凝管，加热回流 30 min，冷至室温。冰水冷却，有结晶析出，使用布氏漏斗减压抽滤收集固体，以少量冷的二甲苯洗涤固体，干燥，得产品约 50.0 mg，熔点 261～262 ℃。

【思考题】

实验中如使用的二甲苯未经干燥，会对反应有何不良影响？

【附图】

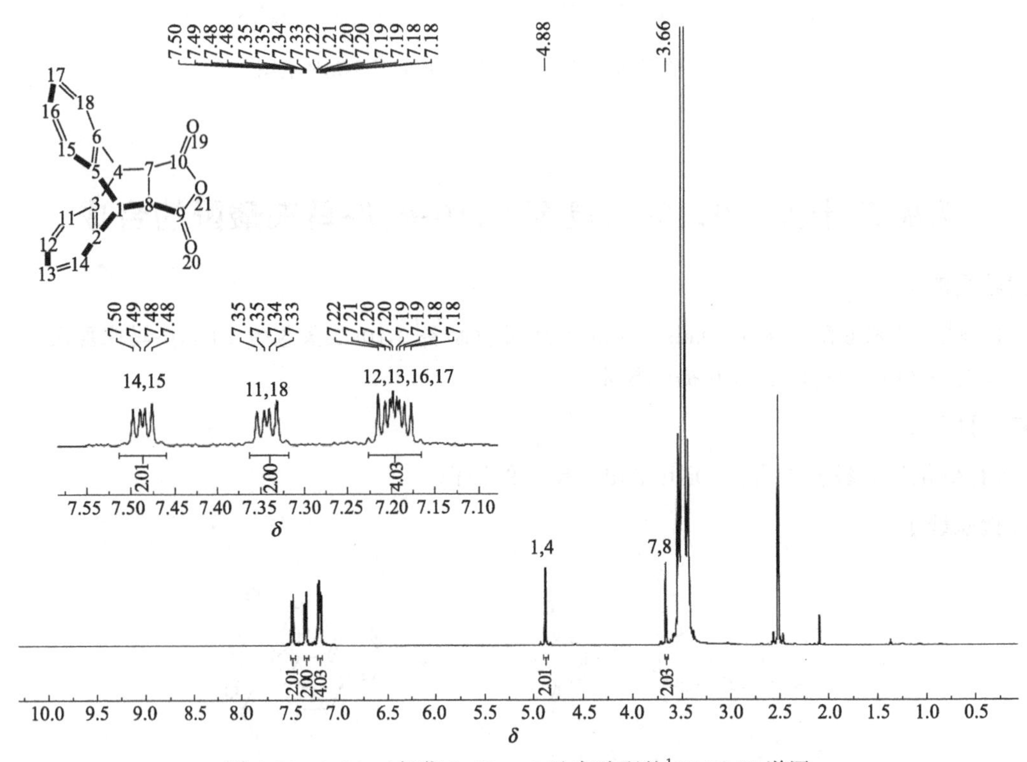

图 4-54　9,10-二氢蒽-9,10-α,β-马来酸酐的^{1}H NMR 谱图

4.12　天然物的提取

人类对自然界存在的天然有机物的利用，有着非常悠久的历史。日常生活中人们利用天然物来治疗疾病，提供衣着、染料、调味品等，在化学领域“天然有机化学”发展也很迅速。

分离并提取纯品，是天然有机化学的重要课题。因为任何天然物质都是由很多复杂的有机物组成的，从这一复杂的混合物中得到我们所要求的纯品，需要化学工作者进行很多的研究。例如 1972 年以中国科学家屠呦呦为首的研究团队成功地从青蒿中提取出抗疟疾药——

青蒿素，青蒿素具有高效、速效、低毒等优点，对各型疟疾特别是恶性疟疾有特效，为此她获得了 2015 年的诺贝尔生理学或医学奖。

天然物的分离提纯和鉴定是一项极为复杂和艰苦的工作，有机化学中常用的萃取、蒸馏、结晶等提纯方法在天然物的分离中发挥着重要的作用。分离天然有机物的方法一般是将植物切碎研磨成均匀的细颗粒，然后用溶剂或混合溶剂萃取，所用溶剂应该是能够溶解所需的物质，再除去溶剂，进一步处理以使混合物分离成各种纯的组分。有些天然有机物的纯品为结晶形化合物，除去部分溶剂后，结晶即从溶剂中析出，但这种情况较少。通常在萃取天然有机物时，除去溶剂后的残留液往往是油状或胶状物，可用酸或碱处理，使酸性或碱性组分从中性物质中分离出来。稍能挥发的化合物，则可将残液用水蒸气蒸馏使其与非挥发性物质分开。

纯化天然有机物目前较为有效的方法之一是各种色谱法。薄层色谱与柱色谱对天然有机物具有很重要的作用。近年来高效液相色谱分离、手性色谱分离、超临界萃取、微波萃取等技术已越来越多地用来纯化天然有机物。研究天然有机物的下一步工作，就是如何测定所分离出纯品的结构。经典的方法仍具有一定重要性，如对各种官能团的定性试验，以及将此未知化合物降解成已知物质。近年来各种波谱技术与化学方法相结合已使结构的测定变得越来越方便。

分离、纯化天然有机物时，应根据分离对象的不同，选择不同的方法。下面实验中介绍的几种，只是做一些最基本的训练。

实验三十　从茶叶中提取咖啡因

【实验目的】

1. 学习利用索氏提取器从天然物中萃取有效成分的方法。
2. 学习简易升华操作。

【实验预习】

1. 液-固萃取的基本操作。
2. 升华的原理和基本操作 3.2。

【实验原理】

茶叶中含有多种天然有机物，主要由 C、H、O、N 等元素组成，还含有磷、碘和某些金属元素，如 Ca、Mg、Al、Fe、Cu、Zn 等化合物。茶叶中含有许多种生物碱，其中以咖啡碱（又称咖啡因）为主，约占 1%～5%。另外还含有 11%～12%的丹宁酸（又名鞣酸），0.6%的色素、纤维素、蛋白质等。咖啡碱是弱碱性化合物，易溶于氯仿（12.5%）、水（2%）及乙醇（2%）等。在苯中的溶解度为 1%（热苯中为 5%）。单宁酸易溶于水和乙醇，但不溶于苯。

咖啡碱（咖啡因）是杂环化合物嘌呤的衍生物，它的化学名称是 1,3,7-三甲基-2,6-二氧嘌呤，其结构式如下：

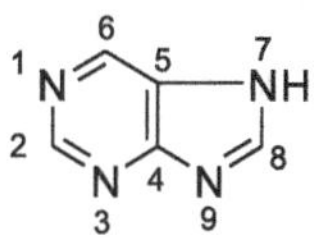

嘌呤 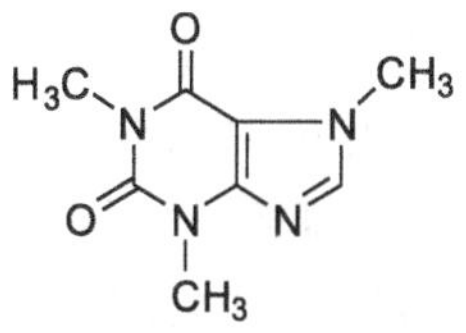　　　　1,3,7-三甲基-2,6-二氧嘌呤

含结晶水的咖啡因为无色针状结晶，味苦，能溶于水、乙醇、氯仿等。在 100 ℃时即失去结晶水，并开始升华，120 ℃时升华相当显著，至 178 ℃时升华很快。无水咖啡因的熔点为 234.5 ℃，它具有刺激心脏、兴奋大脑神经和利尿等作用，因此可作为中枢神经兴奋药。它也是复方阿司匹林（APC）等药物的组分之一，很多解热镇痛药物都含有它，如酚咖片(芬必得)。咖啡因可以通过测定熔点及光谱法加以鉴别，还可以通过制备咖啡因水杨酸盐衍生物进一步得到确证。咖啡因作为碱，可与水杨酸作用生成水杨酸盐，此盐的熔点为 137 ℃。工业上，咖啡因主要通过人工合成制得。

咖啡因 + 水杨酸 ⟶ 咖啡因水杨酸盐

为了提取茶叶中的咖啡因，往往利用适当的溶剂（氯仿、乙醇、苯等）在索氏提取器中连续抽提，然后蒸去溶剂，即得粗咖啡因。粗咖啡因还含有其他一些生物碱和杂质，利用升华方法可进一步提纯。

【实验试剂】

茶叶（绿茶），95％乙醇，生石灰。

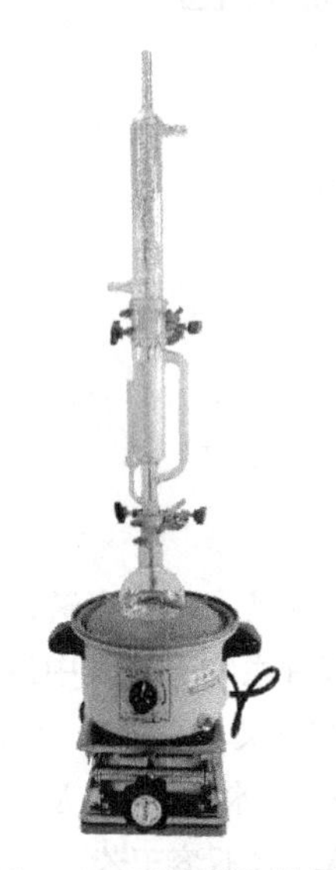
图 4-55　固液萃取装置

图 4-56　简易升华装置

【实验步骤】

按图 4-55 装好提取装置[1]，称取茶叶末（10.0 g），放入索氏提取器的滤纸套筒中[2]，轻轻压实，在圆底烧瓶中加入 95％乙醇（75 mL），加热至乙醇回流，连续提取 2～3 h[3]。待冷凝液刚刚虹吸下去时，立即停止加热。

稍冷后，改成蒸馏装置，回收提取液中的大部分乙醇[4]。趁热将瓶中的残液倾入蒸发皿中，拌入 3～4 g[5] 生石灰粉，使成糊状，在蒸气浴（或电热套）上蒸干，其间应不断搅拌，并压碎块状物。最后将蒸发皿放在电热套上，离热源保持 10～15 cm 的间距，焙炒片刻，务必使水分全部除去[6]。冷却后，擦去沾在边上的粉末，以免在升华时污染产物。

取一只口径合适的玻璃漏斗，漏斗口用棉花塞住，罩在隔以刺有许多小孔滤纸的蒸发皿上，用沙浴（或电热套）小心加热升华[7]。控制加热温度在 220 ℃左右。当滤纸上出现许多白色毛状结晶时，暂停加热，让其自然冷却至 100 ℃左右。小心取下漏斗，揭开滤纸，用刮刀将纸上和器皿周围的咖啡因刮下。残渣经拌和后用较大的火再次加热片刻，使升华完全。合并两次收集的咖啡因，称重并测定熔点。

纯咖啡因的熔点为 234.5 ℃。

【实验指导】

[1] 索氏提取器的虹吸管极易折断，装置仪器和取拿时须特别小心。

[2] 滤纸套大小既要紧贴器壁，又能方便取放，其高度不得超过虹吸管；滤纸包茶叶末时要严谨，防止漏出堵塞虹吸管；纸套上面折成凹形，以保证回流液均匀浸润被萃取物。

[3] 若提取液颜色很淡时，即可停止提取。

[4] 瓶中乙醇不可蒸得太干，否则残液很黏，转移时损失较大。

[5] 生石灰起吸水和中和作用，以除去部分酸性杂质。

[6] 要使产物完全固化，但切不能温度过高，以防咖啡因挥发。

[7] 在萃取回流充分的情况下，升华操作是实验成败的关键。升华过程中，始终都需用小火间接加热。如温度太高，会使产物发黄。注意温度计应放在合适的位置，以使其正确指示出升华的温度。

如无沙浴，也可用简易空气浴加热升华，即将蒸发皿底部稍离开热源 2～5 cm 进行加热，并在附近悬挂温度计指示升华温度。

【思考题】

提取咖啡因时，用到生石灰，生石灰有什么作用？

【附图】

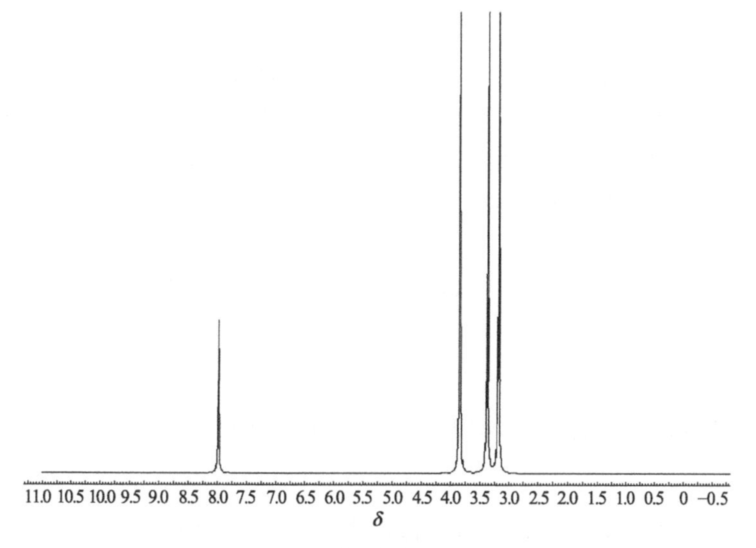

图 4-57 咖啡因的 ^{1}H NMR 谱图

实验三十一　从槐花米中提取芦丁

【实验目的】

1. 学习从天然物槐花米中提取芦丁的一般方法。

2. 测定天然物的光学纯度。

【实验预习】

1. 本实验的基本原理和操作。

2. 旋光度测定的原理和方法 2.4。

【实验原理】

芦丁（Rutin）又称云香苷（Rutioside），有调节毛细管壁的渗透性作用，促进细胞增生，防止血细胞凝集，以及利尿、镇咳、降血脂、降压、保护溃疡面、抗炎和抗过敏作用。芦丁存在于槐花米和荞麦叶中，槐花米是槐系豆科槐属植物的花蕾，含芦丁量高达 12%～16%，荞麦叶中含 8%。

芦丁是黄酮类植物的一种成分，黄酮类植物成分原来是指一类存在于植物界并具有以下基本结构的一类黄色色素，它们的分子中都有一个酮式羰基且显黄色，所以称为黄酮。

中草药中的黄酮几乎都带有一个以上羟基，还可能有甲氧基、烃基、烃氧基等其他取代基，3、5、7、3′、4′几个位置上有羟基或甲氧基的机会最多，6、8、1′、2′等位置上有取代基的成分比较少见。由于黄酮类化合物结构中的羟基较多，大多数情况下是一元苷，也有二元苷，芦丁是黄酮苷，其结构如下：

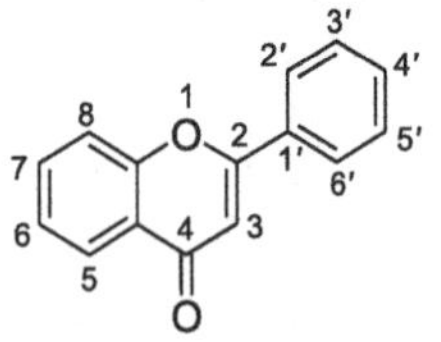

黄酮的母体结构 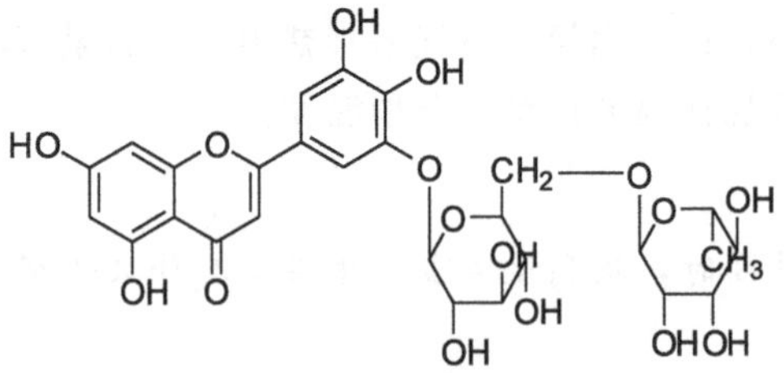　　　　芦丁（槲皮素-3-*O*-葡萄糖-*O*-鼠李糖）

芦丁（槲皮素-3-*O*-葡萄糖-*O*-鼠李糖），淡黄色小针状结晶，含有三分子结晶水，熔点为 174～178 ℃，不含结晶水的熔点为 188 ℃。芦丁在热水中的溶解度为 1∶200，冷水中为 1∶8000；热乙醇中为 1∶60，冷乙醇中为 1∶650；可溶于吡啶及碱性水溶液，呈黄色，加水稀释复析出，可溶于浓硫酸和浓盐酸呈棕黄色，加水稀释复析出，不溶于乙醇、氯仿、石油醚、乙酸乙酯、丙酮等溶剂。

本实验是利用芦丁易溶于碱性水溶液，溶液经酸化后芦丁又可析出的性质进行提取和纯化的。

【实验试剂】

槐花米，饱和石灰水溶液，15%盐酸，无水乙醇，吡啶。

【实验步骤】

称取槐花米（10.0 g），在研钵中研成粗粉状，置于 250 mL 烧杯中，加入饱和石灰水溶液[1]，加热至沸腾，并不断搅拌，煮沸 15 min，然后抽滤。滤渣中再加入饱和石灰水溶液

(70 mL)，煮沸 10 min，再抽滤。合并两次滤液，然后用 15%盐酸中和（约需 5 mL），调节 pH 值至 3～4[2]，放置 1～2 h，使沉淀完全。抽滤，固体用水洗涤 2～3 次，得芦丁粗产品。

将制得的芦丁粗产品置于 250 mL 烧杯中，加水（100 mL），加热至沸腾，在不断搅拌下，慢慢加入饱和石灰水溶液，调节溶液的 pH 值到 8～9，待沉淀溶解后，趁热过滤。滤液置于 250 mL 烧杯中，再用 15%的盐酸调节 pH 值为 4～5，静置 30 min，芦丁以浅黄色结晶析出。抽滤，产品用水洗涤 1～2 次，烘干，称重，并测量比旋光度。

产品约 1.0 g，熔点 195 ℃，比旋光度 $[\alpha]_D^{22}=+13.82°$（乙醇中），$[\alpha]_D^{22}=-39.43°$（吡啶中）。

【实验指导】

[1] 槐花米中含有大量多糖、黏液质等水溶性杂质，用饱和石灰水溶液溶解芦丁时，上述的含羧基杂质可生成钙盐沉淀，不致溶出。

[2] pH 值过低会使芦丁形成盐而增加水溶性，降低效率。

【思考题】

1. 提高产量，应注意哪些问题？

2. 停止抽滤时，如不拔下连接吸滤瓶的橡皮管就关水阀，会产生什么问题？

【附图】

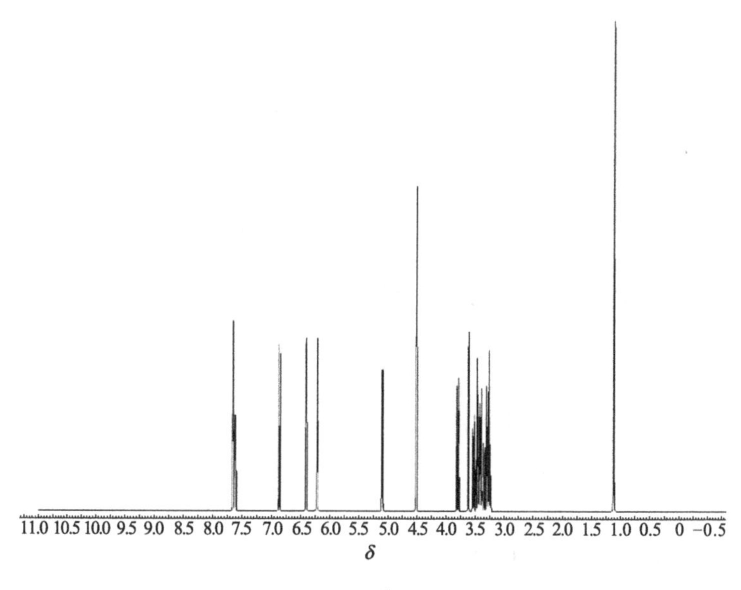

图 4-58 芦丁的 ^{1}H NMR 谱图

4.13 反应动力学——亲核取代反应机理的研究

在化学反应过程中，反应物及产物浓度是不断变化的。因此，在一个不可逆的反应过程中，我们会发现每一个反应物的浓度会降低，直到其中的限量反应物的浓度为零，这时反应停止；同时，产物的浓度从零增加到最大值（当反应结束时）。浓度变化的速率作为时间函数是由这一化学转化的反应速率决定的。

化学动力学主要研究影响化学反应速率的各类因素，并提供关于反应机理的重要实验数据。例如：动力学研究可以提供亲核取代反应中一些重要的实验数据来支持 S_N1 或 S_N2 机理。为了简化动力学的讨论，首先假定反应是不可逆的，然后考虑控制这类反应速率定律。这样做只需要检测特定类型取代反应中的决速步。对于一个 S_N1 反应，决速步为从 R—L 解离一个负离子形成碳正离子的步骤，这类反应的速率只与反应物（底物）的浓度成比例，反应速率为底物浓度的一级反应，即 $[R—L]^1$；对于亲核试剂为零级，即 $[Nu]^0$，这意味着反应速率与其浓度变化无关。将两个浓度指数相加得出总的 S_N1 反应的级数，为一级。简化的速率定律见等式（1b）。

亲核取代反应通式：

$$R—L + Nu: \xrightarrow{S_N} R—Nu + L^-$$

S_N1 反应速率：

$$反应速率 = k_1[R—L]^1[Nu:]^0 \qquad (1a)$$

$$反应速率 = k_1[R—L]^1 \qquad (1b)$$

对于 S_N2 反应，决速步为亲核试剂进攻反应底物。相应的速率定律为等式（2），即反应速率与底物 R—L 的浓度及亲核试剂 Nu 的浓度成正比，两个浓度都为一级，因此，总体为二级反应。

$$反应速率 = k_2[R—L][Nu:] \qquad (2)$$

式中，k_1 和 k_2 称为速率常数，下标“1”或“2”分别表示单分子历程或双分子历程。速率常数具有不同的单位：k_1 为（时间）$^{-1}$，而 k_2 的单位为（浓度）$^{-1}$（时间）$^{-1}$。我们以卤代烃水解反应及 Williamson 醚合成反应为例学习亲核取代反应机理的研究及速率常数的测定。

实验三十二　卤代烃水解反应动力学研究

【实验目的】

1. 学习亲核取代反应机理的动力学研究方法。
2. 巩固定量测量的基本操作。

【实验预习】

1. 卤代烃的 S_N1 和 S_N2 反应机理。
2. 无机实验中的滴定基本操作。

【实验原理】

本实验以三级卤代烃（2-甲基-2-氯丁烷）的溶剂解的实验为例来解释化学动力学的研究，以研究底物的结构对其反应活性的影响。

由于 S_N1 反应为一级反应，反应速率与反应物 R—L 的浓度呈线性关系。如果将反应物的浓度加倍，那么反应速率也会加倍。反应速率对反应浓度作图应为一条直线，其斜率为 k_1。在一级反应中，反应原料 R—L 的浓度随时间以指数方式降低。如果 c_0 为反应起始时

($t=0$) 的浓度，c 为其中某一反应时刻 t 的浓度，时间以 s 或 min 进行测量。等式 (3a～3c) 中给出了这些变量的相应关系。如果反应物 R—L 的起始浓度 (c_0) 已知，当反应进行时，在变化的时间间隔 (t) 时的浓度可以被测量出为 c_t，那么反应速率常数可以根据以下等式来测出。

$$c_t = c_0 e^{-k_1 t} \tag{3a}$$

$$k_1 t = \ln(c_0/c_t) \tag{3b}$$

$$k_1 t = 2.303\lg(c_0/c_t) \tag{3c}$$

根据等式 (3a～3c)，在反应进行过程中的每一个反应时刻，可以测量 c_0、c_t 及 t，然后计算出 k_1。可能得出不同的 k_1，进行平均得到相应 k_1。这一过程中准确的速率常数难以获得，所以实验的操作带来的测量误差没有得到相应的补偿。

用 (c_0/c_t) 或 $\lg(c_0/c_t)$ 对时间 t 作图来计算 k_1 是更精确地通过实验数据来计算 k_1 的方法。根据图中测量出的点，拟合出一条大多数点靠近的直线，如果使用的纵坐标为浓度比值的自然对数 [$\lg(c_0/c_t)$]，这条线的斜率即为速率常数。此外，还可以根据常用的软件如 Cricket Graph™ 的最小平方分析法得到相应直线的斜率。这类方法在给出直线时可以消除人为因素。

三级卤代烃的溶剂解描述了溶剂作为亲核试剂的取代反应。原则上，溶剂解反应可以使用任何具有亲核性的溶剂，如水、醇及羧酸。实际上，由于反应混合物必须是均相的，需要考虑底物在溶剂中的溶解度问题。如果反应混合物不是均相的，在两相的界面上存在着表面(界面) 效应会导致动力学实验结果难以重复或解释。本实验将在异丙醇及水的混合溶剂中进行溶剂解。为了获得 k_1，需要测量出 c_0、c_t 及 t。由于每分子卤代烃的溶剂解反应产生一分子氢卤酸，可以根据等式(4) 通过检测体系中的氢离子浓度来获得体系中某个时刻反应底物的浓度 c_t：

$$c_t = c_0 - [H^+]_t \tag{4}$$

式中，$[H^+]_t$ 的值可以通过实验测定：使用准确测量的样品来消耗反应体系中的氢卤酸来确定反应中生成的氢卤酸的量。在进行定量实验时，为了有效地抑制卤代烃的进一步溶剂解，向每次的取样中加入一定量的 98%异丙醇来猝灭溶剂解反应。反应体系中加入 98%异丙醇后，体系内只有少量的水存在，溶剂解不发生。这样，可以确定反应经历的时间 t 为简单的移去取样的时间减去反应开始的时间 t_0。样品内的氢卤酸浓度 $[H^+]$ 可以通过碱的滴定给出。如果 c_0 已知，可以根据下式来计算 c_t。

$$c_t = [H^+]_\infty - [H^+] \tag{5}$$

式中，c_0 的值可以用两种方式来给出。①一个确定摩尔浓度的卤代烃的溶液：准确称量卤代烃及溶剂的体积来计算给出精确的卤代烃的摩尔溶度；②用相对更容易、可靠的方法使卤代烃溶剂解反应完全，准确滴定此反应混合物中氢卤酸的浓度作为最大点，此时 $[H^+]_\infty$ 即为 c_0，等式(4) 可以转化为等式(5)。在实际操作中，不必使用碱的标准溶液滴定，只要在所有进行的滴定反应中使用相同的碱溶液，反应过程中的取样量保持一致。这时不需要计算每个 $[H^+]_t$，可以根据等式(6) 直接通过使用的碱的量计算反应速率常数 k_1。

$$2.303\lg\frac{V_{NaOH,\infty}}{V_{NaOH,\infty} - V_{NaOH,t}} = k_1 t \tag{6}$$

影响 S_N1 反应速率的各种因素，可以根据这个方法进行研究。本实验给出了溶剂及卤代烃的结构对溶剂解反应的影响。其他影响反应速率的因素可以是温度、离去基团的性质等。

【实验试剂】

2-甲基-2-氯丁烷，2-甲基-2-氯丙烷，0.04 mol/L 氢氧化钠溶液，98%异丙醇，酚酞指示剂，蒸馏水。

【实验操作】

用量筒准确量取 100 mL 配制好的异丙醇和水的混合溶液，加入 250 mL 锥形瓶中，用橡胶塞塞好。测量并记录溶液温度。用另一个锥形瓶称取 98%异丙醇（80 mL），用于猝灭溶剂解反应。在第三个锥形瓶中准备 0.04 mol/L 氢氧化钠溶液（125～150 mL），并用合适橡胶塞封好。滴定管用少量的 0.04 mol/L 氢氧化钠溶液润洗过后，加入氢氧化钠溶液，并将滴定管中的气泡完全排出。在滴定管的上端倒置一个试管或烧杯，尽量降低其从空气中吸附二氧化碳。取酚酞指示剂溶液（2 mL）置于试管中，准备计时器。

实验需要一系列的相对短时间内完成的定量测量，需要操作快速、准确。虽然氢氧化钠的使用量准确到 0.05 mL 以内可以满足要求，滴定管的读数需要精确到 0.02 mL。

取烷基卤代烃（1.00 g）加入溶液中，振荡反应液使其混合均匀为一相。记录加入试剂的时间为 t_0，保持烧瓶密闭，防止卤代烃挥发，导致反应物浓度发生变化。

首先进行溶液的空白校准实验：量筒称取 10 mL 异丙醇和水的溶液加入 125 mL 锥形瓶中，然后加入 98%异丙醇（10 mL）和 4、5 滴的酚酞指示剂，用氢氧化钠溶液滴定这个搅拌的溶液，直到持续 30 s 出现浅粉色。在所有的滴定操作时使用白色背景有利于颜色的观察。一般空白校准不超过 0.05～0.15 mL。

在规定反应时间间隔，使用定量的移液管取 10 mL 的反应液于 125 mL 锥形瓶中，加入 98%异丙醇（10 mL）猝灭反应。记录加入猝灭剂的时间，最好选取加入一半时的时间点。加入酚酞指示剂后用碱溶液滴定这个溶液。**注意滴定终点应与空白实验时一致。**

对于不同反应的混合物可以根据以下建议取样测定时间来设定检测时间（min）：

① 50%异丙醇/水与 2-甲基-2-氯丁烷反应体系：10、20、35、50、75 及 100。

② 55%异丙醇/水与 2-甲基-2-氯丁烷反应体系：15、30、50、75、100 及 135。

③ 60%异丙醇/水与 2-甲基-2-氯丁烷反应体系：20、40、70、100、130 及 170。

④ 50%异丙醇/水与 2-甲基-2-氯丙烷反应体系：10、20、30、40、50 及 60。

⑤ 55%异丙醇/水与 2-甲基-2-氯丙烷反应体系：15、30、45、60、80、110 及 140。

⑥ 60%异丙醇/水与 2-甲基-2-氯丙烷反应体系：20、40、60、80、100 及 120。

室温下，溶剂解反应达到 99.5%转化最快需要 4 h，最慢需要超过 12 h。因此，反应体系尽量保持密闭，避免挥发，并且保持反应瓶避光。

根据下面方法计算反应速率常数 k_1：

① 使用滴定管的读数给出每次滴定中使用的氢氧化钠溶液的量。氢氧化钠的使用量需要减去空白校准量。使用等式(6) 来计算，将等式左边得到的数值对时间点作图，通过这些点做一最接近的直线，其斜率即为速率常数 k_1。

② 用相同的数据和等式（6)，可以分别计算出每一个时间点的 k_1 值，然后计算出平均值，将这些数值的平均数与通过作图法得到的 k_1 值进行比较。

③ 在等式（7）中提供一个半反应时间 $t_{1/2}$，即反应进行到一半需要的时间。根据实验

数据计算出的 k_1（方法 1 或 2），计算出反应的半衰期 $t_{1/2}$。然后再检测实验数据，使用的氢氧化钠溶液的总量的一半是否与第一个反应一半时间结束后相符。如果不相同，可能在计算中出现错误。

$$t_{1/2}=0.693/k_1 \tag{7}$$

注意：避免碱溶液接触皮肤导致皮肤灼伤，当皮肤上接触到碱溶液时，用大量的水冲洗。

【思考题】

1. 为什么滴定终点在 30～60 s 后颜色会褪去？

2. 在动力学实验中，每次取定量的反应液后加入 98%异丙醇来猝灭反应？为什么 98%异丙醇可以猝灭溶剂解反应。

3. 假设在进行取样滴定过程中，反应瓶未进行密闭（在这个过程中溶液会有一些挥发），得到的 k_1 值与理论的 k_1 值比较，会变大还是变小？

4. 等式(7) 给出了半反应时间，也就是反应的转化率达到 50%时所需要的时间。这个等式适用于任何一个一级反应，给出如何通过等式(6) 给出等式(7) 的过程（提示：当反应进行到 50%时，体系的浓度 $c_t=1/2c_0$）。

实验三十三　Williamson 醚合成反应动力学研究

【实验目的】

1. 学习亲核取代反应机理的动力学研究方法。

2. 巩固定量移液的基本操作。

【实验预习】

1. 亲核取代及 Williamson 反应的相关机理。

2. 移液管的使用。

【实验原理】

Williamson 醚合成的方法是合成醚类化合物的重要方法，例如：溴代丁烷与叔丁基醇钾反应合成正丁基叔丁基醚。通过对反应速率的测试，可以给出反应动力学的级数，同时可以帮助推测相应的反应机理。已知量的反应物在给定时间内进行反应，通过对选定不同的反应时间，定量分析反应混合物中原料或产物的量。反应混合物的分析可以使用气相色谱、红外光谱或 NMR（核磁共振波谱），或者加入硝酸银水溶液将碘离子以碘化银的形式析出，也可以使用酸滴定未反应的碱（叔丁醇钾）的方法进行分析。本实验采用滴定的方法来获得反应体系中未反应的碱的量（浓度）。本实验以溴代正丁基与叔丁基醇钾合成正丁基叔丁基醚的反应为例来学习 S_N2 反应化学动力学的研究。

Br + OK —t-BuOH→ O

S_N2 反应为二级反应，反应速率取决于两个反应物的浓度，因此反应速率公式为（a)。当反应起始时间（$t=0$）时，反应物 R—L 及 Nu: 起始浓度分别为 a 和 b；在某一反应时刻 t 时，反应物 A 或 B 的转化浓度为 x，那么在这一时刻反应体系中 R—L 剩余的浓度为 $a-x$；Nu: 剩余的浓度为 $b-x$。如果反应物 R—L 及 Nu: 的起始浓度 a 和 b 已知，当反应进行时，在变化的时间 t 时，原料 A 或 B 的转化浓度 x 可以获得，那么反应速率常数可以根据等式（b～d）测出。

$$速率=\frac{-d[R—L]}{dt}=\frac{-d[Nu:]}{dt}=k_2[R—L][Nu:] \tag{a}$$

$$k_2t=\frac{1}{a-b}\ln\frac{b(a-x)}{a(b-x)} \tag{b}$$

$$k_2t=\frac{2.303}{a-b}\lg\frac{a-x}{b-x}+\frac{2.303}{a-b}\lg\frac{b}{a} \tag{c}$$

$$\lg\frac{a-x}{b-x}=k_2\left(\frac{a-b}{2.303}\right)t+常数 \tag{d}$$

根据等式(d)，在反应进行过程中的每一个反应时刻，可以测量 x 及 t，然后以 $\lg(a-x)/(b-x)$ 对时间作图得到一条直线，其斜率为 $k_2(a-b)/2.303$，根据这个值可以算出相应的速率常数 k_2。

在实验过程中，每次从反应混合物中取得测试样品后需要立即用冰水稀释来停止反应，未反应的叔丁氧基负离子与水反应生成氢氧根离子和叔丁醇，形成的碱可以使用高氯酸进行滴定，以酚酞来指示终点。由于反应速率与温度有着紧密的关系，本实验要求在恒定温度水浴中进行，并且反应温度应在 25.5 ℃（叔丁醇的熔点）以上。

【实验试剂】

正溴丁烷，叔丁醇，叔丁醇钾叔丁醇溶液（0.5 mol/L），高氯酸（0.025 mol/L），酚酞指示剂，蒸馏水。

【实验操作】

250 mL 干燥的三口烧瓶中配置温度计、磁力搅拌子及干燥管。使用移液管加入溴代丁烷的叔丁醇溶液（0.110 mol/L，200 mL）。将三口烧瓶放置到恒温 27 ℃的水浴或油浴中，开动搅拌，然后一次性加入叔丁醇钾叔丁醇溶液（0.5 mol/L，20.0 mL）。立即使用移液管从反应体系中取 10 mL 样品，加入一个 100 mL 装有 20 mL 冰水混合物的锥形瓶中，对锥形瓶进行编号（移液管每次使用完毕用水及少量丙酮清洗，通过反复吸取空气除去残留的丙酮）。在反应第一个小时内，每隔 10 min 取一次样。在反应第二个小时内，每 20 min 取一次样（每次取样时间从移液管吸取一半的样品时开始计算）。当反应进行 2 h 后，通常一半的原料转化为相应的产物。

首先进行溶液的空白校准实验：用量筒量取 10 mL 叔丁醇及 20 mL 水加入 125 mL 的锥形瓶中，然后用 4、5 滴的酚酞指示剂用标定过的高氯酸（浓度在 0.025 mol/L 左右）滴定这个搅拌的溶液，至粉色到白色转变点。在所有的滴定操作时使用白色背景有利于颜色的观察。一般空白校准不超过 0.05～0.15 mL。然后在每个取样瓶中加入酚酞指示剂，用标定过的高氯酸（浓度在 0.025 mol/L 左右）进行滴定到体系至粉色到白色转变点，**注意滴定终点应与空白实验时一致。**

【实验指导】

实验中取第一个样品中反应物的浓度作为反应时间为 0 时的反应物浓度。反应时间为 0 时滴定中碱的浓度可以直接通过滴定来获得，作为 b。溴代丁烷的浓度等于反应开始加入的量，作为 a。每个取样通过滴定可以给出反应体系中剩余的叔丁醇钾的浓度，然后用反应时间为 0 时碱的浓度可以计算出等式中的 x。首先根据每个取样的溴代丁烷的浓度（$a-x$）的对数值及叔丁醇钾的浓度（$b-x$）（或直接滴定得到的碱的浓度）的对数值分别对时间作图，如果其中一个为直线关系，说明反应为一级动力学反应。如果两个图都不是直线，以（$a-x$）/（$b-x$）的对数值对时间作图，如果得到一条直线说明这个反应为二级动力学反应，根据直线的斜率可以获得这个反应在这个温度下的速度常数 k。

注意：避免碱溶液接触皮肤导致皮肤灼伤，当皮肤上不慎接触到碱溶液时，用大量的水冲洗。在反应过程中需要避免水带入反应体系中，导致叔丁醇钾水解。

【思考题】

1. 假设反应过程中有水带入反应体系，对测定的反应速率常数是否有影响，如果有影响，如何影响？

2. 如何避免在反应和取样过程中将水带入反应体系中？

第5章 现代有机合成方法

5.1 还原反应

5.1.1 硼氢化钠还原羰基化合物

硼氢化钠（$NaBH_4$）是由 H. I. Schlesinger 和 H. C. Brown 于 1942 年首先发现的。H. C. Brown 系统地研究了这类试剂的反应活性及其在有机合成中的应用，使硼氢化钠及相应的氢化物发展成最通用的还原剂，他也因此获得诺贝尔化学奖。硼氢化钠目前是工业生产中应用最多的金属氢化物。主要由于 $NaBH_4$ 具有以下优点：根据可用氢的数量来衡量，是商业上最便宜的金属氢化物。储存及使用相对安全；不同于大部分氢化物（如氢化钠、氢化铝锂）与水会发生剧烈反应，硼氢化钠在水中具有一定的稳定性，可以以含量为 12%稳定的氢氧化钠水溶液形式出售；在工业生产中不需要特殊的设备；反应后处理容易，硼氢化钠在反应后通常转化为具有水溶性的硼盐。硼氢化钠溶于甲醇和乙醇，不溶于醚类溶剂，在还原反应中主要使用常见的溶剂，例如水和甲醇。硼氢化钠是一种温和、选择性还原剂，既具有化学选择性又可以具有一定的非对映选择性；主要用于还原醛及酮类等高活性的羰基化合物，对于一些具有低活性的羰基等官能团的化合物呈现惰性，如羧酸、环氧化物、内酯、硝基化合物、腈、叠氮化物和酰胺[1]。

羧酸、酯、酰胺及腈等反应活性较低的羰基化合物的还原通常需要使用高活性的氢化铝锂（$LiAlH_4$）作为还原剂。氢化铝锂由于其反应活性较高，对水非常敏感，因此氢化铝锂的使用及储存过程具有一定的危险性。而常用的温和且廉价的还原剂，如硼氢化钠（$NaBH_4$）或硼氢化钾（KBH_4），通常只适用于醛、酮、亚胺以及酰卤等的还原。因此，研究人员发展了一些调节硼氢化物反应活性的方法，以使其具有更高的选择性或更强的还原性[2]。提高反应温度可以提高硼氢化钠的还原活性：在高温、非质子性溶剂中可以实现一些酯的还原；当还原底物中酯基的邻近位置有羟基或氨基存在时，在加热且使用非质子溶剂的条件下可以实现酯基的还原。例如：在四氢呋喃（THF）溶剂中，$NaBH_4$ 可以还原 3-羟基壬二酸甲酯以较高的产率得到 7,9-二羟基壬酸酯。但该方法具有较大的局限性。

MeO, O, OH, O, OMe —— $NaBH_4$ / THF / 回流,6 h ——→ HO, OH, O, OMe

添加路易斯酸或碘可以提高 $NaBH_4$ 或 KBH_4 的还原活性以实现羧酸、酯、卤化物、酰胺、内酯和内酰胺的还原。布朗（H. C. Brown）等首先发现硼氢化钠与氯化铝的混合物在四氢呋喃溶剂中的还原性可以显著提高，实现酯类化合物的还原，此后的研究发现 $NaBH_4$/$AlCl_3$ 的组合是一种经济有效的还原体系，可以实现大多数官能团的还原[3]。其他路易斯酸也可以用于提高硼氢化钠的还原活性，例如：BF_3、$ZnCl_2$、$CaCl_2$、LiCl 等。此外，$NaBH_4$ 与 I_2 的组合也是相对安全、简单、廉价的还原体系，可以实现酰胺、氰基以及羧酸等化合物的高效还原[4]。

实验三十四　硼氢化钠还原苯偶酰合成氢化苯偶姻

【实验目的】

1. 学习金属氢化物还原酮羰基的原理及方法。
2. 学习如何控制反应温度。
3. 巩固 TLC 监测反应进程、结晶、熔点测定等技术。

【实验预习】

1. 醛、酮羰基化合物的还原方法。
2. 重结晶操作。
3. 熔点测定操作。

【实验原理】

$NaBH_4$ / 乙醇

苯偶酰 → (1*R*,2*S*)-*meso*-氢化安息香 mp 137 ℃ + (1*S*,2*S*)-氢化安息香 mp 120 ℃ + (1*R*,2*R*)-氢化安息香 mp 120 ℃

硼氢化钠还原苯偶酰合成氢化安息香，这是典型的硼氢化钠还原反应。这些反应条件和分离步骤可以应用于其他的酮和醛类化合物还原反应中。还原法合成氢化安息香过程为两个氢原子加到安息香中或将四个氢原子加成到苯偶酰中得到还原产物二醇立体异构体的混合物，其中主要的异构体是 *meso*-异构体，(1*R*,2*S*)-氢化安息香，伴有对映异构体（1*R*,2*R*)-氢化安息香和（1*S*,2*S*)-氢化安息香的形成。该反应在室温下可以迅速进行，反应首先形成中间体（硼酸酯)，然后可以用水进行水解得到产物二醇。

$$R_2C{=}O + NaBH_4 \longrightarrow (R_2CHO)_4BNa$$

$$(R_2CHO)_4BNa + H_2O \longrightarrow R_2CHOH + NaBO_2$$

【实验试剂】

苯偶酰，硼氢化钠，95%乙醇，乙酸乙酯，正己烷（或石油醚)。

【实验步骤】

100 mL 三口烧瓶配置聚四氟乙烯搅拌子、温度计及恒压滴液漏斗（图 5-1)。三口烧瓶中加入苯偶酰（2.50 g，23.8 mmol）和 95%乙醇（10 mL)，将反应瓶放入冰水浴中冷却至 5～10 ℃。称取硼氢化钠（1.00 g，28.5 mmol，1.2 equiv.）每批加入三口烧瓶中。每批加入后控制反应体系温度在 25 ℃以下。当硼氢化钠加完后，继续在冰水浴中搅拌 15 min，然后移去冰水浴，反应体系在室温下继续搅拌 15 min。通过 TLC（展开剂为：正己烷：乙酸乙酯＝3：1）监测反应进程，当苯偶酰及中间体转化完全，使用恒压滴液漏斗缓慢地向反应体系中滴加水（15 mL)，体系内会有气体生成。滴加结束后，移去恒压滴液漏斗，配置回流冷凝管（图 5-2)，将反应体系加热至回流，再加入水（大约 25 mL）到体系刚好处于饱和点（如果反应体系不是澄清的，需要趁热过滤），将溶液趁热转移到烧杯中，静置、冷却、结晶，减压过滤收集固体，固体用少量冷水洗一次。用红外灯干燥固体，得到内消旋氢化安息香，为薄片状晶体，熔点 136～137 ℃。

图 5-1　加料装置

图 5-2　回流装置

产物表征数据：^{1}H NMR（CD_3COCD_3，400 MHz）δ 3.11（s，2H），4.62（s，2H），7.08～7.11（m，4H），7.13～7.15（m，6H）；^{13}C NMR（CD_3COCD_3，100 MHz）δ 79.5，127.8，128.0，128.2，142.3。

注释：金属氢化物与具有活性氢的化合物反应的过程中会有氢气放出，因此必须远离火源，避免着火，需要在通风橱内操作！

【思考题】

1. 还原反应中常用的金属氢化物有哪些？给出它们的反应活性顺序。
2. 该反应中的投料方式是否可以改为将苯偶酰加入硼氢化钠的悬浊液中？
3. 在监测反应进程中，是否可以监测到一个羰基被还原的中间体，为什么？
4. 在反应后处理过程中，加入水的作用是什么？
5. 通过什么方法可以确定得到的固体产物为内消旋氢化安息香？
6. 通过什么方法可以检测体系中是否有对映异构体（1*R*，2*R*）-氢化安息香和（1*S*，2*S*）-氢化安息香生成？

实验三十五　碘促进的硼氢化钠还原二苯乙酸合成二苯乙醇

【实验目的】

1. 学习金属氢化物及硼烷还原羧酸的原理及方法。
2. 了解高活性反应物的原位产生方法。
3. 巩固无水实验操作、TLC 监测反应进程、熔点测定等技术。

【实验预习】

1. 羧酸及羧酸衍生物的还原方法。

2. 无水实验操作。

【实验原理】

$$Ph_2CHCOOH + NaBH_4 + I_2 \xrightarrow[\text{回流}]{THF} Ph_2CHCH_2OH$$

羧酸的还原通常需要使用高活性的还原试剂氢化铝锂或硼烷来实现，但这两种还原剂都具有高度可燃性，在使用及储存过程中具有一定的危险性。本实验使用硼氢化钠与碘的还原体系来实现羧酸——二苯乙酸的还原。在 0 ℃将硼氢化钠与碘在四氢呋喃中混合反应 2.5 h 后，加入 Ph_3P 可以 94%产率得到硼烷与三苯基膦的配合物，这个捕获实验表明硼氢化钠与碘的混合形成硼烷可能是真正的还原剂[4]。

$$2NaBH_4 + I_2 \xrightarrow{THF} 2BH_3 \cdot THF + 2NaI + H_2$$

$$BH_3 \cdot THF \xrightarrow{PPh_3} BH_3 \cdot PPh_3$$

【实验试剂】

二苯乙酸，硼氢化钠，碘，四氢呋喃，环己烷，石油醚，二氯甲烷，10%氢氧化钠水溶液，95%乙醇，氨水，12%亚硫酸氢钠水溶液，饱和氯化钠水溶液，无水硫酸镁。

【实验步骤】

干燥的 100 mL 三口烧瓶配置磁力搅拌子、温度计、干燥管及恒压滴液漏斗（图 5-3）。量取 THF（10 mL）加入三口烧瓶中，分批加入 $NaBH_4$（0.68 g，18.0 mmol，1.9 equiv.），然后滴加二苯乙酸（2.00 g，9.4 mmol，1.0 equiv.）的 THF（10 mL）溶剂，体系中会有气体形成并溢出。滴加结束后，反应体系室温下搅拌直到气体逸出停止，大约 5 min。然后向反应混合物中滴加碘（2.10 g，8.2 mmol，0.85 equiv.）在 THF（15 mL）中的溶液，滴加时间 15 min 左右，反应体系会有明显放热现象，滴加的速度维持反应体系的温度在 25 ℃以下。当反应体系中碘的颜色消失，在三口烧瓶上配置回流冷凝管将反应体系加热至回流（图 5-4）。反应进程可以通过 TLC（二氯甲烷作为展开剂）监测，当反应原料转化完全（大约 45 min），从反应瓶中蒸馏出 THF 约 29 mL，留下白色沉淀的悬浮液。冷却到室温后，加入环己烷（40 mL）后，缓慢加入 10%氢氧化钠水溶液（20 mL），剧烈搅拌溶液直到气体逸出停止，并且沉淀物溶解为止。然后将其转移到分液漏斗中分液。环己烷层依次用氨水溶液（3 mol/L）洗涤 3 次，12% $NaHSO_3$ 水溶液（10 mL）洗涤一次，饱和氯化钠水溶液（10 mL）洗一次，然后用无水硫酸镁干燥。过滤除去干燥剂后，减压旋蒸溶剂，然后高真空抽干溶剂，得到粗产物为淡黄色黏稠液体。向得到的黏稠液体中加入预先冷却的石油醚，剧烈搅拌，有大量固体形成，搅拌 10 min，过滤后得到产物固体，产率为 65%左右，熔点为 59～60 ℃。

产物表征数据：^1H NMR（$CDCl_3$，400 MHz）δ 4.15～4.23（m，3H），7.23～7.34（m，10H）；^{13}C NMR（$CDCl_3$，100 MHz）δ 53.6，66.1，126.8，128.3，128.7，141.3。

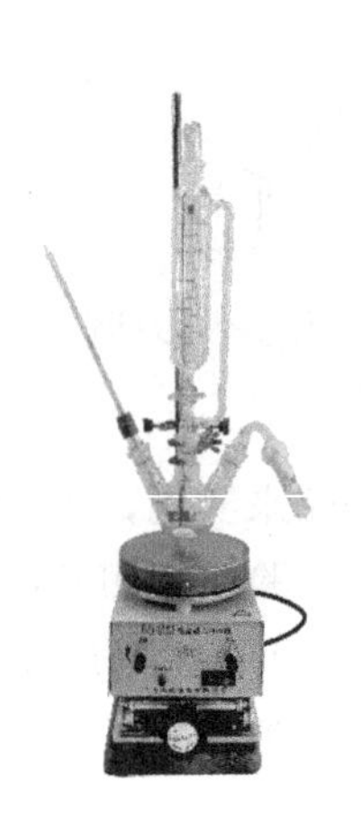

图 5-3 加料装置

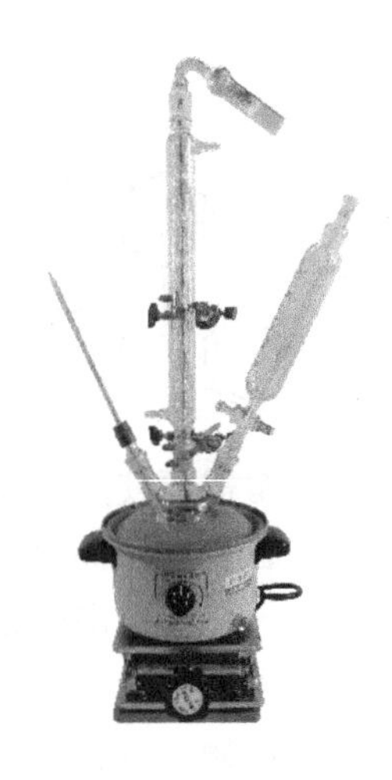

图 5-4 回流装置

注释：金属氢化物与具有活性氢的化合物在反应过程中会有氢气放出，因此必须远离火源，避免着火，需要在通风橱内操作！

【思考题】

1. 氢化铝锂和硼烷作为还原羧酸常用的还原剂，它们的反应活性有什么区别？在选择还原剂时需要注意什么？

2. 提高硼氢化钠反应活性的添加剂除了碘，还可以使用路易斯酸（如 $AlCl_3$、$ZnCl_2$、LiCl）。查找文献给出路易斯酸活化硼氢化钠的机理。

3. 该还原反应可否使用醇类化合物或甲苯作为溶剂，为什么？

4. 在实验过程中，检测原料转化完后，为什么要先蒸出部分 THF 再进行后处理？

5. 反应后处理过程中，加入 10%氢氧化钠水溶液的作用是什么？

6. 该反应可能形成 4-碘-1-丁醇作为副产物，这个副产物是如何形成的？后处理的步骤中哪一步的操作是为了除去这个副产物？

7. 后处理操作中用 12% $NaHSO_3$ 水溶液（20 mL）洗涤的目的是什么？

【参考文献】

[1] Brown H C. *Boranes in Organic Chemistry*. Ithaca：Cornell University Press，1972.

[2] Periasamy M，Thirumalaikumar M. *J. Organomet. Chem*，2000，609：137-151.

[3] Brown H C，Subba Rao B C. *J. Am. Chem. Soc.*，1956，78：2582-2588.

[4] Narayana C，Periasamy M. *J. Organomet. Chem*，1987，323：145-147.

5.1.2 选择性硅氢化还原反应

硅烷类化合物具有一个或多个 Si—H 键。在这些 Si—H 键中硅的电负性较小，显正电性，而氢显负电性。利用 Si—H 键容易发生断裂，且其中氢显电负性的特点，可以将硅氢试剂作为还原试剂应用到还原反应中[1]。还原反应虽然可以在氢化、铝氢还原、硼氢还原的条件下进行，但是硅氢还原反应得到越来越多的关注。主要原因：①硅烷类化合物的物理、化学性质相对稳定，在空气中也能够长时间保持不变质，有利于保存和使用，尤其是大规模长时间的运输和使用；②反应条件相对温和，大多数的硅氢还原反应在常压下即可进行，无需严格地控制低温或是高压，大大降低了反应操作和实施难度；③种类繁多，市售的硅烷类化合物种类远远多于铝氢试剂和硼氢试剂，由于不同类型的硅烷的活性和还原性质均有所差异，所以有利于对不同反应进行详细的调控；④相比于铝氢还原和硼氢还原，硅氢还原反应更加容易实现不对称还原，通过加入具有手性的路易斯酸、季铵盐或是手性金属催化剂均可实现不饱和基团的不对称还原；⑤环境友好，硅氢还原反应除了得到目标产物之外，产生的当量含硅化合物，对环境或人体均不产生明显的毒副作用。

催化硅氢化还原反应经过近几十年的发展，已经可以实现在路易斯酸、碱或是金属催化剂催化下对各种碳杂不饱和键（醛、酮、亚胺、酯、酰胺以及羧酸）的选择性还原反应[2]，例如 Adolfsson 等报道了使用 5.0%（摩尔分数）的 $Mo(CO)_6$ 作为催化剂，以四甲基二硅氧烷（TMDS）作为还原剂，通过对反应温度的调控，可以高的催化活性和选择性将酰胺还原为醛或胺。同时该还原体系表现出了非常好的官能团兼容性，对还原活性较高的醛、酮、硝基等基团均可兼容[3]。

$[Mo(CO)_6]$ (摩尔分数5.0%), TMDS (4.0 equiv.), THF；低温 → $OSiR_3$ 中间体 → 水解 → PhCHO；高温 → 苄基哌啶

实验三十六　醋酸锌催化选择性硅氢化还原酰亚胺合成 ω-羟基内酰胺

【实验目的】

1. 了解催化硅氢化反应选择性还原羰基化合物的原理及方法。
2. 巩固无水实验操作、TLC 监测反应进程、重结晶等技术。

【实验预习】

1. 羧酸及羧酸衍生物的还原方法。
2. 无水实验操作。
3. 重结晶实验操作。

【实验原理】

$(EtO)_3SiH$ (3.0 equiv.)；$Zn(OAc)_2 \cdot 2H_2O$ (摩尔分数10.0 %)，TMEDA (摩尔分数10.0 %)，THF, 70 ℃

本实验以锌催化的硅烷选择性还原反应为例学习硅烷还原剂在选择性还原反应中的应用。在各类羧酸衍生物的还原中，酰亚胺的还原非常重要。环状酰亚胺的还原反应可以提供多种重要的含氮杂环有机化合物，例如：羟基内酰胺、内酰胺、异吲哚以及吡咯烷等。这些结构单元广泛存在于天然产物、药物、日用化学品乃至化工工业品中。其中 ω-羟基内酰胺是许多药物分子以及具有生物活性天然产物的重要结构单元，也是合成亚胺正离子的重要前

体。亚胺正离子可以用于碳-碳键形成的反应中，合成螺环及桥环等多环化合物。通过酰亚胺还原合成 ω-羟基内酰胺是最便捷的方法。本实验采用价廉、易得的 $Zn(OAc)_2 \cdot 2H_2O$ 作催化剂，TMEDA（四甲基乙二胺）为配体，以及 $(EtO)_3SiH$ 为还原剂实现酰亚胺的选择性还原得到相应的 ω-羟基内酰胺[4]。

OH R′ N R′ O ⟹ R′ N⁺ X⁻ R′ O —Nu—H→ Nu R′ N R′ O

【实验试剂】

邻苯二甲酸酐，苄胺，二水合醋酸锌，四甲基乙二胺，三乙氧基硅烷，乙酸，乙醇，四氢呋喃，氨水，乙酸乙酯，正己烷，饱和氯化钠水溶液，无水硫酸钠。

【实验步骤】

1. 环状酰亚胺化合物的合成

NH_2 CH_3COOH 回流

干燥的 100 mL 三口烧瓶配置磁力搅拌子、温度计、回流冷凝管及干燥管，如图 5-5 所示。加入邻苯二甲酸酐（3.70 g，25.0 mmol，1.0 equiv.）及乙酸（20.0 mL），开始搅拌，缓慢向该体系中加入苄胺（2.57 g，24.0 mmol，0.96 equiv.）。然后将该体系加热至回流，通过 TLC（展开剂：正己烷∶乙酸乙酯＝ 2∶1）监测反应进程，反应 2 h 左右，苄胺原料转化完全。将该体系趁热倒入冰水（100 mL）中，析出大量固体，减压过滤，收集固体，真空干燥至恒重，得到产物 *N*-苄基邻苯二甲酰亚胺（可以使用乙醇对产物进行重结晶提纯），产率为 85%左右，熔点为 116.1～117.4 ℃。

产物表征数据：^1H NMR（400 MHz，$CDCl_3$）δ 4.85（s，2H），7.28～7.33（m,3H），7.42～7.45（m,2H），7.68～7.70（m,2H），7.83～7.85（m,2H）；^{13}C NMR（100 MHz，$CDCl_3$）δ168.1，136.4，134.1，132.2，128.8，128.7，127.9，123.4，41.7。

2. ω-羟基内酰胺的合成

干燥的 100 mL 三口烧瓶配置磁力搅拌子、温度计、恒压滴液漏斗、回流冷凝管及干燥管，如图 5-6 所示。称取 $Zn(OAc)_2 \cdot 2H_2O$(231.6 mg，1.1 mmol) 分成两等份，分别装入两个样品管中。在三口烧瓶中加入一份 $Zn(OAc)_2 \cdot 2H_2O$（115.8 mg，0.55 mmol，摩尔分数 5%）和 THF（10.0 mL），然后加入 TMEDA（122.5 mg，1.1 mmol，摩尔分数 10%），混合物在室温下搅拌 5 min。在搅拌下从滴液漏斗中缓慢依次加入 *N*-苄基邻苯二甲酰亚胺（2.5 g，10.5 mmol，1.0 equiv.）的 THF 溶液（10.0 mL）和 $(EtO)_3SiH$（5.2 g，31.6 mmol，3.0 equiv.），然后将反应体系加热至回流。在反应约 30 min 后，将反应体系冷却至 30 ℃以下，向体系中补加另一份 $Zn(OAc)_2$，然后继续加热至回流反应。通过 TLC（展开剂：正己烷∶乙酸乙酯＝5∶1）监测反应进程，当反应原料转化完全后，将反应完的体系冷却至室温，向体系中缓慢加入氨水（10.0 mL）猝灭该反应，减压过滤除去产生的固体，收集滤液用乙酸乙酯进行萃取（10.0 mL×3）。合并有机相用饱和氯化钠洗涤（10 mL）、无水硫酸钠干燥。过滤除去干燥剂后减压旋蒸除去溶剂得到粗产物，通过乙醇重结晶得 ω-羟基内酰胺。产率为 90%左右，熔点为 141.7～143.8 ℃。

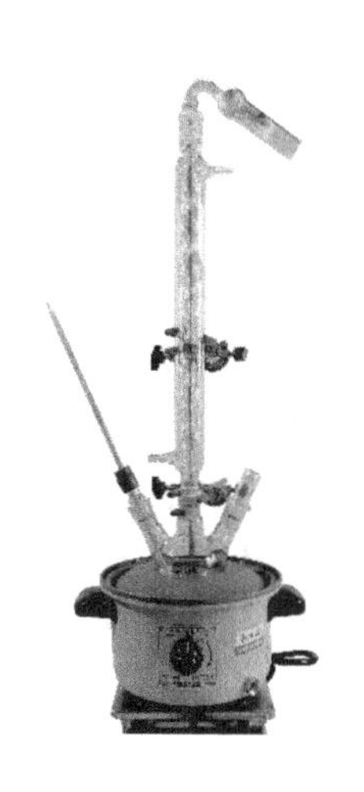

图 5-5　回流装置（一）

图 5-6　回流装置（二）

产物表征数据：^{1}H NMR（400 MHz, $CDCl_3$）δ 2.63（d, J = 11.6Hz, 1H），4.35（d, J = 14.8Hz, 1H），5.03（d, J = 14.8Hz, 1H），5.63（d, J = 11.6Hz, 1H），7.25～7.33（m, 5H），7.48～7.52（m, 1H），7.56～7.58（m, 2H），7.77～7.79（m, 1H）；^{13}C NMR（100 MHz, $CDCl_3$）δ 167.6，144.2，136.8，132.5，131.2，129.8，128.8，128.5，127.7，123.6，123.4，81.1，42.6。

注释：硅烷类化合物虽然在室温下对水和空气比较稳定，但在催化剂例如碱的存在下会发生歧化反应，可能形成 SiH_4 易燃气体。

【思考题】

1. 第一步合成酰亚胺反应中，胺的投料量通常小于或等于酸酐的投料量，为什么？

2. 第一步合成酰亚胺反应中，如何确定反应结束？反应过程中是否可以检测到反应中间体？

3. 第二步还原反应中，分批加催化剂的原因是什么？

4. 酰亚胺选择性还原得到 ω-羟基内酰胺可以使用哪种金属氢化物的还原来实现，在金属氢化物还原反应中可能发生的副反应是什么？

5. 硅烷类化合物分为一级硅烷（$RSiH_3$）、二级硅烷（R_2SiH_2）及三级硅烷（R_3SiH），它们的还原活性相同吗？如果不同，给出它们的还原活性顺序。

6. 根据相应的文献，给出下面这两个酰亚胺化合物在本实验的还原体系中得到的产物是什么？

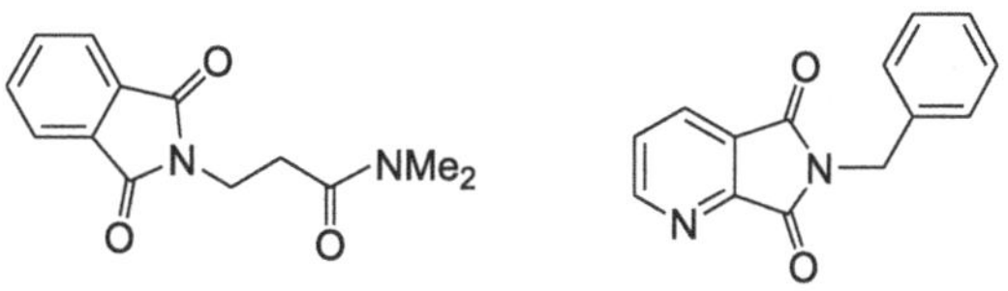

【参考文献】

[1] Iwao O. The Chemistry of Organic Silicon Compounds. Patai S, Rappoport Z Eds. Wiltshire: John Wiley & Sons Ltd, 1989.

[2] Larson G L, Fry J L. Ionic and Organometallic-Catalyzed Organosilane Reductions. Canada: John Wiley & Sons, Inc, 2008.

[3] Tinnis F, Volkov A, Slagbrand T, Adolfsson H. *Angew. Chem. Int. Ed*, 2016, 55: 4562-4566.

[4] Ding G, Lu B, Li Y, Wan J, Zhang Z, Xie X. *Adv. Synth. Catal*, 2015, 357: 1013-1021.

5.1.3 催化氢转移还原反应

催化加氢（包括均相和非均相）在催化剂的作用下使用氢气实现不饱和键的还原方法，是最“绿色”、原子经济性的过程，被广泛用于有机物的还原，尤其是还原烯烃和炔烃合成烷烃，是有机化学中非常重要的还原方法。这类转化通常是定量进行的，可以分离得到高纯度的产物。此外，这类合成方法适用于从微型到工业化的任何规模的操作。但催化氢化需要特殊的加氢设备，使其应用有所受限。催化氢转移方法（CTH）是有效的催化加氢替代方法，指在催化剂的存在下，借助氢供体物质（DH）来实现有机化合物（受体 A）的还原。

$$\mathrm{DH + A \xrightarrow[\text{溶剂}]{\text{催化剂}} AH + D}$$

该方法最大的优势是它不需要特殊的设备，使用普通的实验仪器（例如：普通玻璃器皿）就可以进行。在氢转移反应中，通过选择正确的氢供体及催化剂可以实现选择性的还原反应。甲酸和甲酸盐、次磷酸和次磷酸盐、亚磷酸和亚磷酸盐、肼、醇、胺、烃及硼、铝、硅和锡的氢化物等都可以作为催化氢转移反应中的氢供体。在非均相催化氢转移反应中，最佳的氢供体通常为简单的分子，例如环己烯、1,4-环己二烯、肼、甲酸和甲酸盐、次磷酸和次磷酸盐、亚磷酸和亚磷酸盐以及硼氢化钠。这些氢供体与金属催化剂一起使用。当催化剂为稀有过渡金属时，特别是 Pd、Pt 和 Rh，氢转移反应可以在比较温和的条件下发生，氢供体将氢转移给还原底物后，氢供体的剩余部分通常很容易从反应体系中除去。例如，甲酸为氢供体时，CO_2 或 CO 作为其不含氢的副产物，具体的反应方式取决于所使用的催化剂[1]。

实验三十七　催化氢转移还原 4-乙烯基苯甲酸合成 4-乙基苯甲酸

【实验目的】

1. 了解催化氢转移还原烯烃的原理及方法。
2. 学习稀有金属催化剂的使用及处理方法。
3. 学习维悌希试剂的合成。
4. 巩固维悌希反应合成烯烃的方法。

【实验预习】

1. 烯烃的还原方法。

2. 维悌希反应合成烯烃的方法。

3. 重结晶实验操作。

【实验原理】

$$HOOC-C_6H_4-CH=CH_2 + HCOONH_4 \xrightarrow[CH_3OH]{Pd/C} HOOC-C_6H_4-CH_2CH_3 + CO_2 + NH_3$$

金属催化氢转移反应的推测机理有多种可能途径：金属催化剂与氢供体作用形成金属氢物种，然后金属氢物种与氢受体作用实现氢转移；氢供体与氢受体和催化剂的表面配合后发生氢转移；金属催化剂与氢供体作用发生氧化加成反应，形成金属氢化物，氢受体插入金属氢键，然后发生还原消除完成氢转移过程等。以甲酸或甲酸盐为氢供体，金属钯催化的烯烃氢转移反应还原烯烃的过程为：零价钯催化剂与烯烃配位，然后与氢供体甲酸或甲酸盐发生氧化加成反应形成钯氢物种，烯烃插入钯氢键，然后发生还原消除放出还原产物、CO_2 及零价钯催化剂，钯催化剂进入下一个催化循环。

$$Pd + R_2C{=}CR_2 \longrightarrow R_2C{=}CR_2(Pd) \xrightarrow{HCOOH} R_2C{=}CR_2(Pd(H)COOH)$$

$$\longrightarrow R_2C(H)-CHR_2(PdCO_2H) \text{ 或 } R_2C(H)-CHR_2(PdO_2CH) \longrightarrow R_2C(H)-CR_2(H) + Pd + CO_2$$

以钯/炭（Pd/C）作为催化剂，甲酸钠或甲酸铵作为氢供体，可以选择性地实现碳碳双键的还原，例如肉桂酸加氢得到二氢肉桂酸，查尔酮（1,3-二苯基-2-丙烯-1-酮）氢化还原得到1,3-二苯基-1-丙酮。本实验以对溴甲基苯甲酸为原料串联维悌希反应和催化氢转移反应合成4-乙基苯甲酸。催化氢转移反应以Pd/C为催化剂，甲酸铵作为氢供体，可以以接近定量产率得到目标产物；环己烯也可以作为氢供体使用，但在该氢转移反应中得到目标产物的产率仅为40%左右[2]。

【实验试剂】

对溴甲基苯甲酸，三苯基膦，Pd / C（10%），37%甲醛，氢氧化钠溶液（17%），盐酸（6 mol/L），甲酸铵，乙醇（70%），丙酮，乙醚，甲醇，乙酸乙酯，正己烷，无水硫酸钠。

【实验步骤】

1. 对羧基苄基三苯基溴化物的合成

$$HOOC-C_6H_4-CH_2Br \xrightarrow{Ph_3P} HOOC-C_6H_4-CH_2\overset{+}{P}Ph_3\overset{-}{Br}$$

250 mL三口烧瓶配置聚四氟乙烯磁力搅拌子、回流冷凝管、温度计（图5-7），加入对溴甲基苯甲酸（5.38 g，0.025 mol）及丙酮（130 mL），开动搅拌使其溶解，然后加入三苯基膦（5.20 g，0.02 mol），再加入丙酮（20 mL）冲洗反应瓶内壁。将反应混合物加热至回流，通过 TLC（展开剂：正己烷：乙酸乙酯＝1：2）监测反应进程。当原料转化完全（大约 60 min），将反应体系冷却至室温。通过减压过滤收集固体，滤饼用乙醚（10 mL）洗涤一次，真空干燥固体得到对羧基苄基三苯基溴化物白色粉末。

图 5-7 实验装置（一）　　图 5-8 实验装置（二）

2. 对羧基苯乙烯的合成

$$HOOC\text{-}C_6H_4\text{-}CH_2\overset{+}{P}Ph_3\overset{-}{Br} \xrightarrow[NaOH]{HCOH} HOOC\text{-}C_6H_4\text{-}CH{=}CH_2 + Ph_3PO$$

250 mL 三口烧瓶配置聚四氟乙烯磁力搅拌子、恒压滴液漏斗及温度计（图 5-8），加入 37%甲醛（商业级）（40 mL），再加入水（20 mL）稀释，加入对羧基苄基三苯基溴（4.70 g，0.01 mol），得到悬浮液。然后通过恒压滴液漏斗滴加氢氧化钠溶液（18.0 g，17%水溶液），滴加约 15 min。可以观察到固体首先溶解，然后随着碱的进一步加入，再出现新的白色沉淀。当氢氧化钠溶液滴加完毕后，将反应混合物在室温下搅拌 60 min。减压过滤除去沉淀物，滤饼用水（10 mL）洗涤一次。使用盐酸（6 mol/L）对滤液进行酸化至 pH＝3 左右，有白色固体析出。再次进行抽滤收集粗产物，得到的粗产物可以使用乙醇（70%）进行重结晶，得到对羧基苯乙烯白色固体，其熔点为 142～143 ℃。

产物表征数据：^1H NMR（400 MHz，$CDCl_3$）δ 5.41（dd，$J=10.9$，0.4Hz，1H），5.88（dd，$J=17.6$，0.4Hz，1H），6.76（dd，$J=17.6$，10.9Hz，1H），7.49（d，$J=8.3$Hz，2H），8.07（d，$J=8.3$Hz，2H）；^{13}C NMR（100 MHz，$CDCl_3$）δ 172.3，142.8，135.9，130.5，128.4，126.2，116.9。

3. 催化氢转移方法合成 4-乙基苯甲酸：

$$HOOC\text{-}C_6H_4\text{-}CH{=}CH_2 + HCOONH_4 \xrightarrow[CH_3OH]{Pd/C} HOOC\text{-}C_6H_4\text{-}CH_2CH_3 + CO_2 + NH_3$$

100 mL三口烧瓶配置聚四氟乙烯磁力搅拌子、回流冷凝管及温度计（图5-9），加入4-乙烯基苯甲酸（200.0 mg，1.35 mmol），然后加入甲醇（10 mL），开动搅拌，再向溶液中加入甲酸铵（1.00 g，16 mmol）及Pd/C（10%）（100 mg）。然后将反应混合物加热至回流，通过TLC（展开剂：正己烷∶乙酸乙酯＝1∶2）监测反应的进程，当原料转化完全（回流40 min左右）后，将反应体系冷却至室温。减压过滤除去固体催化剂，固体用甲醇（2 mL）洗涤一次（注意在滤除催化剂的操作时，不要将催化剂完全抽干，在洗涤操作结束后，尽快把催化剂转移到一个回收瓶中并在其中加入水进行水封）。滤液通过旋转蒸发或蒸馏除去溶剂甲醇。然后将剩余物中加入水（10 mL），用乙酸乙酯萃取两次（10 mL×2）。合并有机相，并将有机相使用无水硫酸钠干燥（15～20 min）。过滤除去干燥剂，旋转蒸发或蒸馏除去溶剂会产生白色固体残留物为目标产物（产物可以通过在水中重结晶来提纯），其熔点为111～112 ℃。

图5-9　实验装置（三）

产物表征数据：^{1}H NMR（400 MHz，$CDCl_3$）δ 1.27（t，J＝7.5Hz，3H），2.73（q，J＝7.5Hz，2H），7.31（d，J＝8.1Hz，2H），8.03（d，J＝8.1Hz，2H）；^{13}C NMR（100 MHz，$CDCl_3$）δ 150.7，130.3，128.0，126.7，29.0，15.1。

注释：对溴甲基苯甲酸具有一定的刺激性，需要在通风橱中进行相应的实验操作。高活性的钯/炭在空气中可能会自燃，引起火灾，因此在使用中避免长时间暴露在空气中，不能随便丢弃。此外，钯/炭的价格昂贵，可以回收再利用。

【思考题】

1. 对比催化氢化反应与催化氢转移反应的优缺点。

2. 甲酸铵作为氢给体，分子中的氢原子有几个可以转移到烯烃分子中？

3. 第二步维悌希反应中产生的白色固体是什么物质？

4. 对乙基苯甲酸是否可以使用傅-克烷基化反应来制备？如果可以，使用哪些原料发生傅-克烷基化反应来制备对乙基苯甲酸？

【参考文献】

[1] Johnstone R A W，Wilby A H. *Chem. Rev.*，1985，85：129-170.

[2] Gambhir S D G，Krishnamurthy H G. *J. Chem*，*Educ*，1994，71：992-993.

5.1.4　生物还原反应

酮羰基的还原得到相应的仲醇是有机合成中重要的转化。常用的还原试剂从催化加氢中的氢气，金属氢化物如氢化铝锂和硼氢化钠，到H. C. Brown开发的高选择性硼烷，为酮的还原、不对称还原提供了众多的合成方法。随着安全、健康和环境方面的重要性日益加强，有机合成中还原反应使用的还原剂从化学计量向催化还原的转变以及可持续化学的发展受到越来越多的关注。基于对酶的基本结构与功能关系的理解、生物工程在有机合成中的应用的发展，生物催化还原反应已成为有机化学中一个非常有吸引力的研究方向。以全细胞或分离酶形式存在的即用型生物催化剂已成为有机化学家可以高选择性地进行酶促还原的实用工具，其中醇脱氢酶和羰基或酮还原酶等还原酶已成为有机合成中还原酮的极好工具[1]。

实验三十八　苯并呋喃-2-甲基酮的生物还原反应

【实验目的】

1. 了解生物还原酮的原理及方法。
2. 学习微量柱色谱方法。

【实验预习】

1. 酮的还原方法。
2. 柱色谱实验操作。

【实验原理】

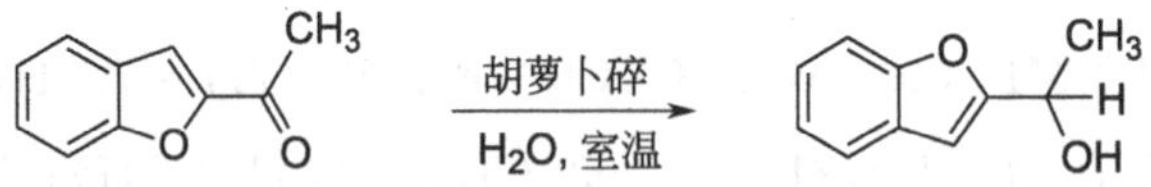

胡萝卜碎

H_2O，室温

尽管目前工业合成中采用了一些高效的化学催化还原过程，生物催化还原仍然非常具有吸引力，特别是在香精和香料工业中。如使用从 *L. kefir* 中分离的醇脱氢酶及从 *Thermoplasma acidophilum* 中分离的葡萄糖脱氢酶的重组，可以实现肉桂醛到肉桂醇的转化，当底物肉桂醛浓度为 166 g/L 时，反应的转化率达到 98%[2]。

本实验采用磨碎的胡萝卜作为还原剂，以水为溶剂实现 2-乙酰苯并呋喃的生物还原。在这个生物还原反应中，作为还原剂仍然是有机分子——烟酰胺腺嘌呤二核苷酸（nicotinamide adenine dinucleotide，NADH）。NADH 作为辅酶因子，它的作用为与酶进行配位来控制酶作用的过程。NADH 的结构见图 5-10，其中必要的结构单元为烟酰胺，尤其是与 C_4 相连的氢，这是 NADH 的实际反应位点；其余的部分主要在与酶及作用底物的键合、水溶性、细胞壁的渗透等方面起作用。

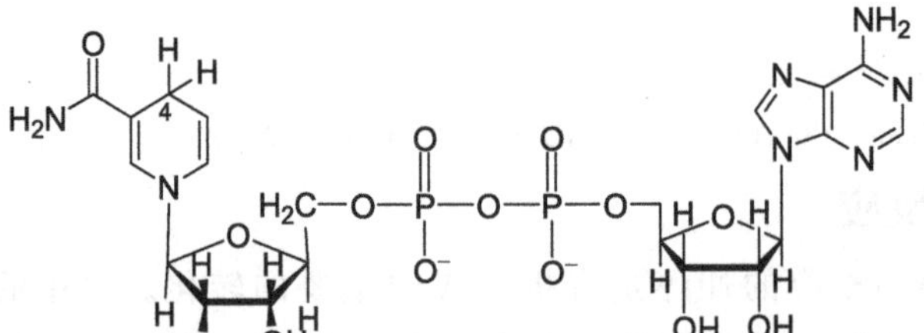

图 5-10　NADH 的结构

在生物还原酮的过程中，NADH 中与烟酰胺上 C_4 相连的一个氢原子带着一对电子转移给酮的羰基。这类氢作为亲核试剂进攻羰基，实现酮的还原，同时 NADH 被氧化为 NAD^+，由于形成的吡啶环的芳香性具有更大的共轭体系，其更稳定，因此这个过程在能量变化上是有利的[3]。

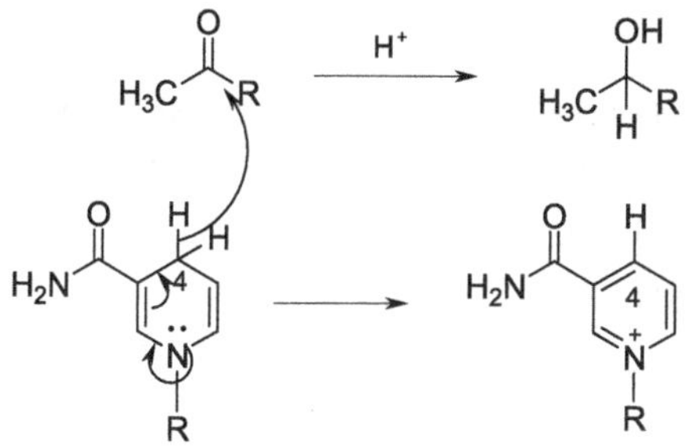

【实验试剂】

胡萝卜，苯并呋喃-2-甲基酮，蒸馏水，乙酸乙酯，无水硫酸钠，硅胶（100～200 目），正己烷。

【实验步骤】

一小根胡萝卜用 100 mL 蒸馏水洗涤，用普通的厨房削皮器或刨丝器，将胡萝卜小心地切成薄片。称取胡萝卜薄片大约 50 g 加到配置有温度计及磁力搅拌子的 250 mL 三口烧瓶中，然后加入蒸馏水（150 mL）。最后将苯并呋喃-2-甲基酮（20.0 mg）加入三口烧瓶中，控制反应温度低于 28 ℃下，缓慢地磁力搅拌下进行。由于温度升高不利于反应的进行，尽量保持三口烧瓶不与搅拌器平板接触。通过 TLC（展开剂：正己烷：乙酸乙酯＝85：15）监测反应进程，从反应体系中提取混合物 1 mL，加入样品管中，然后加入乙酸乙酯（1 mL）振荡 1 min 后，进行 TLC 监测。当反应原料转化基本完成后（大约 2 h）。通过普通的过滤除去胡萝卜块，滤渣用水（25 mL）洗涤一次。滤液用乙酸乙酯萃取四次（15 mL×4）；合并的有机相用无水 Na_2SO_4 干燥。过滤除去干燥剂后，使用旋转蒸发仪除去溶剂，得到橙色油状粗产物。通过微量柱色谱对产物进行纯化：将巴斯滴管的尖头用少量脱脂棉堵住，加入石英砂约 0.5 cm 长，然后硅胶（100～200 目）约 4 cm 长（图 5-11），将得到的油状的粗产物用另一个滴管小心地加到硅胶上层，使用洗耳球小心地给装有粗产物的滴管加压，使粗产物吸附在硅胶的上层，然后加入少量的洗脱剂（正己烷：乙酸乙酯＝6：1），使用洗耳球小心地加压，使浮于表面的粗产物也可以吸附在硅胶上，然后使用洗脱剂（正己烷：乙酸乙酯＝6：1）约 20 mL 将产物洗脱下来，采用 5 mL 的试管承接洗脱剂，通过 TLC 监测将有产物的溶液收集到一起，通过旋转除去溶剂得到产物醇，通过核磁氢谱对产物的结构及纯度进行表征。

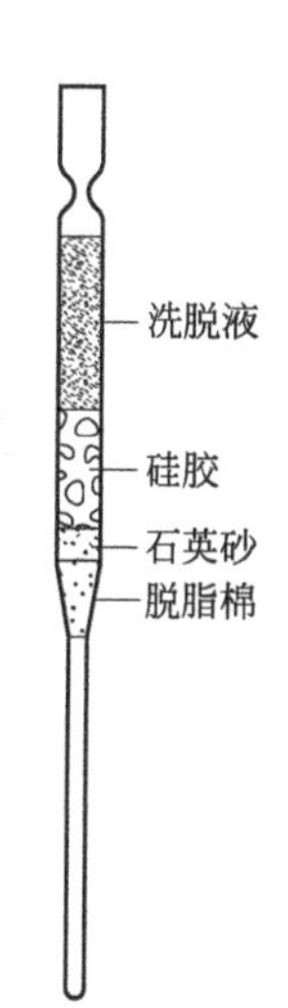

图 5-11 小样样品纯化装置

产物表征数据：^1H NMR（400 MHz，$CDCl_3$）δ 1.62（d，J＝6.5 Hz，3H），2.73（s，1H），5.00（q，J＝6.5 Hz，1H），6.84（s，1H），7.20～7.29（m，2H），7.45～7.47（m，1H），7.52～7.54（m，1H）；^{13}C NMR（100 MHz，$CDCl_3$）δ 160.3，154.8，128.2，124.1，122.8，121.1，111.2，101.8，64.1，21.5。

注释：在滴管中加入硅胶的操作需要在通风橱中进行，防止吸入硅胶。

【思考题】

1. 对比生物还原与化学还原的优缺点。

2. 微量产物可以使用哪些方法进行纯化？

【参考文献】

[1] Brenna E Eds. *Synthetic Methods for Biologically Active Molecules*. KGaA：Wiley-VCH Verlag GmbH & Co.，2013.

[2] Chamouleau F，Hagedorn C C，May O，et al. *Flavour Fragr. J.*，2007，22：169-172.

[3] Ravía S，Gamenara D，Schapiro V，et al. *J. Chem*，*Educ*，2006，83：1049-1051.

5.1.5 还原反应探索实验

还原反应是有机合成中的重要转化。本章第一部分已经学习了一些常用的还原方法及相应的实验操作。在这些还原反应中，一些还原剂（如硼氢化钠、硅烷以及氢气）的反应活性可以通过对反应体系中使用的催化剂、添加剂以及反应条件的改变来调节，可以实现化学选择性、区域选择性以及立体选择性的还原。共轭不饱和醛、酮是有机化合物中的重要结构单元，这类结构单元的还原反应有三种可能的还原产物：烯丙醇、饱和酮以及饱和醇，因此，实现高选择性的还原得到目标还原产物非常重要。本实验将探索硼氢化钠还原选择性的影响因素，并实现共轭不饱和醛、酮的选择性还原。

实验三十九　*α*,*β*-不饱和酮的选择性还原反应

【实验目的】

1. 学习文献检索方法。
2. 学习如何对反应结果进行评估及分析。
3. 学习如何发展新的合成方法。
4. 了解可能影响还原剂活性的因素。

【实验预习】

1. 羰基化合物的还原反应。
2. 文献检索方法。
3. 气相色谱原理、操作及定量分析方法。
4. 柱色谱实验操作。

【实验原理】

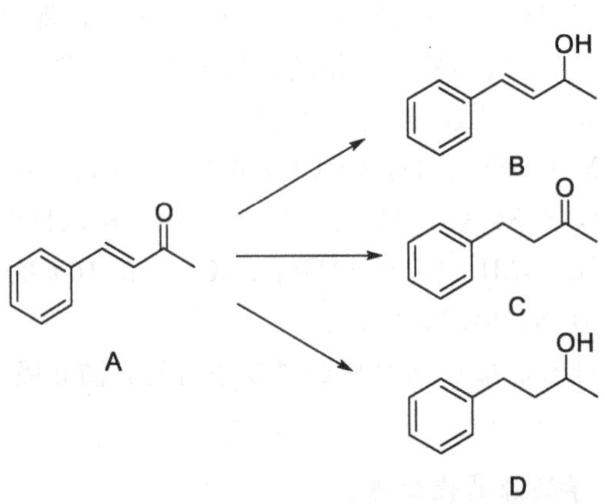

本实验以4-苯基-3-丁烯-2-酮为底物，选用硼氢化钠为还原剂，研究添加剂、反应溶剂以及还原剂的量等反应条件对其还原反应活性的影响，以优化反应条件，实现三种高效选择

性还原反应。学习如何进行探索性实验、如何根据初步实验结果，通过优化反应条件，建立具有一定应用性的合成方法。

【实验试剂】

4-苯基-3-丁烯-2-酮，硼氢化钠，石油醚，无水硫酸钠，硅胶（100～200 目），乙酸乙酯。

添加剂：三氯化铈，氯化锌，氯化钴，5%钯/炭/乙酸。

溶剂：甲醇，水，乙酸乙酯，甲苯，四氢呋喃。

【实验步骤】

20 mL 试管中加入磁力搅拌子、还原底物 4-苯基-3-丁烯-2-酮（1.0 mmol）、溶剂（3.0 mL），加入添加剂（2.2 mmol，2.2 equiv.）、叔丁基苯（1.0 mmol，气相色谱定量内标），室温搅拌 5 min，加入硼氢化钠（2.2 mmol，2.0 equiv.）。室温下搅拌 1 h 后，将试管放入冰水浴中，缓慢加入水（2 mL）猝灭反应，搅拌 15 min 后，加入乙酸乙酯（3.0 mL），然后充分搅拌，取样进行气相色谱分析。或者分液得到有机相，将有机相进行干燥后，旋蒸除去溶剂，粗产物通过柱色谱进行纯化。

注意：使用 5%钯/炭和乙酸作为添加剂时，5%钯/炭的使用量为 2.5%（摩尔分数）。

1. 研究添加剂对硼氢化钠还原反应活性的影响

分别使用提供的四种添加剂及不加添加剂进行一组硼氢化钠还原的对照实验，可以先选用常用的甲醇为溶剂。使用气相色谱检测每个反应体系，根据老师提供的 α,β-不饱和酮（原料）、烯丙醇、饱和酮、饱和醇以及内标的标准气相色谱图，以及内标对每种物质的校正因子，对得到的气相色谱图进行分析，分别给出每个反应体系中存在的化合物的质量，并计算出原料的转化率及每个产物的产率。将数据列表进行总结，根据实验结果及相关文献检索结果，分别选择可能实现选择性还原为烯丙醇、选择性还原为饱和酮以及选择性还原为饱和醇的还原体系。进行下一步的溶剂以及硼氢化钠的量对反应选择性的影响。

实验序号	添加剂	α,β-不饱和酮(A)转化率/%	烯丙醇（B)产率/%	饱和酮（C)产率/%	饱和醇(D)产率/%
1	无				
2	$CeCl_3$				
3	$ZnCl_2$				
4	$CoCl_2$				
5	5%Pd/C/ CH_3COOH				

2. 研究溶剂对还原反应活性的影响

分别对每一个选择性还原体系（选定的添加剂），使用提供的溶剂进行一组对照实验，研究溶剂对该还原反应的影响。使用气相色谱检测每个反应体系，然后对得到的气相色谱图进行分析，分别给出每个反应体系中存在的化合物的质量，并计算出原料的转化率及每个产物的产率，并将数据列表进行总结。

实验序号	溶剂	α,β-不饱和酮(A)转化率/%	烯丙醇（B)产率/%	饱和酮（C)产率/%	饱和醇(D)产率/%
1	甲醇				
2	乙酸乙酯				
3	四氢呋喃				
4	甲苯				

3. 研究硼氢化钠的使用量对还原反应活性的影响

分别对每一个选择性还原体系（选定的添加剂及溶剂），使用不同量的硼氢化钠进行一组对照实验，研究硼氢化钠使用量的影响。使用气相色谱检测反应体系，然后对得到的气相色谱图进行分析，分别给出每个反应体系中存在的化合物的质量，并计算出原料的转化率及每个产物的产率，并将数据列表进行总结。

实验序号	硼氢化钠的使用量/equiv.	α,β-不饱和酮(A)转化率/%	烯丙醇(B)产率/%	饱和酮(C)产率/%	饱和醇(D)产率/%
1	2.0				
2	1.0				
3	3.0				
4	4.0				

总结以上实验数据，分别给出将α,β-不饱和酮选择性还原为烯丙醇、饱和酮以及饱和醇的最佳条件。根据最佳条件分别完成2.0 mmol规模的α,β-不饱和酮的选择性还原得到烯丙醇、饱和酮以及饱和醇，并通过柱色谱纯化得到目标产物。

产物B（4-苯基-3-丁烯-2-醇）表征数据：^{1}H NMR（400 MHz,$CDCl_3$）δ 1.38（d,J=6.4 Hz,3H），1.61（bs,1H），4.50（q,J=6.4 Hz,1H），6.26（dd,J=15.9 Hz,J=6.4 Hz,1H），6.57（d,J=15.9 Hz,1H），7.24（t,J=7.2 Hz,1H），7.32（t,J=7.4 Hz,2H），7.38（d,J=7.4 Hz,2H）；^{13}C NMR（100 MHz,$CDCl_3$）δ 136.7，133.5，129.4，128.6，127.6，126.4，69.0，23.4。

产物C（4-苯基-2-丁酮）表征数据：^{1}H NMR（400 MHz,$CDCl_3$）δ 2.14（s,3H），2.76（t,J=7.6 Hz,2H），2.92（t,J=7.6 Hz,2H），7.21（d,J=7.6 Hz,3H），7.31（t,J=7.4 Hz,2H）；^{13}C NMR（100 MHz,$CDCl_3$）δ 207.7，141.1，128.5，128.3，126.1，45.1，30.0，29.8。

产物D（4-苯基-2-丁醇）表征数据：^{1}H NMR（400 MHz,$CDCl_3$）δ 1.24（d,J=6.4 Hz,3H），1.46（br s,1H），1.72～1.86（m,2H），2.64～2.82（m,2H），3.84（sext,J=6.0 Hz,1H），7.17～7.24（m,3H），7.27（d,J=6.4 Hz,1H），7.31（d,J=7.6 Hz,1H）；^{13}C NMR（100 MHz,$CDCl_3$）δ 142.2，128.5，125.9，67.6，41.0，32.3，23.8。

5.2 催化氧化反应

现在有机合成对高选择性、温和条件下的氧化方法需求不断增加。在过去的二十年中，氧化反应得到了迅速的发展，大量的新颖的、有用的氧化反应被报道及应用。尤其是具有较好的选择性且反应条件比较温和的催化氧化反应获得了显著的发展。这些催化反应可以分为有机催化、金属催化及生物催化[1]。

5.2.1 TEMPO/NaOCl氧化伯醇到醛

将醇氧化为醛和酮是有机化学中最重要及广泛使用的氧化反应，很多有效的方法可以实现这些转化。常用的氧化剂有铬氧化物或锰氧化物，例如PCC（氯铬酸吡啶盐）、PDC（重铬酸吡啶）、Jones试剂（CrO_3/H_2SO_4）、$KMnO_4$和MnO_2。这些试剂虽然被广泛用于有机反应中，但它们具有毒性，难以后处理，需要按反应比例控制使用，因此，这些氧化剂很少被应用于工业上以及实验室大规模的有机合成中。考虑到降低重金属氧化物的使用，近年来发展了一些环境友好的醇类化合物的氧化法，例如NaOCl/乙酸、NaOCl/TEMPO［TEMPO=（2，2，6，6-四甲基哌啶氧化物）］、Oxone（$2KHSO_5 \cdot KHSO_4 \cdot K_2SO_4$）、

$Na_2WO_4·2H_2O/H_2O_2$ 以及高价碘试剂。其中 TEMPO 作为稳定的氮氧自由基氧化物，常与其他氧化剂共同参与各类有机化合物的氧化反应。

Anelli 等报道 TEMPO/NaOCl 为氧化体系氧化醇的方法：在 CH_2Cl_2 和水的两相体系中，使用催化量的 TEMPO 及 KBr、过量的次氯酸钠及碳酸氢钠，在 0 ℃下伯醇可以在 3 min 内氧化为醛；仲醇转化为酮需要 7～10 min。这类方法中常用的有机溶剂为 CH_2Cl_2，而很少使用 THF、PhMe 和 EtOAc 等作为溶剂[2]。

实验四十　TEMPO/NaOCl 氧化香茅醇

【实验目的】

1. 学习有机分子催化的氧化反应原理、方法及选择性控制。
2. 巩固减压蒸馏纯化方法。

【实验预习】

1. 醇的氧化方法及选择性的控制。
2. 减压蒸馏实验操作。

【实验原理】

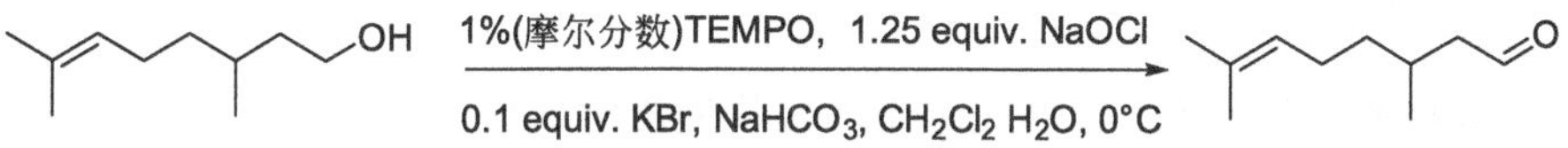

1%(摩尔分数)TEMPO, 1.25 equiv. NaOCl

0.1 equiv. KBr, $NaHCO_3$, CH_2Cl_2 H_2O, 0°C

TEMPO 氧化醇的反应机理为：TEMPO 首先被氧化剂氧化为氧铵盐，氧铵盐中正电性的氮可以接受醇分子中的羟基氧进攻，然后发生 Cope-消除形成羰基及羟胺类化合物，羟胺被加入的氧化剂氧化再次形成高活性的氧铵盐，进入下一个氧化循环。除了 NaOCl，许多氧化剂可以用于这类氧化体系，例如：硝酸铈铵（CAN）、三氯异氰脲酸（TCCA）、Oxone、MCPBA、$PhI(OAc)_2$、NCS 等[3]。

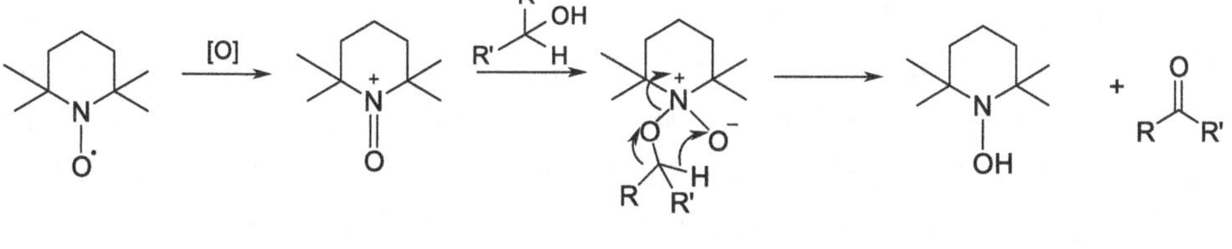

【实验试剂】

香茅醇，TEMPO，次氯酸钠溶液，溴化钾，碳酸氢钠，乙酸乙酯，正己烷，二氯甲烷，盐酸，饱和食盐水，无水硫酸钠。

【实验步骤】

250 mL 三口烧瓶配置温度计、磁力搅拌子及恒压滴液漏斗（图 5-12），加入香茅醇（7.8 g，0.05mol，1.0 equiv.），加入 CH_2Cl_2（30 mL）、水（10 mL）及 KBr（0.60 g，5 mmol，0.1 equiv.），将反应瓶放置于冰盐浴中冷却至 0 ℃ 左右。另取一个 100 mL 锥形瓶加入 NaOCl（59 mL，7%，0.055 mmol，1.1 equiv.），放置于冰水浴中加入 10%$NaHCO_3$ 水溶液调节至溶液的 pH 值为 8.6～9.5。当反应瓶的温度冷却至 0 ℃后，加入 TEMPO

(78.0 mg，0.5 mmol，摩尔分数 1%)，然后将配制的 NaOCl 溶液加入恒压滴液漏斗中，缓慢地滴加到反应体系中，滴加过程中控制反应体系的温度在 5 ℃以下。滴加结束后，维持反应体系温度在 5～10 ℃之间。通过 TLC（展开剂：正己烷∶乙酸乙酯=10∶1）监测反应的进程，当原料转化完全后，将反应液转移到分液漏斗中，分液，水相用 CH_2Cl_2 (20 mL) 萃取一次。合并有机相，依次使用 10% 亚硫酸钠溶液 (20 mL)、1 mol/L 盐酸 (20 mL) 及饱和食盐水 (20 mL) 洗涤，然后将有机相用无水硫酸钠干燥（15～20 min）。常压蒸馏除去 CH_2Cl_2 后，粗产物通过减压蒸馏纯化，收集沸点为 86～90 ℃/14 mmHg 馏分。

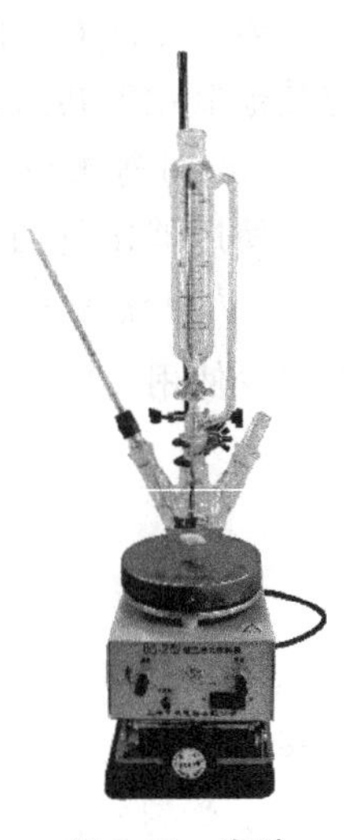

图 5-12 实验装置

产物表征数据：^{1}H NMR (250 MHz，$CDCl_3$) δ 5.41 (dd，J=10.9，0.4 Hz，1H)，5.88 (dd，J=17.6，0.4 Hz，1H)，6.76 (dd，J=17.6，10.9 Hz，1H)，7.49 (d，J=8.3 Hz，2H)，8.07 (d，J=8.3 Hz，2H)；^{13}C NMR (63 MHz，$CDCl_3$) δ 203.1，131.9，124.3，51.2，37.2，28.0，25.6，25.9，20.1，17.9。

注释：由于次氯酸钠溶液在储存过程中可能发生分解，使用前需要重新滴定其浓度。在氧化反应过程中可能会产生不稳定的过氧化物，在氧化反应结束后通常需要加入合适的猝灭剂（具有一定的还原性试剂），将体系内可能存在的过氧化物猝灭，或过量的氧化剂猝灭后再进行相应的后处理操作。

【思考题】

1. 在本实验的氧化体系中，加入溴化钾的作用是什么？
2. 在本实验的氧化体系中，加入碳酸氢钠的作用是什么？
3. 该反应温度为什么需要控制在 0～5 ℃，反应温度过高会发生什么副反应？

5.2.2 铜/TEMPO 共催化伯醇的空气氧化反应

氧气作为空气中的重要组成，是非常易得、价廉的氧化剂，且氧气作为氧化剂得到相应的还原产物可以为水，因此氧气作为氧化剂的氧化方法因具有实用性、环境友好等优点非常具有吸引力。在过去的几十年中，发展一系列的高效、高选择性醇类化合物的氧气氧化方法。其中铜/TEMPO 催化体系突破了前期发展氧化体系的缺点：使用贵金属催化剂，需要结构复杂的配体、含卤素溶剂的使用等。铜/氮氧化合物的共催化体系具有催化活性高，底物适用性广（包括脂肪醇、烯丙醇及苄醇），较好的官能团兼容性，可以直接使用空气为氧化剂，使用试剂简单、易得，操作简便，较好的可重复性及化学选择性等优点[4]。

实验四十一 对甲基苯甲醇空气氧化合成对甲基苯甲醛

【实验目的】

1. 了解绿色化学的发展。
2. 学习催化醇的氧气氧化反应原理和方法。
3. 学习微量反应实验操作。
4. 巩固柱色谱纯化方法。

【实验预习】

1. 醇的氧化方法及选择性的控制。

2. 柱色谱实验操作。

【实验原理】

$$\text{4-MeC}_6\text{H}_4\text{CH}_2\text{OH} + \underset{\text{空气}}{O_2} \xrightarrow[\text{乙腈, 室温}]{\text{CuBr (摩尔分数 10\%), bpy (摩尔分数 10\%)}\ \text{TEMPO (摩尔分数 10\%), NMI (摩尔分数 10\%)}} \text{4-MeC}_6\text{H}_4\text{CHO} + H_2O$$

本实验以对甲基苯甲醇的氧气氧化反应合成对甲基苯甲醛为例来学习和了解最新发展的“绿色”的催化氧气氧化反应。该氧化反应采用价廉、易得的溴化亚铜为金属催化剂，2,2′-联吡啶（bpy=2,2′-bipyridine）为配体，TEMPO为有机催化剂，*N*-甲基咪唑为添加剂，乙腈为溶剂。由于催化体系的催化活性较高，该氧化反应可以空气为氧化剂，在常温常压条件下进行。

(bpy)Cu(I)/TEMPO催化体系催化醇类化合物氧化的反应过程简化的催化循环如图5-13所示。整个反应过程分为两个主要的阶段：催化剂氧化阶段（阶段1）和底物氧化阶段（阶段2）。对于氧化活性较高的苄醇的氧化，可以使用一价铜催化剂前体，例如相对易得的溴化亚铜，其与联吡啶和*N*-甲基咪唑配位形成红棕色的一价铜的配合物[Cu(bpy)(NMI)]Br(A)，阶段1的催化循环为：一价铜的配合物A被空气中的氧气氧化形成绿色的二价的氢氧化铜物种[Cu(bpy)(OH)(NMI)]Br(B)，并且实现将TEMPOH氧化为TEMPO。阶段2的催化循环为苄醇被二价的氢氧化铜物种及TEMPO氧化为醛，同时再给出一价铜物种及TEMPOH来继续下一个催化循环，直到苄醇完全转化。其中底物醇类化合物的氧化可以用简化的电子转移机理来解释。反应底物醇通过与二价的氢氧化铜化合物B的配位及配体交换反应形成烷氧基铜中间体C，同时伴随着水的形成。烷氧基铜中间体C与TEMPO自由基经历了均裂的反应过程得到产物醛。催化剂中心金属二价铜在这个过程中被还原为一价铜，同时TEMPO被还原为TEMPOH。整个醇到醛的转化是两电子的氧化反应。作为单电子转移的氧化剂二价铜及TEMPO通过协同作用在实现这一转化[5]。

【实验试剂】

对甲基苯甲醇，TEMPO，溴化亚铜，2,2′-联吡啶，*N*-甲基咪唑，乙腈，乙酸乙酯，正己烷，饱和食盐水，10%硫代硫酸钠水溶液，无水硫酸钠，硅胶，石英砂。

【实验步骤】

装有磁力搅拌子的100 mL圆底烧瓶中加入CuBr（35.0 mg，0.25 mmol，摩尔分数10%）、2,2′-联吡啶（bpy）（40.0 mg，0.26 mmol，摩尔分数10.5%）和乙腈（10 mL），在室温（25 ℃）下开动搅拌，然后依次加入4-甲基苄醇（305.4 mg，2.5 mmol，1.0 equiv.）和2,2,6,6-四甲基哌啶-*N*-氧化物（TEMPO）（40.0 mg，0.25 mmol，摩尔分数10%），再加入乙腈（2.0 mL）冲洗反应瓶内壁，最后加入*N*-甲基咪唑（26.0 mg，0.26 mmol，摩尔分数10.5%）的乙腈溶液（1.0 mL），反应体系颜色变为红棕色。将反应瓶放置在室温条件（25 ℃左右）下，开口搅拌（建议搅拌速度为500 r/min），通过TLC（展开剂：正己烷∶乙酸乙酯=20∶1）来监测反应进程，大约30 min原料4-甲基苄醇反应完全。当反应原料完全转化后，向反应体系中加入10%硫代硫酸钠溶液（2 mL），然后使用

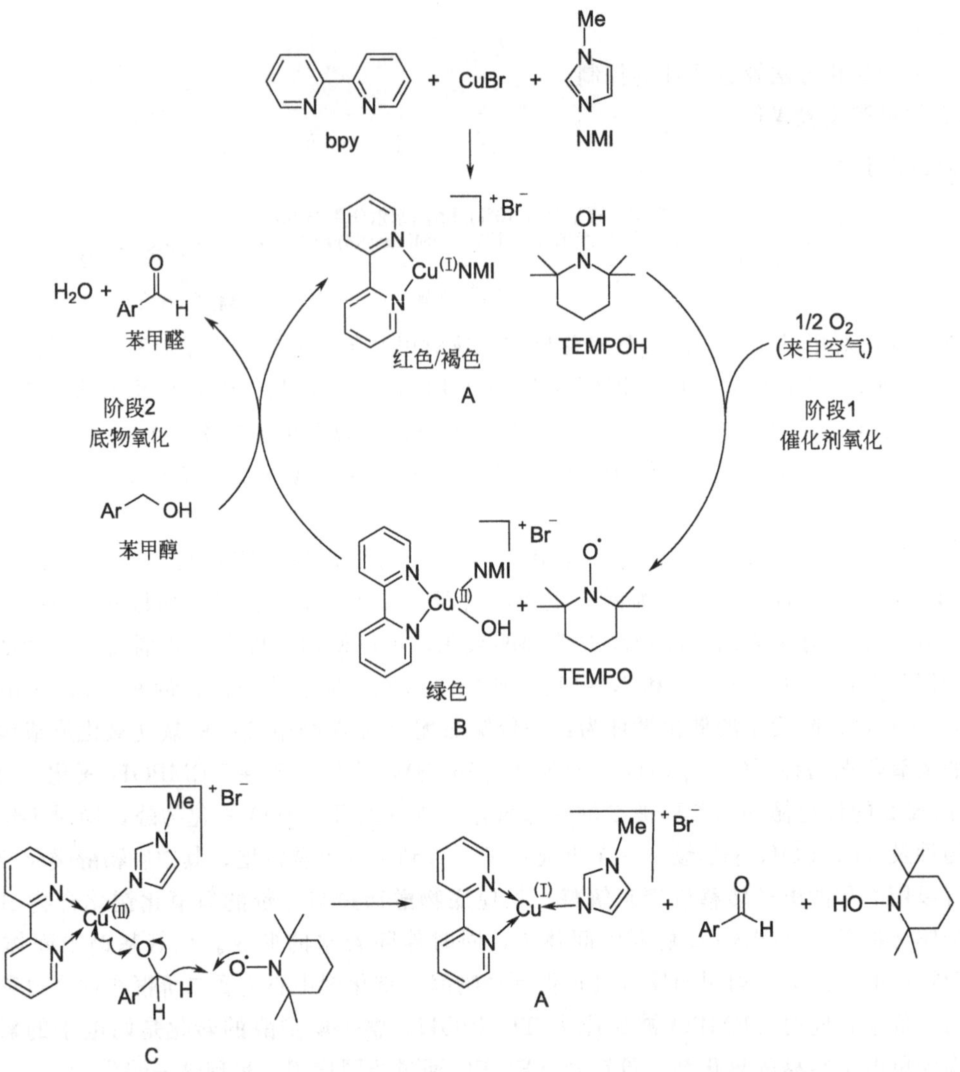

图 5-13 Cu/TEMPO 催化苄醇氧气氧化的简化催化循环

普通蒸馏或减压旋蒸除去大部分溶剂。加入水和乙酸乙酯各 10 mL，转移到分液漏斗中，萃取分液。水相再用乙酸乙酯（5 mL）萃取一次，合并有机相，依次用 10% 的硫代硫酸钠水溶液、饱和食盐水洗涤一次，然后用无水 $MgSO_4$ 干燥 10 min。过滤除去干燥剂后，旋蒸除去溶剂，得到粗产物。通过柱色谱对粗产物进行纯化得到产物（图 5-14），洗脱剂为正己烷：乙酸乙酯＝40：1，可以通过气相色谱或核磁共振表征产物的纯度。

产物表征数据：^{1}H NMR（400 MHz，$CDCl_3$）δ 2.68（s，3H），7.27（d，$J=7.2$ Hz，1H），7.37（m，1H），7.48（m，1H），7.81（d，$J=7.6$ Hz，1H），10.28（s，1H）；^{13}C NMR（100 MHz，$CDCl_3$）δ 192.7，140.5，134.0，133.5，131.9，131.7，126.2，19.5。

图 5-14 柱色谱装置

注释： 在氧化反应过程中可能会产生不稳定的过氧化物，在氧化反应结束后通常需要加入合适的猝灭试剂（具有一定的还原性试剂），将体系内可能存在的过氧化物猝灭，或过量的氧化剂猝灭后再进行相应的后处理操作；进行柱色谱操作过程中，装柱过程必须在通风橱中进行，防止吸入硅胶。

【思考题】

1. 在进行微量实验操作时，如何准确称量微量的液态反应原料？

2. 列举伯醇氧化为醛的三种方法，并给出每种方法的优缺点。

3. 伯醇氧化反应中可能发生的副反应有哪些？

4. 这个铜/TEMPO 催化的空气氧化的催化体系中，可能影响该催化体系的催化活性的因素有哪些？

5. 画出最佳的反应装置。

实验四十二　空气氧化反应探索实验

【实验目的】

1. 了解催化反应中影响催化体系的催化活性的因素。

2. 学习文献检索方法。

3. 学习如何对反应结果进行评估及分析。

4. 学习如何发展新的合成方法。

【实验预习】

1. 伯醇的选择性氧化反应方法及机理。

2. 稳定氮氧自由基氧化醇的原理。

3. 文献检索方法。

4. 气相色谱原理、操作及定量分析方法。

5. 柱色谱实验操作。

【实验原理】

$$\mathrm{R-CH(OH)-R'(H)} + \underset{\text{空气}}{O_2} \xrightarrow[\text{溶剂, r.t.}]{\text{[Cu] (摩尔分数 5\%), bpy (摩尔分数 5\%)}\ \text{TEMPO (摩尔分数 10\%), 添加剂(摩尔分数 10\%)}} \mathrm{R-C(=O)-R'(H)} + H_2O$$

随着人类对能源、环境和健康等问题的普遍关注，日渐倡导“绿色”化学，以减少化学对人类健康、社区安全、生态环境的破坏。在催化反应中催化剂的使用，可以使化学反应在相对温和的条件下，高选择性地获得目标产物，同时减少副产物及废物的生成。催化化学对人类社会的发展和进步起着深远的影响。化学工作者需要发展高效的合成方法，本实验将向大家简单介绍如何进行探索性实验，如何根据初步实验结果，通过优化反应条件，建立具有应用性的合成方法。

【实验试剂】

TEMPO，2,2′-联吡啶，乙酸乙酯，石油醚，硫代硫酸钠，无水硫酸钠。

催化剂前体（铜盐）：溴化亚铜，氯化亚铜，三氟甲磺酸亚铜，溴化铜。

添加剂：*N*-甲基咪唑，三乙胺，吡啶，DBU（1,8-二偶氮杂双螺环[5.4.0]十一碳-7-烯）。

溶剂：乙腈，二氯乙烷，二甲亚砜，甲苯。

醇：香茅醇，对甲氧基苯甲醇，对羟甲基苯甲酸甲酯，4-苯基-2-丁醇。

【实验步骤】

装有磁力搅拌子的 25 mL 圆底烧瓶中加入铜盐（0.05 mmol，摩尔分数 5%）、2,2′-联吡啶（bpy）（0.05 mmol，摩尔分数 5%）和溶剂（2 mL），在室温（25 ℃）下开动搅拌，然后依次加入醇（1.0 mmol，1.0 equiv.）、均四甲苯（1.0 mmol，气相色谱定量内标）、含有添加剂（0.1mol，摩尔分数 10%）的溶液（1.0 mL），加入 2,2,6,6-四甲基哌啶-*N*-氧化物（TEMPO）（0.1 mmol，摩尔分数 10%），最后补加溶剂（2.0 mL）冲洗反应瓶内壁。在室温下，开口搅拌（建议搅拌速度为 500 r/min）1 h。加入 10%硫代硫酸钠（2 mL）猝灭反应，然后加入乙酸乙酯（3.0 mL），充分搅拌，取样进行气相色谱分析。或者分液得到有机相，将有机相进行干燥，旋蒸除去溶剂后，粗产物通过柱色谱进行纯化。

1. 研究催化剂前体的阴离子以及金属价态对催化体系催化活性的影响

选择反应活性适中醇的氧化反应为模板反应来研究催化体系中的影响因素。本实验选用脂肪伯醇（香茅醇）的氧化反应为模板反应，选用乙腈为溶剂、NMI 为添加剂，使用提供的四种铜盐进行一组对照实验（注意：初试条件可以根据查阅文献总结的常用条件来设置）。使用气相色谱检测每一个反应体系，根据老师提供的香茅醇（原料）、香茅醛以及内标的标准气相色谱图，以及内标对原料及产物的校正因子，对得到的气相色谱图进行分析，分别给出每个反应体系中存在的化合物的质量，并计算出原料的转化率及每个产物的产率。将数据列表进行总结，找出最佳（催化活性高、易得且具有一定的稳定性）的催化剂前体，并讨论催化剂前体的阴离子以及价态对催化剂活性的影响。

实验序号	催化剂前体	香茅醇转化率/%	香茅醛产率/%
1	CuBr		
2	CuCl		
3	$Cu(OSO_2CF_3)$		
4	$CuBr_2$		

2. 研究有机碱添加剂对催化体系的催化活性的影响

根据第一项催化剂前体影响的实验结果，使用最佳的催化剂前体，以及提供的有机碱添加剂进行一组对照实验，研究有机碱添加剂的影响。使用气相色谱检测反应体系，然后对得到的气相色谱图进行分析，分别给出每个反应体系中存在的化合物的质量，并计算出原料的转化率及每个产物的产率，将数据列表进行总结，讨论有机碱添加剂的碱性以及空间位阻对催化剂活性的影响。

实验序号	添加剂	香茅醇转化率/%	香茅醛产率/%
1	NMI		
2	Et_3N		
3	吡啶		
4	DBU		

3. 研究溶剂对催化体系催化活性的影响

根据前两项实验结果，使用最佳的催化剂前体、最佳的有机碱添加剂以及提供的溶剂进行一组对照实验，研究溶剂的影响。使用气相色谱检测反应体系，然后对得到的气相色谱图进行分析，分别给出每个反应体系中存在的化合物的质量，并计算出原料的转化率及每个产物的产率，将数据列表进行总结，讨论溶剂对催化剂活性的影响。

实验序号	溶剂	香茅醇转化率/%	香茅醛产率/%
1	乙腈		
2	DCE		
3	甲苯		
4	DMSO		

总结以上实验数据，给出铜/TEMPO共催化的空气氧化醇的最佳条件。然后在最佳条件下完成本实验提供的四种具有不同结构醇的氧化，通过TLC监测原料完全转化的反应时间，并通过柱色谱对每个醇的氧化产物进行纯化分离，且进行核磁共振表征。将数据列表进行总结，并讨论不同结构醇氧化反应的活性。

实验序号	醇	反应时间/h	转化率/%	醛的产率/%
1	香茅醇			
2	对甲氧基苯甲醇			
3	对羟甲基苯甲酸甲酯			
4	4-苯基-2-丁醇			

产物表征数据如下。

香茅醛：^{1}H NMR（250 MHz,$CDCl_3$）δ 5.41（dd,J=10.9,0.4 Hz,1H），5.88（dd,J=17.6,0.4 Hz,1H），6.76（dd,J=17.6,10.9 Hz,1H），7.49（d,J=8.3 Hz,2H），8.07（d,J=8.3 Hz,2H）；^{13}C NMR（63 MHz,$CDCl_3$）δ 203.1，131.9，124.3，51.2，37.2，28.0，25.6，25.9，20.1，17.9。

对甲氧基苯甲醛：^{1}H NMR（400 MHz,$CDCl_3$）δ 7.01（d,J=8.4 Hz，2H），7.84（d,J=8.7 Hz,2H），9.89（s,1H）；^{13}C NMR（100 MHz,$CDCl_3$）δ 190.7，164.6，131.9，129.9，114.3，55.5。

对甲酰基苯甲酸甲酯：^{1}H NMR（400 MHz,$CDCl_3$）δ 3.93（s,3H），7.93（d,J=8.5 Hz,2H），8.17（d,J=8.2 Hz,2H），10.08（s,1H）；^{13}C NMR（100 MHz,$CDCl_3$）δ 191.8，166.2，139.3，135.2，130.4，129.7，52.8。

4-苯基-2-丁酮：^{1}H NMR（400 MHz,$CDCl_3$）δ 2.21（s,3H），2.84（t,J=7.8 Hz,2H），2.97（t,J=7.5 Hz,2H），7.20～7.38（m,5H）；^{13}C NMR（100 MHz,$CDCl_3$）δ 207.7，141.1，128.5，128.3，126.1，45.1，30.0，29.8。

5.2.3 钴/锰/NHPI共催化的烷基苯的氧气氧化反应

烃类化合物的氧气氧化反应是以石油或天然气为原料生产含氧有机化合物（醇、醛、酮及羧酸）的重要方法。目前烷基苯的氧气氧化反应已经发展成为生产苯甲酸、对苯二甲酸等精细化学品的重要方法。工业上应用的甲苯氧化法是以2-乙基己酸钴为催化剂，在10 atm压力下，140～190 ℃的反应条件下进行的。二甲苯的氧化反应通常使用钴盐和锰盐与溴（HBr或NaBr）的组合作为催化剂，反应温度在175 ℃±22.5 ℃、使用15～30 atm的空气，及醋酸为溶剂的条件下进行，目前70%对苯二甲酸的生成是通过氧气氧化法来实现的[6]。但这些氧化反应的条件相对比较苛刻，尤其是催化体系中溴化氢的使用对反应装置具有较高的要求，因此发展温和条件下的烷基苯的氧化对技术、经济及环境等方面都将有巨大贡献。近年来，Ishii课题组报道使用N-羟基邻苯酰亚胺（NHPI）与$Co(OAc)_2$组成的催化体系可以在室温及常压条件下实现烷基苯氧化为相应羧酸。其中 NHPI 是独特的烷烃自由基产生催化剂，NHPI 在氧化反应中的应用大大拓展了有机化合物的氧气氧化反应适用范围[4]。

实验四十三　氧气氧化法合成对甲氧基苯甲酸

【实验目的】

1. 学习烃类化合物催化氧气氧化反应的原理和方法。
2. 了解绿色化学的发展。
3. 学习气体参与反应的简便实验装置及操作。

【实验预习】

1. 烃类化合物的氧化方法。
2. 重结晶实验操作。

【实验原理】

MeO-C₆H₄-CH₃ + O_2 —— NHPI(摩尔分数 10%)，$Co(OAc)_2$(摩尔分数 1.5%)，$Mn(OAc)_2$(摩尔分数 0.5%)；CH_3COOH, 80°C ——→ MeO-C₆H₄-COOH

对甲氧基苯甲酸也叫大茴香酸，是许多药物及香料的中间体。例如它是脑功能改善药茴拉西坦及抗心律失常药乙胺碘呋酮的重要中间体。本实验采用对甲基苯甲醚的氧气氧化合成对甲氧基苯甲酸，采用 $Co(OAc)_2$、$Mn(OAc)_2$ 为金属催化剂，NHPI（*N*-羟基邻苯二甲酰亚胺）为有机氧化剂，乙酸为溶剂，氧气作为氧化剂实现对甲基苯甲醚的合成。$Co(OAc)_2$/NHPI 氧气氧化烷基取代苯合成苯甲酸类化合物可能的反应机理如图 5-15 所示。二价钴在氧气条件下形成三价过氧化物；其与 NHPI 在温和条件下反应形成氮氧自由基，这一步是这类反应最关键的步骤。氮氧自由基从烷基取代苯中攫取氢形成苄基自由基，其比较容易被氧气分子捕捉，然后形成苄基过氧自由基，苄基过氧自由基也可以从烷基取代苯中攫取氢形成苄基自由基和过氧苄醇，其在钴催化剂的作用下转化为苯甲酸。苄基过氧自由基与二价钴物种反应可以导致氧化产物（苯甲酸）的前体苯甲醛的形成[6]。

【实验试剂】

对甲氧基甲苯，*N*-羟基邻苯二甲酰亚胺，乙酸钴，乙酸锰，冰醋酸，氧气，乙酸乙酯，正己烷，饱和食盐水，10%亚硫酸钠水溶液，无水硫酸钠。

【实验步骤】

100 mL 三口烧瓶中配置聚四氟乙烯搅拌子、温度计、回流冷凝管及橡胶塞［图 5-16(a)］。在三口烧瓶中加入对甲氧基甲苯（0.61 g，5.0 mmol，1.0 equiv.）及冰醋酸（10 mL），室温下搅拌。然后向反应液中加入 *N*-羟基邻苯二甲酰亚胺（16.3 mg，0.5 mmol，0.1 equiv.）、$Co(OAc)_2$（13.2 mg，0.075 mmol，0.015 equiv.）及 $Mn(OAc)_2$（4.3 mg，0.025 mmol，0.005 equiv.），通过橡胶塞插入氧气气球，并将针头插入反应混合液液面下，换气 30 s。将冷凝管上端用橡皮塞塞好，并插入一个新的氧气气球［图 5-16(b)］，在氧气氛

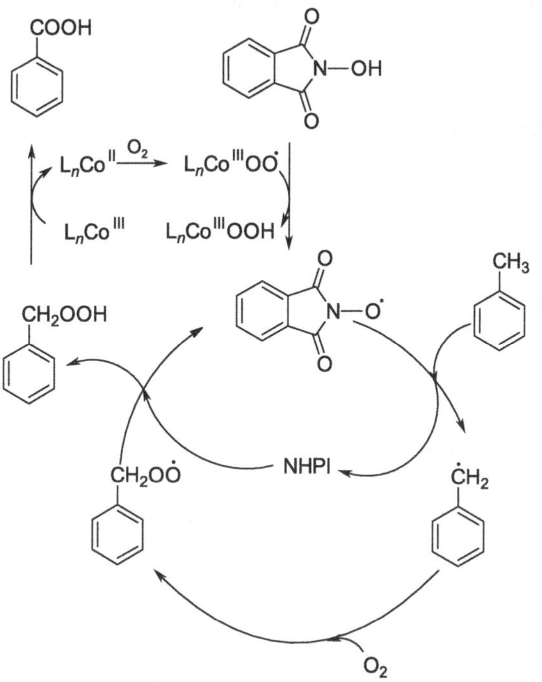

图 5-15　$Co(OAc)_2$/NHPI 氧气氧化烷基取代苯合成苯甲酸类化合物的可能反应机理

图 5-16(a)　换气装置　　　　图 5-16(b)　小量常压氧气氛围装置

围下将反应体系加热至 80 ℃反应。通过 TLC（展开剂：正己烷：乙酸乙酯＝40：1）监测反应进程，当对甲氧基甲苯原料转化完成后，将反应液冷却至室温，向反应体系中加入水（25 mL）和乙酸乙酯（10 mL）稀释，然后转移到分液漏斗中，分液。水相再用乙酸乙酯（10 mL）萃取两次，合并有机相。有机相依次用 10% 的亚硫酸钠水溶液（10 mL）和饱和食盐水（10 mL）洗一次，将有机相倒入干燥的锥形瓶中，加入适量的无水硫酸钠干燥 10 min。过滤除去干燥剂，将得到的滤液浓缩得到粗产物固体。使用水对粗产物进行重结晶，得到目标产物，其熔点为 182～185 ℃。

产物表征数据：^{1}H NMR（300 MHz，DMSO-d_6）δ 3.8（s，3H），7.0（d，J＝8.0 Hz，

2H)，7.9（d，J=8.0 Hz，2H）；^{13}C NMR（75 MHz，DMSO-d_6）δ 167.3，162.8，131.3，123.1，113.4，55.1。

注释：气球充满氧气具有一定的危险性。当反应规模扩大时，反应装置需要安装进气及出气口，反应装置不能密闭！

【思考题】

1. 常用的将烷基取代苯氧化为相应的苯甲酸的当量氧化剂有哪些，比较它们与氧气氧化的优缺点。

2. 画出最佳的反应装置。

3. 如何证实这个催化体系中两种金属催化剂都是必须使用的？

【参考文献】

[1] Jan-Erling Bäkvall Eds. *Modern Oxidation Methods*. Weinheim，Germany：Wiley-VCH，2010.

[2] Anelli P L，Biffi C，Montanari F，et al. *J. Org. Chem.*，1987，52：2559-2562.

[3] Gabriel Tojo Eds. *Oxidation of Alcohols to Aldehydes and Ketones*. Springer Science+Business Media，Inc. 2006.

[4] Stahl S S，Alsters P L，Eds. *Liquid Phase Aerobic Oxidation Catalysis*，Weinheim，Germany：Wiley-VCH，2016.

[5] Hill N J，Hoover J M，Stahl S S. *J. Chem，Educ*，2013，90：102-105.

[6] Yoshino Y，Hayashi Y，Iwahama T，et al. *J. Org. Chem.*，1997，62：6810-6813.

5.3 过渡金属催化交叉偶联反应

过渡金属化合物催化的芳基或烯基卤代烃（磺酸酯等偕卤代烃）与亲核试剂发生的取代反应，称为过渡金属催化的交叉偶联反应。

$$Ar—X + Nu^{-} \xrightarrow{催化剂} Ar—Nu$$

X=I, Br, Cl, OTf, OTs, N_2^+ 等

Nu^- : RMgX, R_2Zn, $R'SnR_3$, $RB(OH)_2$, RR'NH, NH_3, ROH, ArOH, RSH, $HPOR_2$ 等

过渡金属化合物催化交叉偶联反应是在当量金属化合物促进的自偶联反应（例如 Ullmann 反应）的研究基础上发展起来的。相对于自偶联反应，交叉偶联反应需要将两个不同的结构单元（片段）选择性连接在一起来构建新的碳-碳键，因此在交叉偶联反应中存在着多个可能性的副反应，例如自身偶联、异构化、β-氢消除以及官能团的干扰。交叉偶联反应中选择性具有决定性的意义，必须避免这些副反应才可以将其发展成一个具有通用性、实用性的方法而用于有机合成。在 20 世纪 70 年代，过渡金属催化领域的化学家 Beletskaya、Corriu、Kumada、Kochi、Murahashi、Sonogashira、Stille、Trost、Tsuji 及 Akio Yamamoto 等的创新研究为这类交叉偶联反应的实现做出了重要的贡献。他们的研究证实了在过渡金属化合物催化下各类杂化的碳原子（主要为 sp^2 碳原子）可以实现碳-碳键形成，这些工作引领了有机化学发展的新纪元，其中代表性化学家为 Richard Heck、Ei-ichi Negishi 和 Akira Suzuki，在 2010 年被授予诺贝尔化学奖[1]。他们的发现提供了以前不可能实现的高效构建碳-碳键的方法，改革了化学工作者构建有机化合物的方式，同时激发了化学工作者的研究，发展了在温和条件下、低负载量的催化剂高效地交叉偶联反应，除了可以形成碳-碳键，还可以高效地形成 C—N、C—O、C—P、C—S 或 C—B 等碳-杂原子键，大大地扩展了偶联反应。这类反应目前在药物分子、天然产物以及有机功能材料的合成中被广泛使用，例如治疗高血压药物氯沙坦（Losartan）、治疗哮喘及过敏药物顺尔宁（Singulair）、治疗慢性髓性白

血病格列卫（Gleevec）等药物分子合成的关键步骤均包括过渡金属催化的交叉偶联反应（图 5-17）[2]。

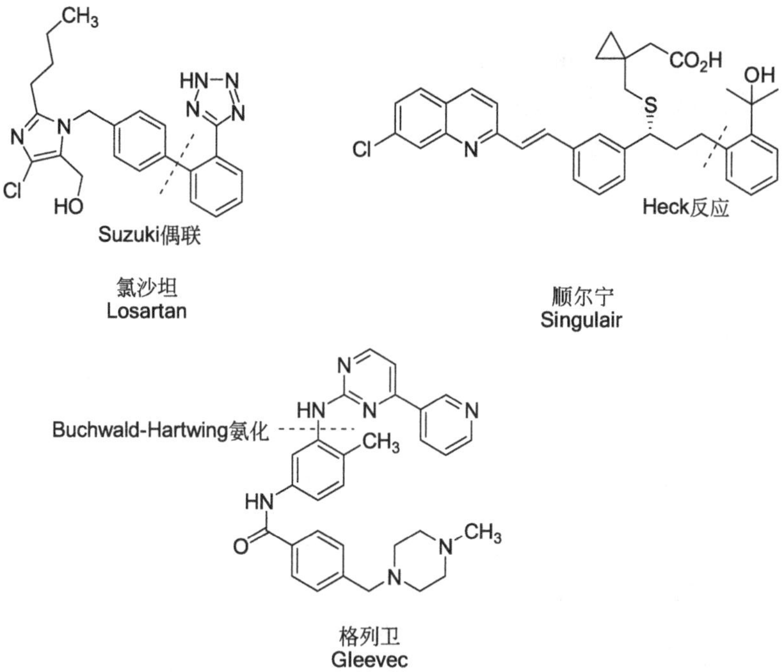

Suzuki偶联

氯沙坦
Losartan

Heck反应

顺尔宁
Singulair

Buchwald-Hartwing氨化

格列卫
Gleevec

图 5-17　合成的关键步骤包括过渡金属催化的交叉偶联反应的药物分子

5.3.1　Suzuki 交叉偶联反应：合成不对称的联苯类化合物

Suzuki 反应为芳基或烯基卤代烃（偕卤代烃）与芳基或烯基硼化合物的偶联反应。1979 年，Akria Suzuki 首先报道了钯催化的芳基卤代烃与 1-烯基硼酸酯的偶联反应合成取代的苯乙烯[3]。在这类偶联反应中使用硼酸或硼酸酯作为偶联反应的亲核试剂，相比于其他的偶联反应具有以下优点：①有机硼化合物对空气和水通常比较稳定，容易操作；②反应条件温和且操作方便；③具有较好的官能团适应性；④形成的低毒的无机副产物容易除去；⑤一些 Suzuki 反应可以使用水作为反应溶剂，且反应体系中水的存在有利于反应的进行，使 Suzuki 反应更具有经济性、环境友好性。因此，Suzuki 反应作为 Kumada-Corriu 反应（使用格氏试剂作为亲核试剂）及 Negishi 反应（使用锌试剂作为亲核试剂）的重要发展，被广泛地研究，目前已经发展成为碳-碳键形成的重要合成方法，被广泛用于精细化工及药物等的合成中[4]。

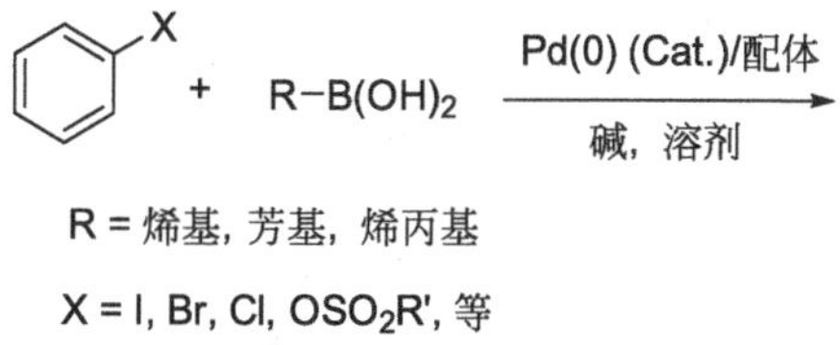

$$\text{Ar-X} + \text{R-B(OH)}_2 \xrightarrow[\text{碱，溶剂}]{\text{Pd(0) (Cat.)/配体}} \text{Ar-R}$$

R = 烯基，芳基，烯丙基

X = I, Br, Cl, OSO_2R'，等

Suzuki 反应中不同的芳基卤代烃或偕卤代烃的反应活性顺序为：Ar-I＞Ar-OTf ＞Ar-Br≫Ar-Cl；硼化合物可以是取代的硼酸、硼酸酐、硼酸酯或三氟硼酸钾盐；催化剂可以是钯化合物或镍化合物。

实验四十四　乙酰基联苯的合成

【实验目的】

1. 学习过渡金属催化 Suzuki 反应原理。
2. 学习过渡金属催化 sp^2 碳-sp^2 碳键的形成方法。
3. 学习无氧操作及微量反应实验操作。

【实验预习】

1. 过渡金属催化交叉偶联反应。
2. 无水无氧操作。
3. 重结晶实验操作。

【实验原理】

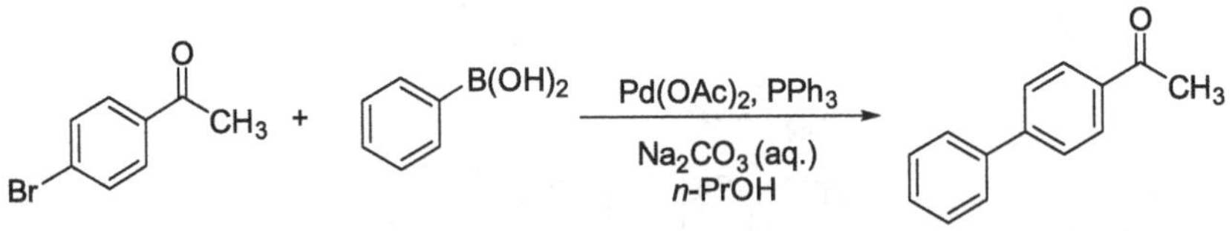

本实验以反应活性较高的对溴苯乙酮与苯硼酸的偶联反应合成乙酰基联苯为例来学习 Suzuki 反应的实验操作。采用乙酸钯为前体催化剂、三苯基膦为配体、碳酸钠为碱，以水和正丙醇为混合溶剂。由于 Suzuki 偶联反应的活性催化剂为零价钯配合物，防止在反应过程中活性催化剂被空气氧化，该反应一般在惰性气体（例如氮气）保护下进行。

Suzuki 反应机理为：首先低价金属催化剂（零价钯化合物 1）与卤化物（2）发生氧化加成反应形成有机钯（3）（通常为芳基或烯基钯）；然后其与碱发生配体交换反应形成中间体（4）；中间体（4）再与被碱活化的硼化合物发生金属交换形成有机钯（8）；最后经过还原消除得到偶联产物及活性钯催化剂（1）（图 5-18）。在 Suzuki 偶联反应中碱的存在非常重要，碱的作用为：与氧化加成产物发生配体交换形成［$ArPd(OR)L_2$］；与亲核试剂反应形

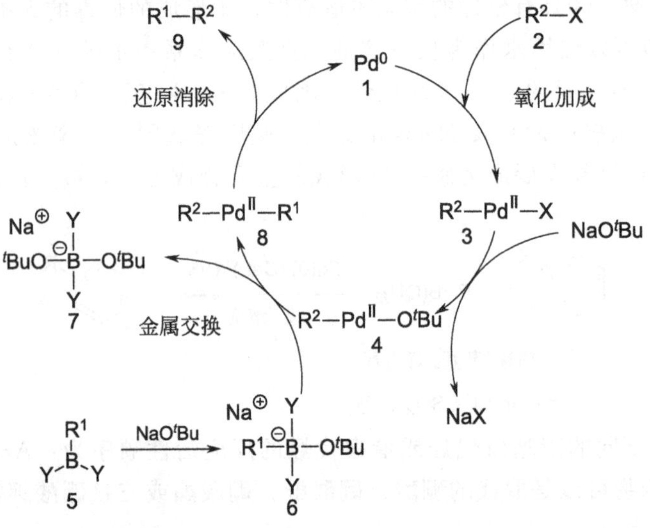

图 5-18　钯催化 Suzuki 偶联反应的机理

成四配位的硼酸酯负离子，其更容易与有机钯中间体（4）发生转金属化反应；通过烷氧基化合物与钯化合物的反应促进还原消除反应的发生。

【实验试剂】

对溴苯乙酮，苯硼酸，乙酸钯，三苯基膦，碳酸钠，氮气，正丙醇，乙酸乙酯，正己烷，活性炭，硅藻土，饱和食盐水，无水硫酸钠，甲醇。

【实验步骤】

图 5-19(a) 换气装置

图 5-19(b) 小量常压氮气氛围装置

50 mL 三口烧瓶配置聚四氟乙烯磁力搅拌子、温度计、回流冷凝管及橡胶塞［图 5-19(a)］，加入对溴苯乙酮（1.00 g，5.02 mmol，1.0 equiv.）、苯硼酸（0.698 g，5.73 mmol，1.14 equiv.）及正丙醇（10 mL），室温开动搅拌。然后向反应液中加入乙酸钯（3.6 mg，16.0 μmol，摩尔分数 0.3%）、三苯基膦（12.8 mg，48 μmol，摩尔分数 0.9%）及碳酸钠水溶液（1.2 mol/L，5.25 mL）；将氮气气球针头通过橡胶塞插入反应混合液液面下，换气 30 s 将氮气气球撤掉。用橡皮塞将三口烧瓶的侧口塞好，防止反应过程中氮气泄漏。在回流冷凝管上端塞好橡胶塞并插入一个新的氮气气球［图 5-19(b)］，在氮气氛围下将反应体系加热回流。通过 TLC（展开剂：正己烷：乙酸乙酯=40：1）监测反应进程，大约反应 1 h，对溴苯乙酮原料完成转化。将反应液冷却至室温，加入水（7 mL），反应瓶敞口搅拌 5 min，钯黑析出。将反应液进一步加入乙酸乙酯（10 mL）稀释，然后转移到分液漏斗中进行分液。水相用乙酸乙酯（10 mL）萃取，合并有机相，依次用 5%碳酸钠水溶液（2×10 mL）及饱和食盐水（2×10 mL）洗两次。将有机相倒入干燥的锥形瓶中，加入适量的干燥剂（无水硫酸钠）及活性炭（0.50 g）。搅拌 10 min 后，使用装有 1 cm 厚硅藻土的布氏漏斗进行过滤，然后硅藻土再用少量的乙酸乙酯洗两次，将滤液浓缩得到粗产物固体。

使用正己烷和甲醇的混合溶剂对粗产物进行重结晶。在 50 mL 单口烧瓶中，将粗产物悬浮在正己烷（5 mL）中，加热到回流，加入甲醇至溶液澄清，然后移去热源，将溶液冷却使晶体析出。减压抽滤分离得到晶体，再用少量的冷正己烷洗两次晶体。干燥晶体得到目标产物，其熔点为 121～122 ℃。

产物表征数据：^{1}H NMR（400 MHz，$CDCl_3$）δ 2.57（s，3H），7.37（m，3H），7.55（d，J=8.2 Hz，2H），7.61（d，J=8.2 Hz，2H），7.96（d，J=8.6 Hz，2H）；^{13}C NMR

(100 MHz,$CDCl_3$) δ 197.8，145.8，139.9，135.8，128.9，127.2，26.7。

注释：芳基硼酸及乙酸钯具有一定的刺激性。当反应规模扩大时，反应装置需要安装进气及出气口，使用氮气或氩气系统来保持体系的惰性气体氛围，反应装置不能密闭！

【思考题】

1. Suzuki偶联反应是零价钯催化的反应，在这个Suzuki反应中$Pd(OAc)_2$如何转化为零价钯?

2. 该偶联反应可能形成哪些副产物，并给出副产物的形成方式?

3. 在实验操作步骤中，加入活性炭的目的是什么?

4. 制备4′-甲基-(1,1′-联苯)-4-腈的偶联反应中选用氰基取代的苯环作为卤代烃进行偶联反应还是选用甲基取代的苯环作为卤代烃进行偶联反应，为什么?

【参考文献】

[1] Johansson Seechurn C C C，Kitching M O，Colacot T J，et al. *Angew. Chem. Int. Ed.*，2012，51：5062-5085.

[2] Beller M，Blaser H.-U. Eds. *Organometallics as Catalysts in the Fine Chemical Industry*. Berlin，Heidelberg：Springer-Verlag，2012.

[3] Miyaura N，Yamada K，Suzuki A. *Tetrahedron Lett*，1979，36：3437.

[4] Chalker J M，Wood C S C，Davis B G A. *J. Am. Chem. Soc.*，2009，131：16346-16347.

实验四十五　过渡金属催化偶联反应探索实验

【实验目的】

1. 了解催化反应中影响催化体系的催化活性的因素。
2. 学习文献检索方法。
3. 学习如何对反应的结果进行评估及分析。
4. 学习如何发展新的合成方法。

【实验预习】

1. 过渡金属催化偶联反应的方法及机理。
2. 文献检索方法。
3. 无氧操作。
4. 气相色谱原理、操作及定量分析方法。
5. 柱色谱实验操作。

【实验原理】

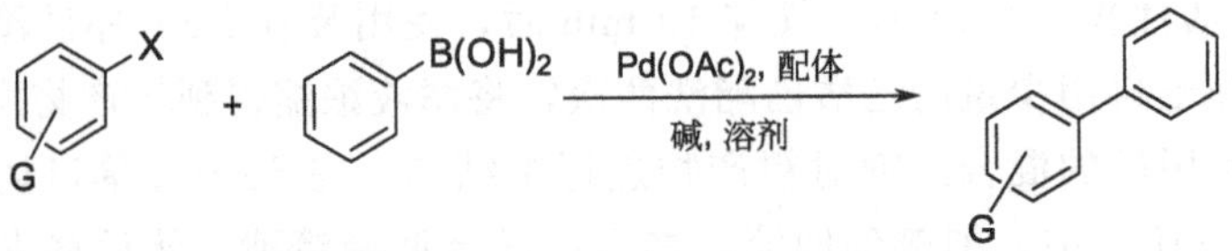

本实验将进一步向大家介绍如何开展探索性实验，如何根据初步实验结果，通过优化反应条件，建立具有应用性的合成方法。

【实验试剂】

苯硼酸，乙酸钯，氮气，正丙醇，乙酸乙酯，石油醚，无水硫酸钠。

配体：三苯基膦，1,1′-联萘-2,2′-双二苯膦（BINAP），1,1′-双(二苯基膦)二茂铁（DPPF）。

碱：碳酸钾，碳酸铯，碳酸钠，氢氧化钾。

卤代芳烃：对叔丁基溴苯，对氯溴苯，对硝基氯苯，邻甲基溴苯。

【实验步骤】

25 mL 三口烧瓶中配置聚四氟乙烯搅拌子、温度计、回流冷凝管、橡胶塞及带有长针头的氮气气球，加入卤代芳烃（1.0 mmol，1.0 equiv.）、苯硼酸（1.2 mmol，1.2 equiv.）、均四甲苯（1.0 mmol，定量内标）及正丙醇（3 mL），室温开动搅拌。然后向反应液中加入乙酸钯（0.02 mmol，摩尔分数 2%）、配体（单齿配体 0.044 mmol，摩尔分数 4.4%或双齿配体 0.022 mmol，摩尔分数 2.2%）及碱的水溶液（2.5 mmol，2.5 equiv.，3 mL）。将带有长针头的氮气气球通过橡胶塞插入反应混合液液面下，换气 30s 将这个氮气气球撤掉。在回流冷凝管上端加上橡胶塞，插入一个新的氮气气球，在氮气氛围下将反应体系加热回流，大约反应 4 h，将反应液冷却至室温，加入水（3 mL），将反应液加入乙酸乙酯（3 mL）稀释，然后转移到分液漏斗中进行分液。水相用乙酸乙酯（3 mL）萃取，合并有机相，取样进行气相色谱分析。或将有机相进行干燥后，旋蒸除去溶剂，粗产物通过柱色谱进行纯化。

1. 研究配体结构对催化体系的催化活性的影响

选择反应活性适中的卤代芳烃与苯硼酸的偶联反应为模板反应来研究催化体系中的影响因素。本实验可以选用对叔丁基溴苯的偶联反应为模板反应，选用正丙醇与水的混合溶剂为溶剂、Cs_2CO_3 为碱，使用提供的三种膦配体及不加配体进行一组对照实验（注意：初试条件可以根据查阅文献总结的常用条件来设置）。使用气相色谱检测每一个反应体系，根据老师提供的对叔丁基溴苯（原料）、对叔丁基联苯、可能形成的副产物（叔丁基苯及联苯）和内标的标准气相色谱图，以及内标对原料及产物的校正因子，对得到的气相色谱图进行分析，分别给出每个反应体系中存在的化合物的质量，并计算出原料的转化率及每个产物的产率。将数据列表进行总结，找出最佳的配体，并讨论配体的结构对催化剂活性的影响。

实验序号	配体	对叔丁基溴苯转化率/%	对叔丁基联苯产率/%	叔丁基苯产率/%	联苯产率/%
1	—				
2	PPh_3				
3	BINAP				
4	DPPF				

2. 研究碱对催化体系的催化活性的影响

根据第一项配体影响的实验结果，使用最佳的配体，以及提供的碱进行一组对照实验，研究碱的影响。使用气相色谱检测反应体系，然后对得到的气相色谱图进行分析，分别给出每个反应体系中存在的化合物的质量，并计算出原料的转化率及每个产物的产率，将数据列表进行总结，讨论碱对催化剂活性的影响。

实验序号	配体	对叔丁基溴苯转化率/%	对叔丁基联苯产率/%	叔丁基苯产率/%	联苯产率/%
1	K_2CO_3				
2	Cs_2CO_3				
3	Na_2CO_3				
4	KOH				

总结以上实验数据，给出钯催化芳基卤代烃与苯硼酸偶联反应的最佳条件。然后在最佳条件下完成本实验提供的四种具有不同结构卤代烃，通过 TLC 监测原料完全转化的反应时间，并通过柱色谱对每个偶联产物进行纯化分离，且进行核磁共振表征。将数据列表进行总结，讨论不同结构卤代芳烃的反应活性。

实验序号	卤代芳烃	反应时间/h	卤代芳烃的转化率/%	取代联苯的产率/%
1	对叔丁基溴苯			
2	对氯溴苯			
3	对硝基氯苯			
4	邻甲基溴苯			

产物表征数据如下。

对叔丁基联苯：^{1}H NMR（400 MHz, $CDCl_3$）δ1.37（s, 9H），7.30～7.36（m, 1H），7.40～7.50（m, 4H），7.50～7.56（m, 2H），7.56～7.62（m, 2H）；^{13}C NMR（100 MHz, $CDCl_3$）δ 150.2，141.0，138.3，128.7，127.0，127.0，126.8，125.7，34.5，31.4。

对氯联苯：^{1}H NMR（400 MHz, $CDCl_3$）δ 7.35～7.58（m, 9H）；^{13}C NMR（100 MHz, $CDCl_3$）δ 140.0，139.6，133.4，128.9，128.4，127.6，127.0。

对硝基联苯：^{1}H NMR（400 MHz, $CDCl_3$）δ 7.49～7.41（m, 3H），7.58（d, J = 6.0 Hz, 2H），7.68（d, J = 7.4 Hz, 2H），8.22（d, J = 7.4 Hz, 2H）；^{13}C NMR（100 MHz, $CDCl_3$）δ 147.6，147.1，138.8，129.2，128.9，127.8，127.4，124.1。

邻甲基联苯：^{1}H NMR（400 MHz, $CDCl_3$）δ 2.28（s, 3H, CH_3），7.20～7.29（m, 4H），7.30～7.38（m, 3H），7.38～7.47（m, 2H）^{13}C NMR（100 MHz, $CDCl_3$）141.9，135.3，130.3，129.8，129.2，128.0，127.2，127.1，126.7，125.8，20.5。

5.3.2 Heck 反应：合成芳基烯烃

Mizoroki 和 Heck 分别报道了钯催化的烯烃与卤代芳烃之间反应可以形成新的碳-碳键，此后这类反应称为 Mizoroki-Heck 反应或 Heck 反应[1]。相对于经典的芳基碳-碳键的合成方法例如傅-克反应，Mizoroki-Heck 反应具有极好的底物兼容性、温和的反应条件及反应废物少等优点。Heck 反应逐渐发展为非常有效的碳-碳键形成的方法，也被广泛应用到药物及农药的合成中，例如：治疗艾滋病的盐酸利匹韦林，治疗偏头痛的依立曲坦以及除草剂氟磺隆[2]。

PdY_2/配体 或 $Pd_2(dba)_3$/配体；碱，溶剂；50～190 °C

X=I, Br, Cl, $N_2^+X^-$, OSO_2R, COCl, COC(OAr), $CO_2CHR{=}CH_2$

Y= Cl, OAc

碱=Et_3N, $NaHCO_3$, K_2CO_3, KOAc, K_3PO_4

Heck 反应的催化剂通常为零价钯化合物，也可以使用二价钯化合物通过在反应体系中快速还原得到零价钯化合物来催化反应。反应中使用的溶剂一般为非质子极性溶剂，如 DMF 和 NMP。在研究早期，只有溴代芳烃及碘代芳烃可以用作芳基试剂，经过近年来不断的研究发展，氯代芳烃、芳基三氟甲磺酸酯、芳基重氮盐、芳酰氯、芳基酸酐等也可以作为芳基化试剂；此外，烯基卤代烃、苄基卤代烃以及烯丙基卤代烃也可以作为偶联试剂。对于烯烃底物，可以为单取代烯烃和二取代烯烃、缺电子烯烃、电中性烯烃及富电子烯烃。Heck 反应通常具有一定区域及立体选择性。反应的速率及区域选择性与烯烃底物的空间位阻紧密相关。对于简单的卤代芳烃与不同官能化烯烃的反应速率为下列顺序：

$$\begin{array}{cccccc} & CH_2{=}CH_2 > & CH_2{=}CHOAc > & CH_2{=}CHMe > & CH_2{=}CHPh > & CH_2{=}C(Me)Ph \\ k_{rel.} & 14000 & 970 & 220 & 42 & 1 \end{array}$$

具有吸电子基的烯烃发生 Heck 反应通常得到 β-芳基化产物，而具有给电子基的烯烃可能会得到 β-芳基化产物及 α-芳基化产物的混合物。该反应的区域及立体选择性可以通过使用的配体等条件进行相应的调节。例如：使用双齿配位的钯催化剂时，区域选择性可以根据离去基团的选择来控制：离去基团为三氟甲磺酸根类的非配位性的阴离子，主要得到 α-芳基化产物；而离去基团为卤素负离子时主要得到 β-芳基化产物。Heck 反应通常选择在有机溶液中具有一定溶解度的乙酸钯作为前体催化剂（钯源），其可以被三乙胺在体系内还原为零价钯来催化反应[3]。

实验四十六　邻溴肉桂酸的合成

【实验目的】

1. 学习过渡金属催化 Heck 反应原理。
2. 学习过渡金属催化 sp^2 碳-sp^2 碳键的形成方法。
3. 学习无氧操作。

【实验预习】

1. 过渡金属催化交叉偶联反应。
2. 无水无氧操作。
3. 重结晶实验操作。

【实验原理】

2-溴碘苯 + 丙烯酸 + Et_3N $\xrightarrow[\text{2) HCl}]{\text{1) Pd(OAc)}_2\text{, CH}_3\text{CN}}$ 邻溴肉桂酸 + $Et_3\overset{+}{N}H\overset{-}{Cl}$

本实验以钯催化的溴代碘苯与丙烯酸的 Heck 反应合成邻溴肉桂酸为例来学习 Heck 反应。采用乙酸钯为前体催化剂，三乙胺为碱，以乙腈为反应溶剂。与 Suzuki 偶联反应类似，其活性催化剂为零价钯配合物，防止在反应过程中活性催化剂被空气氧化。该反应一般在惰性气体（例如氮气）保护下进行。

Heck 反应机理（图 5-20）：二价钯化合物可以在叔胺（例如三乙胺）作用下还原为零价钯化合物；零价钯与芳基卤代物发生氧化加成形成二价芳基钯配合物；然后经历烯烃的碳碳双键的插入，形成的钯化合物发生碳碳键的旋转使芳基钯化合物的 β-位碳原子上的氢原子与钯处于顺势（同侧），接着发生 β-H 消除形成烯烃与芳基卤代物的偶联产物芳基烯烃及卤钯氢化物，其在叔胺作用下发生还原消除再形成零价钯催化剂。Heck 反应机理中的这四步反应：氧化加成、烯烃插入、β-氢消除及还原消除是许多有机金属催化剂催化反应中经典的步骤（基元反应）。其中，离去基团的性质可能影响反应速率，即氧化加成可能是决速步。碘代芳烃反应迅速，而溴代芳烃反应较慢得到反应产物。芳基碳-碘键的断裂比芳基碳-氯键或芳基碳-溴键容易，这与它们的键能一致。不同碳-卤键发生氧化加成的反应活性顺序为C—I>C—Br≫C—Cl，这与大家熟悉的制备格氏试剂时卤代芳烃的反应顺序相同，它们都是金属与 sp^2 碳卤键的氧化加成。

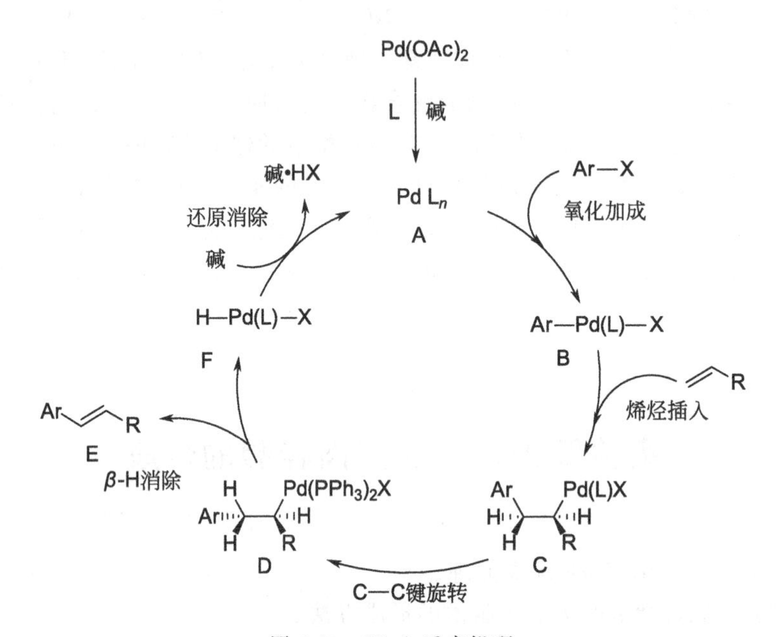

图 5-20　Heck 反应机理

【实验试剂】

对溴碘苯，丙烯酸，三乙胺，乙酸钯，氮气，乙腈，乙酸乙酯，正己烷，95%乙醇。

【实验步骤】

50 mL 三口烧瓶中配置聚四氟乙烯搅拌子、温度计、回流冷凝管及橡胶塞［图 5-19(a)］。在三口烧瓶中加入对溴碘苯（1.41 g，5.0 mmol，1.0 equiv.）、丙烯酸（0.450 g，6.25 mmol，1.25 equiv.）及乙腈（15 mL），室温搅拌下加入三乙胺（1.26 g，12.5 mmol，2.5 equiv.），然后向反应液中加入乙酸钯（11.0 mg，0.05 mmol，摩尔分数 1.0%），将带有长针头的氮气气球通过橡胶塞插入反应混合液液面下，换气 30 s，将这个氮气气球撤掉。在回流冷凝管上端塞上橡胶塞，再插入一个新的氮气气球［图 5-19(b)］，在氮气氛围下将反应体系加热至 90～100 ℃。通过 TLC（展开剂：正己烷或石油醚）监测反应进程，大约反应 1 h，对溴碘苯原料完成转化。将反应液冷却至室温后转移到单口烧瓶中，通过减压旋蒸除去溶剂，得到的剩余物缓慢倒入装有 3mol/L 盐酸（15 mL）的烧杯中。充分搅拌后，灰白色固体析出，使用布氏漏斗进行过滤，固体用水洗三次，抽干后得到粗产物。

使用 95%乙醇及水的混合溶剂对粗产物进行重结晶。在 50 mL 单口烧瓶中，将粗产物悬浮在 95%乙醇（大约 15 mL）中，加热到回流，补加 95%乙醇至溶液澄清的接近饱和溶液。冷却至室温后加入 5%（粗产物质量）左右活性炭，然后再加热溶液 15 min，趁热过滤，固体用少量的热乙醇洗涤一次。得到的滤液中按 95%乙醇与水比例为 4∶3 的比例加入热水，然后将溶液冷却使晶体析出。通过抽滤分离得到晶体，晶体用少量的冷乙醇和水的混合溶剂洗涤。干燥晶体得到目标产物，其熔点为 216～219 ℃。

产物表征数据：^{1}H NMR（400 MHz,DMSO-d_6）δ 6.59（d,J=16 Hz,1H），7.45～7.33（m,2H），7.70（d,J=4 Hz,1H），7.91～7.72（m,2H）；^{13}C NMR（100 MHz,DMSO-d_6）δ 167.1，141.4，133.5，133.2，131.9，128.4，128.3，124.5，122.4。

注释：乙酸钯具有一定的刺激性；丙烯酸有较强的腐蚀性及中等毒性，实验操作中需要戴防护手套，如果皮肤上有接触需要马上用大量流动的水冲洗。当反应规模扩大时，反应装置需要安装进气及出气口，使用氮气或氩气系统来保持体系的惰性气体氛围，反应装置不能密闭！

【思考题】

1. Heck 反应中加入的催化剂为乙酸钯，其在反应体系中如何转化为零价钯催化剂？

2. 为什么反应结束后先除去反应溶剂后，再进行酸化？

3. 反应中 Et_3N 的作用是什么？

4. Heck 反应中选择催化剂时应该考虑哪些影响因素？如果使用更高催化活性的 $Pd(OAc)_2/t\text{-}Bu_3P$ 是否可行？

5. 产物中双键的构型是顺式的还是反式的，如何确定？

【参考文献】

[1] Heck K F，Nolley J P. *J. Org. Chem.*，1972，37：2320-2322.

[2] Beller M，Blaser H-U Eds. *Organometallics as Catalysts in the Fine Chemical Industry*. Berlin，Heidelberg：Springer-Verlag，2012.

[3] Martin W B，Kateley L J. *J. Chem，Educ*，2000，77：757-759.

5.3.3 铜催化卤代芳烃与胺的偶联反应

含有芳基碳-杂原子键结构单元（如：芳香胺、*N*-芳基杂环、酚、二芳基醚及芳基砜等）广泛存在于药物、农用化学品、天然产品和功能材料中。通过芳烃的亲核取代反应来合成这些结构单元，具有很大的局限性：芳环上需要具有强的吸电子基，反应条件比较苛刻，官能团的兼容性较差。近年来发展的过渡金属催化的交叉偶联反应是合成含有这些结构单元化合物最有效的方法，其中过渡金属催化芳基碳-氮键的形成以及 Suzuki 偶联反应是药物化学领域中最常用的两个转化。

迄今为止，大多数过渡金属催化的交叉偶联反应采用钯配合物作为催化剂，例如众所周知的 Heck、Suzuki、Stille、Negishi、Sonogashira 和 Buchwald-Hartwig 偶联反应。但金属钯的储量较少，钯催化剂的价格通常比较昂贵。相对于金属钯，过渡金属铜储量比较丰富，价格相对便宜，并且铜催化的交叉偶联反应比钯催化的交叉偶联反应具有更长久的历史。在 20 世纪初期，F. Ullmann 就报道了在当量的铜盐存在下，一些芳基卤化物在 210～260 ℃温度下可以发生二聚得到二芳基化合物；卤代芳烃与苯胺在苯胺回流条件下可以偶联得到二芳基胺；溴代芳烃与苯酚在 210～230 ℃温度下反应可以得到二芳基醚[1]。尽管这些偶联反应在 20 世纪的合成领域中获得大量的关注，在学术界和工业界都有大量应用，但这些反应通常需要苛刻的反应条件（高反应温度和强碱），底物适用范围非常有限，此外需要使用大量的铜试剂。在 20 世纪 90 年代后期的研究中克服了这些典型的缺点，使用一些双齿配体可以促进铜催化的乌尔曼反应（Ullmann 反应）。这些进步极大地扩大了芳基碳-杂原子偶联反应的适用范围，使这些偶联反应可以在相对温和的条件下，低的催化剂使用量下进行[2]。

在配体促进的铜催化碳-杂原子偶联反应的领域中，发展了数百个双齿配体可以加速铜催化的交叉偶联反应。在这些配体存在下，反应温度和催化剂负载量可以大大降低，同时反应产率有显著的提高。本章实验以铜催化四氢异喹啉的氮原子的芳基化反应为例，对比在简单乙二醇存在或草酰胺作为配体的催化体系的催化活性，了解过渡金属催化反应中合适的配体对反应活性的影响。

实验四十七　碘化亚铜催化碘苯与四氢异喹啉的偶联反应

【实验目的】

1. 学习过渡金属催化乌尔曼偶联反应原理。
2. 学习过渡金属催化 sp^2 碳-氮键的形成方法。
3. 学习无水无氧操作。

【实验预习】

1. 过渡金属催化交叉偶联反应。
2. 无水无氧操作。
3. 柱色谱实验操作。

【实验原理】

10%(摩尔分数)CuI, K_3PO_4, 90 °C, *i*-PrOH, $HOCH_2CH_2OH$

四氢异喹啉是许多具有生物活性有机分子中的重要结构单元，是许多生物碱、天然产物以及小分子药物中普遍存在的核心单元结构。本实验以铜催化四氢异喹啉的氮原子的芳基化反应为例来学习 Ullmann 反应的实验操作，在反应过程中为了防止活性催化剂（一价铜配合物）被空气氧化，一般在惰性气体（例如氮气）保护下进行。

【实验试剂】

四氢异喹啉，碘苯，碘化亚铜，氮气，磷酸钾，异丙醇，乙二醇，乙酸乙酯，正己烷，乙醚，无水硫酸钠。

【实验步骤】

50 mL 三口烧瓶配置聚四氟乙烯搅拌子、温度计、回流冷凝管及橡胶塞，加入碘化亚铜（95 mg，0.5 mmol）、磷酸钾（2.12 g，10.0 mmol）以及异丙醇（5.0 mL）和乙二醇（1.00 g，0.8 mL，15.0 mmol）。将反应混合物在室温搅拌下，加入四氢异喹啉（0.67 g，0.63 mL，5 mmol）和碘苯（1.23 g，6 mmol）。将带有针头的氮气气球针头通过橡胶塞插入反应混合液液面下［图 5-19(a)］，换气 30 s 将氮气气球撤掉，在回流冷凝管上端塞上橡皮塞并插上一个新的氮气气球［图 5-19(b)］，在氮气氛围下将反应体系加热至 85～90 ℃。TLC（展开剂：正己烷∶乙酸乙酯＝10∶1）监测反应进程，大约反应 12 h。当四氢异喹啉完成转化，将反应液冷却至室温，加入水（10 mL）及乙醚（10 mL）。然后将混合物转移到分液漏斗中进行分液。分出有机相后，水相再用乙醚（5 mL×2）萃取两次，合并有机相并用饱和食盐水（5 mL×2）洗两次。将有机相倒入干燥的锥形瓶中，加入适量的干燥剂（无水硫酸钠）干燥 15 min。过滤除去干燥剂，将得到的滤液旋转蒸发除去溶剂得到粗产物固体。通过柱色谱（图 5-14）进行纯化得到目标产物 *N*-苯基四氢异喹啉（淋洗剂：正己烷：乙酸乙酯＝40：1），熔点为 45～46 ℃。

产物表征数据：^{1}H NMR（400 MHz，$CDCl_3$）δ 3.02（t，J＝5.9 Hz，2H），3.59（t，J＝5.9 Hz，2H），4.44（s，2H），6.86（t，J＝7.3 Hz，1H），7.02（d，J＝8.1 Hz，2H），7.28～7.14（m，4H），7.32（td，J＝7.4 Hz，1.8 Hz，2H）；^{13}C NMR（100 MHz，$CDCl_3$）δ 150.7，135.0，134.6，129.3，128.6，126.7，126.5，126.2，118.8，115.3，50.9，46.7，29.2。

注释：当反应规模扩大时，反应装置需要安装进气及出气口，使用氮气或氩气系统来保持体系的惰性气体氛围，反应装置不能密闭！

【思考题】

1. 反应中加入乙二醇的作用是什么？

2. 反应的产物是叔胺，是否可以通过将产物形成盐的形式进行提纯？如果可行，设计相应的提纯步骤？

3. 在对产物进行柱色谱纯化时，如果使用的吸附剂为硅胶，产物可能会出现拖尾现象，原因是什么？如果出现拖尾现象比较严重时，可以采用什么方法来解决拖尾现象？

实验四十八　配体 DMPAO［2-(2,6-二甲基苯基氨基)-2-氧代乙酸］的合成

【实验目的】

1. 学习单草酰胺类配体的合成。
2. 讨论合成路线的选择。

【实验预习】

1. 羧酸衍生物的亲核取代反应。
2. 无水操作。

【实验原理】

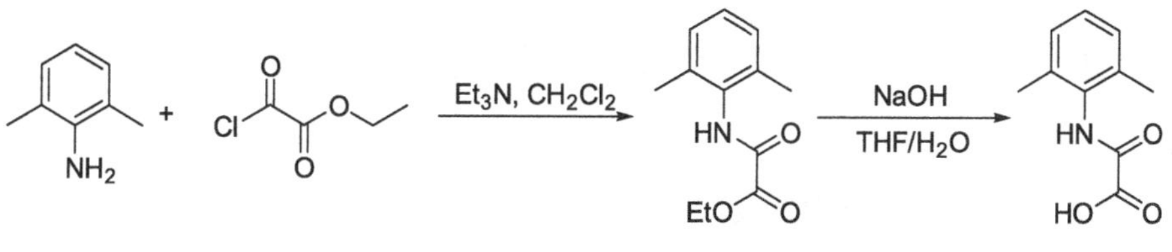

【实验试剂】

2,6-二甲基苯胺，三乙胺，草酰氯单乙酯，二氯甲烷，四氢呋喃，氢氧化钠，盐酸，乙酸乙酯，正己烷，无水硫酸钠。

【实验步骤】

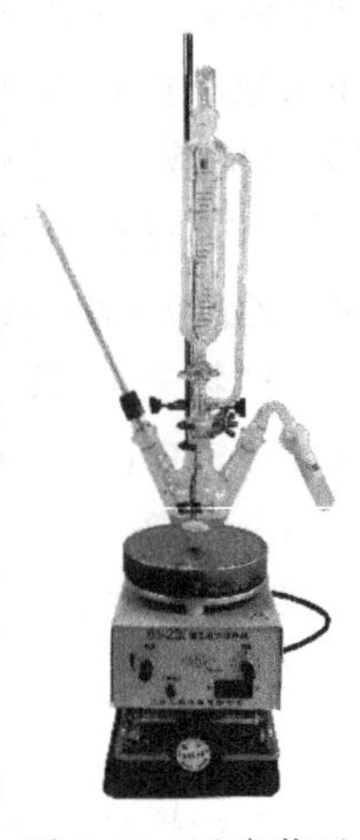
图 5-21　反应装置

干燥的 100 mL 三口烧瓶配置聚四氟乙烯搅拌子、温度计、恒压滴液漏斗及装有无水氯化钙的干燥管（图 5-21），依次加入 2,6-二甲基苯胺（2.42 g，20.0 mmol）、CH_2Cl_2（20 mL）及三乙胺（2.43 g，24.0 mmol），用冰水浴冷却。然后滴加草酰氯单乙酯（3.01 g，22.0 mmol）溶于 CH_2Cl_2（10 mL）的溶液中，滴加过程维持反应体系温度不超过 30 ℃。滴加完毕，撤去冰水浴，反应体系在室温下搅拌。通过 TLC（展开剂：正己烷：乙酸乙酯＝10：1）监测反应进程，当 2,6-二甲基苯胺转化完毕，大约 2 h，缓慢向反应体系中加入水（30 mL）。然后将混合物转移到分液漏斗中进行分液，水相再用 CH_2Cl_2 萃取一次，合并有机相，用水（15 mL）洗涤一次，有机相使用无水硫酸钠干燥。过滤除去干燥剂，将得到的滤液旋转蒸发除去溶剂得到中间体——草酰胺乙酯的粗产物。

在 100 mL 单口烧瓶中将上述得到的粗产物溶于 THF（10 mL），再加入水（10 mL）及 NaOH（0.80 g，20.0 mmol）的水溶液（10 mL）。反应混合物在室温下搅拌，TLC（展开剂：正己烷：乙酸乙酯＝2：3）监测反应进程。当草酰胺乙酯转化完全后，大约 2 h，将反应溶剂减压浓缩一半后，使用 2mol/L 盐酸将反应体系酸化至 pH 值为 3 左右，体系有白色固体析出。减压过滤得到固体，固体再用水洗一次，真空干燥得到目标产物 DMPAO 为白色固体，熔点为 178～180 ℃。

产物表征数据：^{1}H NMR（400 MHz，$CDCl_3$）δ 2.21（s，6H），5.12（brs，2H），7.20～7.10（m，3H）；^{13}C NMR（100 MHz，$CDCl_3$）δ 162.7，158.9，136.6，134.3，129.1，128.8，18.3。

注释：草酰氯单乙酯易潮解，因此称量过程应尽量快，防止其水解，并且试剂瓶使用完毕要尽快盖好，第一步反应装置需要干燥。

【思考题】

1. 配体 DMPAO 是否可以采用草酰氯与 2,6-二甲基苯胺反应来合成，并给出理由。
2. 第一步合成草酰胺乙酯的反应中，TLC 监测发现原料 2,6-二甲基苯胺不能完全转化，一直有剩余，如何解决这一问题？
3. 在反应的第二步水解酯基反应中，为什么用四氢呋喃和水的混合溶剂？是否可以只用氢氧化钠水溶液进行酯的水解？
4. 第二步水解酯基的反应中，为什么在酸化前需要先将溶剂减压浓缩一半后，再进行酸化？

实验四十九　铜及草酰胺配体催化卤代烃与胺的偶联反应

【实验目的】

1. 学习配体促进的铜催化偶联反应。
2. 学习过渡金属催化 sp^2 碳-氮键的形成方法。
3. 学习无水无氧操作。

【实验预习】

1. 过渡金属催化交叉偶联反应。

2. 无水无氧操作。

3. 柱色谱实验操作。

【实验原理】

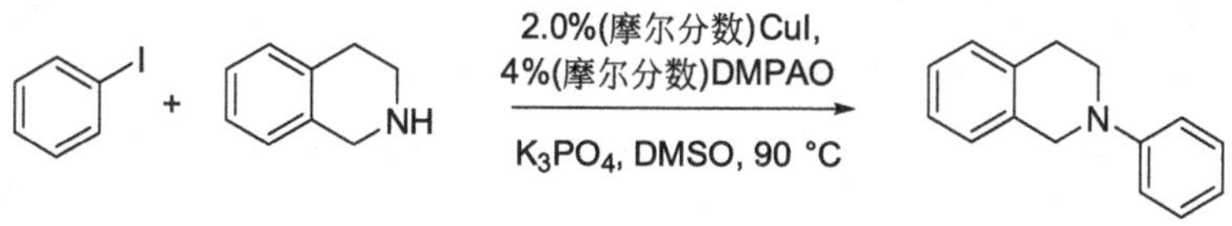

马大为教授课题组发展了一系列容易制备的 N,N'-二取代草酰胺配体，它们可以非常有效地促进铜催化的交叉偶联反应。在一些催化体系中，价廉、易得的芳基氯化物可以在温和的条件下发生偶联反应，芳基碘化物和溴化物也可以在较低反应温度和低催化剂负载量的条件下发生偶联反应。其中一种价廉的单草酰胺配体［2-(2,6-二甲基苯基氨基)-2-氧代乙酸(DMPAO)］在铜催化的碳-氮偶联反应中显示出较高的催化活性，可实现芳基卤化物与脂肪族环状及非环状仲胺的高效偶联[3]。其可能的机理（图 5-22）为：DMPAO 通过其羧基氧负离子及酰胺的羰基氧以双齿形式与 CuI 配位形成配合物 A，铜的配合物 A 与卤代芳烃发生氧化加成得到三价铜的配合物 B。然后配合物 B 可以在碱的帮助下与胺发生配体交换得到配合物 D，最后发生还原消除得到偶联产物芳基化胺及催化剂 A 的再生。在这个催化循环中配体的电子性质可能使中间体 D 的形成更容易，使得偶联反应可以顺利进行。

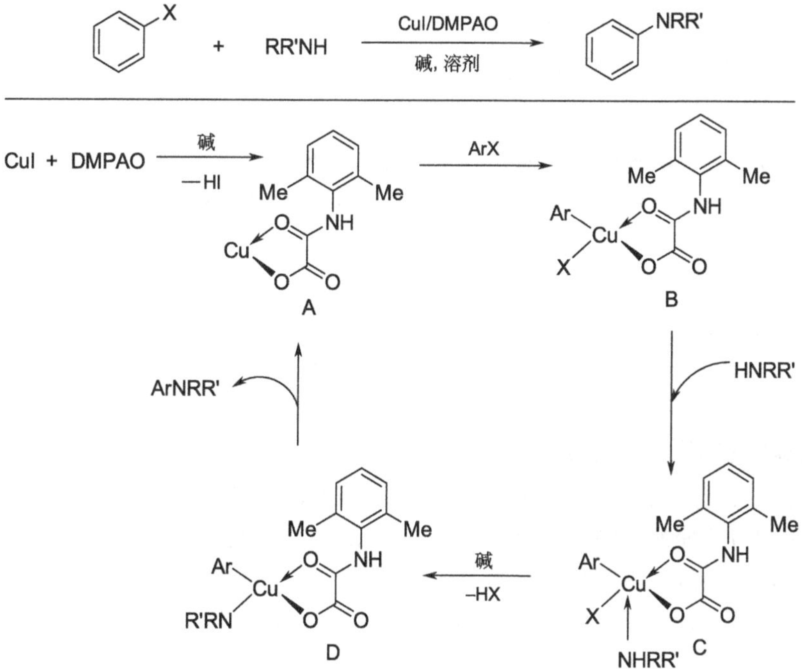

图 5-22 铜/DMPAO 催化芳基卤代烃与胺偶联反应机理

【实验试剂】

四氢异喹啉，碘苯，碘化亚铜，DMPAO［2-(2,6-二甲基苯基氨基)-2-氧代乙酸］，氮气，磷酸钾，二甲亚砜，乙酸乙酯，正己烷，乙醚，无水硫酸钠。

【实验步骤】

50 mL 三口烧瓶配置聚四氟乙烯搅拌子、温度计、回流冷凝管及橡胶塞，加入碘化亚铜（19.0 mg，0.1 mmol）、DMPAO（38.6 mg，0.2 mmol）、碘苯（1.23 g，6.0 mmol）和 DMSO（5 mL）。将反应混合物在室温搅拌下，依次加入磷酸钾（2.12 g，10.0 mmol）及四氢异喹啉（0.67 g，0.63 mL，5.0 mmol）。将带有长针头的氮气气球针头通过橡胶塞插入反应混合液液面下［图 5-19(a)］，换气 30 s 后将氮气气球撤掉。在回流冷凝管上端塞上橡胶塞，再插入一个新的氮气气球［图 5-19(b)］，在氮气氛围下将反应体系加热至 85～90 ℃。TLC（展开剂：正己烷：乙酸乙酯＝10：1）监测反应进程，当四氢异喹啉完成转化，将反应液冷却至室温，加入水（10 mL）及乙醚（10 mL）。然后将混合物转移到分液漏斗中进行分液。分出有机相后，水相再用乙醚（5×2 mL）萃取两次，合并有机相并用饱和食盐水（5×2 mL）洗两次。将有机相倒入干燥的锥形瓶中，加入适量的干燥剂（无水硫酸钠）干燥 15 min。过滤除去干燥剂，将得到的滤液旋转蒸发除去溶剂得到粗产物固体。通过柱色谱（图 5-14）进行纯化得到目标产物 *N*-苯基四氢异喹啉（淋洗剂：正己烷：乙酸乙酯＝40：1）。熔点为 45～46 ℃。

产物表征数据：^{1}H NMR（400 MHz，$CDCl_3$）δ 3.02（t，J＝5.9 Hz，2H），3.59（t，J＝5.9 Hz，2H），4.44（s，2H），6.86（t，J＝7.3 Hz，1H），7.02（d，J＝8.1 Hz，2H），7.28～7.14（m，4H），7.32（td，J＝7.4 Hz，1.8 Hz，2H）；^{13}C NMR（100 MHz，$CDCl_3$）δ 150.7，135.0，134.6，129.3，128.6，126.7，126.5，126.2，118.8，115.3，50.9，46.7，29.2。

注释：当反应规模扩大时，反应装置需要安装进气及出气口，使用氮气或氩气系统来保持体系的惰性气体氛围，反应装置不能密闭！

【思考题】

对比实验四十七与实验四十九两个铜催化的反应体系中催化剂的使用量、反应速率及偶联产物的产率，讨论在金属催化反应中影响催化体系催化活性的因素有哪些，如何影响其催化活性。

【参考文献】

[1] Evano G，Blanchard N. Eds. *Copper-Mediated Cross-Coupling Reactions*. John Wiley & Sons，Inc，2014.

[2] Bhunia S，Pawar G G，Kumar S V，et al. *Angew. Chem. Int. Ed.*，2017，56：16136-16179.

[3] Zhang Y，Yang X，Yao Qi，et al，*Org. Lett*，2002，4：581-584.

5.3.4 铜催化卤代芳烃与酚的偶联反应

二芳基醚是天然产物、医药、农药及功能材料中的重要结构单元。Ullmann 报道的铜催化芳基卤化物与苯酚的偶联是合成这类结构单元的最常用合成方法，但此过程通常需要苛刻的反应条件，并且需要使用化学计量的铜催化剂。这些弊端大大限制了该合成方法的实用性。近年来研究表明在铜催化的 Ullmann 反应中引入双齿配体可以使这类芳基碳-氧键的形成在较温和的条件下进行。其中以易得的氨基酸衍生物作为配体的铜催化 Ullmann 偶联反应已经被大量应用于天然产物及功能分子的合成中[1]。

实验五十　铜/氨基酸配体催化二芳醚的合成

【实验目的】

1. 学习二芳醚的合成方法。

2. 学习过渡金属催化 sp^2 碳-氧键的形成方法。

3. 根据目标产物选择适当的催化体系。

【实验预习】

1. 过渡金属催化交叉偶联反应。

2. 无水无氧操作。

3. 柱色谱实验操作。

【实验原理】

Br Cl + OH OMe + Cs_2CO_3 —10%(摩尔分数)CuI, 30%(摩尔分数)*N*,*N*-二甲基甘氨酸 / 1,4-二氧六环 105～110 ℃→ Cl OMe

HO_2C N · HCl O O Cl

DG-051

4-甲氧基-4′-氯二苯醚是 DG-051（第一代的白三烯 A4 水解酶抑制剂，可以预防心脏病发作）重要的合成中间体[2]。4-甲氧基-4′-氯二苯醚的合成通常采用对溴氯苯为原料。氯代芳烃和溴代芳烃都可以作为过渡金属（钯或铜）催化偶联反应的原料，但其反应活性具有一定的差异，采用适当的催化体系可以高选择性地实现溴代芳烃的反应，并实现氯取代基的保留。本实验采用 *N*,*N*-二甲基甘氨酸与碘化亚铜组成的催化剂体系来催化对溴氯苯与4-甲氧基苯酚的偶联反应合成 4-甲氧基-4′-氯二苯醚。

【实验试剂】

4-溴氯苯，4-甲氧基苯酚，碘化亚铜，*N*,*N*-二甲基甘氨酸盐酸盐，氮气，碳酸铯，1,4-二氧六环，乙酸乙酯，正己烷，甲基叔丁基醚，无水硫酸钠。

【实验步骤】

50 mL 三口烧瓶配置聚四氟乙烯搅拌子、温度计、回流冷凝管及橡胶塞［图 5-19(a)］，加入 4-溴氯苯（191.5 mg，1.0 mmol）和 4-甲氧基苯酚（299.3 mg，0.8 mmol，0.8 equiv.）及 1,4-二氧六环（10 mL），室温搅拌下加入碳酸铯（651.6 mg，2.0 mmol，2.0 equiv.）。然后向反应液中加入 *N*,*N*-二甲基甘氨酸盐酸盐（21.0 mmol，15 mmol）及 CuI（19.0 mg，0.1 mmol）；将带有长针头的氮气气球通过橡胶塞插入反应混合液液面下，换气 30 s 将氮气气球撤掉。用橡皮塞将三口烧瓶的侧口塞好，防止反应过程中氮气泄漏。在回流冷凝管上端塞上橡胶塞并插入一个新的氮气气球［图 5-19(b)］，在氮气氛围下将反应体系加热至 110 ℃。通过 TLC（展开剂：正己烷：乙酸乙酯＝20：1）监测反应进程，当 4-甲氧基苯酚原料完成转化，将反应体系冷却至室温，加入甲基叔丁基醚（15 mL）及水（15 mL）。将混合物转移到分液漏斗中进行分液，水相用甲基叔丁基醚（10 mL）萃取一次，合并有机相，依次用水（10 mL）、10％NaOH 水溶液（10 mL×2）和饱和食盐水（10 mL）洗涤，然后用无水 Na_2SO_4 干燥 15 min，过滤除去干燥剂，减压旋转蒸发除去溶剂得到 4-甲氧基-

4′-氯二苯醚的粗产物。通过柱色谱（图 5-14）进行纯化得到目标产物 *N*-苯基四氢异喹啉（淋洗剂：正己烷：乙酸乙酯=100：1）。熔点为 54～55 ℃。

产物表征数据：^{1}H NMR（400 MHz，$CDCl_3$）δ 3.81（s，3H），6.91～6.84（m，4H），6.97（d，*J* = 9.1 Hz，2H），7.24（d，*J* = 8.9 Hz，2H）^{13}C NMR（100 MHz，$CDCl_3$）δ 157.3，156.3，149.9，129.6，127.4，120.9，118.9，115.1，55.7。

注释：当反应规模扩大时，反应装置需要安装进气及出气口，使用氮气或氩气系统来保持体系的惰性气体氛围，反应装置不能密闭！

【思考题】

1. 反应在没有氮气保护下是否可以进行？

2. 钯/烷基膦催化体系也可以催化芳基卤代烃与苯酚的偶联反应，该反应是否可以使用钯/烷基膦催化体系来替代铜催化体系？

3. 反应中使用碳酸铯是否可以用碳酸钾替代？给出解释。

4. 叔丁基甲基醚和乙醚是有机合成操作中常用的醚类溶剂，比较它们的性质，给出大规模合成中通常使用叔丁基甲基醚代替乙醚的原因。

【参考文献】

[1] Bhunia S，Pawar G G，Kumar S V，et al. *Angew. Chem. Int. Ed.*，2017，56：16136-16179.

[2] Enache L A，Kennedy I，Sullins D W，et al. *Org. Process Res. Dev.*，2009，13：1177-1184.

5.4 微波促进有机反应

有机合成通常使用外部热源（例如油浴）通过传导进行加热，但这种能量转移到系统中的方法相对缓慢且效率低下，因为它的效率取决于必须渗透的各种材料的热导率，这种加热模式会导致反应容器的温度高于反应混合物体系内的温度。近年来研究发现微波辐射可以代替化学转化中使用的传统热源，并且相应的化学反应在微波辐射下进行可以得到一定的改善。微波辐射通过将微波能量与反应混合物中存在的分子（溶剂、试剂、催化剂）直接作用而产生有效的内部加热（核内容积加热）。当在密封容器中以微波条件照射时，高微波吸收性溶剂，例如甲醇（tanδ=0.659）可以迅速加热至高于其沸点 100 ℃以上的温度。对于具有极高损耗因子的介质（如离子液体），温度的快速升高甚至更为明显，几秒之内温度可跃升至 200 ℃。通过传统的加热来实现这样的温度变化是非常困难的，高温微波加热过程之中发生的反应，其速率会有显著提高，有时还可能改变产物的分布。例如 Baghurst 和 Mingos 简单地应用阿伦尼乌斯定律计算出，在 27 ℃下需要 68 天才能达到 90%转化率的反应，在 227 ℃时只需 1.61 s 即可达到相同的转化率。

微波增强化学的基础是通过“微波介电加热”效应对物质进行有效加热，这一现象是由于特定的物质（溶剂或试剂）可以吸收微波能量并且将其转化为热能的性质。电磁场中的物质主要通过两个机理进行加热：偶极极化和离子传导。在微波频率下照射导致样品中的偶极子或者离子在应用电场下发生对齐排列。当应用电场发生振荡时，偶极子或离子试图使其自身与交变电场重新对准排列。在这个过程中，能量通过分子摩擦和介电损耗以热的形式损失。该过程产生的热量直接与物质将自身与应用磁场的频率对齐排列的能力相关。通过这个过程产生的热直接与随着应用电场的变化频率重新排列的能力相关。如果偶极子没有足够时间发生重新排列或者随着应用电场的变化调节太快，将没有热产生。特定物质（如溶剂）在微波照射条件下的热性质取决于它的介电性质。在给定的频率及温度下，一个特定物质将电磁能转化为加热的特性由它的损耗因子决定。该损耗因子表示为 e''/e'（$\tan\delta$），其中 e''是介电损耗，它表示电磁辐射转换为热能的效率；而 e'是介电常数，它表示分子被电场极化的能力。为了快速加热及有效吸收，通常需要具有高 $\tan\delta$ 的反应媒介。表 5-1 总结了一些常见有机溶剂的损耗因子。通常，溶剂可分为高（$\tan\delta>0.5$）、中（$\tan\delta=0.1\sim0.5$）和低（$\tan\delta<0.1$）微波吸收溶剂。对于没有永久偶极矩的常见溶剂，如四氯化碳、苯和 1,4-二氧六环，通常认为是对微波透明的媒介。但低 $\tan\delta$ 值的溶剂并不排除作为在微波加热的反应中使用的溶剂。因为一些底物、试剂或催化剂可能是极性的，因此在大多数情况下，反应介质的整体介电性来决定该反应是否可以通过微波进行充分加热。此外，可以通过将极性添加剂（例如离子液体）添加到低吸收的反应混合物中，来增加反应体系整体的微波吸收能力。

由微波介电加热机制的独特性引起的微波效应，称为“特定的微波效应”。微波效应是常规加热无法实现或无法复制的加速度，基本上仍是热效应。此外，一些研究者提出了“非热微波效应”（也称为非热效应）的可能性。非热效应主要是由电场与反应介质中特定分子的直接相互作用引起的。电场的存在会导致偶极分子的取向效应，因此会改变 Arrhenius 方程中的指前因子 A 或活化能（熵项）。尤其是在极性反应机理中，从基态到过渡态的极性增加，从而通过降低活化能来提高反应性[1]。

表 5-1 常用溶剂的损耗因子（$\tan\delta$）①

溶剂	$\tan\delta$	溶剂	$\tan\delta$
乙二醇	1.350	DMF	0.161
乙醇	0.941	1,2-二氯乙烷	0.127
DMSO	0.825	水	0.123
异丙醇	0.799	氯苯	0.101
甲酸	0.722	氯仿	0.091
甲醇	0.659	乙腈	0.062
硝基苯	0.589	乙酸乙酯	0.059
正丁醇	0.571	丙酮	0.054
2-丁醇	0.447	THF	0.047
邻二氯苯	0.280	二氯甲烷	0.042
NMP	0.275	甲苯	0.040
乙酸	0.174	环己烷	0.020

① 2.45 GHz（20 ℃）。

实验五十一 微波促进巴比妥酸的合成

【实验目的】

1. 了解微波促进有机反应的原理及应用范围。
2. 学习羧酸酯与酰胺的成环缩合反应在有机合成中的应用。
3. 学习活泼金属钠的使用。

【实验预习】

1. 羧酸酯与胺的缩合反应。
2. 重结晶操作。

【实验原理】

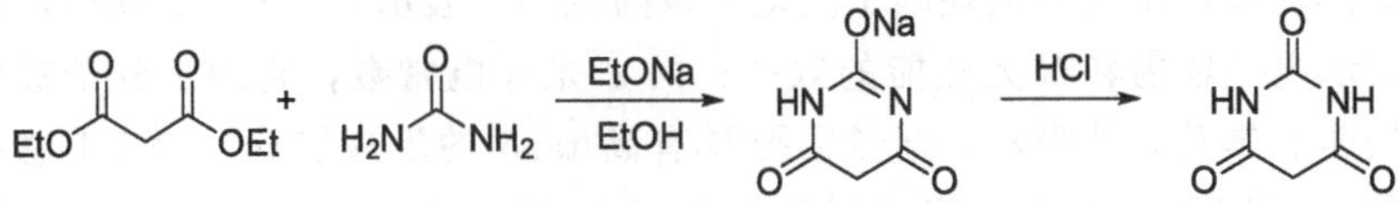

巴比妥酸可以用作催眠药和麻醉剂的中枢神经系统抑制剂。当 R＝R′＝H 时，巴比妥酸没有镇静作用，之所以称为酸是因为其结构中的羰基使酰亚胺氢具有一定的酸性。1864 年，Adolph von Baeyer 首次合成了巴比妥酸。化学家冯·梅林（von Mering）及埃米尔·费歇尔（Emil Fischer）合成了首个催眠（诱导睡眠）的巴比妥酸盐，即 5,5-二乙基衍生物。巴比妥类药物是使用最广泛的安眠药，由于丙二酸二乙酯的活泼亚甲基的位置上比较容易引入取代基，因此已合成了数千种巴比妥酸衍生物。对这些衍生物的研究表明，随着烷基链 R 的延长或双键被引入链中，其作用的持续时间和作用开始的时间减少。当烷基链含有五个或六个碳原子时，会产生最大的镇静作用，例如氨巴比妥（R＝乙基，R′＝3-甲基丁基）和戊巴比妥（R＝乙基，R′＝1-甲基丁基）。本实验以微波促进的丙二酸二乙酯在强碱（乙醇钠）存在下与尿素反应合成巴比妥酸为例学习微波促进有机反应及羧酸酯与酰胺的成环缩合反应。

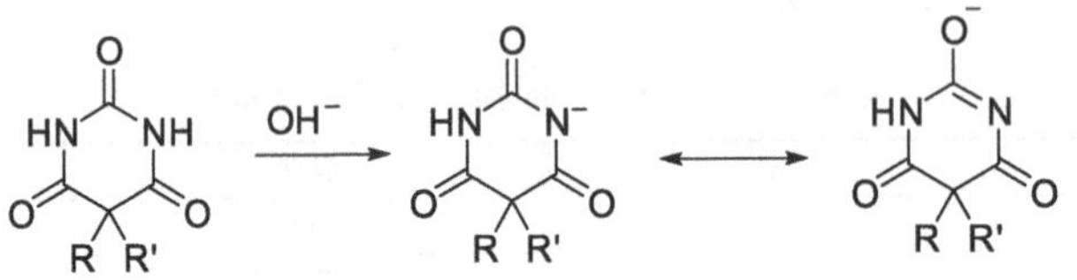

【实验试剂】

丙二酸二乙酯，尿素，钠，盐酸，乙醇。

【实验步骤】

干燥的 150 mL 三口烧瓶配置聚四氟乙烯搅拌子、装有无水氯化钙的干燥管及空心塞，加入无水乙醇（35 mL）。金属钠通常保存在矿物油中，用一把镊子将钠块取出，用小刀或剪子除去钠块表面的氧化物，用正己烷（或石油醚）清洗表面的矿物油，在干燥的烧杯中称重。将金属钠切成小块，将金属小钠块（1.0 g，43.5 mmol）加入反应瓶中，室温搅拌。当金属钠完全反应后，向这个乙醇钠溶液中一次加入干燥的丙二酸二乙酯（6.5 mL，42.8 mmol）和干燥的尿素（2.4 g，40.0 mmol）。将反应烧瓶放入微波炉中，安装回流冷凝器及热电偶，再将装有无水氯化钙的干燥管转移到回流冷凝器顶部。将反应液放置到微波炉中在 65 W 下搅拌照射 40 min（图 5-23）。反应完毕，向反应体系中加入热水（30 mL），加入浓盐酸将反应溶液酸化至 pH＝2～3，趁热过滤，除去不溶物质。将滤液转移到烧杯中，然后放置于冰水浴中结晶。如果结晶速率较慢，可以通过玻璃棒摩擦烧杯壁来加速结晶过程。固体析出，然后通过真空过滤收集产物，使用红外灯干燥产物，得到巴比妥酸，白色晶体，其熔点为 244～245 ℃。

图 5-23　微波反应实验装置

产物表征数据：^{1}H NMR（400 MHz，DMSO-d_6）δ 3.45（s，2H），11.12（s，2H）；^{13}C NMR（100 MHz，DMSO-d_6）δ 168.24，152.13，40.47。

注释： 金属钠需要小心处理。金属钠会与水发生剧烈反应，并可能引起火灾或爆炸，需要避免以任何形式与水分接触；在微波反应中，由于反应体系内温度迅速升高，溶液容易发生暴沸，反应体系需要充分搅拌。

【思考题】

1. 反应中为什么需要使用干燥的丙二酸二乙酯及干燥的尿素？

2. 反应中可能生成的副产物有哪些？为了保证丙二酸二乙酯的完全转化，是否可以使用过量的尿素来促进反应？

3. 是否所有的有机反应都可以使用微波照射来加速？请指出哪些反应可以使用微波照射来加速？

4. 目前微波促进的合成方法在应用中存在哪些问题？

实验五十二　微波促进联吡啶钌六氟磷酸盐的合成

【实验目的】

1. 了解微波促进有机反应的原理及应用范围。
2. 了解金属配合物的合成方法。

【实验预习】

1. 金属盐与配体的配位与解离。
2. 金属盐的复分解反应。
3. 重结晶操作。

【实验原理】

$$RuCl_2(DMSO)_4 + \text{bpy} + KPF_6 \xrightarrow{HOCH_2CH_2OH} [Ru(bpy)_3](PF_6)_2$$

三联吡啶钌(Ⅱ)类配合物可以在电磁波的可见光区吸收能量形成一个相对稳定、长寿命的激发态，并且这个激发态物种寿命足够长，如 $[Ru(bpy)_3]^{2+}$激发态的寿命为 1100 ns，在与失活途径竞争中可能参与双分子电子转移等化学转化，因此三联吡啶钌(Ⅱ)类配合物可以作为光催化剂应用在可见光促进的有机反应中。尽管这些三联吡啶钌(Ⅱ)类配合物在基态下是不良的单电子氧化剂和还原剂，电子的激发提供了激发状态是非常有效的单电子转移试剂。重要的是，这些基态稳定、温和的催化剂使用家用灯泡简单照射后就可以转化为具有氧化还原活性物质的性质，使其具有显著的化学选择性引发独特而有价值的催化反应过程。$[Ru(bpy)_3]^{2+}$及相应配合物的性能及作为光催化剂的功能已经被广泛研究。如作为光氧化还原催化剂用来实现水分解成氢气和氧气的过程，将二氧化碳还原为甲烷等过程，被用作染料敏化太阳能电池的成分、有机发光二极管、引发聚合反应、光动力学治疗等。最近，这些配合物作为光催化剂被广泛应用到有机合成领域[2]。

这类配合物通常是由 $RuCl_2(DMSO)_4$ 与联吡啶配体在水和醇的混合溶液中加热回流

数小时来合成的。但这一反应在微波促进下，可以在 15 min 内完成反应[3]。本实验以 $RuCl_2(DMSO)_4$ 与联吡啶配体反应形成金属配合物 $[Ru(bpy)_3](PF_6)_2$ 为例来学习微波促进化学反应及金属配合物的合成。

【实验试剂】

二氯化钌二甲亚砜配合物 $[RuCl_2(DMSO)_4]$，2,2′-联吡啶，六氟磷酸钾，乙二醇，乙腈，乙醚。

【实验步骤】

25 mL 三口烧瓶中加入磁力搅拌子及乙二醇（4 mL），开动搅拌后加入 $RuCl_2(DMSO)_4$（40 mg，0.083 mmol）及 2,2′-联吡啶（40 mg，0.26 mmol，3.1 equiv.），固体溶解，然后补加乙二醇（2 mL）冲洗反应瓶壁。将反应瓶上安装回流冷凝器及热电偶（图 5-23），放在微波反应器中加热至 160 ℃，反应 15 min。反应结束，将反应液冷却至室温后，向体系中加入水（10 mL），然后向体系中滴加饱和的 KPF_6 水溶液，直到体系中不会再有固体析出。通过减压抽滤收集固体，固体用水洗两次（5 mL×2），再将固体用乙腈溶解制备接近饱和溶液。在另一个 50 mL 单口烧瓶中加入乙醚（15 mL）及搅拌子，配置恒压滴液漏斗，开动搅拌，将乙腈溶液通过恒压滴液漏斗滴加到搅拌的乙醚溶液中，再次析出固体，通过减压抽滤收集固体，固体用乙醚洗两次（5 mL×2），抽干溶剂得到橘黄色固体为目标产物。

产物表征数据：^1H NMR（500 MHz, CD_3CN）δ 7.39（ddd, J = 7.2 Hz, 5.6 Hz, 1.3 Hz, 6H），7.73（ddd, J = 5.8 Hz, 1.3 Hz, 0.8 Hz, 6H），8.05（td, J = 8.0 Hz, 1.5 Hz, 6H），8.49（dt, J = 8.3 Hz, 1.3 Hz, 6H）。

注释：在微波反应中，由于反应体系内温度迅速升高，溶液容易发生暴沸，反应体系需要充分搅拌。

【思考题】

1. 反应中为什么使用乙二醇作为溶剂，是否可以使用甲醇或乙醇代替？

2. 给出金属配合物 $[Ru(bpy)_3](PF_6)_2$ 吸收光的波长范围。

3. 列举一个以 $[Ru(bpy)_3](PF_6)_2$ 为催化剂可见光促进的有机反应，并给出 $[Ru(bpy)_3](PF_6)_2$ 的作用机理。

【参考文献】

[1] Nüchter M，Müller U，Ondruschka B，et al. *Chem. Eng. Technol.*，2003，26：1207-1216.

[2] Juris A，Balzani V，Barigelletti F，Campagna S，et al. *Coord. Chem. Rev.*，1988，84：85-277.

[3] Luis E T，Ball G E，Gilbert A，et al. *J. Coord. Chem.*，2016，69：1686-1694.

5.5 光促进的有机化学反应

太阳能是一种独特的、可再生的绿色能源。近些年来，人们逐渐认识到化学工业给地球环境带来的负面影响，绿色能源以及绿色工业也越来越受到人们的关注，因此发展高效利用绿色能源的方法也成为 21 世纪科学研究的热点领域[1]。以太阳光作为能源的光化学拥有潜在的经济学和生态学优势，然而光化学合成却很少在化学工业生产中得到应用。其中一个最重要的原因就是大部分有机化合物自身并不能有效吸收可见光，通常需要利用高能量的紫外线来引发，这就导致反应需要使用高压氙灯或者汞灯来提供稳定的紫外光源，昂贵的价格以及特定反应装置的需求都极大限制了光化学反应在工业生产中的应用。近年来，合成化学家们发现许多光敏剂在可见光区域（390～770 nm）具有强的吸收可能帮助解决光化学合成中有机化合物吸收可见光弱的难题。这些光敏剂主要包括金属配合物和有机光敏剂两种类型，其中最具有代表性的金属配合物是金属钌和铱的联吡啶类配合物。常见的有机光敏剂主要是一些有机染料（图 5-24），这些光敏剂吸收可见光跃迁至激发态后具有较长的寿命，有足够的时间来实现催化有机反应。因此以光敏剂作为光催化剂，研究可见光促进的有机反应及复杂有机分子的合成，由于其具有绿色环保、条件温和等优点，俨然已成为近年来光化学的重要研究领域。此外，可见光促进与其他催化方法的共催化反应，如小分子催化、金属催化等相结合的共催化反应越来越受到关注，解决了一般光催化反应中难以克服的问题[2]。

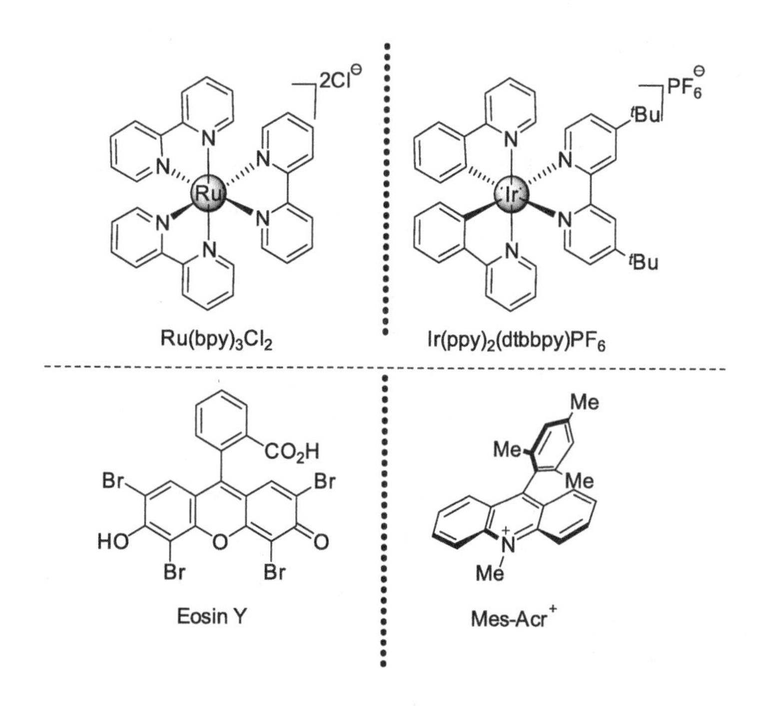

图 5-24　典型的金属配合物及有机光敏剂

实验五十三　光促进苯频哪醇的合成

【实验目的】

1. 了解可见光促进有机反应的原理。
2. 学习可见光促进有机反应的实验操作。
3. 学习苯频哪醇合成方法。

【实验预习】

1. 有机化合物紫外光谱。
2. 苯频哪醇合成方法。

【实验原理】

$h\nu$

光化学是由光引发的化学反应。在光化学中分子可以吸收光能，然后可能会导致分子发生异构化、裂解、重排、二聚或攫氢等反应。本实验为光促进通过攫氢合成苯频哪醇：在阳光照射下，二苯甲酮从溶剂 2-丙醇中提取氢原子还原为苯频哪醇。

二苯甲酮是白色固体，意味着它不会吸收可见光，但是阳光照射溶于乙醇中的二苯甲酮会导致化学反应。高硅热玻璃对波长短于 290 nm 的紫外线不具有透射性，因此引发二苯甲酮发生反应的光的波长应该在 290～400 nm 之间（可见光区域的边缘）。二苯甲酮的紫外线光谱显示它的光吸收带中心在约 355 nm 处，表明处于这个波长附近的光可以被二苯甲酮吸收。当分子被光照射时，只有当一个光子的能量（波长）精确对应于分子中两个电子能级之间的差时才可能被吸收。在二苯甲酮中结合最松散也最容易激发的电子是羰基官能团中氧上的两对非键孤对电子，称为 n 电子。这些非键孤对电子在基态时为成对的自旋，接受阳光照射只有一个电子可以被光子激发进入能量最低空轨道 π^* 。二苯甲酮的每个电子能级中具有许多振动能级和转动能级。电子可以驻留在这许多振动能级和转动能级的较低电子能级中，当它吸收能量被激发为第一激发态（S_1）时，同样具有许多振动能级和转动能级。因此，我们观察到的紫外线光谱不会表现为单个尖峰，而是在这些许多能级之间转换得到的许多峰组成的谱带。电子的自旋从基态到激发态时不会发生变化（角动量守恒）。当电子一旦处于较高的振动或转动状态，则可以通过振动弛豫降低到 S_1，将其部分能量以热量形式损失，然后可能通过发射荧光回到基态或在振动及转动能级间进行转换。电子发射荧光返回到基态比在振动及转动能级间进行穿越要慢 1/10000，所以二苯甲酮没有荧光现象。电子在振动及转动能级间进行的穿越中可以翻转其自旋方向，使其与其在基态时配对的电子具有相同的取向，这时的状态称为三线态（T_1）。处于三线态时分子可能像光一样失去能量，但是这种磷光的过程也很慢。如果三线态的寿命足够长，可以进行相应的化学反应。三线态也可能在无辐射跃迁中通过热量损失能量，但是发生这种情况的可能性相对较低。当二苯甲酮处于三线态时是一个双自由基，可以从溶剂中攫取氢原子得到丙酮和二苯基羟基自由基，然后二聚生成苯频哪醇。

$h\nu$ n-p* 　　系间穿越

基态　　第一激发单线态 S_1　　第一激发三线态 T_1

$$2\ (C_6H_5)_2\dot{C}{-}OH \longrightarrow HO{-}C(C_6H_5)_2{-}C(C_6H_5)_2{-}OH$$

【实验试剂】

二苯甲酮，异丙醇，乙酸，碘，乙酸乙酯，正己烷，乙醇。

【实验步骤】

1. 苯频哪醇的合成

在 100 mL 圆底烧瓶中，加入二苯甲酮（10.0 g）及异丙醇（60～70 mL），水浴加热使其溶解，然后补加异丙醇至烧瓶的颈部，再加入一滴冰醋酸（如果不加酸，可能由于烧瓶玻璃的碱性，使产物发生分解）。用紧密贴合的软木塞塞住烧瓶，然后将烧瓶倒置放在 100 mL 烧杯中，将混合物在阳光直射下照射一段时间。由于形成的苯频哪醇微溶于异丙醇，可以以小的、无色结晶的形态从烧瓶壁周围分离出来（如果是二苯甲酮形成的晶体，则为大而粗的棱柱晶体）。如果反应混合物在白天全天都暴露在直射阳光下，反应约 5 h 会有晶体形成，反应 4 d 后产率可以达到 95%左右；在冬天，反应可能需要长达两周的时间。此外，如果在反应过程中有二苯甲酮结晶形成，必须在水浴中加热使其溶解。当反应结束时，将反应混合物用冰水浴冷却，使产物完全析出，过滤收集产物，固体用冷的异丙醇（10 mL）洗涤一下。如果产量低，可以把母液继续暴露在阳光下照射。产物的熔点 188～189 ℃。

产物表征数据：^1H NMR（400 MHz,$CDCl_3$）δ 3.00（s,2H），7.13～7.22（m,12H），7.26～7.34（m,8H）；^{13}C NMR（100 MHz,$CDCl_3$）δ 144.1，128.6，127.3，127.0，83.0。

2. 苯频哪醇的重排

$$Ph_2C(OH){-}C(OH)Ph_2 \xrightarrow{H^+} Ph_3C{-}C(=O)Ph$$

在 100 mL 圆底烧瓶中加入苯频哪醇（5.00 g）、乙酸（25 mL）及两三个非常小的碘晶体（约 0.05 g）。装上回流冷凝管（图 5-25），然后加热至回流，TLC（展开剂：正己烷：乙酸乙酯=95：5）监测反应进程，红色溶液回流 10 min 左右，反应原料转化完全，将反应体系冷却至室温，体系变为黏稠，加入乙醇（10 mL）。通过抽滤收集产品，固体使用乙醇洗涤除去碘，干燥得到重排产物 2,2,2-三苯基苯乙酮（苯频哪酮）。熔点为 182～184 ℃。

产物表征数据：^1H NMR（400 MHz,$CDCl_3$）δ 7.04～7.24（m,18H），7.58～7.61（m,2H）；^{13}C NMR（100 MHz,$CDCl_3$）δ 198.9，143.2，137.4，131.7，131.1，130.9，127.8，127.6，126.7，71.1。

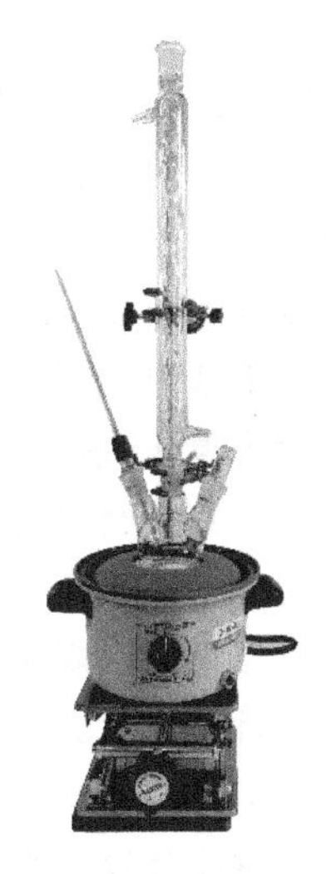

图 5-25　反应装置

【思考题】

1. 在二苯甲酮光照反应中，为什么要将反应瓶倒置在烧杯中进行光照？

2. 光照过程中二苯甲酮如果析出，为什么一定将其加热溶解后再进行光照反应？

3. 对比金属镁还原二苯甲酮合成苯频哪醇的机理与光促进苯频哪醇机理的区别。

4. 在苯频哪醇重排反应中加入碘的作用是什么？

实验五十四　可见光促进的苄基溴化反应

【实验目的】

1. 了解可见光促进有机反应的原理。
2. 学习可见光促进有机反应的实验操作。
3. 学习自由基溴化反应。
4. 学习如何对经典反应进行改进。

【实验预习】

自由基溴化反应。

【实验原理】

COOH, CH_3 + N—Br (O, O) → (CH_3CN, 55 °C) COOH, Br

烃类的卤化反应是工业生产中一类重要的反应，由于烃类化合物是石油的重要组成部分，将烃类化合物直接转化为具有较高反应活性的有机化合物有着非常重要的意义。其中苄基的溴化反应，由于得到的溴化产物可以进行各类转化，是有机合成中的一类重要反应。烃类的卤化反应是经过自由基过程来实现的。苄基溴化的反应机理为：溴分子发生键的均裂形成溴自由基（为引发阶段），得到的溴自由基攫取烃分子中的氢原子形成较稳定的烷基自由基（苄基自由基）及溴化氢分子，然后苄基自由基再与溴分子发生作用夺取一个溴原子形成溴代烃及另一个溴自由基，实现自由基反应的链增长过程，此外，反应过程自由基与自由基的碰撞为自由基反应的链终止过程。在溴化反应中常用的溴化试剂为液溴，但液溴具有一定腐蚀性，同时反应中会产生大量的溴化氢，不仅对反应的设备要求较高，同时会导致副反应的发生。*N*-溴代丁二酰亚胺作为替代液溴的溴化试剂，可以保持反应过程中溴及溴化氢处于较低的浓度，防止可能的副反应发生。因此，经典的苄基化方法为 Wohl-Ziegler 溴化：在自由基引发剂［过氧苯甲酰、偶氮二异丁腈（AIBN)］存在的条件下，以 *N*-溴代丁二酰亚胺为溴化试剂，在回流四氯化碳条件下实现。使用化学自由基引发剂会有着火和爆炸的危险，尤其是磨口玻璃瓶接口的摩擦可能导致爆炸。此外该方法的另一个问题是使用四氯化碳作为溶剂，四氯化碳是一种有毒的、可能致癌的物质，可以导致臭氧层被破坏及温室效应。由于以上原因限制了这一溴化反应在大规模工业生产中应用。因此发展环境友好、高效及高选择性的溴化方法非常具有吸引力。

近年来研究发现这类苄基溴化反应过程中使用可见光可以提供溴分子的均裂需要的能量，来引发这个自由基串联反应，因此不需要化学的自由基引发剂。家用的 10 W 白色 LED 灯就足够有效促进苄基的溴化反应[3]。在可见光促进条件下，这类溴化反应可以在非氯代溶剂中高效地进行。我们以对甲基苯甲酸在乙腈中的溴化为例来学习可见光促进的有机反应。

【实验试剂】

对甲基苯甲酸，*N*-溴代丁二酰亚胺，乙腈，环己烷，乙酸乙酯，正己烷。

【实验步骤】

100 mL 三口烧瓶配置磁力搅拌子、回流冷凝管、温度计，加入对甲基苯甲酸（1.00 g，8.0 mmol)、*N*-溴代丁二酰亚胺（1.44 g，8.1 mmol）及乙腈（25 mL)。开动搅拌，使用 10 W LED 灯照射反应体系，使用加热套或水浴将反应体系加热至 55 ℃（图 5-26)。TLC（展开剂：正己烷：乙酸乙酯＝5：1）监测反应进程，反应大约 30 min，对甲基苯甲酸转化基本完全时，体系中有大量沉淀出现。将反应体系用冰水浴冷却 15 min，使用砂芯漏斗进行减压过滤，滤饼用环己烷（5 mL×3）洗涤三次。滤饼使用水（15 mL×3）充分洗涤，重复三次，然后滤饼用环己烷（5 mL×2）洗涤两次。滤饼在真空下继续抽几分钟，通入空气使产物尽量干燥。如果没有干燥充分，样品需要使用真空干燥箱进行干燥得到产物，溴甲基苯甲酸的熔点为 223～224 ℃。

图 5-26　反应装置

产物表征数据：^{1}H NMR（400 MHz，DMSO-d_6）δ 4.76（s，2H)，7.93（d，J = 12.0 Hz，2H)，13.03（br，1H)；^{13}C NMR（100 MHz，$CDCl_3$）δ 167.1，141.3，135.9，129.7，126.3，117.0。

注释： *N*-溴代丁二酰亚胺具有一定的刺激性，不能吸入。产物 4-溴甲基苯甲酸对眼睛及皮肤具有一定的刺激性，本次实验反应及后处理需要在通风橱中完成。

【思考题】

1. 在这个溴化反应中，*N*-溴代丁二酰亚胺如何参与反应？使用 *N*-溴代丁二酰亚胺的优点有哪些？除了液溴和 *N*-溴代丁二酰亚胺，还有什么试剂可以作为溴化试剂？
2. 对比经典 Wohl-Ziegler 溴化与这个可见光促进的溴化反应的区别。
3. 为这个可见光促进的溴化反应设计一个最有效的反应装置，并加以解释。

实验五十五　可见光及路易斯碱联合促进胺类化合物的直接 Mannich 反应合成 α-异喹啉取代的酮

【实验目的】

1. 了解可见光促进有机反应的原理。
2. 学习可见光促进有机反应的实验操作。
3. 学习 Mannich 反应。

【实验预习】

1. Mannich 反应机理。
2. 柱色谱分离实验操作。

【实验原理】

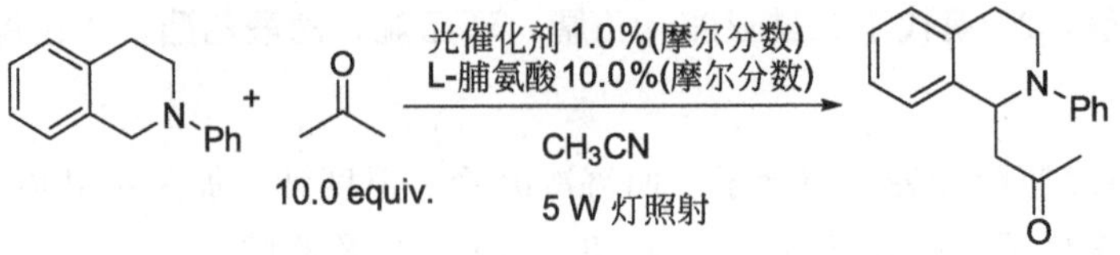

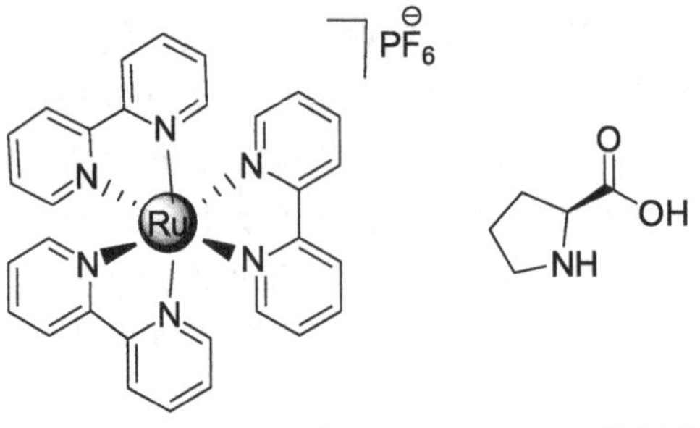

光催化剂 1.0%(摩尔分数)
L-脯氨酸 10.0%(摩尔分数)
CH_3CN
5 W 灯照射
10.0 equiv.

光催化剂：$[Ru(bpy)_3](PF_6)_2$　　L-脯氨酸

经典的 Mannich 反应是含活化碳氢键的化合物（通常为羰基化合物）与一级胺或二级胺生成烷基胺衍生物的反应。Mannich 反应通常需在高温和质子溶剂中进行，反应时间长，容易生成副产物。

胺类化合物由于电子云密度比较高，近年来研究发现利用可见光氧化策略可以实现胺类化合物的各类转化。可见光催化胺氧化反应根据反应过程中电子的得失情况主要有以下两种反应模式：一种是双电子氧化过程；另外一种是单电子氧化过程。胺是非常好的电子给体，容易经历单电子氧化形成具有正电性的胺自由基。胺类化合物单电子氧化形成带有正电性的氮自由基，也显著地降低了 α-位氢的 pK_a，带有正电性的氮自由基的 α-氢的 pK_a 在 3～13 之间，因此这个正电性的氮自由基可以失去质子形成 α-氨基自由基，这个自由基与其 α-位的氮原子的 p 轨道发生轨道重叠而稳定（一个电子氧化过程）。同时，胺的氧化对降低胺 α-位的 C—H 键的解离能具有显著的效应，如果在反应体系中存在着一个好的氢原子接收体，就可以攫取这个有正电性的胺自由基的 α-位上的氢原子，将正电性的胺自由基转化为亚胺正离子（两个电子氧化过程）。可见光催化产生的亚胺正离子可以被亲核试剂捕获，在氨基的 α-位形成新的化学键，为胺的 α-位的官能化提供了高效的方法[4]。本实验选择 Rueping 小组报道的在光催化剂及路易斯碱催化剂共催化下的异喹啉与酮在温和条件下直接发生 Mannich 反应来合成 α-异喹啉取代的酮类化合物的方法，以学习可见光和路易斯碱催化剂共同促进的有机反应。

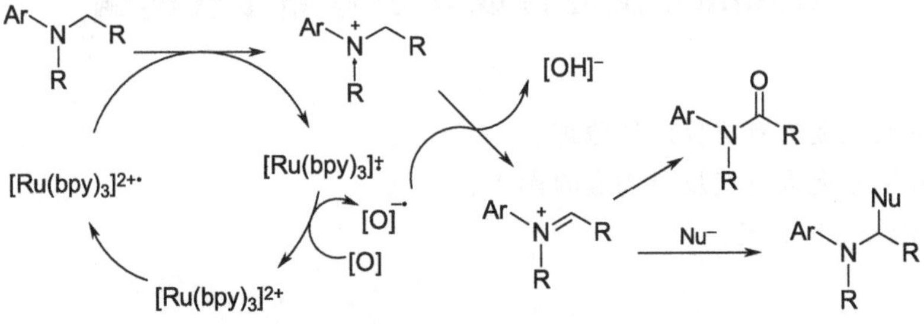

图 5-27　光催化剂催化胺的 α-位的官能化的反应机理

【实验试剂】

N-苯基四氢异喹啉（实验四十七或实验四十九合成产物），$[Ru(bpy)_3](PF_6)_2$（实验五十二合成产物），L-脯氨酸，丙酮，乙腈，乙酸乙酯，正己烷。

【实验步骤】

在 15 mL 试管中加入磁力搅拌子及 *N*-苯基四氢异喹啉（627.8 mg，3.0 mmol）（合成见实验四十七）。开动搅拌下加入乙腈（3 mL）、*N*-苯基异喹啉，溶解后依次加入光催化剂 $[Ru(bpy)_3](PF_6)_2$（25.8 mg，0.03 mmol，摩尔分数 1.0%）（合成见实验五十二）、L-脯氨酸（34.5 mg，0.3 mmol，摩尔分数 10%）及丙酮（1.8 g，30 mmol），最后补加乙腈（3 mL）冲洗试管壁。将这个反应试管放置在距 5 W LED 灯 5 cm 左右的位置照射。TLC（展开剂：正己烷∶乙酸乙酯＝15∶1）监测反应进程，当 *N*-苯基异喹啉转化基本完全后，停止反应。将反应液转移到 50 mL 单口烧瓶中，使用旋转蒸发仪将反应混合物中的溶剂除去，得到剩余物通过柱色谱进行纯化（洗脱剂：正己烷∶乙酸乙酯＝7∶1）得到目标产物。1-(2-苯基-1,2,3,4-四氢异喹啉）丙酮为白色固体，其熔点为 81～82 ℃。

产物表征数据：^{1}H NMR（300 MHz，$CDCl_3$）δ 2.07（s，3H）；2.79～2.86（m，2H），3.01～3.11（m，2H），3.53（ddd，*J*＝13.5 Hz，9.0 Hz，4.8 Hz，1H），3.66（dt，*J*＝12.5 Hz，5.4 Hz，1H），5.40（t，*J*＝6.4 Hz，1H），6.78（t，*J*＝7.2 Hz，1H），6.94（d，*J*＝8.1 Hz，2H），7.15～7.17（m，4H），7.22～7.28（m，2H）；^{13}C NMR（75 MHz，$CDCl_3$）δ 207.3，148.8，138.2，134.4，129.3，128.6，126.85，126.79，126.3，118.3，114.8，54.8，50.2，42.1，31.1，27.2。

【思考题】

1. 反应中光催化剂的作用是什么？路易斯碱（L-脯氨酸）催化剂的作用是什么？

2. 可见光促进是该反应进行的必要条件吗？如何证明？

3. 该反应中的主要副反应是什么？给出形成过程。

4. 以 *N*-苯基四氢异喹啉为原料通过传统的非光促进的合成方法得到相应的 Mannich 反应产物，采取什么样的反应条件？与光促进合成方法进行对比，分别给出它们的优缺点。

【参考文献】

[1] Lewis N S. *Science*，2007，315：798-801.

[2] Yu X，Chen J，Xiao W. *Chem. Rev.*，2021，121：506-561.

[3] Marcos C F，Neo A G，Díaz J，et al. *J. Chem. Educ.*，2020，97：582-585.

[4] Rueping M，Vila C，Koenigs R M，et al. *Chem. Commun.*，2011，47：2360-2362.

5.6 手性合成

手性在自然界中普遍存在，构成生命体的基本分子（如氨基酸、核苷酸、多数单糖）及由它们组成的蛋白质、核酸、多糖等大分子都是手性的。它们在生命体内都是以单一构型存在的，且生物体的生命活动绝大部分都依赖于手性识别。例如：由于生物体内的受体或酶是手性的，药物分子的手性与其药理活性、毒性及药代动力学性质有着密切关系，往往只有一种对映异构体药物能够与其选择性地作用，进而提供所需的生理效应，而另一种对映异构体则没有这种相互作用，甚至是有害的。与手性药物的外消旋体相比，单一光学活性的手性药物的治疗靶点明确，疗效和安全性好。近年来手性科学发展成为化学、生物学、医学及材料学等多学科交叉融合的新兴学科，具有十分重要的理论价值和应用前景[1]。因此如何有效地获得高光学纯度的手性化合物（不对称合成，即手性合成）是当代有机化学研究的重要课题。

手性化合物单一对映异构体的制备方法主要包括手性拆分、手性源合成及手性催化。手性拆分法：采用各种拆分手段，将获得的外消旋体通过分离纯化，制得单一手性对映体。该方法成本较低，工艺路线简便，易于实现工业化生产，目前在工业生产中获得了广泛的应用。手性源合成法：即利用已有的手性分子为原料，通过化学反应生成其他目标手性物质；这种方法受限于作为手性源的天然手性化合物。不对称合成法：在酶或手性催化剂的作用下，催化反应生成过量的某一种对映异构体。

5.6.1 手性拆分

1848 年，Pasteur 发现酒石酸的钠铵盐在低温下结晶可以获得两种互为镜像的晶体，并成功地在显微镜下用镊子将这两种晶体分开。并将分离得到的两种晶体分别溶于水，发现其水溶液的旋光方向完全相反，首次在分子层次上证明了手性的存在。这是第一次通过结晶操作完成手性拆分。然而这一操作既费时又费力。由于对映异构体大多具有相似的物理、化学性质，可以直接通过结晶法进行高效拆分的对映异构体非常有限。有机化合物的立体异构体中的非对映异构体通常具有不同的物理性质，可以选择适当的方法进行有效的分离。分离得到的单一构型的异构体通过简单的转化得到目标光学纯的手性化合物。这种拆分方法称为**化学拆分法**。化学拆分是利用手性拆分剂将外消旋体拆分为单一光学异构体的拆分方法。手性拆分剂可通过与外消旋体形成盐键得到非对映异构盐，根据溶解度等理化性质的差异，采用结晶方法实现拆分。当外消旋体无可离子化的基团时，手性拆分剂可通过氢键与外消旋体形成非对映异构共晶，再根据理化性质差异实现拆分；或仅与某一对映体形成单一的共晶而实现拆分。包结拆分则是利用手性拆分剂（主体）形成具有手性空穴的笼状结构，主要通过氢键作用选择性地包结某一对映体（客体）。化学拆分扩大了通过结晶方式拆分的底物范围，使该方法的应用范围更广[2]。

非对映异构体盐结晶拆分是外消旋有机酸（或碱）与手性有机碱（或酸）按一定比例形成非对映异构体盐，根据在溶液中溶解度的差异，某一非对映异构体盐通过形成结晶或沉淀而实现拆分（图 5-28）。该方法具有简单易行且易于实现规模化生产的优点，在药物合成工业中得到广泛应用。常见的酸性拆分剂有酒石酸（TA）及其衍生物，如二苯甲酰酒石酸（DBTA）、二对甲苯甲酰酒石酸（DTTA）、扁桃酸、苹果酸等。常用的手性有机碱拆分剂包括辛可宁、辛可尼丁、苯乙胺等。目前，对于拆分剂的选择一般需通过大量的尝试才能得到理想的拆分剂。Szeleczky 等从现有的大量非对映异构体盐结晶拆分中发现：当拆分剂与底物的分子长度相差 3～6 个原子时，具有较好的拆分效果。这可以作为指导非对映异构体盐结晶拆分的一种经验规则。

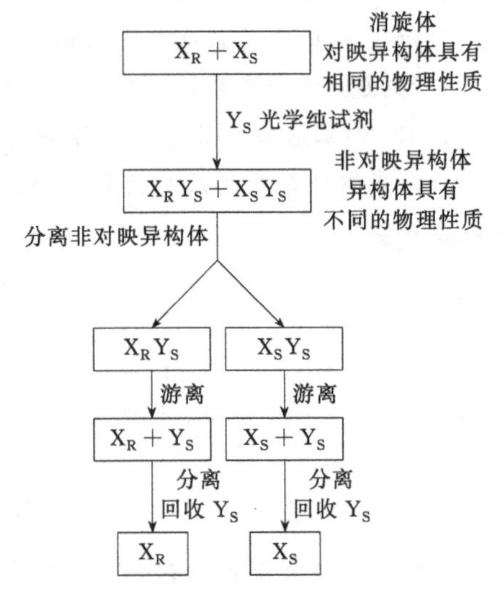

图 5-28　非对映异构体盐结晶拆分过程

实验五十六　手性拆分制备（S）-α-苯乙胺及光学纯度的测定

【实验目的】

1. 学习手性拆分的原理。
2. 学习非对映异构体盐结晶的拆分方法。
3. 学习手性化合物光学纯度的测定方法。

【实验预习】

1. 重结晶实验操作。
2. 旋光仪的原理及操作。
3. 气相色谱原理及操作。

【实验原理】

(±)-苯乙胺　(+)-酒石酸　(+)-苯乙胺-(+)-酒石酸盐　(−)-苯乙胺-(+)-酒石酸盐

本实验以 α-苯乙胺消旋体的拆分为例给出非对映异构体盐结晶拆分的基本过程。拆分试剂选择（＋）-酒石酸。光学纯的(＋)-酒石酸在自然界中广泛存在，通常是作为酿酒行业的副产物。(＋)-酒石酸与 α-苯乙胺消旋体反应生成一对非对映异构体(－)-苯乙胺-(＋)-酒石酸盐和(＋)-苯乙胺-(＋)-酒石酸盐，其中（－）-苯乙胺-(＋)-酒石酸盐的溶解度低于(＋)-苯乙胺-(＋)-酒石酸盐的溶解度，因此可以通过仔细调节溶剂诱导（－）-苯乙胺-(＋)-酒石酸盐结晶，而另一个异构体可以留在溶剂中。通过过滤可以分离得到（－）-苯乙胺-(＋)-酒石酸盐结晶，然后通过加入强碱，将(－)-α-苯乙胺从获得的(－)-苯乙胺-(＋)-酒石酸盐中游离出来。

拆分得到的光学纯的产物可以通过旋光度、气相色谱或核磁共振分析其光学纯度。使用旋光仪测量样品溶液的旋光度（α），然后可以按下式计算出其比旋光度 $[\alpha]_D$ 和其光学纯度（*ee* 值：对映异构体过量比），也可以计算出拆分得到的产物中每个对映体的百分含量。气相色谱法可以通过使用合适的手性气相色谱柱分析直接测得拆分得到的产物中每个对映体的百分含量。此外，通过核磁共振也可以测出拆分得到的产物中每个对映体的百分含量。对映异构体中与手性碳相连的基团，无论是在 S-构型的异构体中还是 R-构型的异构体中都具有相同的化学位移。但对映异构体与一个光学纯的手性拆分试剂作用会形成一对非对映异构体，这时在非对映异构体中相应的官能团会具有不同的化学位移，可以通过其峰面积的积分给出原始样品中每个对映异构体的百分含量。

$$ee(\text{光学纯度})=\frac{\text{旋光度测量值}}{\text{光学纯的单一对映异构体的旋光度}}\times 100\%$$

【实验试剂】

α-苯乙胺，（＋）-酒石酸，甲醇，50% 氢氧化钠水溶液，二氯甲烷，无水硫酸钠，(S)-(＋)-O-乙酰基扁桃酸，氘代氯仿。

【实验步骤】

1. α-苯乙胺消旋体的拆分

250 mL 三口烧瓶配置回流冷凝管、磁力搅拌子、恒压滴液漏斗（图 5-29），加入（+）-酒石酸（7.8 g）和甲醇（130 mL），然后加热反应混合物至溶液接近回流。在搅拌下，将 α-苯乙胺消旋体（6.25 g）的甲醇溶液（20 mL）慢慢加入这个热溶液中。加完后搅拌 15 min，停止搅拌，将反应液自然冷却过夜，反应体系中会有菱形的晶体析出。如果析出的晶体为针状，不能实现对映异构体的完全拆分，得到的产物光学纯度不高，应将反应液再次加热至完全溶解，然后再次缓慢降温（可以采用梯度降温的方式）。在结晶过程中，可以在反应液中加入一粒菱形的晶体作为晶种来诱导结晶。如果析出的菱形晶体被针状晶体包裹，为过结晶现象，需要再次加热反应液将大部分晶体溶解（针状晶体的溶解速度快，可以留下小部分菱形的作为晶种），然后缓慢冷却，使晶体以菱状形式析出。使用布氏漏斗进行过滤收集晶体，晶体用少量的冰甲醇洗涤一次。

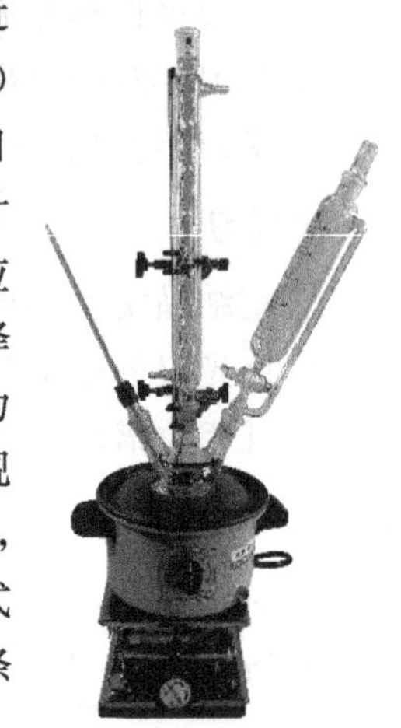

图 5-29 反应装置

将得到的晶体加入 100 mL 锥形瓶中，再加入水（25 mL），使晶体部分溶解，然后加入 50% 氢氧化钠水溶液（4 mL），充分摇荡或搅拌 5 min 后，将混合物转移到分液漏斗中，加入二氯甲烷萃取三次（10 mL×3）。合并有机相加入无水硫酸钠干燥 10 min。过滤除去干燥剂，滤液转移到一个已经预先称重的 100 mL 单口烧瓶中，通过旋转蒸发仪除去溶剂至单口烧瓶内剩余物恒重后，用橡胶塞或空心玻璃塞封口，称重，计算得到的（*S*）-α-苯乙胺的产率。

注释：α-苯乙胺容易与空气中的二氧化碳反应形成碳酰胺，因此在非对映异构体解离得到游离的（*S*）-α-苯乙胺操作步骤中，应避免游离的体系与大量的空气接触，在搅拌或振荡过程中应使用橡胶塞进行封口。

2. 光学纯度的测试

（1）旋光方法

在 10 mL 容量瓶中加入准确称量的拆分产物（*S*）-α-苯乙胺（1.0 g 左右），记录准确质量，然后加入无水甲醇至容量瓶的刻度线，充分混合溶液，计算及记录溶液的浓度。用少量配制的溶液洗涤旋光仪的样品池三次后，将溶液转移到旋光仪的样品池中，测量其旋光度。记录观察到的旋光值，根据浓度及样品池的长度计算其比旋光度，再根据文献报道的（*S*）-α-苯乙胺的比旋光度 $[\alpha]_{D}^{22}=-40.3°$，计算拆分得到的样品中每个异构体的百分含量。

注释：由于样品中可能含有的少量残留二氯甲烷会导致测量的旋光度偏低，计算的光学纯度具有一定的偏差，所以产物中的二氯甲烷应尽量完全除去。

（2）手性气相色谱法

采用装有手性气相色谱柱的气相色谱仪对产物的溶液进行测试可以直接给出拆分产物中两个异构体的百分含量。使用 J&P（Agilent）Cyclosil B（30 m，0.25 mm ID，0.25 μm）毛细管柱可以实现 α-苯乙胺两个对映异构体的良好分离。气相色谱仪设置的条件为：FID 检测器 270 ℃；气化室温度 250 ℃；分流比开始设置为 150∶1；柱温设置为 100 ℃，持续 25 min；载气流量为 1 mL/min。α-苯乙胺对映异构体的流出顺序为：（*R*）-α-苯乙胺保留时间，17.5 min；（*S*）-α-苯乙胺保留时间，18.1 min。当使用的仪器不同时，得到的两个异构体的保留时间可能会有一些变化，但出峰的顺序不会变化。然后根据两个异构体的出峰积分面积给出拆分产物中两个异构体的百分含量。

(3) 使用核磁及手性拆分试剂来测试手性化合物的光学纯度

称取拆分得到的 *α*-苯乙胺（6.0 mg，0.05 mmol）加入一个 5 mL 试管中，塞住试管防止胺与空气中的二氧化碳反应生成碳酰胺（白色固体）。用称量纸称取（*S*)-(+)-*O*-乙酰基扁桃酸（12.0 mg，0.06 mmol)，加入上述试管中，然后加入 $CDCl_3$（0.25 mL)，使固体充分溶解。将这个溶液转移到一个核磁管中，然后补加 $CDCl_3$ 使溶液的高度达到 50 mm。

使用核磁共振仪进行测试。*α*-苯乙胺与(*S*)-(+)-*O*-乙酰基扁桃酸形成的非对映异构体中与苄基相连的甲基在核磁共振氢谱中具有不同的化学位移，然后可以根据核磁共振波谱中相应甲基峰的积分面积计算出相应的非对映异构体的百分比，也是拆分得到的 *α*-苯乙胺中两种对映异构体的百分含量。

【思考题】

1. 在拆分操作中，如果经过多次溶解和冷却结晶都没有得到菱形晶体，可以采用什么措施来解决这个问题?

2. 在拆分操作结束后，通常需要回收拆分试剂，请给出回收拆分试剂的操作步骤。

3. 如何从拆分母液中获得另一构型的 *α*-苯乙胺(*R*)? 设计一个实验流程图。

4. 测量产物的光学纯度实验中，如果产物中有二氯甲烷残留，通过旋光法测试时会对光学纯度有一定的影响；通过气相色谱测试或核磁共振测试是否也会对产物的光学纯度有影响?

5.6.2 酶催化不对称还原反应：合成手性醇

酶是决定生物体内化学转化方式的重要分子器件。酶可以专一性地与反应底物分子结合，同时使化学反应加速几个数量级。由于酶催化反应具有高效性，同时还具有化学、区域和立体选择性，在合成手性化合物中有着重要的应用[3]。

醇类化合物可以通过酮的还原来获得。如果使用硼氢化钠或氢化铝锂等常用的还原剂对前手性酮进行还原得到手性仲醇的消旋体，因为这些非手性的还原试剂在还原酮时，对羰基平面的两个侧面的进攻概率相等。希望得到光学纯的仲醇，需要使用手性还原剂或手性催化剂。酵母中存在大量不同的酶，其中的主要物质可以实现葡萄糖转化为乙醇，在这个发酵过程中，某些酮可以被还原为手性醇。

实验五十七　乙酰乙酸乙酯的不对称还原

【实验目的】

1. 学习立体化学。
2. 学习手性化合物光学纯度的测定方法。
3. 学习提高手性化合物的光学纯度的方法。
4. 了解酶催化不对称合成方法。

【实验预习】

1. 重结晶实验操作。

2. 气相色谱的原理、操作及定量分析方法。

3. 旋光仪的原理及操作。

【实验原理】

酵母

S-(+)-3-羟基丁酸乙酯

本实验利用发面酵母中发现的酶将乙酰乙酸乙酯还原来合成 *S*-(＋)-3-羟基丁酸乙酯[4]。这个手性醇是有机合成中非常重要的合成子。在不对称合成中，化学收率及立体选择性都非常重要。反应的立体选择性可以使用产物的对映体过量值（*ee*）来描述。使用硼氢化钠还原酮得到50%的 *R*-醇和50%的 *S*-醇，没有对映体过量，产物的 *ee* 值为0。如果产物含有93%的 *S*-(＋)-和7% *R*-(－)-的异构体，这时反应的对映体过量值为86%，该反应的对映选择性为86%。在目前酵母还原乙酰乙酸乙酯的众多报道中，反应的对映选择性（对映体过量值）在70%～97%的范围内。

得到的粗产物可以通过将其转化为可结晶的衍生物来进一步提纯及提高其光学纯度。由于制备比较容易，引入两个硝基可以增加相当的分子量且比较容易结晶，3,5-二硝基苯甲酸酯是常用的可结晶衍生物。对于消旋的3-羟基丁酸乙酯的3,5-二硝基苯甲酸酯的混合物，与大多数的消旋混合物一样，会一起结晶出来。通常不能通过重结晶方法提纯得到一个对映异构体。但是，当混合物中一个对映异构体大过量时，通过结晶法可能实现有效的分离。本实验中得到的粗产物中 *S*-构型对映异构体为主要成分，它可以先结晶出来，在母液中保留 *R*＋*S* 的消旋体。得到的晶体可以进一步通过重结晶来提高晶体的纯度至光学纯为100%（熔点为154 ℃）。最后，得到高光学纯的衍生物晶体，用过量的酸化乙醇处理得到 *S*-(＋)-3-羟基丁酸乙酯，其 *ee* 值为100%。

【实验试剂】

干酵母，蔗糖，磷酸氢二钠，乙酰乙酸乙酯，去离子水，二氯甲烷，硅藻土，氯化钠，乙醚，甲醇，无水硫酸钠，氯仿，3,5-二硝基苯甲酰氯，吡啶，5%碳酸钠水溶液，乙醇。

【实验步骤】

1. 酶催化还原反应

在500 mL三口烧瓶中加入去离子水（300 mL），搅拌加热至35 ℃左右，加入蔗糖（80 g）及磷酸氢二钠（0.5 g）。然后加入干酵母（16.0 g），搅拌使酵母悬浮在整个溶液中。发酵剧烈进行15 min后，加入乙酰乙酸乙酯（5.0 g）。将烧瓶存放在30～35 ℃的水浴中持续至少48 h（更长的时间对反应的产率及对应选择性没有明显的影响）。当反应体系中的乙酰乙酸乙酯转化完全后（可以通过TLC监测来确定，以二氯甲烷作为展开剂），在反应混合物中添加硅藻土（20.0 g）作为助滤剂，使用直径为10 cm布氏漏斗进行抽滤除去酵母细胞，滤饼使用水（50 mL）冲洗。向得到的滤液中加入氯化钠至其饱和。用乙醚（50 mL×5）萃取所得溶液五次。萃取时小心地摇晃分液漏斗，使各层充分混合，但避免在醚和水之间形成乳化层（添加少量甲醇可能有助于破坏乳化）。合并有机相，使用无水硫酸钠干燥。大约15 min后，过滤除去干燥剂，通过蒸馏或旋转蒸发仪除去乙醚，得到残留物约3.5 g，为无色油状液体。

产物表征数据：^{1}H NMR（500 MHz，$CDCl_3$）δ 1.20～1.29（m，6H），2.39～2.51（m，2H），3.05（s，1H），4.15～4.23（m，3H）；^{13}C NMR（125 MHz，$CDCl_3$）δ 212.2，172.8，64.2，60.6，42.8，22.4。

2. 检测产物的光学纯度

（1）气相色谱测定光学纯度

使用手性气相色谱柱可以直接测试得到产物（*S*-3-羟基丁酸乙酯）中每个对映异构体的含量。使用 Cyclosil B 毛细管柱（30 m，0.25 mm ID，0.25 μm）可以实现（*R*）-和（*S*）-对映异构体的较好分离。气相条件设置为：FID 检测器温度为 270 ℃、气化室温度为 250 ℃、分流比为 50∶1、柱温为 90 ℃保温 20 min，载气流量为 1 mL/min。化合物的出峰顺序为 *S*-3-羟基丁酸乙酯（14.3 min）、*R*-3-羟基丁酸乙酯（15.0 min）。如果有残留未反应的乙酰乙酸乙酯，出峰的保留时间为 14.1 min。所获得的保留时间可能与给出的时间有些差别，但每个组分的出峰顺序是相同的。然后根据出峰面积来算出每个对映异构体的含量。

（2）旋光仪测定光学纯度

检测产物的旋光度，并计算出其光学纯度。配制浓度为 1.0 g/100 mL 的氯仿溶液：将产物加到预先称重的 10.0 mL 容量瓶中，再次称重，然后用氯仿将样品溶解，氯仿加至容量瓶的刻度线，计算产物氯仿溶液的准确浓度。用少量的配制溶液冲洗旋光仪的样品池两次，然后将氯仿溶液加到旋光仪的样品池中测得样品的旋光值。目标产物光学纯的 *S*-对映异构体报道的旋光值为＋37.2°（浓度：1.3 g/100 mL；溶剂：氯仿；温度：25 ℃），计算产物的光学纯度（*ee* 值）。

3. 结晶纯化提高光学纯度

HO–CH(CH$_3$)–CH$_2$–COOEt + 3,5-$(NO_2)_2C_6H_3COCl$ —Py→ 3,5-$(NO_2)_2C_6H_3COO$–CH(CH$_3$)–CH$_2$–COOEt + Py·HCl

50 mL 三口烧瓶配置聚四氟乙烯磁力搅拌子、温度计、回流冷凝管、装有无水氯化钙的干燥管及空心塞，加入粗产物（0.50 g，3.7 mmol），然后加入 3,5-二硝基苯甲酰氯（0.88 g，4.0 mmol）及吡啶（5 mL）。将反应混合物加热回流 15 min，然后冷却至室温。将反应液缓慢地倒入水（20 mL）中，过滤除去液体，将晶体加到 50 mL 锥形瓶中，加入 5% 碳酸钠水溶液（10 mL），振荡除去二硝基苯甲酸酯。过滤除去碳酸钠水溶液。使用乙醇对固体进行重结晶，先干燥少量重结晶得到的固体，测试熔点，如果其熔点没有接近 154 ℃，需要再次重结晶。干燥得到光学纯的衍生物，计算产率。得到的晶体使用过量的酸酸化的乙醇处理可以得到 100%*ee* 的 *S*-3-羟基丁酸乙酯。

图 5-30 酯化装置

3,5-二硝基苯甲酸酯晶体表征数据：^{1}H NMR（500 MHz，$CDCl_3$）δ 1.23（t，J=7.2 Hz，3H），1.5（d，J=6.0 Hz，3H），2.66（dd，J_1=15 Hz，J_2=6.0 Hz，1H），2.87（dd，J_1=15 Hz，J_2=7.2 Hz，1H），4.14（q，J=7.2 Hz，2H），5.44～5.80（m，1H），9.00～9.30（m，3H）。

注释：在酶催化不对称还原步骤中，维持反应体系的温度不低于 30 ℃。

【思考题】

1. 在酶催化不对称还原反应的实验操作中，向过滤后的滤液中加入盐至饱和的作用是什么？

2. 如果还原粗产物中有未反应的乙酰乙酸乙酯存在，在气相色谱测试及旋光测试其产物光学纯度时是否会有影响，并加以解释。

3. 本实验的还原产物为液体，其沸点（bp）为 71～73 ℃（12 mmHg），是否可以通过蒸馏的方式进行纯化来提高其光学纯度？

5.6.3 有机小分子催化的不对称合成方法

有机小分子催化的不对称合成反应中的手性催化剂为纯粹是“有机”分子，即（主要）由碳、氢、氮、硫和磷组成。与过渡金属配合物中的有机配体相反，有机催化剂的活性在于低分子量有机分子本身，不需要过渡金属（或其他金属）参与。有机催化剂具有几个优点：它们通常功能强大，价廉且易得，并且无毒。由于它们对水分和氧气的惰性，在许多情况下，不需要惰性气体保护、低温、无溶剂等反应条件。由于不存在过渡金属，有机催化方法对于制备不耐受金属污染的化合物特别有吸引力，例如制药产品。使用简单的手性有机分子可以像酶一样催化分子间的高对映选择性反应一直是不对称催化的重要研究课题。有机小分子催化剂可以应用于不同类型的不对称反应的研究中，对于手性化合物碳-碳键的构建及含氮手性化合物、生物代谢的活性化合物和天然产物的合成具有重要意义[5]。

实验五十八 脯氨酸催化不对称羟醛缩合反应

【实验目的】

1. 了解有机小分子催化的不对称合成方法。
2. 学习羟醛缩合反应及在有机合成中的应用。
3. 了解氨基酸催化不对称羟醛缩合反应的机理。
4. 学习手性化合物光学纯度的测定方法。

【实验预习】

1. 羟醛缩合反应。
2. 柱色谱分离操作。
3. 旋光仪的原理及操作。

【实验原理】

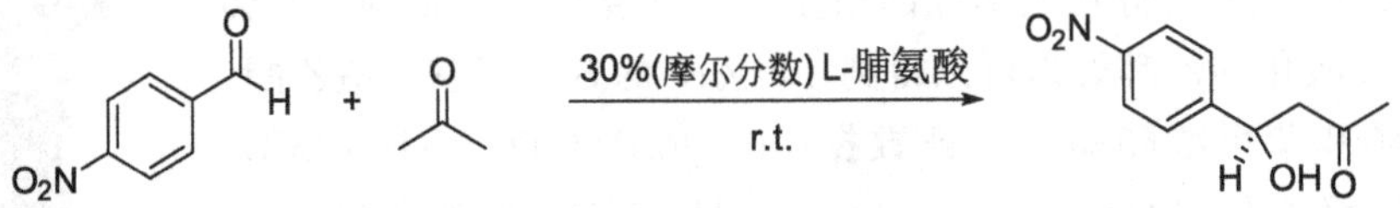

30%(摩尔分数) L-脯氨酸

r.t.

Aldol 反应即羟醛缩合反应，是化学和生物过程中的一个基本反应，是指可以烯醇化的羰基化合物对醛、酮的加成反应，在形成新碳-碳键的同时，可以形成两个手性中心。这类反应被应用于许多复杂天然或非天然有机化合物的合成中。Aldol 缩合反应中最常用的催化剂为氢氧化钠。在氢氧化钠催化条件下，一个酮与醛反应得到消旋的产物。为了实现在反应中获得单一构型的对映异构体，需要使用手性催化剂。L-脯氨酸为“天然手性池”中简单的、未经修饰的天然产物，可以作为有机小分子催化剂应用于一些不对称合成中。List 教授等课题组报道脯氨酸为催化剂催化的醛与酮的直接羟醛缩合反应，可以以令人满意的、非常好的产率及对映选择性得到相应的羟醛缩合产物[6]。在羟醛缩合反应过程中脯氨酸作为双官能团催化剂，同时活化反应底物中羰基以及亲核部分，使分子间的羟醛缩合反应得以实现。反应过程如图 5-31 所示，脯氨酸的氮原子与酮羰基作用形成烯胺，使亲核试剂得到活化，脯氨酸中羧基的氢原子可以通过氢键形式与底物醛作用来形成一个占优势的椅式构象。通过这种过渡态，在 L-脯氨酸作用下，优先发生 *Re*-面的进攻。我们以 L-脯氨酸催化对硝基苯甲醛与丙酮的羟醛缩合反应为例来学习有机小分子催化的不对称催化反应。

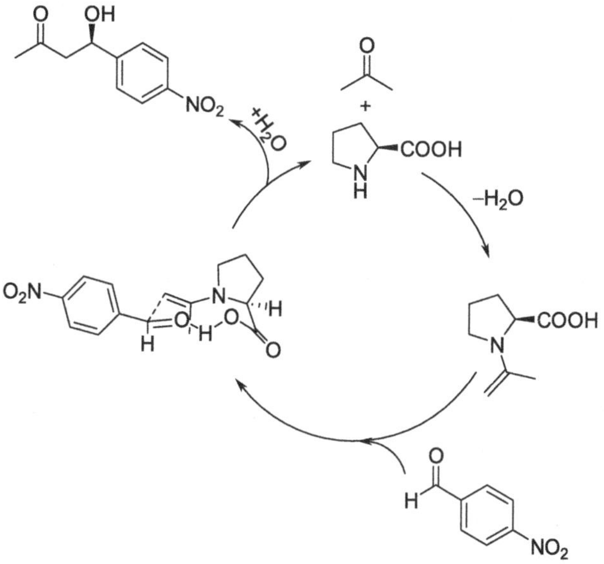

图 5-31　脯氨酸催化醛、酮羟醛缩合反应机理

【实验试剂】

L-脯氨酸，二甲亚砜，丙酮，无水氯化钙，对硝基苯甲醛，乙酸乙酯，正己烷，饱和氯化铵水溶液，无水硫酸钠，氯仿。

【实验步骤】

将二甲亚砜与丙酮按体积比 4∶1 配制混合溶液 10 mL。50 mL 干燥的三口烧瓶配置温度计、磁力搅拌子及装有无水氯化钙的干燥管（图 5-32），加入二甲亚砜与丙酮的混合溶液 6 mL，搅拌下加入 L-脯氨酸（69.1 mg，0.6 mmol），室温条件下搅拌 15 min。然后往该体系中加入对硝基苯甲醛（302.2 mg，2.0 mmol）及二甲亚砜与丙酮的混合溶液 4 mL 冲洗反应瓶的内壁。室温下搅拌反应，通过 TLC（展开剂：正己烷∶乙酸乙酯＝2∶1）监测反应进程，大约反应 40 min，停止反应。向反应体系中加入饱和 NH_4Cl 溶液（10 mL），转移到分液漏斗中，用乙酸乙酯萃取水相三次（8 mL×3）。合并有机相后用水洗三次（8 mL×3），饱和 NaCl 水溶液（8 mL）洗涤一次，无水 Na_2SO_4 干燥有机相。除去干燥剂后，使用旋转蒸发仪除去溶剂得到粗产物，粗产物通过柱色谱（淋洗剂：正己烷∶乙酸乙酯＝3∶1）提纯得到目标产物，黄色油状液体。

产物表征数据：^1H NMR（400 MHz，$CDCl_3$）δ 2.20（s，3H），2.84～2.85（m，2H），3.71（s，1H），7.51（d，J=8.4 Hz，2H），8.17（d，J=8.4 Hz，2H）；^{13}C NMR（100 MHz，$CDCl_3$）δ 208.4，150.1，147.1，126.3，123.6，68.8，51.4，30.6。

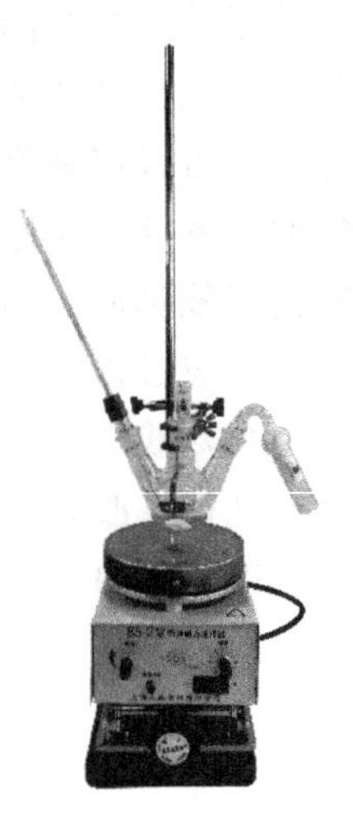
图 5-32 实验装置

【检测产物的光学纯度】

检测产物的旋光度，并计算出其光学纯度。配制浓度为 1.0 g/100 mL 的氯仿溶液：将产物加到预先称重的 10.0 mL 容量瓶中，再次称量，然后用氯仿将样品溶解，氯仿加至容量瓶的刻度线，计算产物氯仿溶液的精确浓度。用少量的配制溶液冲洗旋光仪的样品池两次，然后将氯仿溶液加到旋光仪的样品池中测得样品的旋光值。根据目标产物的光学纯的 *R*-对映异构体报道的旋光值为+48°（浓度：1 g/100 mL；溶剂：氯仿；温度：20 ℃），计算样品的 *ee* 值。

【思考题】

1. 如何检测不对称反应的对映选择性？

2. 如果该催化体系的对映选择性不高，如何提高产物的光学纯度？

3. L-脯氨酸催化的醛与酮的 Aldol 反应中，催化剂如何控制反应的对映选择性，是否可以通过改进催化剂的结构来提高反应的对映选择性，如何改进催化剂的结构？

【参考文献】

[1] 林国强，李月明，陈耀全，等．手性合成——不对称反应及其应用．北京：科学出版社，2000.

[2] Guy L，Crassous J，Andraud C. *CRC handbook of optical resolutions via diastereomeric salt formation*. Boca Raton，FL：CRC press LCC，2002.

[3] Johnson C R，*Acc. Chem. Res.*，1998，31：333-341.

[4] Seebach D，Sutter M A，Weber R H，et al. *Org. Synth.*，1984，63：1-9.

[5] Rainer Mahrwald. *Enantioselective Organocatalyzed Reactions II Asymmetric C-C Bond Formation Processes*. Dordrecht Heidelberg，London，New York：Springer，2011.

[6] List B，Lerner R A，Barbas C F III. *J. Am. Chem. Soc.*，2000，122：2395-2396.

第 6 章　多步骤有机合成

本章将通过学习天然产物的重要结构片段、香料、染料、药物、手性配体、液晶材料等不同类别化合物的多步合成，进一步学习有机合成实验的设计，同时巩固前面学习的实验操作及分离方法。

6.1　串联羰基缩合反应合成 α,β-不饱和环酮

羰基缩合反应是有机合成中最重要的反应之一，广泛应用于药物及天然产物等复杂有机分子的合成。根据发生缩合反应的两个羰基的结构特点，缩合反应可以变化为羟醛缩合反应（Aldol condensation reaction）、克莱森酯缩合反应（Claisen condensation reaction）、脑文格尔缩合反应（Knoevenagel condensation reaction）、迈克尔加成反应（Michael reaction）及施托克烯胺反应（Stork reaction）等。羟醛缩合反应是化学和生物过程中的一个基本反应，是可以烯醇化的羰基化合物对醛、酮的加成反应，在有机合成中可以形成新的碳-碳键，同时可以增长碳链；迈克尔加成反应是指碳负离子对 α,β-不饱和醛、酮、羧酸、酯、腈及硝基化合物等的共轭加成反应。该反应在有机合成上用于增长碳链，并合成带有各种官能团的有机化合物。也是构筑碳-碳键最常用的方法之一。其中使用 α,β-不饱和醛、酮为 Michael 受体时，与羰基稳定的碳负离子（烯醇负离子）发生共轭加成，生成 1,5-二羰基化合物，然后 1,5-二羰基化合物在碱性条件下进一步发生分子内羟醛缩合反应，失去一分子水形成 α,β-不饱和环酮，这一过程也称为罗宾森环化反应（Robinson annulation reaction）。本实验采用串联羟醛缩合反应及 Robinson 成环反应（迈克尔加成、羟醛缩合及脱水）来合成 6-乙氧基酰基-3,5-二苯基环己烯酮，合成路线见图 6-1。

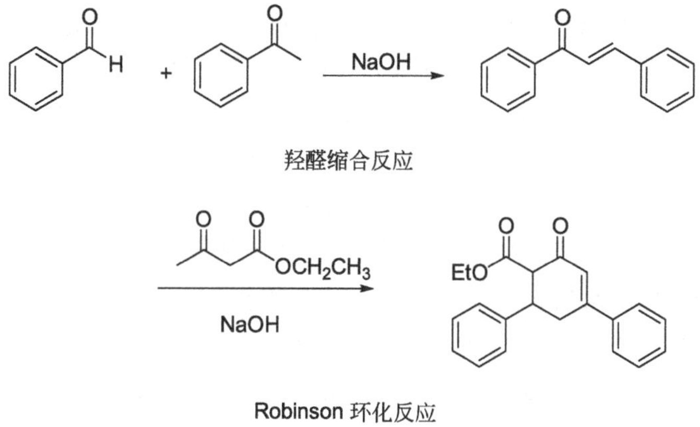

NaOH

羟醛缩合反应

OCH_2CH_3　NaOH　EtO

Robinson 环化反应

图 6-1　乙氧基酰基 3,5-二苯基环己烯酮的合成路线

实验五十九　α,β-不饱和环酮的合成

【实验目的】

1. 学习合成实验的设计。

2. 学习反应进程的监测。

3. 巩固固体有机化合物的纯化操作。

4. 学习羰基缩合反应及在有机合成中的应用。

【实验预习】

1. 羟醛缩合反应。

2. 柱色谱原理及操作。

3. 重结晶操作。

Ⅰ查耳酮的合成

【实验原理】

查耳酮（1,3-二苯基-2-丙烯-1-酮）是很多重要的具有生物活性化合物（chalcones）的中心结构，具有抗菌、抗肿瘤和消炎等活性，是多种药物重要的有机合成中间体及指示剂。查耳酮的合成可以以苯甲醛与苯乙酮为原料，在氢氧化钠水溶液为碱的条件下通过交叉羟醛缩合来实现。在这个反应中，由于苯甲醛没有 α-H，不能发生自身的缩合反应；酮在碱的水溶液条件下也不容易发生自身缩合，因此这类的交叉缩合可以较高的产率进行。

【实验试剂】

新蒸苯甲醛，苯乙酮，30%氢氧化钠水溶液，95%乙醇，乙酸乙酯，正己烷。

【实验步骤】

250 mL 三口烧瓶配置聚四氟乙烯搅拌子、温度计及恒压滴液漏斗（见图 6-2），加入95%乙醇（80 mL）和30%（质量分数）氢氧化钠水溶液（12.00 g，0.09 mol，0.9 equiv.），然后将三口烧瓶放置于冰水浴中，将混合物的温度降至15 ℃左右，滴加苯甲醛（11.70 g，0.11 mol，1.1 equiv.）、苯乙酮（12.00 g，0.10 mol，1.0 equiv.）和 95%乙醇（20 mL）的混合液。调节滴加速度使反应体系的温度保持在15～25 ℃之间。滴加结束后，撤去水浴，反应混合物在室温下搅拌，体系内有固体生成。通过 TLC（展开剂：PE∶EA＝6∶1）监测反应，当苯乙酮转化完全，将反应体系倒入一个装有冰水（150 mL）的烧杯中，搅拌 15 min。使用布氏漏斗进行减压过滤，固体用冷水洗涤两次，抽滤 10 min 左右，得到粗产物。粗产物使用 95%乙醇进行重结晶得到产物查耳酮，称重，测熔点，其熔点为57～58 ℃。

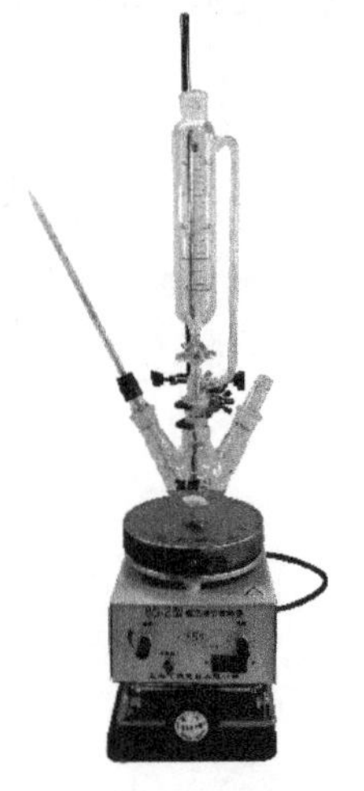

图 6-2 实验装置（一）

产物表征数据：^{1}H NMR（400 MHz，$CDCl_3$）δ7.29～7.37（m，3H），7.41～7.45（m，2H），7.46～7.49（m，1H），7.50（s，1H），7.54～7.59（m，2H），7.73（d，J＝15.6 Hz，1H）；^{13}C NMR（100 MHz，$CDCl_3$）δ190.6，144.9，138.2，134.9，132.8，130.6，129.0，128.7，128.5，128.5，122.1。

Ⅱ Robinson 环化反应合成 6-乙氧基酰基-3,5-二苯基环己烯酮

【实验原理】

Robinson 环化反应（迈克尔加成、羟醛缩合及脱水）广泛应用于天然产物（例如萜烯和类固醇）及药物分子合成中，因为它可以很容易地构建带有角取代基的稠环骨架结构。Robinson 成环反应在适当的实验条件下可以控制分步进行，并分离得到其中间体，这样操作可以帮助学生通过实验确认该方法的有效性，逐步的机制方便对反应过程有更清晰的理解。

【实验试剂】

查尔酮（上一步合成），乙酰乙酸乙酯，氢氧化钠，95%乙醇，乙酸乙酯，石油醚，一水氢氧化钡。

【实验步骤】

1. Robinson 环化反应一步合成 6-乙氧基酰基-3,5-二苯基环己烯酮

100 mL 三口烧瓶配置聚四氟乙烯搅拌子、温度计及回流冷凝管（见图 6-3），加入查尔酮（2.40 g，11.5 mmol，1.0 equiv.）、乙酰乙酸乙酯（1.50 g，11.5 mmol，1.0 equiv.）及 95%乙醇（50 mL），开动搅拌使固体溶解，然后加入氢氧化钠固体（0.23 g，5.7 mmol，0.5 equiv.）。反应瓶加热回流 1h 左右，有固体形成。通过 TLC（展开剂：PE∶EA＝6∶1）监测反应的进程，当查尔酮转化完全后，将反应体系倒入含有水（10 mL）的 250 mL 烧杯中，然后将烧杯放置于冰水浴中冷却 30 min，使产物冷却析出，如果没有固体析出，可以使用玻璃棒摩擦烧杯内壁促进结晶。

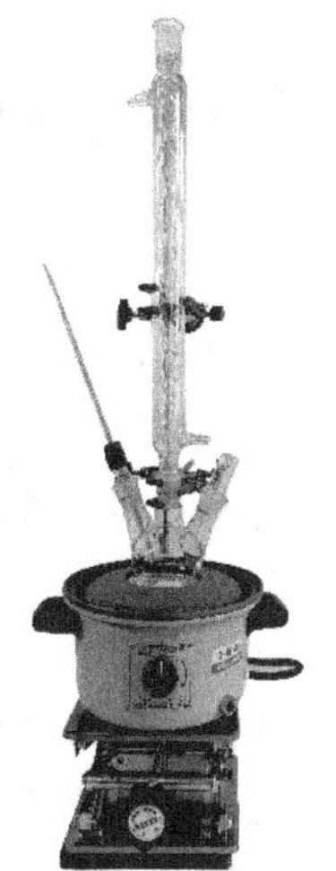

图 6-3 实验装置（二）

冷却 30 min 后，使用布氏漏斗进行减压过滤收集固体，烧杯中残留的固体可以使用少量的冰水完全转移，得到的固体使用少量冷的 95%乙醇洗涤两次。固体使用真空干燥箱干燥 30 min（75～80 ℃或者在空气中过夜晾干）得到粗产物。

使用 95%乙醇对粗产物进行重结晶。当回流状态下固体全溶后，使重结晶烧瓶稍微冷却，使用玻璃棒摩擦烧瓶内壁帮助结晶。当有固体析出后，将烧瓶放置在室温下冷却 10 min，再放置在冰水浴中冷却至少 15 min。使用布氏漏斗进行减压过滤收集固体，烧瓶中残留的固体可以使用少量冰的 95%乙醇帮助转移，得到的固体使用少量的冷 95%乙醇洗涤两次。固体使用真空干燥箱在 75～80 ℃下干燥 30 min 得到产物，称重，测量熔点，其熔点为 110～112 ℃。

产物表征数据：^{1}H NMR（400 MHz，DMSO-d_6）δ0.92（t，J＝7.0 Hz，3H），3.01（dd，J＝18.0 Hz，4.4 Hz，1H），3.14（ddd，J＝17.6 Hz，11.6 Hz，2.0 Hz，1H），3.65（ddd，J＝12.3 Hz，11.2 Hz，4.6 Hz，1H），3.91（q，J＝7.0 Hz，2H），4.12（d，J＝13.2 Hz，1H），6.56（d，J＝2.0 Hz，1H），7.24～7.28（m，1H），7.31～7.36（m，2H），7.43～7.48（m，5H），7.71（d，J＝8.0 Hz，

2H)；^{13}C NMR (100 MHz，DMSO-d_6)δ194.2，169.2，159.3，141.5，137.3，130.4，128.8，128.4，127.6，127.0，126.4，122.9，59.9，58.8，43.8，35.3，13.8。

2. 分步进行 Robinson 环化反应合成 6-乙氧基酰基-3，5-二苯基环己烯酮

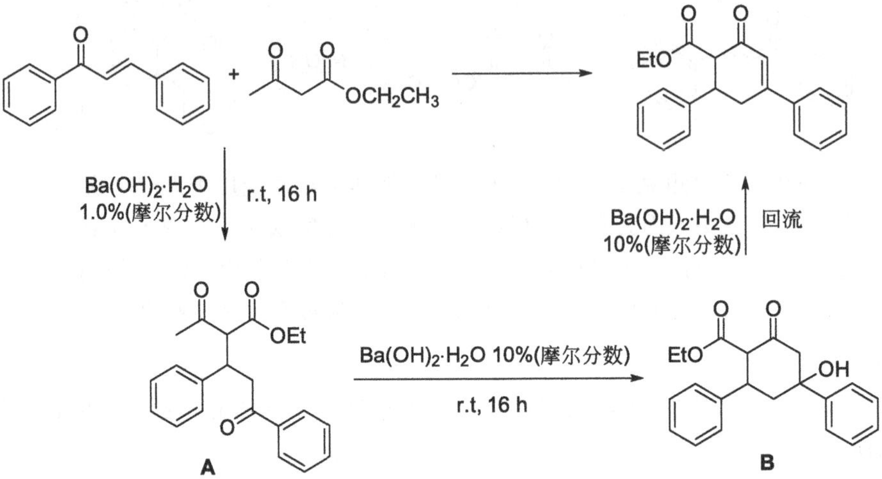

在 50 mL 三口烧瓶中配置聚四氟乙烯搅拌子及温度计，加入查尔酮（1.2 g，5.7 mmol，1.0 equiv.）、乙酰乙酸乙酯（750 mg，5.7 mmol，1.0 equiv.）及 95%乙醇（25 mL），开动搅拌使固体溶解，然后加入一水合氢氧化钡（10.8 mg，0.06 mmol，摩尔分数 1.0%）。室温下搅拌 16 h 左右，查耳酮转化完全（TLC 监测，展开剂：PE∶EA＝6∶1），使用布氏漏斗进行减压过滤收集固体，可以使用少量冰的 95%乙醇帮助转移。固体使用少量冷水洗涤两次，除去无机物。使用真空干燥箱在 75～80 ℃ 下干燥 30 min 得到迈克尔加成产物 A，称重，测量熔点。熔点为 120～121℃。

50 mL 三口烧瓶中配置聚四氟乙烯搅拌子及温度计，加入查尔酮（1.20 g，5.7 mmol，1.0 equiv.）、乙酰乙酸乙酯（750.0 mg，5.7 mmol，1.0 equiv.）及 95%乙醇（25 mL），开动搅拌使固体溶解，然后加入一水合氢氧化钡（108.0 mg，0.6 mmol，摩尔分数 10%）。室温搅拌 16 h 左右，查耳酮转化完全（TLC 监测，展开剂：PE∶EA＝6∶1），使用布氏漏斗进行减压过滤收集固体，可以使用少量冰的 95%乙醇帮助转移。滤饼使用少量冷水洗涤两次，除去无机物。固体使用真空干燥箱在 75～80 ℃ 下干燥 30 min，得到进一步的羟醛缩合产物 B，称重，取少量产物测量熔点及核磁共振氢谱。熔点为 162～164 ℃。

50 mL 三口烧瓶配置聚四氟乙烯搅拌子、温度计及回流冷凝管（图 6-3），将制备得到的羟醛缩合产物 B 分散在 95%乙醇（25 mL）中，然后加入一水合氢氧化钡（108.0 mg，0.6 mmol，摩尔分数 10%）。加热回流 6 h 左右，羟醛缩合产物 B 转化完全（TLC 监测，展开剂：PE∶EA＝6∶1）。冷却至室温，使用布氏漏斗进行减压过滤收集固体，可以使用少量冰的 95%乙醇帮助转移。固体使用少量冷水洗涤两次，除去无机物。用真空干燥箱在 75～80 ℃ 下干燥 30 min 得到进一步的脱水产物，称重，取少量产物测量熔点及核磁共振氢谱。其熔点为 110～112 ℃。

产物 A 表征数据：^{1}H NMR (400 MHz，$CDCl_3$)δ1.18 (t，J＝7.2 Hz，3H)，2.23 (s，3H)，3.22～3.39 (m，2H)，3.81～3.86 (m，2H)，3.94 (d，J＝10.0 Hz，1H)，4.07～4.13 (m，1H)，7.07～7.19 (m，5H)，7.33 (t，J＝7.6 Hz，2H)，7.44 (t，J＝7.2 Hz，1H)，7.78 (d，J＝7.6 Hz，

2H)；^{13}C NMR (100 MHz, $CDCl_3$) δ202.5，198.0，168.1，140.7，136.9，133.1，128.6，128.5，128.3，128.2，127.2，65.5，61.4，42.8，40.6，29.6。

产物B表征数据：^{1}H NMR (400 MHz, DMSO-d_6) δ0.96 (t, J=7.0 Hz, 3H)，1.87 (d, J=13.2 Hz, 1H)，2.40 (d, J=13.6 Hz, 1H)，2.53 (d, J=13.2 Hz, 1H)，3.26 (d, J=13.6 Hz, 1H)，3.79 (dt, J=2.8 Hz, 12.4 Hz, 1H)，3.91 (m, 2H)，4.15 (d, J=12.4 Hz, 1H)，5.63 (s, 1H)，7.16～7.23 (m, 2H)，7.27～7.34 (m, 6H)，7.51 (d, J=7.6 Hz, 2H)；^{13}C NMR (100 MHz, DMSO-d_6) δ204.7，168.9，147.8，142.6，128.4，128.0，127.4，126.7，124.5，75.4，61.7，59.8，52.9，45.1，42.1，13.9。

【思考题】

1. 在交叉羟醛缩合反应中，具有α-H的酮可以发生自身的缩合反应，可以采取哪些措施来尽量避免或减少这个副反应的发生？

2. 在第一步交叉羟醛缩合反应中得到的缩合及脱水产物烯烃的立体构型是顺式还是反式，如何确定其立体构型？

3. Robinson成环反应合成步骤是通过多步反应进行的，在检测反应过程中，如何确定反应是否结束？

【参考文献】

[1] García-Raso A，García-Raso J，Sinisterra J V. *J. Chem. Educ.*，1986，63：443.
[2] Delaude L，Grandjean J，Noels A F. *J. Chem. Educ.*，2006，83：1225-1228.

6.2 香料的合成

香料，也称为香的原料，是一种能被嗅觉嗅出香气或被味觉尝出香味的物质，被广泛应用在食品、医药制品、化妆品、洗涤用品等各个行业中。香料分为天然香料和合成香料。合成香料由于其生产通常不受自然条件的限制，产品质量稳定，价格低廉，而且一些自然界不存在的化合物具有独特的香气，在近年来发展迅速。目前，以异戊二烯、丁二烯、丙酮、乙炔、苯乙烯等石油化工产品为原料可以实现芳香醇、香叶醇、紫罗兰酮等数以千计的香料化合物的合成。

合成香料包括全合成香料、半合成香料和生物合成香料。全合成香料是从基本有机化工原料出发，经一系列有机反应合成的香料化合物，如从乙烯、丙酮为原料合成芳樟醇等香料的Roche合成法、异戊二烯合成法等。半合成香料是以从植物等中提取的单离香料为原料，经化学反应合成得到的香料，如从山苍子中分离的柠檬醛，从柏木油中分离柏木脑等为原料合成的紫罗兰酮、松油醇等。生物合成香料是模拟天然动植物代谢过程生产出的香料化合物，目前在香料的生物合成中应用广泛的是发酵工程、酶工程、细胞工程和基因工程。本实验以紫罗兰酮合成为例学习、了解有机合成在香料合成中的应用。

紫罗兰酮有α、β、γ三种异构体，具有强烈的香味，在香料、医药和合成化学中具有十分广泛的用途。紫罗兰酮是重要的合成香料，是合成香料工业中产量最大的香料之一，一般是α-和β-异构体的混合物，其中α-异构体的香料价值比β-异构体大。

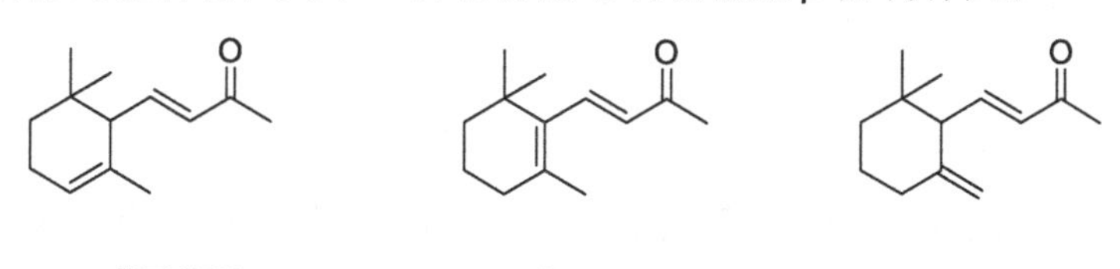

α-紫罗兰酮　　β-紫罗兰酮　　γ-紫罗兰酮

紫罗兰酮的合成通常分两步反应进行：柠檬醛和丙酮在碱催化剂存在下进行羟醛缩合反应，生成假性紫罗兰酮；假性紫罗兰酮在酸催化剂作用下，关环异构化得到紫罗兰酮。

碱　酸

α-紫罗兰酮　β-紫罗兰酮

羰基化合物的羟醛 Aldol 缩合反应，既可被酸催化，也可被碱催化，但通常采用碱催化剂。对于假性紫罗兰酮的合成，常用的碱催化体系有 $Ba(OH)_2$ 饱和水溶液、Na_2O_2、钠丝、EtONa/EtOH、NaOH/EtOH、KOH/MeOH、LiOH 等催化羟醛 Aldol 缩合反应，假性紫罗兰酮的收率一般为 78%～ 86%。工业上一般用质量分数为 2%～4%的氢氧化钠催化柠檬醛与丙酮缩合制得假性紫罗兰酮；使用相转移催化技术或固载化氢氧化钠，可缩短反应时间，提高假性紫罗兰酮的收率。假性紫罗兰酮的环化可以在硫酸、磷酸、氯化锌、分子筛等酸性催化剂下进行。环化反应中所使用酸的种类、浓度、反应条件不同，生成的异构体比例会有变化。

实验六十　紫罗兰酮合成

【实验目的】

1. 了解香料的合成方法。
2. 学习羰醛缩合反应及在有机合成中的应用。
3. 了解气相色谱在有机合成中的应用。

【实验预习】

1. 羟醛缩合反应。
2. 减压蒸馏实验操作。
3. 气相色谱的基本原理及使用操作。

【实验原理】

CH_3ONa / EtOH　H_3PO_4 / 55～65 °C

α-紫罗兰酮　β-紫罗兰酮

【实验试剂】

柠檬醛，丙酮，甲醇钠，无水乙醇，乙酸，甲苯，85%磷酸，5%碳酸氢钠，饱和食盐水，无水硫酸钠，正己烷，氯仿。

【实验步骤】

1. 羟醛缩合合成假性紫罗兰酮

100 mL 三口烧瓶配置磁力搅拌子、温度计、回流冷凝管及恒压滴液漏斗（图 6-4），加入丙酮（29.0 g，0.5 mmol，2.0 equiv.）、乙醇（50 mL）和甲醇钠（4.1 g，75 mmol，摩尔分数 30%），加热至 50 ℃，搅拌下缓慢滴加柠檬醛（38.0 g，0.25 mol，1.0 equiv.），滴加时间为 20 min 左右。滴加完毕后在 50 ℃左右继续反应，通过 TLC 或气相色谱监测反应进程。当 GC 监测柠檬醛的含量低于 0.2%，或 TLC（展开剂：正己烷∶氯仿=7∶1）监测原料基本转化完全后，将反应体系降温至 25 ℃，加入乙酸（4.5 mL）中和。首先进行普通蒸馏回收丙酮和乙醇，然后减压蒸馏，收集 140～145 ℃/10 mmHg 馏分，产物称重，计算产率，通过 GC 测试产物的纯度为 90%～98%。

产物表征数据：^{1}H NMR (400 MHz, $CDCl_3$) δ1.56 (s,3H), 1.63 (s,3H), 1.86 (s,3H), 2.12 (m,4H), 2.22 (s,3H) 5.02 (br,1H), 5.97 (d, J=11.4 Hz,1H), 6.05 (d, J=15.3 Hz,1H) 7.38 (dd, J=11.4 Hz, 15.3 Hz,1H)；^{13}C NMR (100 MHz, $CDCl_3$) δ199.5, 151.8, 140.3, 133.0, 129.2, 124.5, 124.0, 41.2, 28.2, 27.1, 26.4, 18.4, 18.2。

2. 酸催化环化反应

100 mL 三口烧瓶配置磁力搅拌子、温度计、回流冷凝管及恒压滴液漏斗（图 6-4），加入假性紫罗兰酮（30.00 g，0.156 mol）和甲苯（30 mL），加热至 55 ℃左右，缓慢滴加 85%磷酸（7.60 g，65.9 mmol，摩尔分数 45%），滴加 20 min 左右，反应体系逐渐由浅黄色变为红褐色，维持反应温度在 55～65 ℃继续反应，通过气相色谱或 TLC 监测反应进程。当气相色谱监测假性紫罗兰酮的含量低于 0.2%，或 TLC（展开剂：正己烷∶氯仿=7∶2）监测原料转化完全，将反应体系冷却至 25 ℃后转移到分液漏斗中进行分液，分出酸液，然后使用 5% Na_2CO_3 水溶液中和有机相至中性，分出水相，有机相用水洗 2 次（10 mL×2），饱和食盐水（10 mL）洗一次，无水 Na_2SO_4 干燥。除去干燥剂，常用蒸馏除去甲苯后减压蒸馏（图 6-5），收集 118～128 ℃/10 mmHg 馏分，产物称重，计算产率，可以通过 GC 测试产物的纯度及异构体的比例。

图 6-4　缩合反应装置

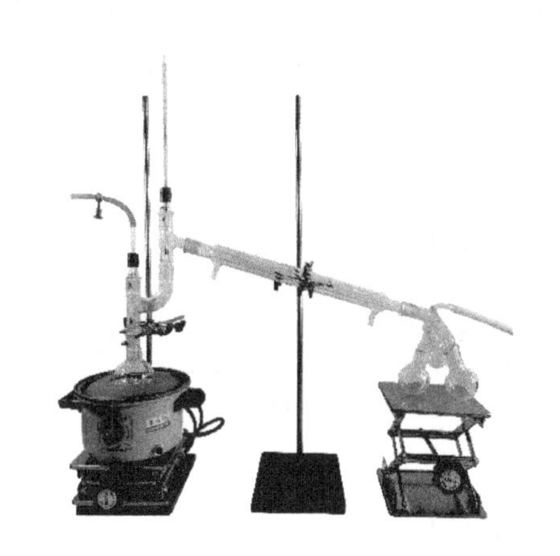

图 6-5　减压蒸馏装置

【思考题】

1. 给出第一步羟醛缩合反应中可能形成的副产物及反应方程式。

2. 在本实验的两步反应中，延长反应时间对产物的产率及纯度是否有影响，给出理由。

3. 如何确定这两步反应的最佳反应时间？

4. 酸化环化反应会得到紫罗兰酮的两种异构体，通过减压蒸馏或柱色谱的纯化操作是否可以实现两种异构体的分离？

【参考文献】

[1] 汪秋安．香料香精生产技术及其应用．北京：中国纺织出版社，2008.

[2] Krishna H J，Joshi B. *J. Org. Chem.*，1957，22：224-226.

[3] Moronkola D O，Aiyelaagbe O O，Ekundayo O. *J. Essent. Oil Bear. Pl.*，2005，8：87-98.

[4] 孙青，舒学军，陈茹冰，等．浙江大学学报（理学版），2021，39：56-59.

6.3 染料的合成

有机染料是一类有颜色的有机化合物，可以通过适当的方法使纤维材料或其他物质具有鲜艳、牢固的颜色，已经被人类使用了数千年。靛蓝（indigo）是一类早期使用的天然染料。例如提尔紫（Tyrian purple）是从骨螺属软体动物中获取的深紫色名贵染料，在古罗马时期用于染制皇帝长袍的紫色，当时被认为是财富和地位的象征。其主要化学成分由 Paul Friedländer 于 1909 年发现为 6,6′-二溴靛蓝。虽然早期的染料完全来源于自然界，但现代的染料主要为合成染料。

靛蓝是一类还原染料，早期来源于菘蓝植物的发酵或靛蓝属植物。这两类植物含有可以水解为吲哚酚的葡萄糖苷，吲哚酚是靛蓝的无色前体。现代使用的靛蓝颜料通常是合成染料，使用时用连二硫酸钠还原为可溶的无色形式，然后通过暴露在空气中被氧化为不溶的蓝色。本实验以邻硝基苯甲醛为原料进行靛蓝的合成，及靛蓝的染色实验。

实验六十一　靛蓝的合成和应用

【实验目的】

1. 了解有机染料的合成及使用方法。
2. 学习羰基缩合反应及在有机合成中的应用。

【实验预习】

羟醛缩合反应。

【实验原理】

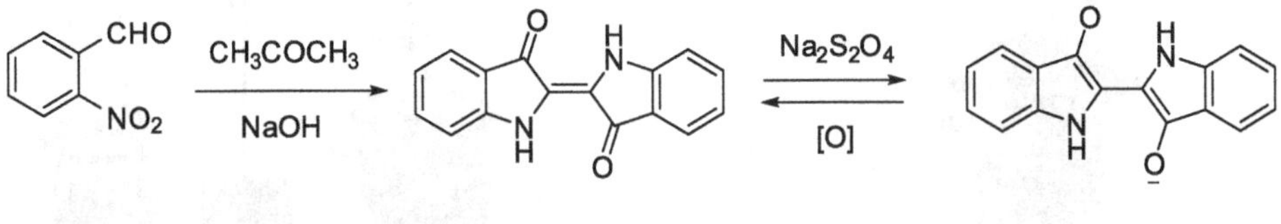

CHO, NO_2 —— CH_3COCH_3 / NaOH ——→ (靛蓝) ⇌ $Na_2S_2O_4$ / [O] (还原态)

【实验试剂】

邻硝基苯甲醛，丙酮，2 mol/L NaOH 水溶液，连二硫酸钠，乙醇。

【实验步骤】

在 100 mL 烧杯中加入磁力搅拌子、邻硝基苯甲醛（1.00 g，6.6 mmol）、丙酮（20 mL）、水（35 mL），然后在剧烈搅拌下加入 NaOH 水溶液（2 mol/L，5 mL）。反应溶液变为深黄色，然后变暗，在 20 s 内靛蓝的深色沉淀形成，继续搅拌 5 min，大量的蓝紫色沉淀形成。使用布氏漏斗收集进行减压过滤，滤饼使用大量的水洗涤至滤液为无色（大概需要 100 mL），然后滤饼再使用乙醇（20 mL）洗涤一次。固体在 100～200 ℃下烘干 30～40

min 得到最终产物。

产物表征数据：^{1}H NMR (600 MHz,DMSO-d_6)δ 6.95 (d,2H),7.37(d,2H),7.50 (m,2H),7.65 (d,2H),10.56 (s,2H);^{13}C NMR (150 MHz,DMSO-d_6)δ187.6,152.4,135.6,123.9,120.3,119.9,117.9,113.1。

在表面皿上称取制备的靛蓝颜料（100～200 mg），加入几滴乙醇，用玻璃棒搅拌成糊状。用水（1 mL）将糊状物转移到 100 mL 烧杯中，加入 NaOH 水溶液（2 mol/L，3 mL）及连二硫酸钠（0.3 g）的水溶液（20 mL），将烧杯加热至 50 ℃，很快烧杯中的溶液转变为黄色透明溶液，再加入水（40 mL），然后加入约 2 g 的白色棉布，将棉布完全浸入溶液中，在 50 ℃放置 1 h。为了确保棉布均匀染色，偶尔搅动棉布。1 h 后用镊子取出棉布，拧干水溶液在空气中晾 30 min，完成染色。

【思考题】

1. 给出邻硝基苯甲醛和丙酮在碱性条件下生成靛蓝的反应机理。

2. 给出靛蓝被还原剂连二硫酸钠还原为可溶、无色形式，及被空气氧化回不溶性靛蓝的机理。

3. 给出靛蓝的其他合成方法，并对比不同合成方法的优缺点。

4. 有机颜料分为哪几类？给出它们的重要的结构单元。

【参考文献】

[1] Cranwell P B，Harwood L M，Moody C J. *Experimental Organic Chemistry*. West Sussex，UK：John Wiley & Sons，Ltd，2017.

6.4 消炎药罗非昔布的合成

罗非昔布（Rofecoxib）为第三代消炎镇痛剂，是环氧化酶-2（COX-2）的特异性抑制剂，主要用于治疗骨关节炎（OA）及急性疼痛。罗非昔布的合成可以通过一些经典的有机反应来完成：傅-克酰基化反应、羰基 α-氢溴化、酯化及羰基缩合反应，合成路线见图 6-6。我们将通过罗非昔布的多步合成来了解这些经典的有机反应在有机合成中的应用，巩固已经学习的单步骤合成实验，包括反应过程的实施、监控、猝灭、后处理、纯化及产物结构的确定。

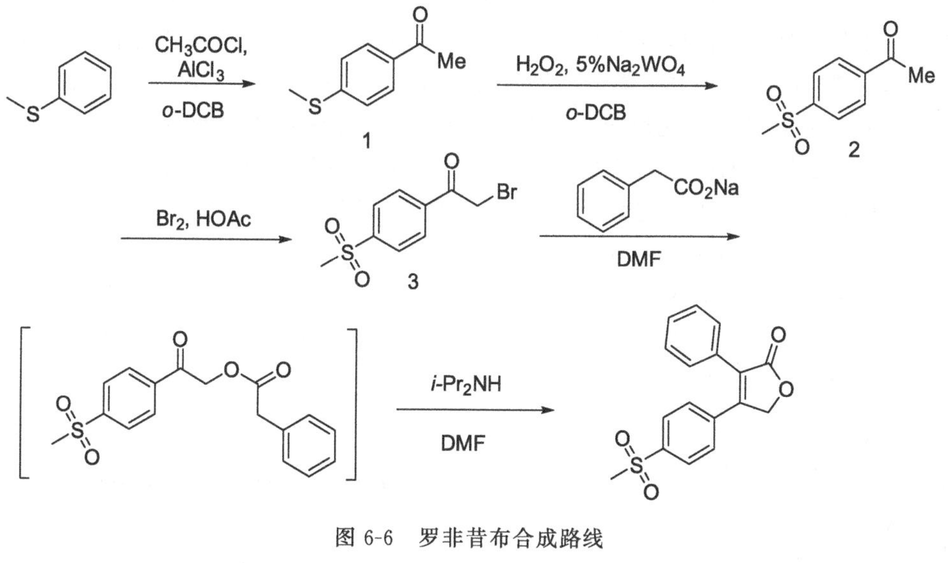

图 6-6　罗非昔布合成路线

实验六十二　罗非昔布的合成

【实验目的】

1. 了解酰基化反应、羰基 α-氢溴化、酯化及羰基缩合反应等经典的有机反应在有机合成中的应用。

2. 学习合成实验的设计。

【实验预习】

1. 傅-克酰基化反应原理。

2. 羰基 α-氢溴化反应原理。

3. S_N2 亲核取代反应原理。

4. 羰基缩合反应原理。

5. 重结晶实验操作。

Ⅰ傅-克酰基化反应合成对甲硫基苯乙酮

【实验原理】

CH_3COCl, $AlCl_3$

o-DCB

S　O　Me　S

1

对甲砜基苯乙酮是罗非昔布合成中重要的中间体。对甲砜基苯乙酮可以通过对位卤代苯乙酮的亲核取代或催化偶联反应，以及芳烃的傅-克酰基化反应来获得。本实验使用傅-克酰基化反应来合成对甲砜基苯乙酮。傅-克酰基化反应要求反应的底物为富电子芳烃，因此选择富电子的苯甲硫醚作为反应原料，通过傅-克酰基化反应得到对甲硫基苯乙酮（1)，再经过氧化反应将甲硫基氧化为相应砜基来获得对甲砜基苯乙酮。

以苯甲硫醚为原料的傅-克酰基化反应会生成对位或邻位被取代的酰基化产物，因此需要控制反应条件来高选择性地得到对位取代产物。傅-克酰基化反应通常在惰性溶剂硝基甲烷或硝基苯中进行。但考虑到这类溶剂的使用限制，本实验选用邻二氯苯作为溶剂，虽然邻二氯苯也可能发生傅-克酰基化反应，但当反应温度在－5～30 ℃之间时可以抑制这个副反应的发生。本实验反应温度需要控制在 0 ℃左右，反应的对位选择性可以超过 100∶1。为了保证苯基硫醚的完全转化，使用 1.2 equiv. 的酰氯及路易斯酸催化剂，反应通常可以在苯甲硫醚滴加结束后 30 min 内反应完全。

反应结束后用水将反应猝灭，猝灭过程中会放热，因此需要对温度进行控制。此外，由于傅-克酰基化产物的羰基与路易斯酸铝的化合物之间的配位性较强。在后处理过程中，需要加入强酸，将产物酮解离出来。

【实验试剂】

苯甲硫醚，邻二氯苯，无水三氯化铝，乙酰氯，盐酸，石油醚，乙酸乙酯。

【实验步骤】

250 mL 干燥三口烧瓶配置磁力搅拌子、温度计、干燥管及氯化氢气体的吸收装置（见

图 6-7)，加入邻二氯苯（100 mL）。然后将反应瓶置于冰盐浴中，将邻二氯苯冷却至 0～10 ℃左右，加入 $AlCl_3$ (12.90 g，0.096 mol，1.2 equiv.)。配置恒压滴液漏斗，加入乙酰氯（6.90 g，0.088 mol，1.1equiv.)，或使用注射器将乙酰氯滴加到反应瓶中，滴加时间为 10 min 左右。反应混合物冷却至 0～10 ℃左右，从滴液漏斗滴加苯甲硫醚（10.00 g，0.08 mol，1.0 equiv)，滴加时维持反应体系温度低于 10 ℃。当苯甲硫醚滴加结束后，控制反应混合物在温度 10 ℃左右继续搅拌约 45 min，使苯甲硫醚转化完全（TLC 监测，展开剂：PE∶EA＝10∶1)，反应体系中有大量黄色固体生成。滴液漏斗中加入 2 mol/L 的冰稀盐酸溶液（75 mL)，在搅拌下，缓慢滴加到反应瓶中，滴加过程中需要维持三口烧瓶中混合物的温度在 10～22 ℃。得到的混合物在 10～22 ℃左右剧烈搅拌 20 min，然后将反应混合物转移到分液漏斗中，进行分液。有机相（邻二氯苯相）用水（35 mL）洗涤两次，得到的有机相留下少量样品后，可以直接用于下一步氧化反应。

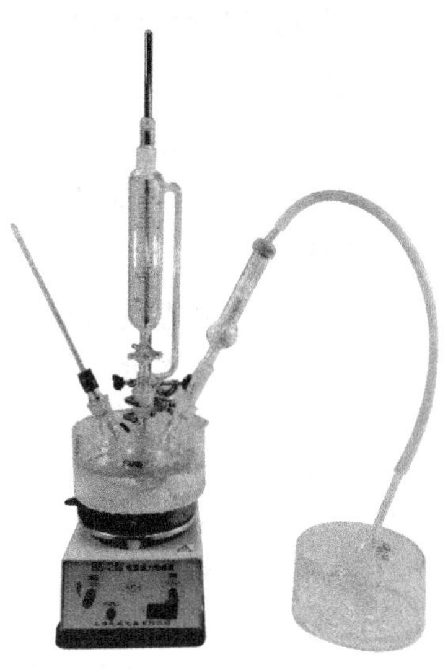

图 6-7　傅-克反应装置

Ⅱ 硫醚氧化合成砜中间体

【实验原理】

1 → 2（H_2O_2，摩尔分数 5%Na_2WO_4；o-DCB）

目前已报道的将硫醚氧化为砜的氧化剂种类很多，例如使用当量氧化剂 mCPBA、Oxone、DDQ、高锰酸钾或铬酸钾等。其中使用双氧水作为氧化剂时，双氧水在反应中被还原为水，使其氧化方法相对比较“绿色”。以双氧水作为氧化剂需要加入适当的催化剂才可以实现将硫醚氧化为砜，本实验采用活性较高的钨酸钠为催化剂的双氧水氧化体系，催化剂负载量在 1%～5%（摩尔分数）的条件下可以高效地催化双氧水氧化对甲硫基苯乙酮为相应的砜类化合物。

由于上一步酰基化反应的溶剂邻二氯苯在该氧化反应中为惰性，本实验直接对上一步得到的对甲硫基苯乙酮的邻二氯苯溶液进行氧化。氧化剂为 30% 双氧水溶液，反应体系为两相，为了提高反应速率，在反应体系中可以加入甲基三辛基氯化铵季铵盐类作为相转移催化剂。

该氧化反应通过两步氧化进行：硫醚首先氧化为亚砜，然后亚砜氧化为砜。为了避免当第一步氧化结束后，氧化剂双氧水在反应体系中积累，将加入催化剂及相转移催化剂对甲硫基苯乙酮的邻二氯苯溶液加热至 45 ℃，开始滴加双氧水，直接引发氧化反应。氧化反应为放热反应，反应放出的热量可以维持氧化的进行。当反应温度过高时需要对反应体系进行适当的冷却，维持反应温度在 45～50 ℃之间。

当氧化反应接近结束时反应生成的对甲砜基苯乙酮会从反应体系中析出。当原料完全转化后，过量的氧化剂需要使用适当的还原剂（如亚硫酸钠溶液）进行猝灭。

【实验试剂】

对甲硫基苯乙酮的邻二氯苯溶液（上一步制备），钨酸钠二水合物，甲基三辛基氯化铵，30%的双氧水，20%（质量分数）亚硫酸钠水溶液，异丙醇，石油醚，乙酸乙酯。

【实验步骤】

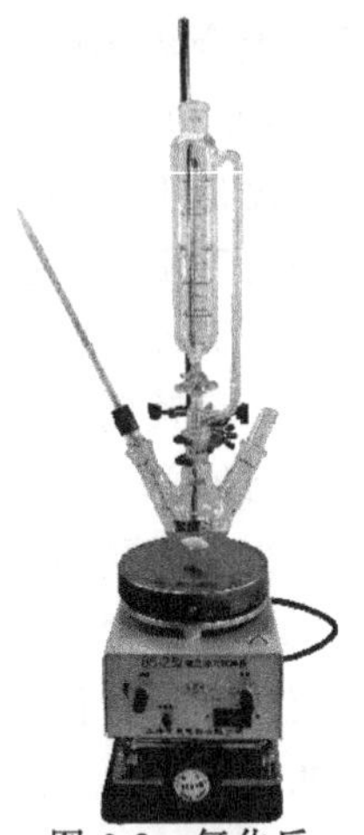

图 6-8 氧化反应装置

250 mL 三口烧瓶配置磁力搅拌子、温度计及恒压滴液漏斗（图 6-8），加入钨酸钠二水合物（1.32 g，4.0 mmol，摩尔分数 5%）及水（25 mL），开动搅拌使其溶解。然后加入硫酸水溶液（1 mol/L，1 mL）、对甲硫基苯乙酮的邻二氯苯溶液（0.08 mol）及甲基三辛基氯化铵（0.65 g，1.6 mmol，摩尔分数 2%）。将反应混合物用水浴加热至 45 ℃，从恒压滴液漏斗滴加 30%的双氧水（22.7 g，0. 2 mol，2.5 equiv.），滴加时需要维持反应体系的温度为 45 ℃左右，如果反应温度超过 50 ℃需要进行适当的冷却，滴加时间为 1 h 左右，滴加结束后维持 45 ℃继续搅拌 30 min，使对甲硫基苯乙酮完全转化（TLC 监测，展开剂：PE∶EA=10∶1）。当对甲硫基苯乙酮转化完后，将反应混合物冷却至 18 ℃，缓慢滴加 20%（质量分数）亚硫酸钠水溶液（22 mL）猝灭反应体系中的过氧化物，滴加过程控制反应体系温度在 25 ℃以下，然后将反应体系在室温（或 22 ℃左右）搅拌 10 min 后，使用布氏漏斗减压过滤收集产物，固体依次用水（50 mL）和异丙醇（20 mL）洗涤一次，然后在 40 ℃下真空干燥得到氧化产物，称重，产率为 85%左右，测量熔点。熔点为 125～127 ℃。

产物表征数据：^{1}H NMR（400 MHz，$CDCl_3$）δ6.62（s，3H），3.05（s，3H），7.99（d，J=8.2 Hz，2H），8.08（d，J=8.2 Hz，2H）；^{13}C NMR（100 MHz，$CDCl_3$）δ196.7，144.1，140.8，129.1，127.7，44.2，26.9。

Ⅲ 溴化合成 α-溴代酮

【实验原理】

$\xrightarrow{Br_2,\ HOAc}$

酮的 α-位溴代可以在酸性或碱性条件下进行。碱性条件下溴代反应主要得到多溴代产物或发生卤仿反应得到减少一个碳原子的羧酸盐。酮在酸性件下的 α-位卤代经过烯醇式进行，微量的酸有助于羰基化合物的烯醇化，可以作为这类卤化反应的催化剂。单溴代反应通常在酸性条件下进行，但反应的条件剧烈或过量的溴存在也可能导致多溴代，因此该反应需要在控制反应条件下进行。该溴化反应在微量氢溴酸催化下进行，反应具有一定的引发期（1～15 min）。当 0.96～0.98 equiv. 的溴加入后，原料的转化率可以达到 93%，但进一步增加溴的用量会导致二溴副产物的生成。该反应为放热反应，为了避免多溴代等副产物形成，反应温度需要控制在 25～35 ℃。

【实验试剂】

砜中间体 2（上一步制备），乙酸，氢溴酸，液溴，石油醚，乙酸乙酯。

【实验步骤】

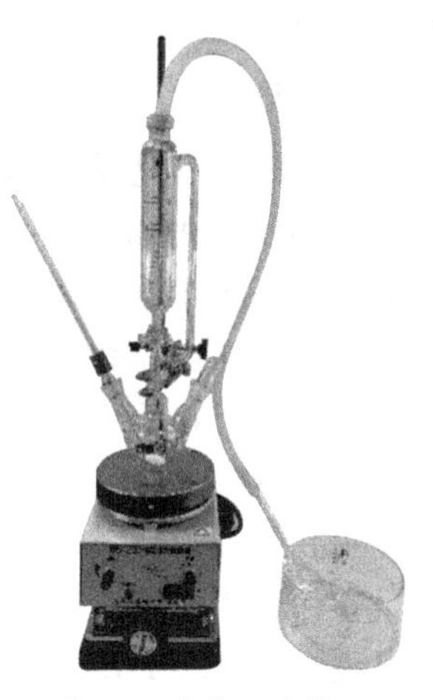

图 6-9　溴化反应装置

100 mL 三口烧瓶配置磁力搅拌子、温度计、恒压滴液漏斗及尾气吸收装置（图 6-9），加入乙酸（40 mL）、砜中间体 2（10.00 g，0.05 mol）及 48%HBr 水溶液（0.2 mL），然后开动搅拌。在室温下，在恒压滴液漏斗中加入液溴（7.8 g，0.048 mol，0.97 equiv.）和乙酸（10 mL）的混合溶液，先向反应体系内滴加 3～5 滴溴的溶液，在室温下搅拌 15 min 左右，当反应体系中溴的颜色褪去后，将剩余溴的乙酸溶液缓慢地滴加到反应体系中，滴加速度维持反应体系温度 25～30 ℃之间。滴加结束后，使用水浴使反应混合物在 35～45℃ 之间继续搅拌至砜中间体 2 基本转化完成，大概 2～3 h。TLC 监测（展开剂：PE∶EA＝2∶1），原料基本转化完全。在通风橱内，将反应体系用布氏漏斗减压过滤，固体分别用水和乙酸（1∶1）混合物（20 mL）和水（70 mL）洗涤一次，然后在 40℃下真空干燥得到溴化粗产物，称重，产率为 80%左右，测量熔点。熔点为 126～128 ℃。

产物表征数据：^{1}H NMR（400 MHz，$CDCl_3$）δ3.12（s，3H），4.48（s，2H），8.10（m，2H），8.19（m，2H）；^{13}C NMR（100 MHz，$CDCl_3$）δ190.3，144.7，137.9，130.0，128.0，44.2，30.5。

Ⅳ 酯化及缩合关环合成烯内酯——罗非昔布

【实验原理】

Br　CO_2Na　DMF　3　4　i-Pr_2NH　DMF

烯内酯是罗非昔布重要的结构单元，可以通过苯乙酸盐对 α-溴代酮的亲核取代反应形成相应的酯，然后在适当碱的促进下苯乙酯的苄位与酮羰基反生缩合反应来构建。由于苯乙酸盐与 α-溴代酮形成的酯分子中具有两个活化的亚甲基，可以与酮羰基发生缩合反应。为了高效、高选择性地得到目标产物，需要对反应的条件进行仔细调控。反应溶剂选用有利于亲核取代反应的偶极溶剂（DMF）；苯乙酸与氢氧化钠溶液反应生成相应的钠盐，使用碳酸氢钠时反应速率较慢，而使用相应的钾盐时，形成的溴化钾在 DMF 和水混合溶剂中不溶解，在后处理步骤中会与产物一起析出。在第二步的缩合关环反应中，根据文献对于碱的优化，使用 3.0 equiv. 具有一定位阻的二异丙基胺（DIA）为碱，可以以较好的收率得到相应的关环产物。反应结束后，在 20～30 ℃加入 2 mol/L 盐酸（3.5 equiv.）中和二异丙基胺猝灭反应，同时可以使产物析出。

【实验试剂】

α-溴代酮 3（上一步制备），苯乙酸，氢氧化钠，N,N-二甲基甲酰胺，二异丙基胺，二甲基亚砜，2 mol/L 盐酸，异丙醇，石油醚，乙酸乙酯。

【实验步骤】

250 mL 三口烧瓶配置磁力搅拌子、温度计及恒压滴液漏斗，加入 DMF（70 mL）及苯乙酸（5.30 g，39 mmol，1.3 equiv.）。将反应瓶放置在冰水浴中冷却至 5 ℃左右，然后开动搅拌，恒压滴液漏斗中加入 50%NaOH 水溶液（1.73 mL，33 mmol，1.1 equiv.），滴加到反应体系中，滴加过程维持体系温度为 5～10 ℃。滴加结束后，维持反应混合物在 5℃左右搅拌约 10 min。将充满氮气的气球用长针头插入反应瓶的底部（图 6-10），通气 5 min，用氮气置换反应体系内的空气，然后将上一步合成的 α-溴代酮（8.3 g，30 mmol）一次性加入反应瓶中，将反应瓶用锡纸包裹（由于产物罗非昔布在光照下具有不稳定性，需要避光），在反应瓶上重新插入一个充满氮气的气球（针头在液面上），在室温下搅拌 15 min 后，向体系内一次性加入二异丙基胺（12.6 mL，90 mmol，3.0 equiv.）。然后将反应体系加热至 45 ℃左右，反应 1.5 h 左右，使 α-溴代酮反应完全（TLC 检测，PE∶EA＝1∶1）。当原料 α-溴代酮转化完全，将反应体系用冰水浴冷却至 20～25 ℃，滴加 2 mol/L 盐酸（52.5 mL），滴加时间为 1 h 左右，滴加过程中维持体系温度 20～30 ℃。在 500 mL 烧杯中加入水（250 mL），在搅拌下，将反应液缓慢加入水中，体系中有固体析出，结束后，反应混合物在 25 ℃下搅拌 30 min，使产物充分析出。然后将反应体系用布氏漏斗减压过滤，固体分别用 DMF 和异丙醇混合溶剂（体积比 1∶3，10 mL）和异丙醇（20 mL）洗涤各一次，得到罗非昔布粗产物，产率为 70%左右。

100 mL 三口烧瓶配置磁力搅拌子、温度计、氮气球（图 6-10），加入罗非昔布粗产物及 DMSO（体积为粗产物质量的 5 倍），氮气保护下搅拌下加热至 50～55 ℃，加热 20 min 左右。如果有不溶的固体，需要趁热过滤除去不溶固体，滤饼用少量的 DMSO（体积为粗产物质量的 0.5 倍）冲洗一下。将滤液转移到另一带有温度计、恒压滴液漏斗及搅拌子的三口烧瓶中（图 6-10），滤液加热至 50 ℃左右。将水（体积为粗产物质量的 3～5 倍）加入恒压滴液漏斗中，缓慢地滴加到滤液中，滴加过程维持反应体系为 48～53 ℃，滴加时间为 20 min。当水滴加完后，将反应体系缓慢冷却至 25 ℃，搅拌 10 min。用布氏漏斗减压过滤，固体依次用 DMSO 和水的混合物（1∶2 体积比，10 mL）、水（10 mL）和异丙醇（10 mL）洗涤，固体在 30℃左右真空干燥得到最终目标产物，产率为 90%左右，测量熔点。熔点为 203～204 ℃。

图 6-10　酯化反应装置

产物表征数据：^{1}H NMR（400 MHz，DMSO-d_6）δ3.15（s，3H），5.37（s，2H），7.42（m，5H），7.68（d，J＝8.4 Hz，2H），7.96（d，J＝8.4 Hz，2H）；^{13}C NMR（100 MHz，DMSO-d_6）δ172.4，156.0，142.0，135.8，129.8，129.1，128.9，128.8，128.7，127.4，126.9，70.9，43.1。

【思考题】

1. 在第一步傅-克酰基化反应中，路易斯酸催化剂为什么使用 1.2 equiv.；如果使用乙酸酐作为酰基化试剂时，路易斯酸催化剂使用量应该为多少？

2. 如果在进行傅-克酰基化反应时，没有很好地控制反应温度，有邻位取代反应副产物生成，如何除去这个副产物？

3. 在傅-克酰基化反应后处理时，使用盐酸的目的是什么？

4. 在第二步氧化反应中，是否可以采取在室温下滴加双氧水氧化剂，滴加完毕，再加热到 45 ℃使反应完全？

5. 在氧化反应的后处理中，如何检测氧化剂已经完全被猝灭？

6. 在溴化反应中，为什么使用 0.98 equiv. 的溴，而不是使用过量的溴使原料完全转化？

7. 在酯化及缩合环化反应中，为什么不使用 1.3 equiv. 的苯乙酸，而使用 1.1 equiv. 的氢氧化钠？

8. 查阅文献，给出不同的罗非昔布（Rofecoxib）的合成路线，并对比不同合成路线的优缺点。

【参考文献】

[1] Li J J，Johnson D S，Sliskovic D R，et al，*Contemporary Drug Synthesis*. Hoboken，New Jersey：John Wiley & Sons，Inc.，2004.

[2] Desmond R，Dolling U H，Frey L F，et al. WO 98/00416.

[3] Liu G，Xu H，Wang P，et al. *Eur. J. Med. Chem.*，2013，65：323-336.

6.5 手性噁唑啉配体的合成及在不对称催化反应中的应用

不对称催化反应作为合成光学纯手性化合物的重要方法，近些年来受到广泛的关注。在不对称催化反应中，手性催化剂具有非常关键的作用，它提供手性环境，使反应可立体选择地发生得到单一立体构型的产物。前面介绍了有机小分子催化的不对称反应，金属催化的不对称反应也是不对称催化反应中的重要研究领域。在金属催化不对称催化反应中，采用光学纯的手性金属配合物（或化合物）作为催化剂或催化剂前体，这类催化剂通常由金属盐与光学纯的手性配体配位或键合形成。因此手性配体对于不对称催化反应的意义至关重要。以自然界中广泛存在的、易得的光学纯的手性化合物为手性源是获得手性配体的重要方法。本实验以 C_2-对称的双噁唑啉配体（BOX）（图 6-11）的合成为例学习如何采用易得的光学纯手性化合物为手性源合成手性配体及催化剂。

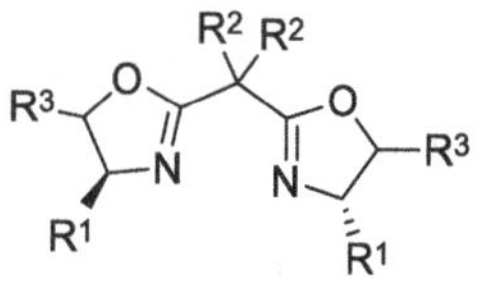

图 6-11 双噁唑啉配体结构

1991 年，Evans 和 Corey 分别报道双噁唑啉配体的合成，并将其作为手性配体用于铜催化烯烃的不对称环丙烷化及铁催化的对映选择性的 Diels-Alder 反应[1]。这类配体以简单的手性氨基醇为原料来合成，在参与形成光学活性催化剂时，其中两个氮原子与同一阳离子（金属离子）配位，会形成非常刚性结构能够以有效的方式区分配位的反应底物的非对映面，具有较好的面选择性。由于这类双噁唑啉配体的合成简单及灵活、结构易于修饰，具有优异的对映选择性，作为双齿配体被广泛应用在各种各样的反应中。

双噁唑啉类配体的合成方法大概总结如图 6-12 所示。通常以对称的二取代丙二酸衍生物为起始原料与 2 equiv. 的光学纯的 β-氨基醇反应形成重要的中间体羟基二酰胺，然后根据不同的结构特点采用相应的关环方式得到双噁唑啉配体。取代的丙二酰氯与 β-氨基醇反应得到羟基二酰胺后，将它的羟基转化为易离去基团（卤原子、甲磺酸酯或对甲苯磺酸酯等），然后在碱性条件下环合得到相应的噁唑环。羟基二酰胺中间体也可以在适当的条件下直接关环，例如在二丁基氯化锡催化下二羟基酰胺直接脱水环化

(Masamune方法)；在 $PPh_3/CCl_4/Et_3N$ 条件下二羟基酰胺发生串联氯化及环合形成噁唑环；在脱水剂［甲磺酸、$ZnCl_2$、$Ti(O^iPr)_4$ 或 $(NH_4)_2MoO_4$］作用下直接关环形成双噁唑啉。此外，以对称的二取代丙二酰氯为起始原料与 2 equiv. 的光学纯的 α-氨基酸酯反应形成相应的二酰胺酯，然后与 4 equiv. 相应的锂盐反应，再经过脱水成环可以合成 5,5-二取代双噁唑啉配体。对称的二取代丙二腈也是合成双噁唑啉配体常用的原料，可以与光学纯的 β-氨基醇或 1,2-二醇反应，然后再通过脱水环化得到相应的双噁唑啉配体，在不对称催化反应中具有较高收率及对映选择性的 4,5-二取代的双噁唑啉配体，通常是以这类方法合成[2]。

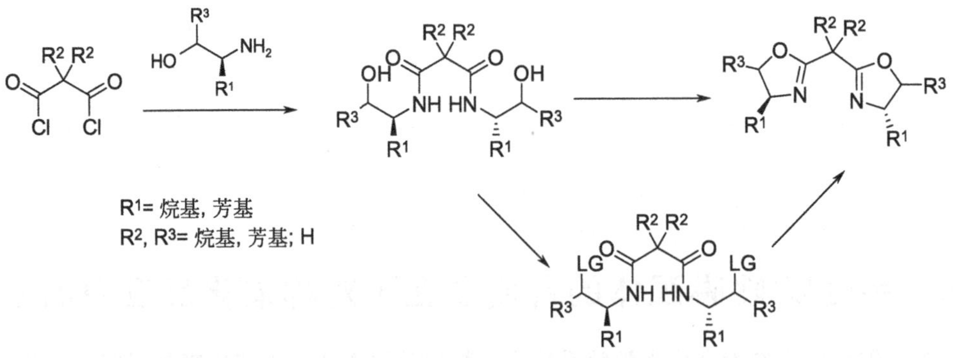

R¹= 烷基, 芳基
R², R³= 烷基, 芳基; H

图 6-12　双噁唑啉配体合成路线

本实验采用经典合成路线来合成具有较好对映选择性的双噁唑啉类配体——(*S*,*S*)-*t*-BuBox［(*S*,*S*)-2,2′-异丙亚基双(4-叔丁基-2-噁唑啉)］。采用 2,2-二甲基丙二酸及 L-叔亮氨酸为原料，通过酰化、还原、胺化及环化步骤来合成(*S*,*S*)-*t*-BuBox[3]，其合成路线如图所示：

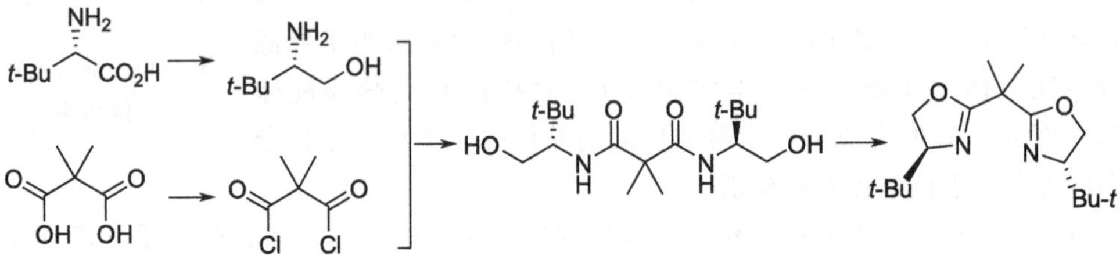

图 6-13　(*S*,*S*)-*t*-BuBox 的合成路线

实验六十三　手性双噁唑啉配体的合成

【实验目的】

1. 了解酰化、还原、胺化及环化反应等经典的有机反应在有机合成中的应用。
2. 学习合成实验的设计。
3. 学习活泼中间体的合成及处理方法。

【实验预习】

1. 羧酸氯化反应原理。
2. 羧酸还原反应原理。
3. 羧酸衍生物亲核取代反应原理。
4. 减压蒸馏实验操作。
5. 重结晶实验操作。
6. 柱色谱实验操作。

Ⅰ还原手性氨基酸合成手性氨基醇

【实验原理】

$$t\text{-Bu}CH(NH_2)CO_2H \xrightarrow[\text{THF}]{NaBH_4,\ I_2} t\text{-Bu}CH(NH_2)CH_2OH$$

由于光学纯的氨基酸比较容易获得，手性氨基醇的合成可以通过还原手性氨基酸来实现。氨基酸的还原需要使用还原活性较高的氢化铝锂或硼烷来实现。但由于氢化铝锂及硼烷对水非常敏感，在使用及储存过程中具有一定的危险性。考虑到实际可操作性，可以使用温和且廉价的还原试剂，通过加入添加剂现场形成高活性的还原剂来实现反应活性较低的氨基酸的还原，例如：前面学习的硼氢化钠与碘的还原体系，其在四氢呋喃中混合可以现场形成硼烷。因此本实验采用硼氢化钠与碘混合体系来还原L-叔亮氨酸（非天然氨基酸）。由于反应底物中的酸性氢会消耗负氢生成氢气，本实验采用2.4 equiv.的硼氢化钠及1.0 equiv.的碘进行还原。硼氢化钠与碘混合会形成硼烷及氢气，因此该反应必须在通风橱内操作，远离火源，且需要缓慢加入碘，确保形成的硼烷与溶剂四氢呋喃络合，避免形成的硼烷溢出。在TLC监测反应进程时，对于无紫外线吸收的氨基酸类化合物，可以使用茚三酮溶液来显色观察原料氨基酸是否转化完全，因为氨基酸与茚三酮作用可以形成蓝色或蓝紫色配合物，现象非常明显。该反应的后处理过程中需要注意两点：由于反应使用的溶剂为四氢呋喃，其与水可以互溶，为了避免在加水后处理的过程中，部分产物溶在水相，需要先将反应溶剂四氢呋喃除去；由于含硼化合物的路易斯酸性，还原得到的产物氨基醇会与含硼化合物配合，在后处理过程中，需要在酸性或碱性中将形成的配合物充分水解，再进行后续的萃取等操作。此外，使用柱色谱对产物氨基醇进行提纯时，如果使用硅胶作为吸附剂，硅胶的酸性与产物的碱性直接相互作用，使分离过程中产物的流出有严重的拖尾现象，可以通过在淋洗剂中加入微量的低沸点的有机碱（例如1.0%三乙胺）来缓解碱性产物的拖尾现象。

【实验试剂】

L-叔亮氨酸，硼氢化钠，碘，四氢呋喃，甲醇，20%氢氧化钠水溶液，二氯甲烷，无水硫酸镁，石油醚，乙酸乙酯，三乙胺，硅胶（300～400目）。

【实验步骤】

100 mL干燥三口烧瓶装配磁力搅拌子、温度计、回流冷凝管、干燥管及恒压滴液漏斗（图6-14），加入THF（50 mL）及L-叔亮氨酸（6.6 g，50 mmol，1.0 equiv.），分批缓慢加入硼氢化钠（4.6 g，120 mmol，2.4 equiv.），然后将反应瓶放置在冰水浴中。当反应体系的温度达到5 ℃左右，向反应体系中滴加碘（12.6 g，50 mmol，1.0 equiv.）的四氢呋喃溶液（25 mL），滴加过程维持反应温度在 10 ℃左右［注意：滴加过程中有氢气放出］，滴加结束后，将反应体系自然升温至室温，在室温下搅拌 30 min 后，加热至回流。TLC 监测（展开剂：乙酸乙酯∶甲醇＝5∶1）反应进程，当原料转化完全后，将反应体系冷却至 0 ℃，缓慢滴加甲醇（15 mL）猝灭反应，然后减压旋蒸除去溶剂。将粗产物溶于 20% NaOH 水溶液（10 mL），在室温下搅拌 30 min，然后用 CH_2Cl_2（50 mL×3）萃取三次，合并有机相，饱和食盐水洗涤一次，然后用无水 $MgSO_4$ 干燥 15 min。过滤除去干燥剂后，旋蒸除去溶剂，得到粗产物。通过柱色谱对粗产物进行纯化，洗脱剂为乙酸乙酯∶甲醇∶三乙胺＝20∶1∶0.2，得到无色油状产物或固体（熔点：31～33 ℃）。或通过减压蒸馏对粗产物进行纯化，收集 87～89 ℃/5 mmHg 馏分，产率为 80%左右。

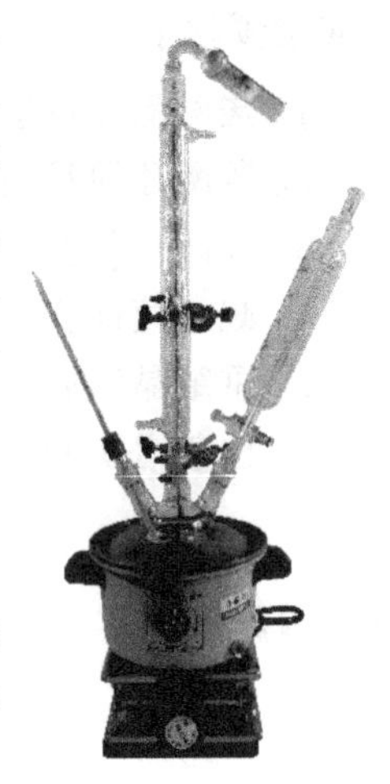
图 6-14　还原反应装置

产物表征数据：^1H NMR（400 MHz，$CDCl_3$）δ0.87（s，9H），1.67（brs，3H），2.47（dd，J＝10.2 Hz，3.9 Hz，1H），3.17（t，J＝10.2 Hz，1H），3.68（dd，J＝10.2Hz，3.9Hz，1H）；^{13}C NMR（100 MHz，$CDCl_3$）δ26.1，33.2，61.7，62.2. $[\alpha]_D^{25}$：＋39.0（c1.18，$CHCl_3$）。

Ⅱ 2,2-二甲基丙二酰氯的合成

【实验原理】

$$\text{(COCl)}_2\text{, 催化量DMF} \;\xrightarrow[\text{CH}_2\text{Cl}_2\text{, r. t.}]{}$$

羧酸的氯化是合成酰氯的主要方法。氯化试剂可以为二氯亚砜、草酰氯、三氯化磷、三氯氧磷、三聚光气及 Vilsmeier 试剂等，在氯化反应中根据反应底物的结构特点选择适当的氯化试剂。其中二氯亚砜和草酰氯由于价廉、易得，且形成的副产物为气体，可以直接逸出体系，使反应后处理简单，为常用的氯化试剂。本实验中氯化的原料为 2,2-二甲基丙二酸，其在加热条件下容易发生脱羧副反应，因此，本实验选用在室温下可以对羧酸氯化的试剂——草酰氯作为氯化试剂。草酰氯与羧酸在室温下可以平缓地进行氯化反应，在羧酸的氯化反应中可以通过加入催化量的 N,N-二甲基甲酰胺（DMF）来加速氯化反应，其反应原理如图 6-15 所示，本实验也采用催化量 DMF 加速氯化反应。反应通过控制滴加草酰氯的速度，控制反应的速率。

本实验的产物酰氯对空气不稳定，遇水会水解回到羧酸。在检测该反应的进程时，直接对反应体系进行 TLC 监测，将无法判断反应是否结束。为了检测反应原料是否转化完全，可以吸取少量反应液加入过量的甲醇中，这时取样中的活泼酰氯转化为相对稳定的甲酯，然后 TLC 监测这个甲醇溶液，检测原料是否转化完全。此外，由于产物对水比较敏感的性质，在后处理及保存过程中需要注意隔绝空气。

【实验试剂】

2,2-二甲基丙二酸，草酰氯，N,N-二甲基甲酰胺，二氯甲烷，甲醇，乙酸乙酯。

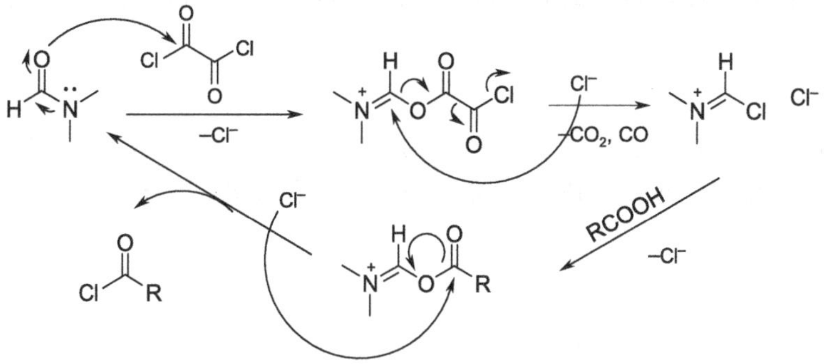

O H N Cl Cl O O −Cl⁻ H N⁺ O O Cl O Cl⁻ −CO₂, CO H N⁺ Cl Cl⁻ RCOOH −Cl⁻ H N⁺ O O R Cl⁻ O Cl R

图 6-15　DMF 催化羧酸氯化反应机理

【实验步骤】

100 mL 干燥三口烧瓶装配磁力搅拌子、温度计、干燥管（连接尾气吸收装置）及恒压滴液漏斗（图 6-16），加入 CH_2Cl_2（50 mL）、2,2-二甲基丙二酸（7.50 g，56.8 mmol，1.0 equiv.）及 DMF（0.5 mL，6.5 mmol，0.11 equiv.），然后将反应瓶放置于冰水浴中。当反应体系的温度达到 5 ℃左右，向反应体系中滴加草酰氯（16.2 mL，170 mmol，3.0 equiv.），滴加过程维持反应温度在 10 ℃左右，大概滴加 1 h 左右。滴加结束后，将反应体系自然升温至室温搅拌。TLC 监测（展开剂：乙酸乙酯∶甲醇=10∶1）反应进程，当原料转化完全后，减压浓缩除去溶剂及过量的草酰氯，得到剩余物充氮气保护（防止生成的草酰氯水解），加入干燥 CH_2Cl_2（20 mL）溶解后，再次减压浓缩除去溶剂（进一步除去残留的草酰氯），得到剩余物充氮气保护，得到的粗产物可以直接用于下一步反应。可以通过减压蒸馏对粗产物进行纯化，收集 77～79 ℃/60 mmHg 馏分，无色液体，产率为 80%左右。

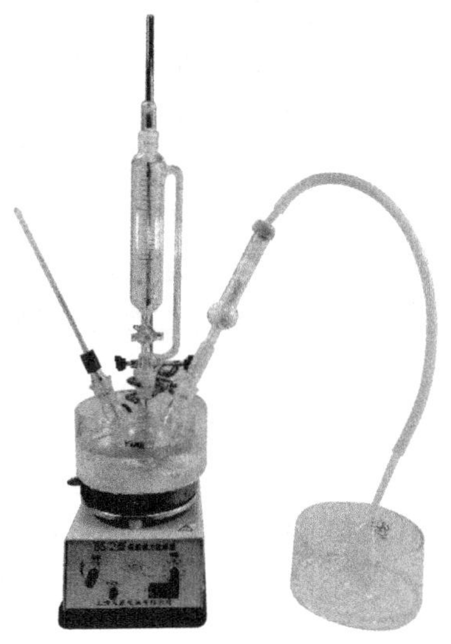

图 6-16　酰氯制备装置

产物表征数据：^{1}H NMR（400 MHz，$CDCl_3$）δ1.66（s，6H）；^{13}C NMR（100 MHz，$CDCl_3$）δ23.1，77.2，171.9。

Ⅲ 羟基二酰胺的合成

【实验原理】

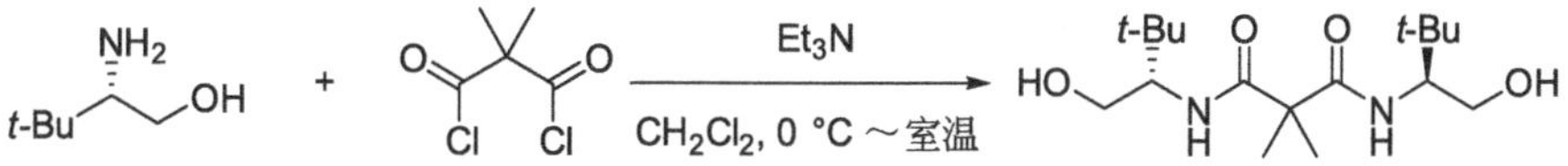

NH_2 t-Bu OH + O O Cl Cl Et_3N CH_2Cl_2, 0 ℃～室温 HO t-Bu O O t-Bu N H N H OH

酰胺的合成有多种方法，例如：羧酸及其衍生物与胺的亲核取代、腈的水解、胺与醇的选择性氧化等方法。考虑原料的易得性，本实验采用羧酸及其衍生物与胺的亲核取代来合成目标酰胺。由于目标酰胺具有较活泼的羟基结构单元，我们选择活性较高的酰氯与氨基醇在温和的条件下反应合成目标酰胺。反应原料氨基醇中的氨基或羟基都可以与酰氯发生反应，为了使酰氯选择性地与氨基发生反应，设计反应的投料比时氨基醇应该是过量的；反应的加料方式应该是将酰氯缓慢地滴入氨基醇和碱的混合溶液中；并且适当降低反应温度，以提高反应的选择性。

【实验试剂】

S-叔亮氨醇（第一步合成），2,2-二甲基丙二酰氯（第二步合成），三乙胺，二氯甲烷，甲醇，乙酸乙酯，盐酸，饱和 $NaHCO_3$ 水溶液，饱和食盐水，无水硫酸镁。

【实验步骤】

100 mL 干燥三口烧瓶装配磁力搅拌子、温度计、干燥管及恒压滴液漏斗（图 6-17），加入二氯甲烷（25 mL）、S-叔亮氨醇（4.20 g，36.0 mmol，2.2 equiv.）及三乙胺（11.2 mL，80 mmol，5.0 equiv.），然后将反应瓶放置于冰水浴中。当反应体系的温度达到 5 ℃左右，向反应体系中滴加 2,2-二甲基丙二酰氯（2.70 g，16.7 mmol，1.0 equiv.）的二氯甲烷（15 mL）溶液，滴加过程维持反应温度在 10 ℃左右。滴加结束后，将反应体系自然升温至室温搅拌。TLC 监测（展开剂：乙酸乙酯）反应进程，室温搅拌 40 min 左右。当原料酰氯转化完全后，向反应体系中加入水（20 mL），搅拌 15 min 后，分液得到有机相，分别依次使用 1 mol/L 盐酸（15 mL）、水（15 mL）、饱和 $NaHCO_3$ 水溶液（15 mL）、饱和食盐水（15 mL）洗涤，然后用无水 $MgSO_4$ 干燥 15 min。过滤除去干燥剂后，旋蒸除去溶剂，得到粗产物。粗产物使用乙酸乙酯重结晶得到 S,S-羟基二酰胺中间体，白色固体，熔点 158～160 ℃，产率为 65%左右。

图 6-17 胺化反应装置

产物表征数据：^{1}H NMR（400 MHz，$CDCl_3$）δ 0.91（s，18H），1.49（s，6H），1.58（brs，2H），3.43（t，J = 10.5 Hz，2H），3.80～3.89（m，4H），6.35（br，d，J = 10.5 Hz，2H）；^{13}C NMR（100 MHz，$CDCl_3$）δ 23.6，26.7，33.3，50.2，59.4，62.2，174.6。

Ⅳ (*S*,*S*)-*t*-BuBox 的合成

【实验原理】

p-TsCl, Et_3N, DMAP

CH_2Cl_2, r.t.

羟基二酰胺环化形成相应的双噁唑啉环的方法有多种，在本节开始的段落中已进行了简单的介绍。本实验采用串联羟基磺酸酯化及亲核取代来实现关环，使用的试剂为对甲苯磺酰氯、三乙胺及催化量的 4-二甲氨基吡啶（DMAP）。以三乙胺为碱，首先反应底物中的羟基与对甲苯磺酰氯反应形成相应的磺酸酯，然后酰胺羰基的氧原子对磺酸酯进行亲核进攻形成噁唑啉环。在反应体系中催化量的 DMAP 主要作用为催化反应活性较低的酰胺对磺酸酯的亲核取代反应。DMAP 是重要的酰基化及烷基化的催化剂，其催化机理为 DMAP 首先与亲电试剂反应生成 N-酰基化盐或烷基化盐，由于其具有松散的离子对，在非极性溶剂中容易接受亲核试剂的进攻来实现烷基化或酰基化，同时再生 DMAP，如图 6-18 所示[4]。当量碱的存在可以加速亲核试剂的进攻步骤，也可以避免催化量的 DMAP 在反应过程中被质子

化。因此通常 DMAP 催化酰基化或烷基化的反应条件为：催化量 DMAP（摩尔分数 5%～20%）、当量的辅助碱（例如：三乙胺）、非极性溶剂（例如：二氯甲烷）。此外，在进行该步合成实验时，需要注意反应终点的判断，由于反应原料可以快速地转化为磺酸酯，而磺酸酯的进一步转化相对缓慢，反应的终点应该为中间体的完全转化，而不是原料羟基二酰胺的消失。

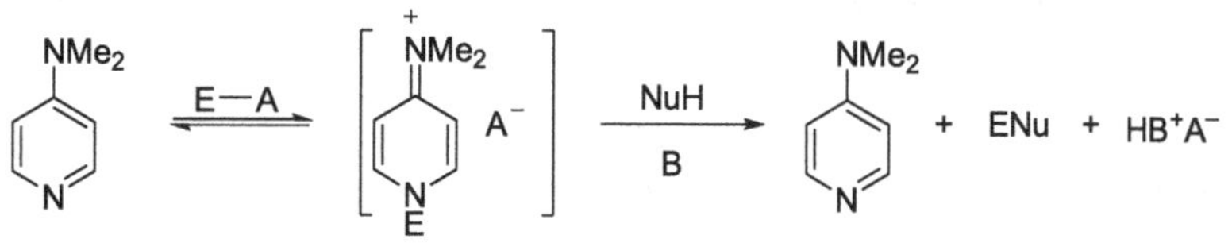

E = 亲电体; A = 平衡离子或它的前体

Nu = 亲核体; B = 强碱

图 6-18　DMAP 催化酰基化或烷基化的反应机理

【实验试剂】

S,*S*-羟基二酰胺（第三步合成），对甲苯磺酸酰氯，三乙胺，4-二甲氨基吡啶，二氯甲烷，石油醚，乙酸乙酯，饱和氯化铵水溶液，饱和食盐水，无水硫酸镁，硅胶（300～400 目）。

【实验步骤】

100 mL 干燥三口烧瓶装配磁力搅拌子、温度计、干燥管及恒压滴液漏斗（图 6-17），加入 CH_2Cl_2（30 mL）、*S*,*S*-羟基二酰胺（2.60 g，7.9 mmol，1.0 equiv.）、三乙胺（6.7 mL，47.2 mmol，6.0 equiv.）及 DMAP（0.1 g，0.8 mmol，0.1 equiv.）。然后将反应瓶放置于冰水浴中，当反应体系的温度达到 5 ℃左右，向反应体系中滴加对甲基苯磺酰氯（*p*-TsCl，3.0 g，15.7 mmol，2.0 equiv.）的二氯甲烷（15 mL）溶液，滴加过程维持反应温度在 10 ℃左右。滴加结束后，将反应体系自然升温至室温搅拌。TLC 监测（乙酸乙酯及 PE∶EA=1∶1）反应进程，当反应原料转化完全。向反应体系中加入饱和氯化铵水溶液（25 mL），搅拌 10 min 后分液，水相用二氯甲烷萃取三次（10 mL×3），合并有机相。有机相分别依次使用水（15 mL）、饱和食盐水（15 mL）洗涤，然后用无水 $MgSO_4$ 干燥 15 min。过滤除去干燥剂后，旋蒸除去溶剂，得到粗产物。粗产物通过柱色谱［洗脱剂：PE∶EA∶Et_3N=（20∶1∶0.2）～（10∶1∶0.1）］纯化得到目标产物，白色固体，熔点 80～82 ℃，产率为 70%左右。

产物表征数据：^1H NMR（300 MHz，$CDCl_3$）δ0.86（s，18H），1.50（s，6H），3.83（dd，*J*=10.1 Hz，6.9 Hz，2H），4.07（dd，*J*=8.6 Hz，6.9 Hz，2H），4.13（dd，*J*=11.5 Hz，10.1 Hz，2H）；^{13}C NMR（100 MHz，$CDCl_3$）δ24.3，25.5，33.8，38.5，68.9，75.2，168.5。

【思考题】

1. 第一步碘促进的硼氢化钠还原羧酸的机理是什么？

2. 第一步还原反应为什么使用四氢呋喃为溶剂，是否可以使用其他溶剂替换，为什么？

3. 第一步还原反应的后处理过程中，在粗产物中加入 20%NaOH 溶液搅拌 30 min 的作用是什么？

4. 第二步制备酰氯反应中，反应产物遇水分解回到反应原料酸，如何检测反应进程？

5. 第二步制备酰氯反应中，是否可以检测到单氯代中间体？

6. 第三步制备羟基二酰胺反应中，反应原料氨基醇中氨基和羟基都可以与酰氯发生反应，如何设计实验以避免羟基的酰基化副反应的发生？

7. 在使用柱色谱方法提纯氨基醇或双噁唑啉时为什么在洗脱剂中加入 Et_3N？

8. 第四步的环化步骤中包含两步反应：羟基的酯化及酰胺对对甲苯磺酸酯的分子内亲核取代反应。如何检测多步反应的结束点，是否可以以原料转化完全作为反应的终点？

9. 对于多步反应，如何确定哪一步是决速步？

10. 双噁唑啉配体合成中的关环步骤，发展了许多相对高效的方法，你会选择哪个方法替代本实验提供的经典环化方法，为什么？

【参考文献】

[1] (a) Evans D A, Woerpel K A, Hinman M M, et al. *J. Am. Chem. Soc.*, 1991, 113: 726-728. (b) Corey E J, Imai N, Zhang H-Y, *J. Am. Chem. Soc.*, 1991, 113: 728-729.

[2] Desimoni G, Faita G, Jørgensen K A. *Chem. Rev.* 2011, 111: PR284-PR437.

[3] Evans D A, Burgey C S, Paras N A, et al. *J. Am. Chem. Soc.*, 1998, 120: 5824-5825.

[4] Scriven E V. *Chem. Soc. Rev.*, 1983, 12: 129-161.

实验六十四　铜/双噁唑啉配体催化对映选择性 Diels-Alder 反应

【实验目的】

1. 了解金属催化不对称催化反应在有机合成中的应用。
2. 了解不对称催化反应的影响因素。
3. 巩固立体选择性反应中产物的表征方法。

【实验预习】

1. Diels-Alder 反应原理。
2. 不对称催化 Diels-Alder（D-A）反应中产物立体构型的控制。
3. 重结晶实验操作。

【实验原理】

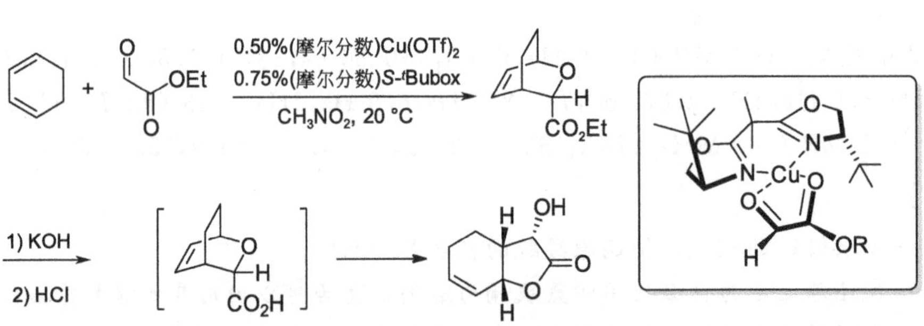

Diels-Alder 反应是有机化学发展中一个非常重要的基石，它可以高效、高区域选择性、高立体选择性地构建碳环及杂环结构单元。Diels-Alder 反应历程为协同反应，经过

环状中间态，比较容易确定产物的相对立体构型，可以实现一步构建多个连续的手性中心。因此不对称催化 Diels-Alder（D-A）反应是构建手性环状结构单元非常重要的方法。

路易斯酸可以通过与 D-A 反应中亲双烯体的羰基等基团的配位来促进反应的发生，因此手性路易斯酸催化剂是不对称催化 D-A 反应中一类非常重要的催化剂。其中手性双噁唑啉配体与不同路易斯酸组成的手性催化剂被广泛应用于催化对映选择性的 D-A 反应。David A. Evans 等报道了手性双噁唑啉铜(Ⅱ）配合物可以作为 D-A 反应和杂 D-A 反应的高选择性的手性催化剂。这类配合物的催化活性及选择性可以通过配体结构（空间结构、电子效应)、配合物的配位阴离子、反应溶剂及非手性添加剂等条件进行调节。例如：将手性双噁唑啉铜(Ⅱ）配合物中的阴离子替换为非配位的阴离子可以加速反应；通过在催化体系中添加适当的非手性添加剂（例如：水、乙二醇、四甲基脲)，调节亲双烯体与手性催化剂的配位模式，可以实现同一手性催化剂催化的 D-A 反应，分别得到两种对映异构体。本实验以手性双噁唑啉铜(Ⅱ）配合物催化环己二烯与乙醛酸乙酯的杂 D-A 反应为例学习手性双噁唑啉配体在催化不对称反应中的应用。

手性双噁唑啉铜(Ⅱ）催化环己二烯与乙醛酸乙酯的不对称的杂 D-A 反应可以得到高光学纯度的桥环产物，这个桥环化合物可以通过水解、再环化转化为倍半萜烯类化合物的重要合成子——桥环内酯。当这个不对称催化反应使用大位阻的 S-^{t}BuBOX 作为配体，反应溶剂对该反应有非常显著的影响。该反应在二氯甲烷中进行时，反应非常缓慢；而使用大极性溶剂硝基甲烷时反应可以顺利进行，可以中等产率地得到 *endo*-型环化产物，且产物的 *ee* 值可以达到 95%左右。

手性双噁唑啉铜(Ⅱ）催化环己二烯与乙醛酸乙酯的不对称的杂 D-A 反应机理为：乙醛酸乙酯的两个羰基以双齿配体的形式与双噁唑啉铜配合物进行配位，形成铜的平面四边形配合物。在中间体中铜、氮和氧原子处于同一平面，这样乙醛酸乙酯的醛羰基的 *Si* 面与环己二烯进行反应，而醛羰基的其他面被双噁唑啉配体中大位阻的叔丁基阻塞，所以，该催化体系具有较好的对映选择性。

【实验试剂】

S-^{t}BuBOX（实验六十三合成)，$Cu(OTf)_2$，乙醛酸乙酯，环己二烯，硝基甲烷，氢氧化钾，乙醚，乙醇，石油醚，乙酸乙酯，无水硫酸镁，二异丙基醚，硅胶（100～200 目)。

【实验步骤】

25 mL 干燥的三口烧瓶配置磁力搅拌子、温度计及橡胶塞。称取 $Cu(OTf)_2$（36.0 mg，0.1 mmol，摩尔分数 0.5%）[注：$Cu(OTf)_2$ 易吸潮，需要快速称取或在手套箱中称取]和 S-^{t}BuBOX（45.0 mg，0.15 mmol，摩尔分数 0.75%）加入三口烧瓶中，将带有长针头的充氮气气球的针头插入反应瓶底部，换气 30 s。然后将这个氮气气球撤掉，用橡胶塞将三口烧瓶的侧口塞好，插上一个新的冲氮气的气球（图 6-19)。然后使用注射器加入 CH_3NO_2（2 mL)，在室温下搅拌 30 min。依次加入乙醛酸乙酯（2.04 g，20.0 mmol，1.0 equiv.）的 CH_3NO_2 溶液（5 mL）和环己二烯（2.86 mL，30.0 mmol)，室温下搅拌。TLC 监测反应进程，当乙醛酸乙酯转化完全，取样后将反应混合物转移到 50 mL 单口烧瓶中，减压旋蒸除去 CH_3NO_2，得到加成粗产物。在砂芯漏斗中加入硅胶（8.5 cm×2.5 cm)，用滴管均匀地将粗产物加到硅胶表面，粗产物上铺上一层 1 cm 左右的石英砂，用体积比为 3∶2 石油醚和乙醚混合溶液（300 mL）淋洗硅胶，将得到的滤液减压浓缩得到D-A反应产物。产率55%左右。

产物表征数据：^{1}H NMR（400 MHz，$CDCl_3$）δ1.21～1.26（t，J=7.1 Hz，3H），1.26～1.43（m，2H），1.70～1.78（m，1H），2.01～2.10（m，1H），3.08～3.10（m，1H），4.13～4.18（q，J=7.1 Hz，2H），4.29（br，1H），4.56～4.59（m，1H），6.24～6.28（m，1H），6.50～6.54（m，1H）；^{13}C NMR（100 MHz，$CDCl_3$）δ 172.2，134.6，130.5，74.1，66.4，60.7，33.2，25.6，20.8，14.2。

在50 mL单口烧瓶中加入D-A反应产物、水（4 mL）、乙醇（7 mL）以及KOH（1.78 g，36.4 mmol，1.82 equiv.），然后将反应混合物加热回流90 min左右，TLC监测反应进程，当D-A环化中间体转化完全后，取样后减压旋蒸除去部分溶剂（剩余体积为4 mL左右），然后加入水（5.0 mL），用6 mol/L盐酸调节体系的pH值为2～3。将体系再次加热至50～60 ℃，搅拌反应。TLC监测反应进程，当水解中间体酯化完全后，减压旋蒸除去全部溶剂，剩余物加入乙醚（80.0 mL），搅拌5 min。如果水相分层，分除水相，有机相用无水$MgSO_4$干燥15 min。减压蒸馏除去全部溶剂，得到粗产物，使用$^iPr_2O$进行重结晶，得到目标产物，产率60%左右，产物的*ee*值>99%。

图6-19　反应装置

产物表征数据：^{1}H NMR（400 MHz，$CDCl_3$）δ1.13～1.29（m，1H），1.91～1.96（m，1H），1.98～2.08（m，1H），2.17～2.28（m，1H），2.67～2.77（m，1H），2.93（br s，1H），4.68～4.73（m，2H），5.92～5.97（m，1H），6.22～6.28（m，1H）；^{13}C NMR（100 MHz，$CDCl_3$）δ177.3，136.6，121.6，71.8，71.5，39.1，23.1，17.3；$[\alpha]_D^{20}$ −142°（*c* 1.2，$CHCl_3$）>99.8% *ee*。

【思考题】

1. 给出环己二烯的合成方法。市售的环己二烯中通常添加了微量的3,5-二叔丁基-4-羟基甲苯，其作用是什么？
2. 在这个不对称反应中为什么配体的用量比金属盐的用量多？
3. 如何测试产物的光学纯度（*ee*值）？
4. 如何提高产物的光学纯度？
5. 如何测定手性化合物的绝对构型？

【参考文献】

[1] Johannsen M，Jørgensen K A. *J. Org. Chem.*，1995，60：5757-5762.
[2] Johannsen M，Jørgensen K A. *Tetrahedron*，1996，52：7321-7328.

6.6　液晶材料合成

液晶分子作为一种处于三维长程有序晶体与各向同性液体之间的特殊相态而存在，具有多种有趣的物理特性，例如铁电极化、拓扑缺陷、流动现象以及光学和介电各向异性，被应用于制造高强度高模量的纤维材料、高分子复合材料、液晶显示材料、精密温度指示材料及痕量化学药品指示剂等。

能够形成液晶的物质通常在分子结构中具有刚性部分，称为致晶单元。从外形上看，致晶单元通常呈现近似棒状或片状的形态，有利于分子的有序堆砌。此外，在液晶分子结构中这些致晶单元需要被柔性链以各种方式连接在一起。致晶单元通常由苯环、脂肪环、芳香杂环等通过刚性连接单元连接组成；连接单元常见的化学结构包括亚氨基、反式偶氮基、氧化偶氮、酰氧基或反式乙烯基等；在致晶单元的端部还有个柔软、易弯曲的取代基，这个端基单元是各种极性的或非极性的基团，对形成的液晶具有一定的稳定作用，常见的取代基为烷基、烷氧基、氰基、酰氧基、酮羰基、乙烯基、卤素及硝基等。

为了发展高级功能材料，新型热致液晶的设计涉及选择合适核心片段、连接单元和官能化的端基单元。杂环是新型热致液晶非常重要的核心单元，它们的引入可以赋予热致液晶与横向或纵向偶极子结合，可以改变分子的形状。此外，杂环的偶极矩和自组装能力也有助于液晶整体光学和电子特性改善。1,2,3-三唑类作为非天然的 *N*-杂环化合物具有一定的生物活性，在材料化学方面也表现出巨大的应用潜力，例如作为染料、腐蚀抑制剂、光稳定剂和照相材料，近年来也被引入液晶分子中。本实验以含有 1,2,3-三氮唑结构单元的液晶分子的合成来了解有机合成在液晶材料合成中的应用，本实验采用缩合酯化、重氮反应、铜催化的“点击”反应来实现含有 1,2,3-三氮唑结构单元的液晶分子的合成，合成路线见图 6-20[1]。

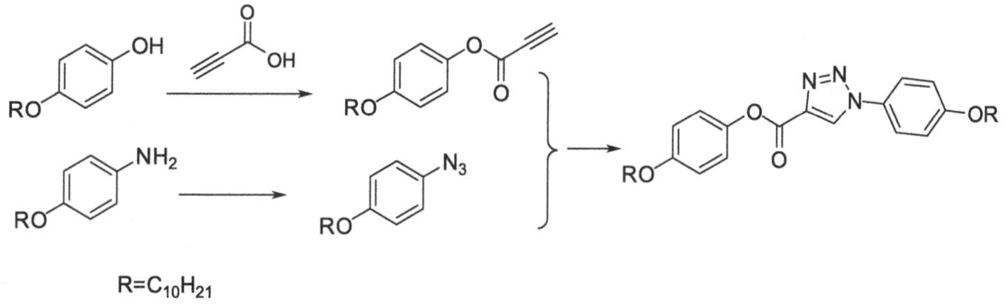

R=$C_{10}H_{21}$

图 6-20　含有 1,2,3-三氮唑结构单元的液晶分子合成路线

实验六十五　含有 1,2,3-三氮唑结构单元的液晶分子的合成

【实验目的】

1. 了解液晶分子结构和合成。
2. 学习合成实验设计。
3. 了解“点击”反应的应用。

【实验预习】

1. 缩合脱水酯化反应原理。
2. 重氮化反应原理。
3. 铜催化三氮唑合成反应原理。
4. 重结晶实验操作。
5. 柱色谱实验操作。

Ⅰ 缩合脱水酯化合成丙炔酸酚酯

【实验原理】

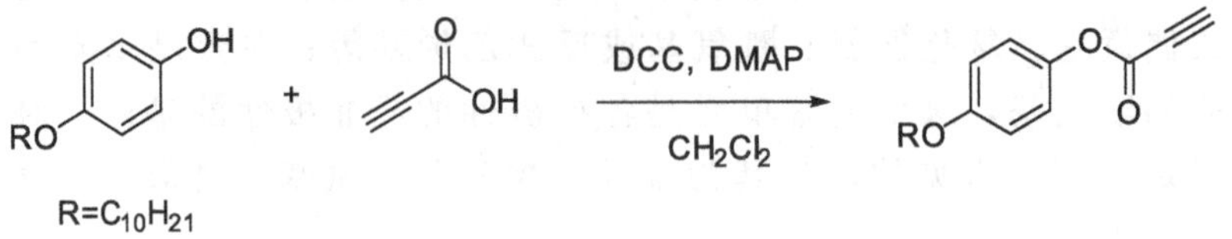

R=$C_{10}H_{21}$

酯的合成通常使用传统的酸催化羧酸与醇的亲核取代反应（Fischer 酯化法）进行，或将羧酸转化为活性较高的酰卤或酸酐与醇反应实现。但这些方法不适用于位阻大、活性低、对酸敏感底物的酯化，1978 年，Steglich 报道了在 4-二甲氨基吡啶（DMAP）催化下，以二环已基碳二亚胺（DCC）为偶联试剂（或称为脱水剂），在温和条件下羧酸与醇的酯化方法。其反应机理为：首先羧酸和 DCC 反应生成活性酯，接着和 DMAP 交换生成活性酰胺，醇进攻活性酰胺，生成酯及 DMAP，所以 DMAP 使用催化量[2]。本实验中酚作为亲核试剂的反应活性较低，因此采用 Steglich 酯化法合成所需的酚酯。

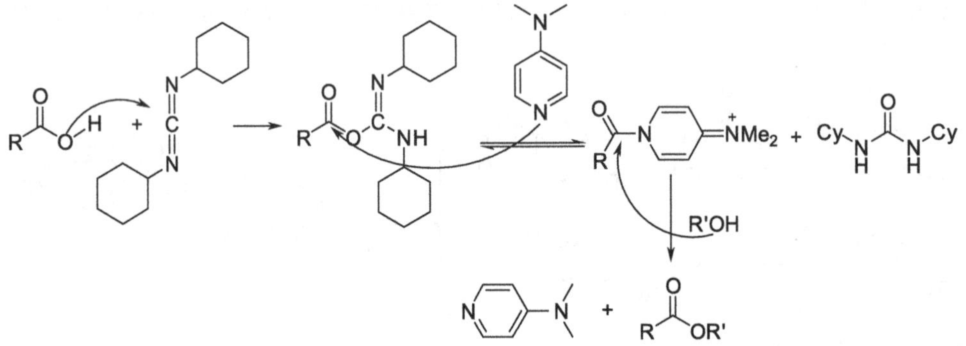

【实验试剂】

对正癸氧基苯酚，丙炔酸，二环已基碳二亚胺（DCC），4-二甲氨基吡啶（DMAP），二氯甲烷，石油醚，乙酸乙酯，硅胶（300～400 目），氯化钠。

【实验步骤】

100 mL 干燥的三口烧瓶配置磁力搅拌子、温度计、恒压滴液漏斗及干燥管（图 6-21），加入对正癸氧基苯酚（2.00 g，8.0 mmol，1.0 equiv.）、丙炔酸（0.49 mL，8.0 mmol，摩尔分数 10%）、DMAP（0.010 g，0.08 mmol，1.0 equiv.）及干燥的 CH_2Cl_2（20 mL），将反应瓶浸入冰盐浴中，将反应体系的温度降至 0 ℃。然后向反应体系中滴加 DCC（1.98 g，9.6 mmol，1.2 equiv.）的 CH_2Cl_2（30 mL）溶液，滴加时间约为 30 min。滴加结束后，反应体系继续在 0 ℃搅拌，TLC（展开剂：PE∶EA＝20∶1）监测反应进程。当对正癸氧基苯酚转化完全，将反应体系使用布氏漏斗进行减压过滤除去不溶固体，滤饼用 CH_2Cl_2（10 mL）洗涤一次，合并滤液，旋转蒸发除去溶剂，得到粗产物通过柱色谱（淋洗剂：石油醚）纯化，得到丙炔酸酚酯，浅灰色固体，熔点 33.9～35.7 ℃。

图 6-21　酯化反应装置

产物表征数据：^{1}H NMR（400 MHz，$CDCl_3$）δ0.88（m，3H），1.30（m，

3H), 1.76 (q, J = 6.8 Hz, 2H), 3.05 (s, 1H); 3.93 (t, J = 5.6 Hz, 2H), 6.88 (d, J = 9.2 Hz, 2H), 7.04 (d, J = 9.2 Hz, 2H)。

Ⅱ取代叠氮苯的合成

【实验原理】

$$RO-C_6H_4-NH_2 \xrightarrow[\text{2) } NaN_3]{\text{1) } NaNO_2\text{, HCl}} RO-C_6H_4-N_3$$

有机叠氮化合物是有机分子中含有叠氮基（—N_3）的化合物，通常具有爆炸性，通过热、光、压力、摩擦或撞击引入少量外部能量后就会激烈地爆炸性分解。有机叠氮化合物是极有价值的有机活性中间体，借助它可引入氨基，形成活泼的氮烯，参与环加成反应和 Staudinger ligation 合成三唑类杂环，广泛应用于有机合成、化学生物学、功能材料及临床医药等领域。

有机叠氮化合物主要是通过含不饱和键及某些极性键的底物与能提供叠氮基的前体发生加成或亲核取代反应获得，常见能提供叠氮基的前体有叠氮酸（HN_3）、叠氮化钠（NaN_3）、三甲硅基叠氮（TMSA）、二苯基磷酰基叠氮（DPPA）、三丁基锡基叠氮（TBSnA）、叠氮乙酸乙酯（AAE）、叠氮化四丁基铵（TBAA）等，其中最常用的是叠氮化钠。芳基叠氮化合物的经典合成方法分两步进行：第一步是芳胺的重氮化得到重氮盐，第二步为重氮盐的分解并进一步叠氮化得到相应的芳基叠氮化合物，此方法具有成本低廉、反应高效等优点，被广泛使用，但该方法需要在强酸性环境下进行，有时会影响底物结构及官能团的兼容性。近年来发展的金属催化的芳基卤代烃的偶联反应及芳基硼酸与叠氮盐的氧化偶联反应可以合成芳基叠氮化合物，且反应条件相对温和[3]。本实验反应底物中的取代基为烷氧基，在酸性条件下具有一定的稳定性，因此采用经典的重氮盐方法合成相应的芳基叠氮化合物。

$$ArB(OH)_2 + NaN_3 \xrightarrow[\text{MeOH, r.t., 空气}]{CuSO_4\text{ (摩尔分数 10\%)}} ArN_3$$

【实验试剂】

对正癸氧基苯胺，亚硝酸钠，叠氮化钠，盐酸，乙醚，石油醚，乙酸乙酯，硅胶（300～400 目），氯化钠。

【实验步骤】

100 mL 三口烧瓶配置磁力搅拌子、温度计、恒压滴液漏斗（图 6-22），加入对正癸氧基苯胺（4.00 g，16.1 mmol，1.0 equiv.）、水（22 mL）及浓盐酸（22 mL），开动搅拌使取代苯胺溶解，将反应混合物冷却至 0 ℃。然后将 $NaNO_2$（1.55 g，22.5 mmol，1.4 equiv.）水溶液（5 mL）缓慢滴加到反应体系中，滴加过程中维持反应体系在 5 ℃以下。滴加结束后，反应混合物继续在 0 ℃搅拌 20 min，然后加 NaN_3（1.60 g，24.6 mmol，1.5 equiv.）水溶液（5 mL），滴加过程中维持反应体系在 2 ℃以下。滴加结束后，反应混合物继续在 0 ℃搅拌 30 min。然后将反应液转移到分液漏斗中，用乙醚萃取产物，萃取三次（30 mL× 3），合并有机相，用无水硫酸钠干燥 15 min。过滤除去干燥剂，使用旋蒸除去溶剂，剩余物使用柱色谱（淋洗剂：石油醚）纯化得到产物，黄色液体。

图 6-22 重氮化反应装置

注释：叠氮化钠具有爆炸性，不要剧烈振荡试剂瓶。叠氮化钠与酸反应会生成叠氮酸，是具有爆炸性和刺激性臭味的有毒气体，所以该反应操作必须在通风橱中进行。多余的叠氮化钠可以用四价的硝酸铈铵氧化除掉。

Ⅲ铜催化的三氮唑的合成

【实验原理】

1,2,3-三唑类作为非天然的 *N*-杂环化合物具有一定的生物活性，是人类的白细胞弹性蛋白酶抑制剂，是抗肿瘤药脱氢吡咯中西啶生物碱重要的合成子。1,2,3-三唑杂环具有化学稳定性高（即使在高温下对剧烈的水解、氧化和还原条件通常也呈惰性）、偶极矩大、芳香性和氢键接受能力等特点。因此，它可以以多种方式与生物分子、有机和无机表面材料有效地相互作用，被应用于光电功能分子材料、有机功能超分子结构与信息系统、新药研发中。1,2,3-三氮唑最早由 A. Michael 于 1893 年使用叠氮苯和乙炔二羧酸二乙酯反应合成。虽然该反应是高度放热反应，但其具有高活化能垒，导致未活化反应物即使在高温下反应的速率也极低。铜催化的炔与叠氮的环加成反应速率相比热反应过程的速率增加了 10^7 倍，使其在室温及低于室温时可以快速反应。铜催化的叠氮-炔基 Husigen 环加成反应机理见图 6-23。铜催化的该反应不受与叠氮化物和炔烃中心相连的基团的空间和电子性质的显著影响，伯、仲甚至叔、缺电子和富电子、脂肪族、芳香族和杂芳香族叠氮化物与具有不同取代基的末端炔烃通常反应良好。该反应在包括水在内的许多质子和非质子溶剂中进行，并且不受大多数有机和无机官能团的影响，因此几乎不需要保护基团。

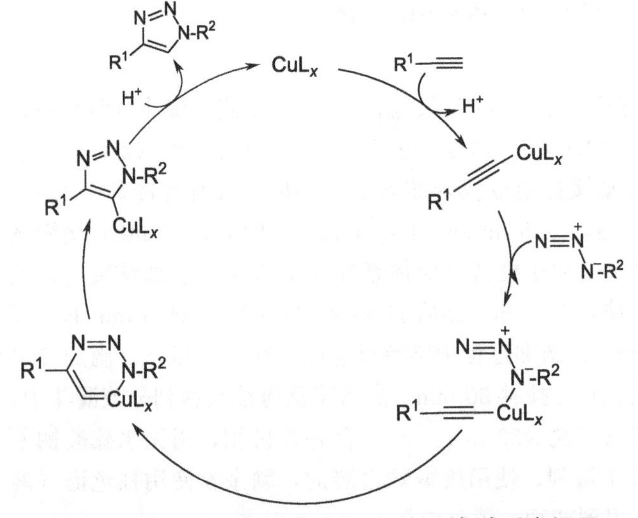

图 6-23　铜催化的叠氮-炔基 Husigen 环加成反应机理

铜催化的叠氮-炔基 Husigen 环加成反应是点击化学的代表反应。点击化学是由化学家巴里·夏普莱斯（K. B. Sharpless）在2001年引入的一个合成概念，主旨是通过小单元的拼接，来快速可靠地完成形形色色分子的化学合成。它尤其强调开辟以碳-杂原子键（C—X—C）合成为基础的组合化学新方法，并借助这些反应（点击反应）来简单高效地获得分子的多样性[4]。

【实验试剂】

丙炔酸酚酯（第一步合成），对正癸氧基重氮苯（第二步合成），碘化亚铜，三乙胺，乙醇，乙腈，石油醚，乙酸乙酯。

【实验步骤】

100 mL 三口烧瓶配置磁力搅拌子、温度计及恒压滴液漏斗（图 6-24），加入丙炔酸酚酯（304 mg，1.0 mmol，1.0 equiv.）、CuI（19.0mg，0.1 mmol，摩尔分数 10%）、三乙胺（9 mL）及乙醇和水（1∶1）混合溶剂（10 mL），剧烈搅拌 30 min。然后缓慢滴加对正癸氧基叠氮苯（275.0 mg，1.0 mmol，1.0 equiv.）的乙醇和水（1∶1）混合溶剂（5 mL）。将反应混合物加热到 60 ℃ 反应，TLC（展开剂：PE）监测反应进程，当对正癸氧基叠氮苯转化完全后，将反应液冷却至室温，将反应液倒入水（30 mL）中，搅拌 10 min。然后使用布氏漏斗减压过滤，固体用水（5 mL）洗涤一次，得到粗产物。粗产物干燥后，使用乙腈进行重结晶，得到黄色粉末状固体。

图 6-24　三氮唑合成装置

产物表征数据：^{1}H NMR（400 MHz，$CDCl_3$）δ0.88（m，6H），1.27（m，4H），1.45（m，2H），1.80（m，4H），3.5（t，J=6.6 Hz，2H），4.02（t，J=6.6 Hz，2H），6.93（d，J=9.2 Hz，2H），7.10（d，J=9.2 Hz，2H），7.16（d，J=9.2 Hz，2H），7.66（d，J=9.2 Hz，2H），8.55（s，1H）；^{13}C NMR（100 MHz，$CDCl_3$）δ156.3，155.7，153.4，139.8，136.2，125.7，122.6，118.68，118.62，111.7，111.4，64.8，64.7，28.2，25.9，25.7，25.6，25.4，22.34，22.29，19.0，10.4。

【思考题】

1. 设计对烷氧基苯酚合成实验时，应该如何设计卤代烃与对苯二酚的投料比例、投料顺序？

2. 第一步缩合脱水酯化反应中，可能形成的副产物是什么，如何形成？

3. 如何高选择性地合成对烷氧基苯胺？

4. 第二步反应为什么需要在冰盐浴中进行？

【参考文献】

[1] Gallardo H，Bortoluzzi A J，De Oliveira Santos D M P. *Liq. Cryst.*，2008，35：719-725

[2] Neises B，Steglich W. *Angew. Chem. Int. Ed.*，1978，17：522-524.

[3] 江玉波，匡春香，韩春美，等. 有机化学，2012，32：2231-2238.

[4] Hein J E，Fokin V V. *Chem. Soc. Rev.*，2010，39：1302-1315.

附录1　有机化学实验常用仪器及中英文对照

1. 玻璃仪器

圆底烧瓶
round-bottomed flask

平底烧瓶
flat-bottomed flask

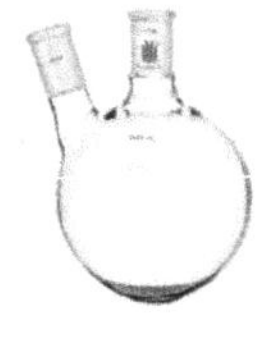

两口烧瓶
two-necked flask

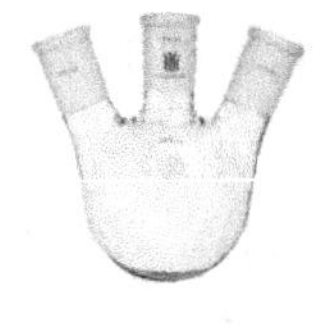

三口烧瓶
three-necked flask

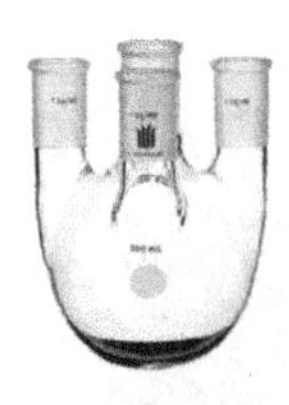

四口烧瓶
four-necked flask

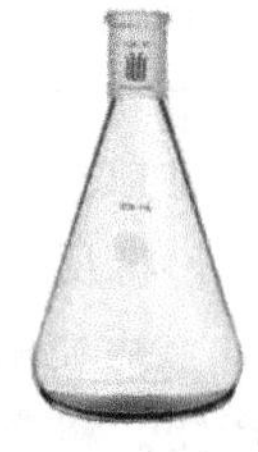

锥形瓶
Erlenmeyer flask

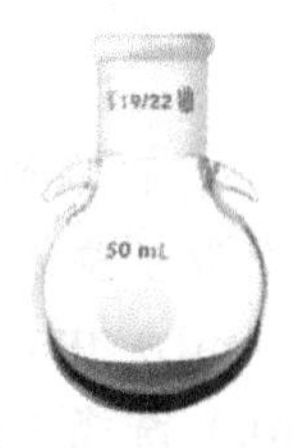

具挂钩圆底烧瓶
tied-round-bottomed flask

鸡心烧瓶
heart-shaped flask

反应瓶（无氧无水用）
Schlenk flask

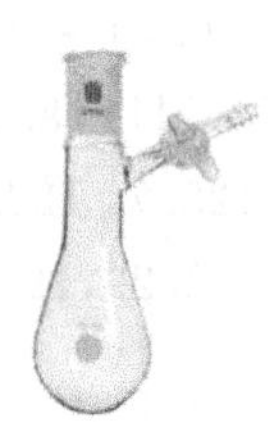

反应茄瓶
eggplant-shaped Schlenk flask

反应管
reaction tube

厚壁耐压瓶
thick wall pressure bottle

溶剂存储瓶（无氧无水用）
solvent storage bottle

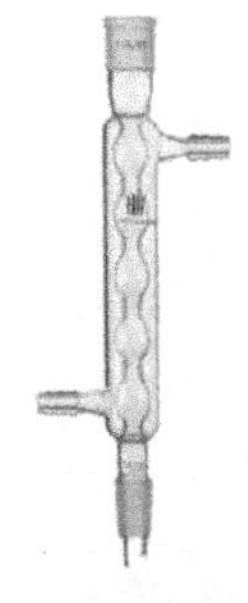

球形冷凝管
Allihn condenser

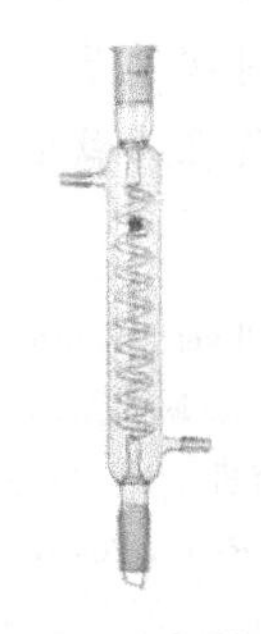

蛇形冷凝管
Graham condenser

直形冷凝管
condenser

空气冷凝管
air condenser

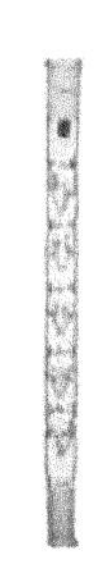

垂刺分馏柱
fractionating column

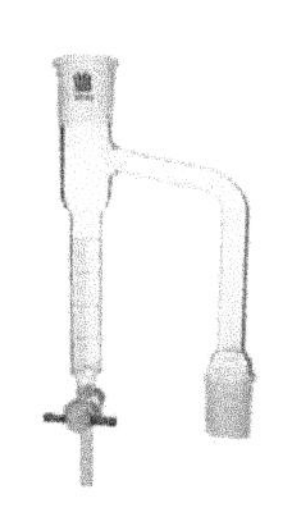

分水器
Dean and Stark water separator

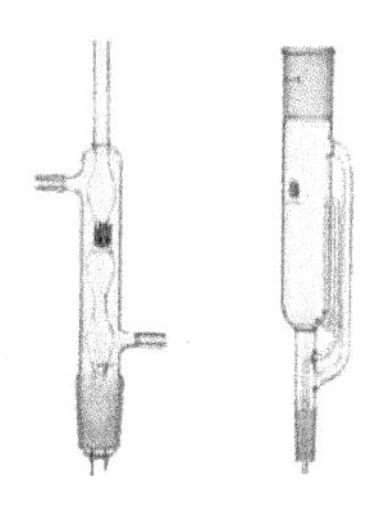

索氏提取器
Soxhlet extractor

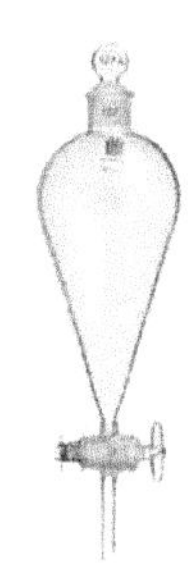

分液漏斗
separatory funnel

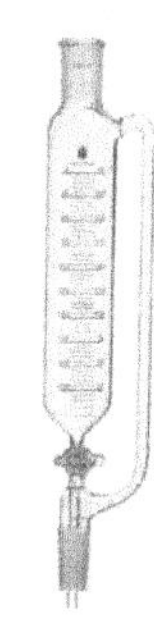

恒压滴液漏斗
pressure equalizing
addition funnel

具玻璃板霍氏漏斗
Hirsch funnel
with perforated plate

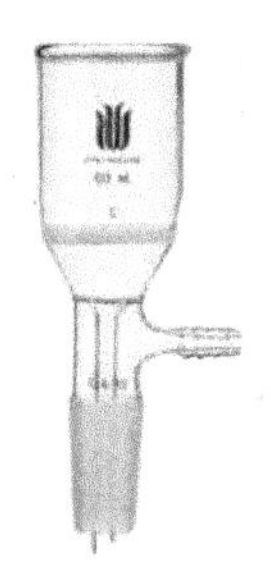

玻璃砂芯漏斗
sintered-glass filter
funnel

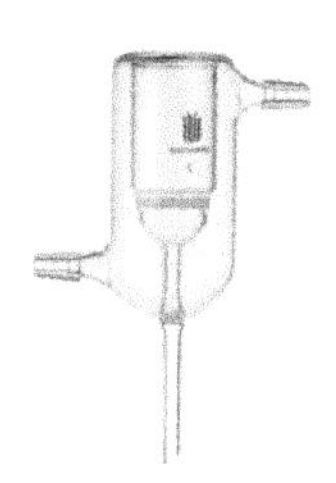

夹层砂芯漏斗
sintered-glass filter
funnel with jacket

布氏漏斗
Büchner funnel

抽滤瓶
Büchner flask

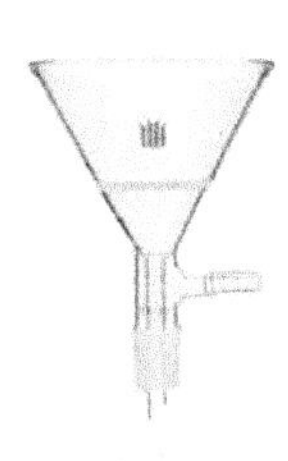

霍氏漏斗
Hirsch funnel

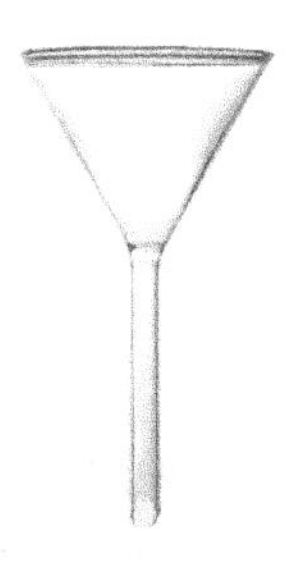

玻璃漏斗
glass funnel

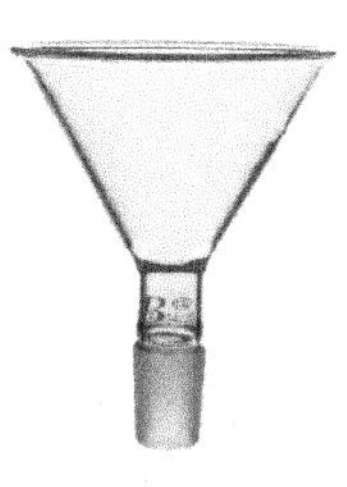

固体加料漏斗
powder funnel

蒸发皿
evaporating dish

表面皿
watch-glass

色谱柱
chromatographic column

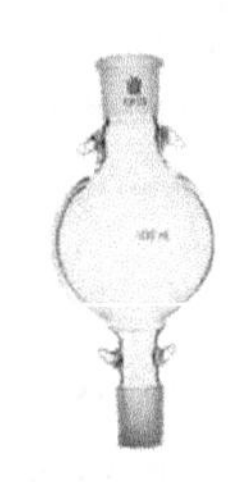

带挂钩的存贮球
tied solvent storage bottle

TLC 展开缸
TLC tank

TLC 展开缸（制备板用）
TLC tank

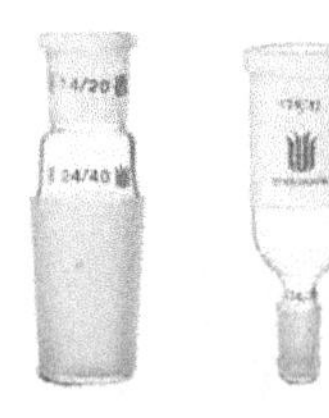

A 型接头 B 型接头
reduction/expansion adapter

温度计套头
thermometer adapter

90°抽气接头
90°extraction joint

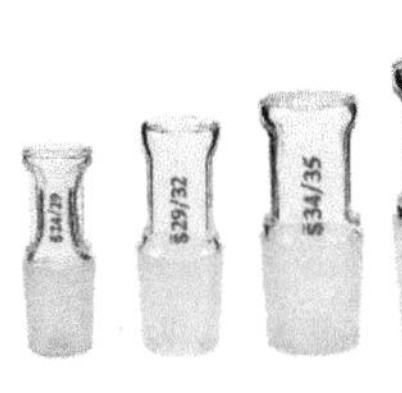

空心塞
glass stopper

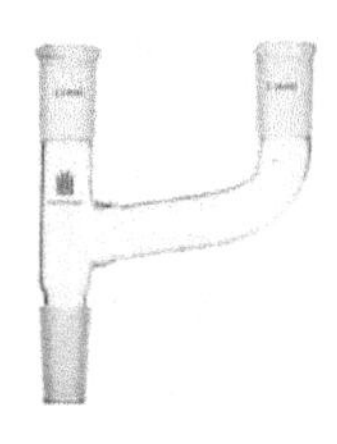

克氏蒸馏头
Claisen adaptor

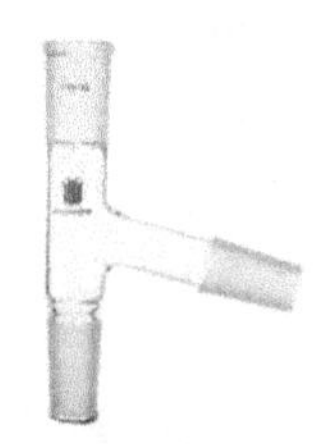

蒸馏头
still head

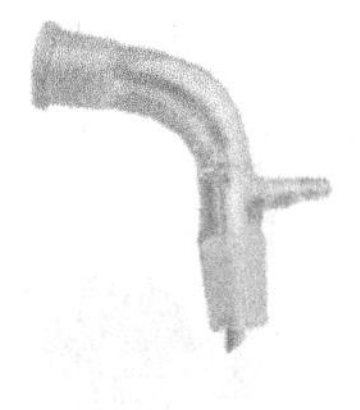

真空尾接管
vacuum adaptor

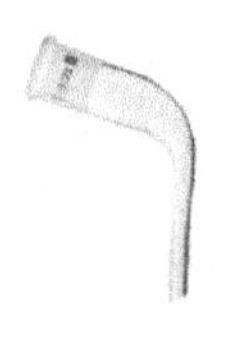

尾接管
Adaptor

三尾蒸馏接收管
pig type receiving adapter

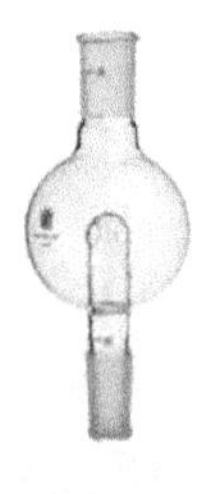

防溅球（旋蒸用）
splash trap

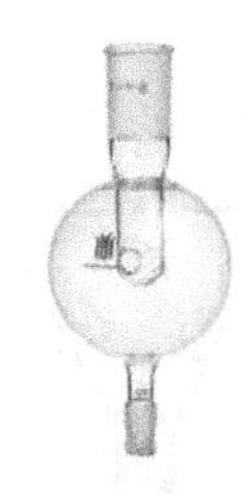

防泡沫球
foam ball

茄形烧瓶
eggplant shape flask

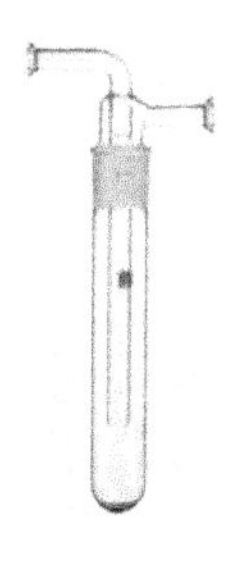

冷阱
cold trap

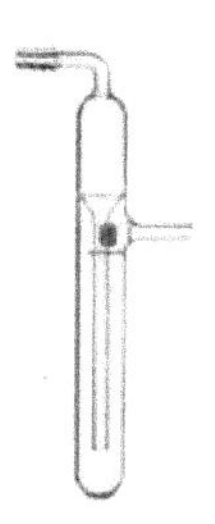

油泡器
oil bubbler

直形干燥管
drying tube

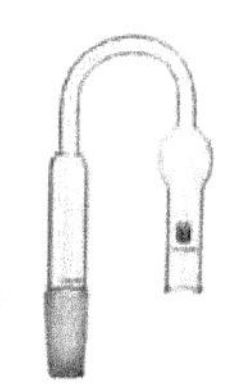

U 形干燥管
U drying tube

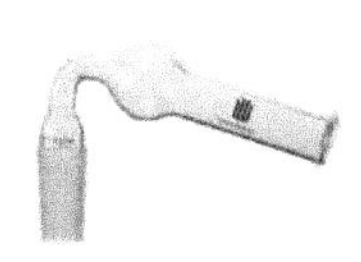

75°干燥管
75°drying tube

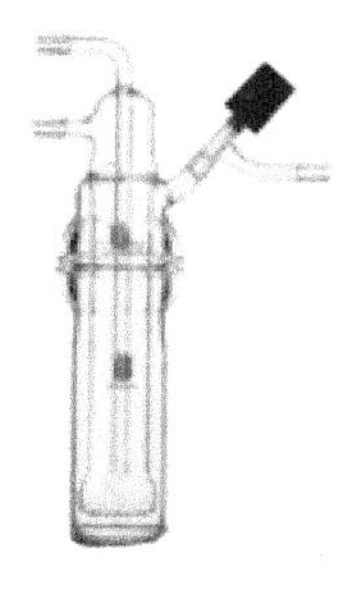

升华器
sublimating apparatus

烧杯
beaker

干燥器
desiccator

真空干燥器
vacuum desiccator

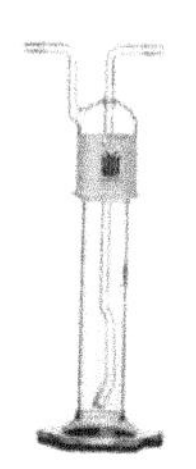

洗气瓶
gas-washing bottle

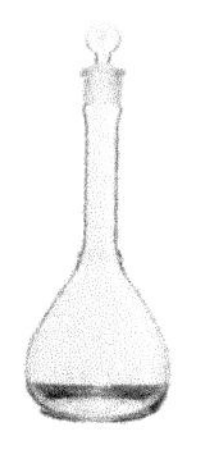

容量瓶
volumetric flask

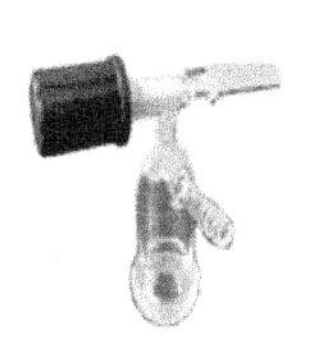

柱色谱流量控制阀
chromatographic flow control

双排管真空气体分配器
double-row tube vacuum gas distributor

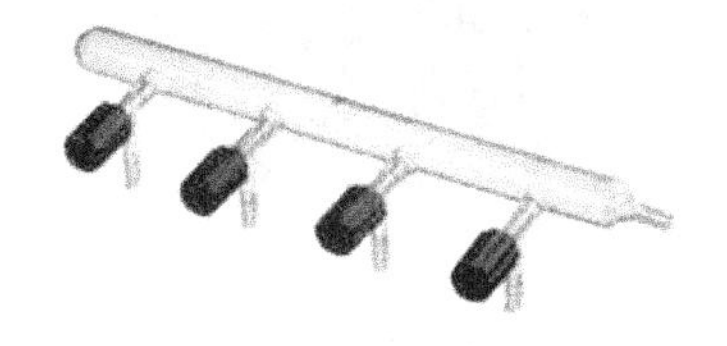

单排管气体分配器
single-row tube gas distributor

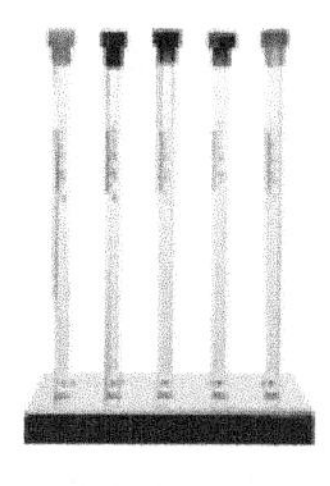

核磁管
NMR tube

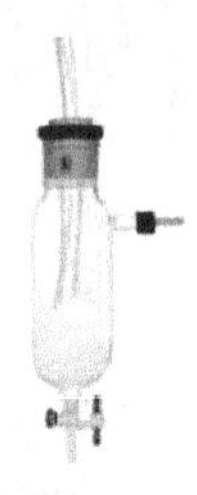

核磁管清洗器
NMR tube cleaner

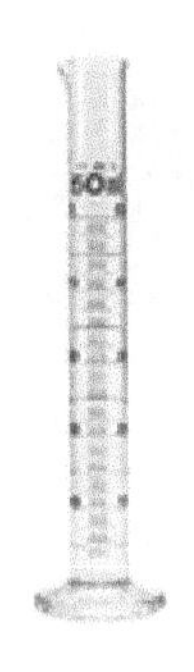

量筒
graduated cylinder

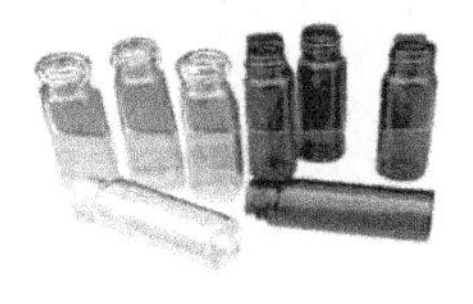

样品瓶
sample bottle

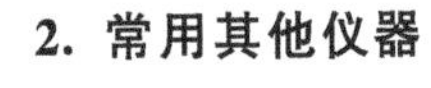

2. 常用其他仪器

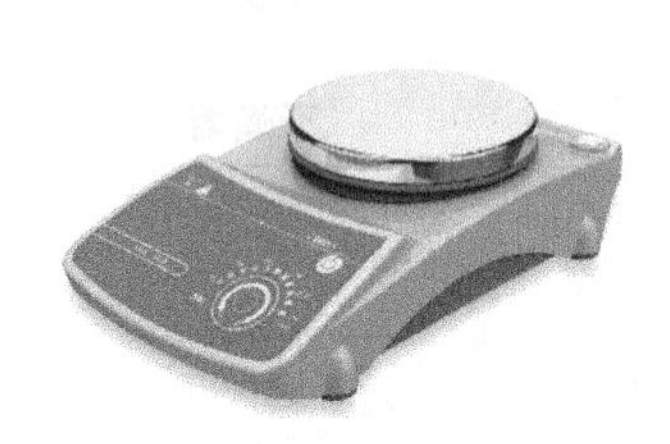

磁力搅拌器
magnetic stirrer

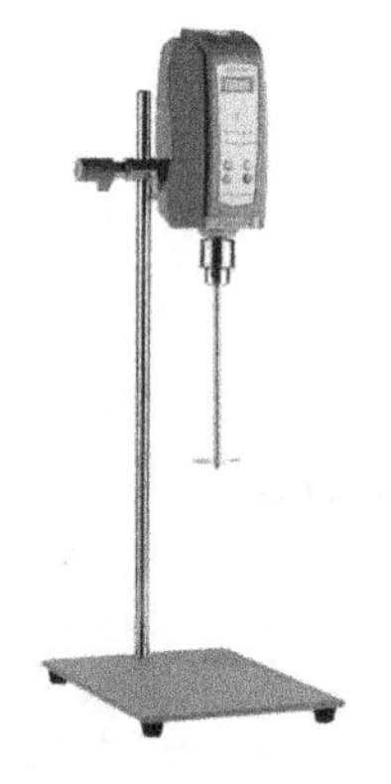

电动搅拌器
motor stirrer

微波反应器
microwave reactor

低温反应器
low-temperature reactor

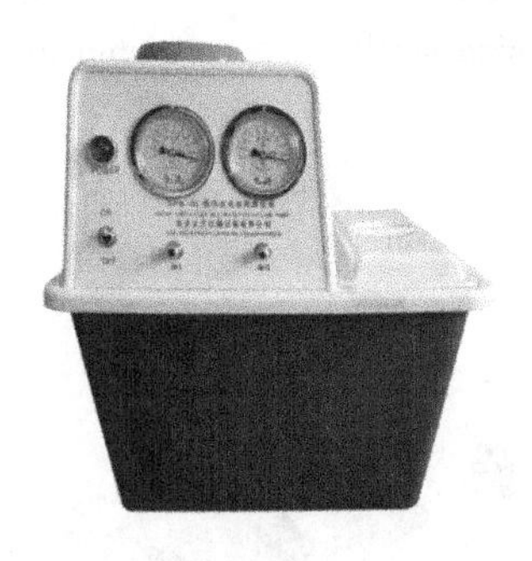

循环水真空泵
circulating water vacuum pump

真空泵
vacuum pump

暗箱式紫外分析仪
cabin type UV lamp

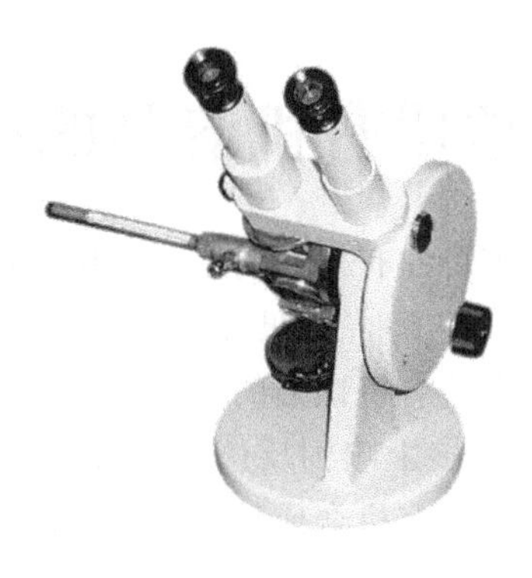

阿贝折射仪
Abbe refractometer

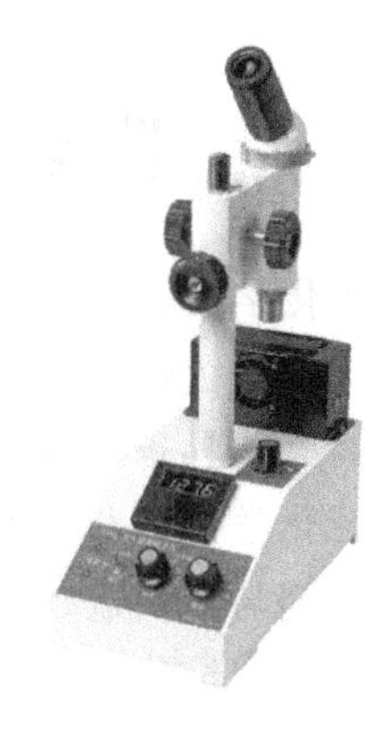

熔点仪
melting point apparatus

升降台
adjustable laboratory jack

十字夹
cross clamp

三爪夹
three-jaw clamp

洗耳球
rubber suction bulb

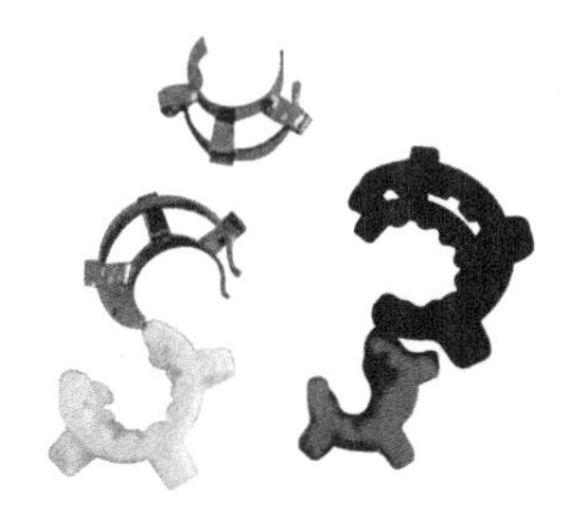

磨口夹
Keck clamp

软木烧瓶垫
cork salver

杜瓦瓶
Dewar flask

附录 2　常用有机溶剂的纯化方法

有机化学实验离不开溶剂，市售的有机溶剂有一级保证试剂（G. R.）、二级分析纯试剂（A. R.）和三级化学纯试剂（C. P.）等，按照实验要求购买某一种规格的试剂和溶剂是化学工作者必须具备的基本知识。有些有机试剂的性质不稳定，长久储存会变质、变色，产生副产物，化学试剂和溶剂的纯度直接影响到反应的成败、反应速率、反应产率和产物的纯度。对试剂与溶剂进行纯化处理，是有机合成的基本知识和基本操作内容。下面介绍一些常用有机溶剂的纯化方法及相关性质。

1. 绝对乙醇（absolute ethyl alcohol）

bp 78.5 ℃。市售的无水乙醇一般只能达到99.5%的纯度，在许多反应中需要纯度更高的绝对乙醇，因此需要自己制备。通常工业用的 95.5%的乙醇不能直接用蒸馏法制备无水乙醇，因为 95.5%的乙醇和 4.5%的水会形成恒沸点混合物。要将水除去，第一步是加入氧化钙（生石灰）煮沸回流，使乙醇中的水与生石灰作用生成氢氧化钙，然后再将无水乙醇蒸出。这样得到的无水乙醇，纯度最高约为 99.5%。如需纯度更高的乙醇，可用金属镁或金属钠进行处理。

（1）用 95.5%的乙醇初步脱水制取 99.5%的无水乙醇

在 250 mL 的圆底烧瓶中，加入生石灰（45 g）、加入 95.5%乙醇（100 mL），装上带有无水氯化钙干燥管的回流冷凝管，加热回流 2～3 h，然后改为蒸馏装置进行蒸馏，蒸至几乎无液滴流出，大约 70～80 mL。

（2）绝对乙醇（99.99%）的制备

① 用金属镁制取

发生的反应为：

$$2C_2H_5OH + Mg \longrightarrow (C_2H_5O)_2Mg + H_2\uparrow$$

乙醇中的水，即与乙醇镁作用形成氧化镁和乙醇：

$$(C_2H_5O)_2Mg + H_2O \longrightarrow 2C_2H_5OH + MgO$$

实验步骤

称取镁条（约 3.0 g）打磨光亮，剪碎，放入 250 mL 烧瓶中。先加入 99.5%的无水乙醇（7～8 mL），加入搅拌子，装回流冷凝管，充氮气[1]，加入数粒碘[2]，反应生成乙醇镁，再加入乙醇（100 mL），加热回流 1 h。改为常压蒸馏装置，仪器干燥，用氮气冲洗。常压蒸馏得干燥乙醇，用橡胶塞密封，氮气冲洗 5 min，密封保存，这样制备的乙醇纯度超过 99.99%。

注意事项

[1] 本实验所用仪器均需彻底干燥，由于无水乙醇具有很强的吸水性，所以用氮气保护，也可在回流时在冷凝管上方插入干燥管加以保护。

[2] 一般来讲，乙醇与镁的作用比较慢（如乙醇中含水量超过 5%，则作用尤其困难），加碘的目的是加快反应速率，如果加碘后反应仍不开始，可再加数粒碘。

② 用金属钠制取

发生的反应为：

$$C_2H_5OH + Na \longrightarrow C_2H_5ONa + 1/2H_2\uparrow$$

第二步反应趋向于右方，乙醇中大部分水形成氢氧化钠：

$$C_2H_5ONa + H_2O \rightleftharpoons C_2H_5OH + NaOH$$

再通过蒸馏可得到所需的无水乙醇，但由于反应的可逆性，这样制备的乙醇还含有极少量的水，但应符合一般实验的要求。

如果在加入金属钠后，再加入化学计量比的高沸点有机酸的乙酯，常用的是邻苯二甲酸乙酯，则由于下列反应，消除了反应的可逆性，因而制备的乙醇可以达到极高的纯度。

$$C_6H_4(COOC_2H_5)_2 + 2NaOH \longrightarrow C_6H_4(COONa)_2 + 2C_2H_5OH$$

实验步骤

在 250 mL 三口烧瓶中，放置金属钠（2.0 g）和纯度至少是 99%的乙醇（100 mL），加入搅拌子，装上回流冷凝管（上接干燥管）和恒压滴液漏斗。加热回流 30 min，加入邻苯二甲酸乙酯（4.0 g）于滴液漏斗中，将邻苯二甲酸乙酯加入体系中，再回流 10 min。

将反应混合物转移到圆底烧瓶中，蒸馏收集无水乙醇，用橡胶塞密封，氮气冲洗 5 min，密封保存。

2. 无水甲醇（absolute methyl alcohol）

bp 64.96 ℃。甲醇和水不会形成共沸物，可以借助高效的精馏柱除水，也可用镁的方法（见无水乙醇）制备无水甲醇。如含水量低于 0.1%，也可采用 3A 或 4A 分子筛[1] 干燥。甲醇有毒，处理时要避免吸入其蒸气。

注意事项

[1] 所用分子筛必须在马弗炉中 300 ℃烘干 2～3 h，才能有较好的干燥效果。

3. 无水乙醚（absolute diethyl ether）

bp 34.15 ℃。市售的乙醚中常含有少量的水、乙醇及其他杂质，如储存不当还会产生少量的过氧化物，对于一些要求以无水乙醚为介质的反应，常常需要把普通乙醚提纯为无水乙醚。制备无水乙醚时首先要检验过氧化物，除去过氧化物才能进一步精制。

（1）过氧化物的检验　取乙醚（1 mL），加入 2%的碘化钾溶液（1 mL）和几滴稀盐酸，一起振摇，再加入几滴淀粉溶液，若溶液显蓝色或紫色，则证明有过氧化物存在。

（2）除去过氧化物　在分液漏斗中加入普通乙醚和相当于乙醚体积 20%的新制的硫酸亚铁溶液[1]，剧烈振荡后分去水溶液，除去过氧化物后进行下一步操作。

（3）无水乙醚的制备　在 250 mL 二口烧瓶中，加入去除过氧化物后的乙醚（100 mL）和搅拌子，装上冷凝管，冷凝管上端连接干燥管，另一口安装盛有浓硫酸（10 mL）[2] 的恒压滴液漏斗，通入冷凝水，将浓硫酸慢慢滴入乙醚中，由于脱水作用会产生热，乙醚会自行沸腾，加完后搅拌几分钟。

待乙醚停止沸腾后，拆下冷凝管，改成蒸馏装置。在尾接管的侧口连接干燥管，并用橡皮管把乙醚蒸气引入水槽。用热浴加热蒸馏，蒸馏速度不宜过快，以免乙醚蒸气冷凝不充分而逸出[3]。当蒸馏速度显著下降，大约收集到乙醚 70～80 mL 时，停止加热。瓶内所剩残液倒入指定的回收瓶中，切不可将水倒入残液中[4]！

将蒸馏收集到的乙醚倒入干燥的容器中，加入少量钠丝或钠片[5]，然后用一个带有干燥管的软木塞塞住，放置 24 h 以上，使乙醚中残留的少量水和乙醇转化为氢氧化钠和乙醇钠。如果在放置过程中金属钠全部作用完毕或钠的表面全部被氢氧化钠所覆盖，就需要补加少量的钠丝或钠片，观察有无气泡产生，放置至无气泡为止，这样制备的乙醚符合一般要求。

如需制备纯度更高的乙醚，需要在氮气保护下，将上述处理的乙醚中再加入钠丝和二苯酮，回流，直至溶液变深蓝色，经蒸馏后使用。重蒸的乙醚不能长时间放置。

注意事项

[1] 硫酸亚铁溶液的配制：在水（110 mL）中加入浓硫酸（6 mL），再加入硫酸亚铁（60 g）。硫酸亚铁溶液久置容易氧化变质，因此一般在使用前临时配制。

[2] 也可在乙醚（100 mL）中加入无水氯化钙（4～5 g）代替浓硫酸作干燥剂，并在下一步操作中用五氧化二磷代替金属钠制备合格的无水乙醚。

[3] 乙醚沸点低，极易挥发（20 ℃时蒸气压为 58.9 kPa），且蒸气比空气重（约为空气的 2.5 倍），容易聚集在桌面附近或低凹处。当空气中含有 1.85%～36.5%的乙醚蒸气时，遇火即会发生燃烧爆炸。故在使用和蒸馏过程中，一定要谨慎小心，远离火源。尽量不让乙醚蒸气散发到空气中，以免造成意外。

[4] 因为里面还有未反应的浓硫酸。

[5] 干燥乙醚后过量的金属钠不能随意丢弃，不能接触水！要用乙醇处理后入废液桶中。

4. 丙酮（acetone）

bp 56.2 ℃。市售的丙酮中往往含有少量水、甲醇、乙醛等杂质，利用简单的蒸馏方法，不能把丙酮和这些杂质分开。含有上述杂质的丙酮，不能作为某些反应的合成原料，需经过以下处理后才能使用。

（1）于丙酮（100 mL）中加入高锰酸钾（0.5 g），回流以除去还原性的杂质，如高锰酸钾紫色很快消失，需要补加少量高锰酸钾继续回流，直至紫色不再消失，停止回流，将丙酮蒸出。于蒸出的丙酮中加入无水碳酸钾或无水碳酸钙进行干燥，1 h 后，将丙酮滤入蒸馏烧瓶中继续蒸馏，收集 55～56.5 ℃的馏分。

（2）于丙酮（100 mL）中加入 10%的硝酸银溶液（4 mL）及 0.1 mol/L 的氢氧化钠溶液（3.5 mL），振荡 10 min，除去还原性杂质，过滤，滤液用无水硫酸钙干燥，1 h 后蒸馏，收集 55～56.5 ℃的馏分。

5. 正丁醇（*n*-butyl alcohol）

bp 117.7 ℃。用无水碳酸钾及无水碳酸钙进行干燥，过滤后，将滤液进行分馏，收集纯品。

6. 苯（benzene）

bp 80.1 ℃。普通苯中含有少量的水（可达 0.02%），由煤焦油加工得来的苯还含有少量噻吩（bp 84 ℃），为制得无水、无噻吩的苯可以采用以下方法。

(1) 噻吩的检验：取 5 滴苯[1]于小试管中，加入 5 滴浓硫酸及 2 滴 1%的 α,β-吲哚醌[2]硫酸溶液，振荡片刻。如呈墨绿色或蓝色，表示有噻吩存在。

(2) 除去噻吩：在分液漏斗中加入普通苯及相当于苯体积 15%的浓硫酸一起振荡，洗涤数次，直至酸层无色或浅黄色，然后分别用水、10%碳酸钠水溶液、水洗涤，再用氯化钙干燥过夜，蒸馏收集 80 ℃的纯品。

若要进一步除水，可在上述苯中加入钠丝除水，再经蒸馏提纯。

注意事项

[1] 苯是高毒性的化合物，操作需在通风橱中进行，避免吸入蒸气。

[2] 吲哚醌是黄红色晶体，如有噻吩变色现象比较明显。

7. 甲苯（toluene）

bp 110.2 ℃。普通甲苯中含有少量水，由煤焦油加工得来的甲苯还可能含有噻吩，可采用下列方法精制。

(1) 除水：用无水氯化钙将甲苯干燥，过滤后加入少量金属钠丝至无气泡产生，倒出干燥后的甲苯蒸馏，即得无水甲苯。

(2) 除去噻吩：在甲苯（100 mL）中加入浓硫酸（10 mL），振摇片刻（温度不要超过 30 ℃），除去酸层，然后分别用水、10%碳酸钠水溶液、水洗涤，再用氯化钙干燥过夜，蒸馏收集纯品。

8. 石油醚（petroleum）

石油醚为轻质石油产品，是低分子量烃类（主要是戊烷和己烷）的混合物。其沸程范围为 30～150 ℃，收集的温度区间一般是 30 ℃左右，如有 30～60 ℃、60～90 ℃、90～120 ℃、120～150 ℃等沸程规格的石油醚。石油醚中含有少量的不饱和烃，沸点与烷烃接近，用蒸馏无法分离，必要时可用浓硫酸和高锰酸钾将其除去。

通常是将石油醚用其体积 10% 的浓硫酸洗涤两次，再用 10%浓硫酸加入高锰酸钾配成的饱和溶液洗涤，直至水中的紫色不再消失为止，然后再用水洗，经无水氯化钙干燥后蒸馏提纯。如需要绝对干燥的石油醚，则需加入钠丝（见无水乙醚的处理）。

9. 乙酸乙酯（ethyl acetate）

bp 77.06 ℃。市售的乙酸乙酯中含有少量水、乙醇和乙酸，可用下列方法提纯。

(1) 除去乙酸：用等体积的 5% 碳酸钠水溶液洗涤后，再加入饱和氯化钙溶液洗涤数次，以无水碳酸钾或无水硫酸镁干燥，过滤后蒸馏。

(2) 除去乙醇和水：乙酸乙酯（100 mL）中加入乙酸酐（10 mL）、1 滴浓硫酸，加热回流 4 h，除去乙醇和水等杂质，然后进行分馏。馏出液用无水碳酸钾（2～3 g）干燥，振荡，再蒸馏，纯度可达 99.7%。

10. 吡啶（pyridine）

bp 115.2 ℃。分析纯的吡啶含有少量水分，可供一般应用。如要制备无水吡啶，可用粒状氢氧化钠或氢氧化钾干燥过夜，然后进行蒸馏，即得无水吡啶。干燥的吡啶极易吸水，蒸馏时要注意防潮，保存时将容器用石蜡封好。

11. 四氢呋喃（tetrahydrofunan，THF）

bp 67 ℃。市售的四氢呋喃中含有少量水和过氧化物。如要制备无水四氢呋喃，可将其与氢化铝锂在隔绝潮气的条件下回流（通常四氢呋喃 1000 mL 约需加入氢化铝锂 2～4 g，以除去其中的水和过氧化物，然后在常压下蒸馏，收集 66～67℃的馏分[1]。精制后的产品要在氮气氛围中保存，如需较长时间保存，则要加入 0.025%的抗氧化剂 2,6-二叔丁基-4-甲基苯酚。

处理四氢呋喃时，应先取少量进行试验，以确定只有少量水和过氧化物，作用不至于过于猛烈方可进行，如过氧化物很多，应另行处理。

检测四氢呋喃中的过氧化物，可加入等体积的 2% 碘化钾溶液和几滴稀盐酸，再加入淀粉溶液中，观察变色情况。

注意事项

[1] 蒸馏时不宜蒸干，防止残余过氧化物爆炸！

12. *N*,*N*-二甲基甲酰胺（*N*,*N*-dimethylformamide，DMF）

bp 153 ℃。市售三级以上的 *N*,*N*-二甲基甲酰胺含量不低于 95%，主要杂质为胺、氨、甲醛和水，常压蒸馏时有些分解，产生二甲胺和一氧化碳，若有酸碱存在，分解加快。在加入固体氢氧化钾或氢氧化钠室温放置数小时后，即有部分分解。因此最好用硫酸镁、氧化钡、硅胶或分子筛干燥。

纯化方法是：先用无水硫酸镁干燥 24 h，然后减压蒸馏，收集 76 ℃/4.79 kPa（36 mmHg）的馏分。若其中含水较多时，可加入 1/10 的苯，在常压下蒸去苯、水、氨和胺，然后再用无水硫酸镁干燥，最后减压蒸馏；若含水较少（低于 0.05%）时，可用 4A 型分子筛干燥 12 h 以上，再减压蒸馏。

13. 二硫化碳（carbon disulfide）

bp 46.35 ℃。二硫化碳为具有较高毒性的液体（能使血液和神经组织中毒），又具有高度的挥发性和易燃性，使用时必须非常小心，避免接触其蒸气。普通二硫化碳中含有硫化氢、硫黄等杂质，故气味难闻，久置后颜色变黄。

一般有机合成实验对二硫化碳要求不高，可在普通二硫化碳中加入少量研碎的无水氯化钙，干燥后滤去干燥剂，然后在水浴中蒸馏收集。

如需制备较纯的二硫化碳，则需将试剂级的二硫化碳用 0.5%的高锰酸钾水溶液洗涤 3 次，除去硫化氢，再用汞不断振摇除去硫，最后用 2.5%的硫酸汞洗涤，除去所有的恶臭（剩余的硫化氢），再经氯化钙干燥，蒸馏收集。纯化过程的反应式如下：

$$3H_2S + 2KMnO_4 \longrightarrow 2MnO_2\downarrow + 3S\downarrow + 2H_2O + 2KOH$$

$$Hg + S \longrightarrow HgS\downarrow$$

$$HgSO_4 + H_2S \longrightarrow HgS\downarrow + H_2SO_4$$

14. 二甲亚砜（dimethyl sufone，DMSO）

bp 189 ℃（mp 18.5 ℃）。二甲亚砜为无色、无臭、微带苦味的吸湿性液体，常压下加热至沸腾可部分分解。市售试剂级的二甲亚砜含水 1%。

纯化时先减压蒸馏，然后用 4A 型分子筛干燥，或用氧化钙粉末（10 g/L）搅拌 4～8 h，再减压蒸馏，收集 64～65 ℃/533 Pa（4 mmHg）的馏分。蒸馏时，温度不宜高于 90

℃，生成二甲砜和二甲硫醚。二甲亚砜与某些物质混合时可能发生爆炸，如：氢化钠、高碘酸、高氯酸镁等，使用时应注意安全！

15. 氯仿（chloroform）

bp 61.7 ℃。普通氯仿中含有1％的乙醇，这是防止氯仿分解为有毒的光气，作为稳定剂加入的。为了除去乙醇，可以将氯仿用一半体积的水振荡洗涤数次，然后分出下层氯仿，用无水氯化钙干燥数小时后蒸馏提纯。

另一种精制方法是将氯仿（100 mL）中加入浓硫酸（5 mL），振荡2～3次，分去酸层，氯仿层用水洗涤，干燥，然后蒸馏。除去乙醇后的氯仿要置于棕色瓶中，避光保存，以免分解。

氯仿不能用金属钠干燥，否则会发生爆炸！

16. 二氯甲烷（dichloromethane）

bp 39.7 ℃。二氯甲烷为无色挥发性液体，蒸气不燃烧，与空气混合也不会发生爆炸，微溶于水，能与醇、醚混溶，它可以替代醚作萃取溶剂用。

二氯甲烷纯化一般可用浓硫酸振荡数次，至酸层无色为止。水洗，用5％碳酸钠洗涤数次，水洗，用无水氯化钙干燥，蒸馏，收集39.5～41 ℃的馏分。

二氯甲烷不能用金属钠干燥，因为会发生爆炸！同时注意不要在空气中久置，以免氧化，应储存在棕色瓶中。

17. 四氯化碳（tetrachloromethane）

bp 76.8 ℃。普通四氯化碳中含二硫化碳4％。处理方法是：四氯化碳（1 L）与氢氧化钾（60 g）溶于水（60 mL）与乙醇（100 mL）配成的溶液中，在50～60 ℃剧烈振荡30 min。分液，用水洗后，减半量重复振荡一次，分出四氯化碳，先用水洗，再用少量浓硫酸洗至无色，然后再用水洗，无水氯化钙干燥，蒸馏即得。反应方程式如下：

$$2NaOH + CS_2 \longrightarrow Na_2COS_2 + H_2O$$

18. 1,2-二氯乙烷（1,2-dichloroethane）

bp 83.4 ℃。1,2-二氯乙烷是无色液体，有芳香气味，可与水形成共沸物，沸点72 ℃，其中含有81.5％的1,2-二氯乙烷。可与乙醇、乙醚、氯仿等混溶。是常用的重结晶和萃取的溶剂。

可依次用浓硫酸、水、稀碱溶液和水洗涤，然后用无水氯化钙干燥，或加入五氧化二磷加热回流2 h，简单蒸馏即可。

19. 二氧六环（dioxane）

bp 101.5 ℃。1,4-二氧六环又称二噁烷，其作用与醚相似。可与水互溶，能与水形成共沸物（含量为81.6％，bp 87.8 ℃）。普通商品中含有少量二乙醇缩醛和水，久置的二氧六环还有可能含有过氧化物，要注意除去，才能进一步处理。

二氧六环的纯化，一般加入10％的浓盐酸，回流3 h，同时通入氮气，以除去生成的乙醛。冷至室温，加入粒状氢氧化钾直至不再溶解。然后分去水层，再用粒状氢氧化钾干燥过夜后，过滤，加入金属钠加热回流数小时，蒸馏后加入钠丝保存。

20. 乙腈（acetonitrile）

bp 81.6 ℃。乙腈是惰性溶剂，可用于反应及重结晶。乙腈可与水、醇、醚任意混溶，与水生成共沸物（含乙腈 84.2%，bp 76.7 ℃）。市售乙腈中常含有水、不饱和腈、醛、胺等杂质，三级以上的乙腈含量高于 95%。

可将试剂用无水碳酸钾干燥，过滤，再用五氧化二磷加热回流，直至无色，用分馏柱分馏。乙腈可储存于装有分子筛（0.2 nm）的棕色瓶中。乙腈有毒，常含有游离的氢氰酸。

参 考 文 献

[1] 兰州大学．有机化学实验．4版．北京：高等教育出版社，2017.

[2] 陈虹锦，马荔，黄孟娇．实验化学．2版．北京：科学出版社，2007.

[3] 北京大学化学学院有机化学研究所．有机化学实验．2版．北京：北京大学出版社，2002.

[4] Fieser L F，Williamson K L. Organic Experiments. 7th Ed. Lexington D. C：Heath and Company，1992.

[5] Pavia D L，Lampman G M，Kriz G S，et al. A Small-Scale Approach to Organic Laboratory Techniques. 4th Ed. Boston. MA，USA：Cengage Learning，2011.

[6] Gilbert J C，Martin S F. Experimental Organic Chemistry：A Miniscale and Microscale Approach. 6th Ed. Boston. MA，USA：Cengage Learning，2016.

[7] Cranwell P B，Harwood L M，Moody C J. Experimental Organic Chemistry. 3rd Ed. Hoboken，NJ：John Wiley & Sons，Inc，2017.

[8] Doxsee K M，Hutchison J E. 绿色有机化学理念和实验．任玉杰，译．上海：华东理工大学出版社，2005.